Fundamente
|der Mathematik|

Baden-Württemberg
Gymnasium • Klasse 6

Herausgegeben von
Dr. Andreas Pallack

Cornelsen

Begleitmaterialien zum Lehrwerk

für Schülerinnen und Schüler

Arbeitsheft Klasse 6
978-3-06-006867-8

für Lehrerinnen und Lehrer

Serviceband Klasse 6
978-3-06-040338-7

Lösungsheft Klasse 6
978-3-06-040380-6

Autoren: Kathrin Andreae, Prof. Dr. Ralf Benölken, Daniela Ebe, Dr. Lothar Flade, Anna-Kristin Kracht, Brigitta Krumm, Dr. Hubert Langlotz, Thorsten Niemann, Dr. Andreas Pallack, Mathias Prigge, Dr. Manfred Pruzina, Melanie Quante, Dr. Ulrich Rasbach, Nadeshda Rempel, Wolfgang Ringkowski, Andreas von Scholz, Malte Stemmann, Christian Theuner, Dr. Christian Wahle, Anja Widmaier, Florian Winterstein, Anne-Kristina Wolff

Berater: Dr. Matthias Gercken, Silke Göttge-Piller, Christof Höger, Andreas von Scholz, Anja Widmaier

Herausgeber: Dr. Andreas Pallack

Redaktion: Nils Dörffer, Gudrun Schaeper

Illustration: Gudrun Lenz, Niels Schröder

Technische Zeichnungen: Christian Böhning

Umschlaggestaltung und Zwischentitel: hawemannundmosch GbR

Layoutkonzept: klein & halm GbR

Bildrecherche: Stephanie Charlotte Benner

Technische Umsetzung: zweiband.media, Berlin

www.cornelsen.de

1. Auflage, 1. Druck 2015

Alle Drucke dieser Auflage sind inhaltlich unverändert und können im Unterricht nebeneinander verwendet werden.

Druck: Firmengruppe APPL, aprinta Druck, Wemding

ISBN 978-3-06-040331-8

PEFC zertifiziert

Dieses Produkt stammt aus nachhaltig bewirtschafteten Wäldern und kontrollierten Quellen

PEFC/04-32-0928

www.pefc.de

Inhaltsverzeichnis

1 Brüche und Dezimalzahlen 7

Dein Fundament 8
1.1 Anteile von einem Ganzen – Brüche 10
Streifzug: Triff den Bruch 14
1.2 Unechte Brüche und gemischte Zahlen 15
1.3 Brüche erweitern und kürzen 18
1.4 Brüche vergleichen und ordnen 22
1.5 Brüche als Quotienten 27
1.6 Anteile von mehreren Ganzen – Anteile von Größen 29
1.7 Dezimalzahlen 34
1.8 Dezimalzahlen vergleichen und ordnen 38
1.9 Abbrechende und periodische Dezimalzahlen 41
Streifzug: Unendliche Dezimalzahlen in Brüche umwandeln 44
1.10 Prozente 46
1.11 Vermischte Aufgaben 50
Prüfe dein neues Fundament 54
Zusammenfassung 56

2 Brüche und Dezimalzahlen addieren und subtrahieren 57

Dein Fundament 58
2.1 Gleichnamige Brüche addieren und subtrahieren 60
2.2 Ungleichnamige Brüche addieren und subtrahieren 63
2.3 Dezimalzahlen runden 66
2.4 Dezimalzahlen addieren und subtrahieren 68
2.5 Rationale Zahlen addieren und subtrahieren 71
2.6 Vermischte Aufgaben 75
Prüfe dein neues Fundament 76
Zusammenfassung 78

3 Kreis und Winkel 79

Dein Fundament 80
3.1 Kreis 82
3.2 Winkel 85
3.3 Winkel messen 87
3.4 Winkel zeichnen 91
3.5 Punktsymmetrie 94
Streifzug: Drehsymmetrie 98
3.6 Vermischte Aufgaben 100
Prüfe dein neues Fundament 102
Zusammenfassung 104

4 Brüche und Dezimalzahlen multiplizieren und dividieren 105

Dein Fundament 106
4.1 Brüche vervielfachen 108
4.2 Brüche teilen 110
4.3 Brüche multiplizieren 112
4.4 Brüche dividieren 116
4.5 Kommaverschiebung bei Dezimalzahlen 120
4.6 Dezimalzahlen multiplizieren 123
4.7 Dezimalzahlen dividieren 126
4.8 Rationale Zahlen multiplizieren und dividieren 130
4.9 Rechnen mit allen Grundrechenarten 131
4.10 Ausmultiplizieren und Ausklammern 133
4.11 Vermischte Aufgaben 135
Prüfe dein neues Fundament 138
Zusammenfassung 140

5 Flächen ... 141

Dein Fundament ... 142
5.1 Höhen im Dreieck ... 144
5.2 Flächeninhalt eines Dreiecks ... 148
5.3 Flächeninhalt eines Parallelogramms ... 152
5.4 Flächeninhalt eines Trapezes ... 156
Streifzug: Flächeninhalt beliebiger Figuren ... 159
5.5 Umfang eines Kreises ... 162
5.6 Flächeninhalt eines Kreises ... 165
5.7 Vermischte Aufgaben ... 168
Prüfe dein neues Fundament ... 170
Zusammenfassung ... 172

6 Daten ... 173

Dein Fundament ... 174
6.1 Absolute und relative Häufigkeit ... 176
6.2 Diagramme ... 180
6.3 Klasseneinteilung ... 184
6.4 Kennwerte ... 186
Streifzug: Mit Tabellenkalkulationen arbeiten ... 190
6.5 Vermischte Aufgaben ... 193
Prüfe dein neues Fundament ... 196
Zusammenfassung ... 198

7 Zuordnungen und Dreisatz ... 199

Dein Fundament ... 200
7.1 Zuordnungen ... 202
7.2 Zuordnungen darstellen ... 205
7.3 Proportionale Zuordnungen ... 210
7.4 Dreisatz für proportionale Zuordnungen ... 214
7.5 Antiproportionale Zuordnungen ... 218
7.6 Dreisatz für antiproportionale Zuordnungen ... 221
7.7 Vermischte Aufgaben ... 224
Prüfe dein neues Fundament ... 226
Zusammenfassung ... 228

8 Komplexe Aufgaben ... 229

Aufgaben ... 230

9 Methoden ... 235

Methodenkarten ... 236

10 Anhang ... 239

Lösungen ... 240
Stichwortverzeichnis ... 254
Bildquellenverzeichnis ... 256

Bauplan zu „Fundamente der Mathematik“

Aktivieren

Dein Fundament:
An die Auftaktseite des Kapitels schließt sich eine Doppelseite mit Wiederholungsaufgaben zur Vorbereitung auf das neue Kapitel an.
Die Lösungen dazu findest du im Anhang.

Lösungen ↗ S. 250

Daten in Tabellen erfassen

1. Die Tabelle zeigt die Altersverteilung aller Schüler der Klasse 6 a.
   a) Wie viele Schüler sind 13 Jahre alt?
   b) Wie viele Schüler sind jünger als 13 Jahre?
   c) Wie viele Schüler gehen in die Klasse 6 a?

Alter	Strichliste	Häufigkeit
11	||	2
12	𝍸 𝍸	10
13	𝍸 𝍸 |	11
14	|	1

Aufbauen

Einstiegsaufgaben:
Jedes Unterkapitel beginnt mit einer Aufgabe, die dich in das neue Thema hineinführt.

1.8 Dezimalzahlen vergleichen und ordnen

■ Julia nahm als Leistungssportlerin an einem 200-m-Lauf teil. Ihre Zeit war 23,15 s. Die Zeiten der anderen Läuferinnen waren: 22,98 s; 23,51 s; 23,05 s; 23,18 s; 23,79 s; 24,05 s; 23,76 s.
Welchen Platz hat Julia belegt?
Welche war die schnellste gelaufene Zeit?
Welche war die langsamste Zeit? ■

Wissenskästen:
Hier findest du wichtigen Merkstoff.

Wissen: Quotienten
Den **Quotienten** von zwei natürlichen Zahlen kann man auch als **Bruch** schreiben: $1 : 3 = \frac{1}{3}$

Beispiel:
Neues wird an Beispielaufgaben mit Musterlösungen erklärt.

Beispiel 1: Gib den Anteil an, den Zara, Lara und Lusia bekommen, wenn sie zwei runde Pizzen gerecht aufteilen wollen. Fertige auch eine Skizze an.

Lösung:
Es werden 2 Pizzen auf 3 Kinder aufgeteilt. Schreibe den Quotienten $2 : 3$ als Bruch: $\frac{2}{3}$
Jedes Kind bekommt $\frac{2}{3}$ Pizza.

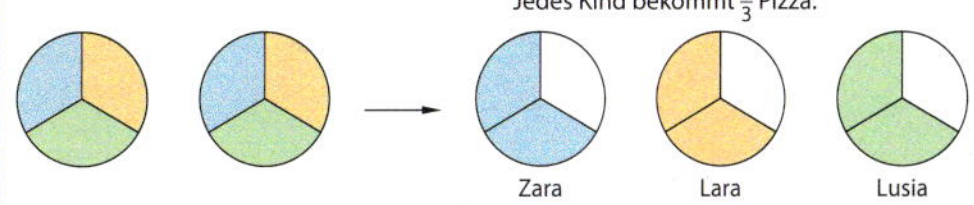

Basisaufgaben:
Du kannst die Aufgaben nutzen, um dein neu erworbenes Wissen und Können sofort auszuprobieren.

Basisaufgaben

1. Bestimme einen Bruch, der angibt, wie viel jedes Kind erhält.
   a) Fünf Lakritzstangen werden an sechs Kinder gerecht aufgeteilt.
   b) Eine Großfamilie mit 5 Kindern und ihren Eltern bestellt 3 Familienpizzen. Beim Essen wird in der Familie immer gerecht geteilt.

Hinweis zu 2:
Hier findest du die natürlichen Zahlen.

2. Schreibe den unechten Bruch als Quotienten und als natürliche Zahl.

Weiterführende Aufgaben:
Die Aufgaben werden anspruchsvoller. Zwei der Aufgaben sind besonders gekennzeichnet: Stolperstelle und Ausblick.

Löst Aufgaben mit oder in Partner- oder in Gruppenarbeit.

Weiterführende Aufgaben

10. a) Übertrage die Parallelogramme WIND, BERG und MAUS in dein Heft.
    b) Bestimme jeweils die Länge einer Grundseite und der zugehörigen Höhe. Berechne dann den Flächeninhalt des Parallelogramms.
    c) Zeichne zu jedem Parallelogramm ein anderes Parallelogramm mit dem gleichen Flächeninhalt, aber anderer Grundseitenlänge und Höhe.

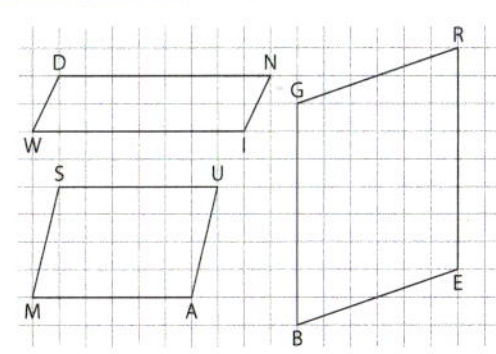

11. a) Ein Parallelogramm hat einen Flächeninhalt von $35\,cm^2$ und eine Höhe von 5 cm. Wie lang ist die Grundseite?
    b) Zeichne ein Parallelogramm mit den Eigenschaften aus a) in dein Heft. Vergleiche das Ergebnis mit deinen Mitschülern.
    c) Vergleiche die Flächeninhalte der folgenden Parallelogramme. Was stellst du fest? Erkläre.

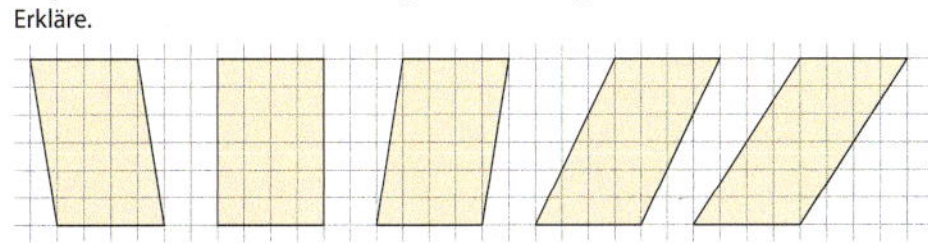

12. Stolperstelle: Richtig oder falsch? Korrigiere, wenn ein Fehler vorliegt.

a) $0{,}121212\ldots = 0{,}1\overline{21}$

b) $\frac{1}{12}$ und $\frac{2}{12}$ sind periodisch, $\frac{3}{12}$ nicht.

c) $\frac{222}{1000} = 0{,}222 = 0{,}\overline{2}$

d) $\frac{4}{9} = 0{,}444$

● 13. Setze zwischen die Zahlen das richtige Zeichen < oder > ein.

a) $0{,}6$ ■ $0{,}\overline{6}$ b) $1{,}\overline{3}$ ■ $1{,}34$ c) $3{,}\overline{36}$ ■ $3{,}3\overline{6}$ d) $5{,}\overline{7}$ ■ $5{,}71$

● 14. Ordne die Zahlen von klein nach groß.

a) $\frac{6}{5}$; $1\frac{2}{9}$; 1,22; $\frac{51}{50}$; 0,12   b) 2,34; $\frac{69}{30}$; $\frac{14}{6}$; $2{,}\overline{34}$; $2\frac{66}{200}$ c) 3,46; $3\frac{45}{99}$; 3,455; $3\frac{45}{100}$; $\frac{42}{12}$

● 15. Ausblick: Aus Beispiel 2 weißt du bereits, dass $\frac{4}{11} = 0{,}\overline{36}$ ist.

a) Wandle $\frac{1}{11}$ und $\frac{2}{11}$ in Dezimalzahlen um. Stelle eine Vermutung auf, welche Dezimalzahlen zu $\frac{3}{11}$ und $\frac{5}{11}$ gehören. Überprüfe durch eine Rechnung.

b) Jana meint: „$\frac{10}{11}$ und $\frac{12}{11}$ haben die gleiche Periode." Was meinst du dazu?

Stolperstelle:
Bei diesen Aufgaben sollst du typische Fehler erkennen.

Schwierige Aufgaben sind mit ● gekennzeichnet.

Ausblick:
Die letzte Aufgabe in der Lerneinheit ist die schwierigste. Viel Spaß beim Knobeln.

7.7 Vermischte Aufgaben

1. Ermittle, welche Packungsgröße das günstigste Angebot ist. Begründe dein Vorgehen.

2. Auf Karten (Wanderkarten, Stadtplänen usw.) ist immer ein Maßstab angegeben.

a) Übertrage die Tabelle ins Heft und fülle sie für einen Maßstab von 1 : 70 000 aus.

Strecke auf der Karte (Bildstrecke)	Strecke in Wirklichkeit (Originalstrecke)
1 cm	
4 cm	
9 cm	
	7 km
15 cm	

b) Stelle die Zuordnung *Bildstrecke* → *Originalstrecke* in einem Diagramm dar.

Vermischte Aufgaben:
Für diese Aufgaben benötigst du das Wissen aus allen Lerneinheiten des Kapitels.
Eine besondere Aufgabe ist die „Blütenaufgabe". Hier kannst du selbst entscheiden, in welcher Reihenfolge du die Teilaufgaben lösen willst.

Sichern

54 **Prüfe dein neues Fundament** 1. Brüche und Dezimalzahlen

Lösungen ↗ S. 241

1. Gib den gefärbten Anteil als Bruch an.

a) b) c) d)

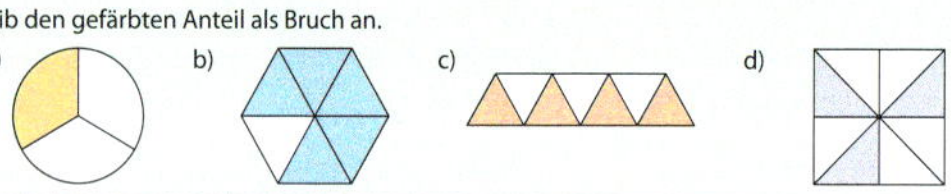

Prüfe dein neues Fundament:
Hier kannst du dein Wissen selbstständig überprüfen, auch in Vorbereitung auf Tests und Klassenarbeiten. Die Lösungen der Aufgaben findest du im Anhang.

140 **Zusammenfassung**

Brüche vervielfachen und teilen	Multipliziere den **Zähler mit der natürlichen Zahl.** Lasse den Nenner unverändert.	$\frac{3}{7} \cdot 2 = \frac{3 \cdot 2}{7} = \frac{6}{7}$
	Multipliziere den **Nenner mit der natürlichen Zahl.** Lasse den Zähler unverändert.	$\frac{4}{5} : 3 = \frac{4}{5 \cdot 3} = \frac{4}{15}$

Zusammenfassung:
Die letzte Seite eines Kapitels enthält kurz und knapp das Wichtigste aus dem Kapitel. Sie dient dem schnellen Nachschlagen des gelernten Stoffes.

Zusätzliches

44 **Streifzug** 1. Brüche und Dezimalzahlen

Unendliche Dezimahlzahlen in Brüche umwandeln

■ Lisa, Timo und Carlo diskutieren darüber, ob man jede Dezimalzahl in einen Bruch umwandeln kann. „Klar geht das", meint Lisa. Timo hat auch ein Beispiel. Carlo ist skeptisch. „Was ist denn mit 0,5555…?".

a) Wie könnte der zugehörige Bruch lauten?

b) Lisa behauptet, dass $0{,}5555\ldots = \frac{5}{9}$ gilt. Hilft Lisa hier ein Taschenrechner weiter? ■

Streifzüge:
An manchen Stellen des Schülerbuchs befinden sich Sonderseiten, die Ergänzungen zum regulären Lernstoff beinhalten.

1. Brüche und Dezimalzahlen

In einem Mosaik ergibt sich das ganze Bild aus vielen kleinen Einzelteilen.
Teile eines Ganzen können als Bruch oder als Dezimalzahl angeben werden.

Nach diesem Kapitel kannst du …
- Anteile mit Brüchen angeben,
- Brüche erweitern und kürzen,
- Anteile ordnen und vergleichen,
- Bruch-, Dezimal- und Prozentschreibweise verwenden.

Lösungen
↗ S. 240

Grundrechenoperationen ausführen

1. Berechne.
   a) 32 : 4 b) 70 · 6 c) 43 – 15 d) 650 : 10
   e) 68 · 100 f) 52 : 13 g) 810 : 90 h) 114 – 76

2. Dividiere.
   a) 100 : 20 b) 225 : 25 c) 60 : 15 d) 48 : 12
   e) 420 : 7 f) 390 : 30 g) 320 : 10 h) 285 : 5

3. Überprüfe. Berichtige alle fehlerhaften Ergebnisse.
   a) 72 : 9 = 8 b) 56 : 8 = 9 c) 0 · 7 = 1 d) 808 + 8 = 888
   e) 7000 – 70 = 6330 f) 100 : 1 = 10 g) 637 : 7 = 91 h) 82 · 8 = 656

4. Setze eine Zahl für das Kästchen ein, sodass die Rechnung stimmt.
   a) 25 · ☐ = 100 b) 5 · ☐ = 100 c) 2 · ☐ = 100 d) 8 · ☐ = 1000
   e) 6 · ☐ = 72 f) 15 · ☐ = 135 g) 24 · ☐ = 144 h) 16 · ☐ = 192

5. Welchen Rest erhält man bei der Divisionsaufgabe?
   a) 39 : 8 b) 17 : 3 c) 54 : 6 d) 53 : 7
   e) 39 : 17 f) 123 : 10 g) 490 : 7 h) 455 : 9

6. Gib jeweils alle natürlichen Zahlen an, durch die folgende Zahlen ohne Rest teilbar sind.
   a) 12 b) 18 c) 7 d) 30
   e) 24 f) 8 g) 32 h) 75

Natürliche Zahlen am Zahlenstrahl darstellen

7. Gib an, welche Zahlen auf dem Zahlenstrahl markiert sind.
   a)
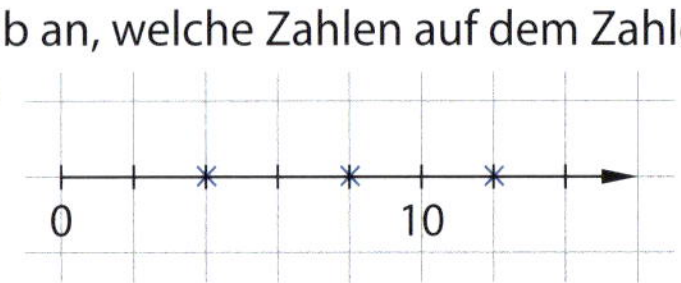

   b)
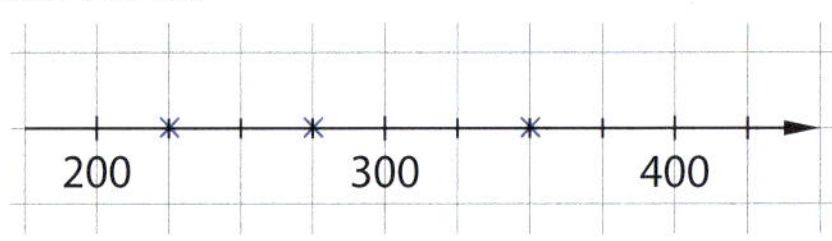

8. Zeichne einen Zahlenstrahl in dein Heft und markiere folgende Zahlen.
   a) 3; 5; 11; 7; 8
   b) 15; 35; 25; 40; 50
   c) 150; 250; 175; 200; 225

9. Wie viel bedeutet der Abstand zweier Teilstriche? Welcher Wert wird angezeigt?
   a)
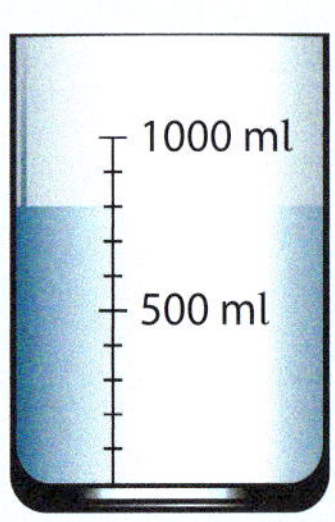

   b)
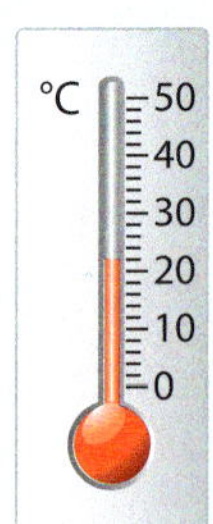

   c)

Gerecht teilen

10. Tobias und Lea bekommen von ihrer Oma 9 Euro. Die 9 Euro sollen sie so teilen, dass jeder von ihnen den gleichen Geldbetrag erhält. Welchen Geldbetrag bekommt Lea?

11. Beantworte die Frage.

a) Wie viele Stücke hat die Schokoladentafel?

b) Frank und Michael wollen sich die Schokoladentafel gerecht teilen. Wie viele Stücke bekommt Michael?

c) Wie viele Stücke bekommt jeder, wenn sich drei Kinder die Schokolade gerecht teilen?

d) Katja hat zwei Stücke der Schokoladentafel gegessen. Wie viele Stücke Schokolade darf sie noch essen, wenn sie sich mit ihren Freundinnen Tanja, Maria und Paula die Tafel gerecht teilen soll?

e) Wie viele Kinder haben sich die Schokoladentafel gerecht geteilt, wenn jedes von ihnen genau zwei Stück bekommt?

Vielfache und Teile von Größen

12. Gib das Doppelte, Dreifache, Vierfache und Fünffache an von

a) 3 kg, b) 30 Minuten, c) 20 Cent, d) 25 cm, e) 7 Tagen.

13. Berechne.

a) das Doppelte von 500 m b) das Fünffache von 20 cm c) die Hälfte von 1 km

d) die Hälfte von 90 min e) das Vierfache von 15 min f) die Hälfte von 2,50 €

14. Ermittle.

a) Wie viele halbe Liter sind ein Liter?

b) Wie viele Minuten sind eine viertel Stunde?

c) Wie viele Minuten sind eineinhalb Stunden?

d) Wie viele halbe Meter sind eineinhalb Meter?

Kurz und knapp

15. Runde auf Zehner (Hunderter, Tausender).

a) 4567 b) 6745 c) 7899 d) 10 234 e) 90 984

16. Ordne der Größe nach. Beginne mit der kleinsten Zahl.

a) 2346; 786; 9908; 2356 b) 3 799 789; 3 799 779; 999 345; 99 999

17. Bestimme Zahlen für die Kästchen, sodass die Rechnung stimmt.

a) 36 : ■ = 6 b) 88 : ■ = 8 c) 42 : ■ = 14 d) 70 : ■ = 5

e) ■ : ■ = 4 f) ■ : ■ = 7 g) ■ : ■ = 3 h) ■ : ■ = 12

18. Gib eine Zahl an, durch die beide Zahlen ohne Rest teilbar sind.

a) 14 und 18 b) 6 und 9 c) 18 und 24 d) 36 und 12 e) 25 und 4

1.1 Anteile von einem Ganzen – Brüche

■ Julia hat Geburtstag. Mit ihrer Mutter hat sie ein Blech Kuchen gebacken. In der Klasse sind 19 Kinder. Zusammen mit der Klassenlehrerin sind sie also 20 Personen. Zeichne in dein Heft, wie Julia den Kuchen gerecht aufteilen kann. ■

Hinweis:
Viertel ist die Kurzform von „vierter Teil". Ein Viertel ist ein Teil von vier gleichen Teilen.

Zerlegt man ein Ganzes gleichmäßig in 2, 3, 4 oder 5 **gleich große Teile**, so erhält man

Halbe,

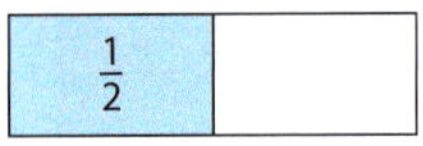

Drittel,

Viertel oder

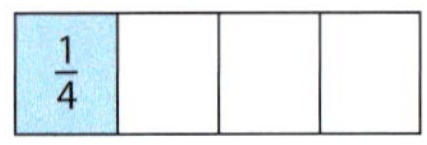

Fünftel.

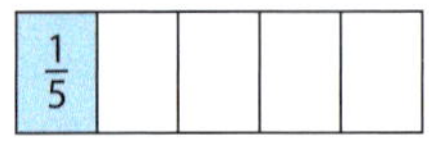

Wissen: Brüche als Anteile von einem Ganzen

Anteile von einem Ganzen können mit **Brüchen** beschrieben werden.

Der **Nenner** eines Bruches gibt an, in wie viele gleich große Teile das Ganze geteilt wurde.
Der **Zähler** gibt die Anzahl der Teile an.

So sind Brüche aufgebaut: $\frac{3}{4}$

- **Zähler:** Anzahl der Teile
- **Bruchstrich**
- **Nenner:** Gesamtzahl der Teile, in die das Ganze aufgeteilt wurde.

Brüche angeben

Beispiel 1: Gib den blau gefärbten Anteil als Bruch an.

a) 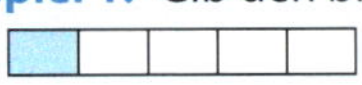

b) 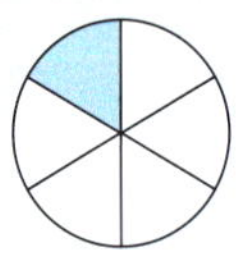

c) 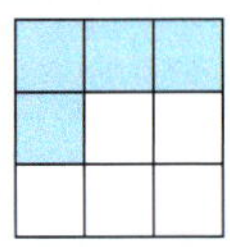

d) 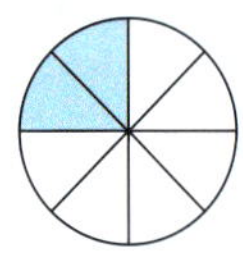

Lösung:

a) Es sind 5 gleich große Teile. 1 Teil ist blau. Also ist $\frac{1}{5}$ des Rechtecks blau.

b) Es sind 6 gleich große Teile. 1 Teil ist blau. Also ist $\frac{1}{6}$ des Kreises blau.

c) Es sind 9 gleich große Teile. 4 Teile sind blau. Also sind $\frac{4}{9}$ des Quadrats blau.

d) Es sind 8 gleich große Teile. 2 Teile sind blau. Also sind $\frac{2}{8}$ des Kreises blau.

Basisaufgaben

1. Ein Ganzes wurde in gleich große Teile geteilt. Ein Teil davon wurde jeweils blau gefärbt. Gib diesen Anteil als Bruch an.

a) 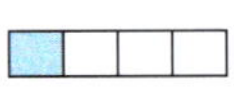

b) 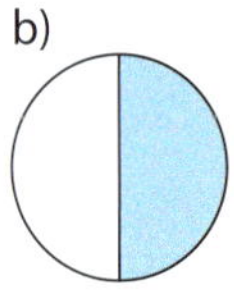

c) 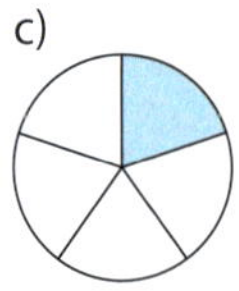

d) 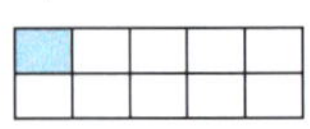

e)

2. Gib den blau gefärbten Anteil als Bruch an.

a) b) c) d) e) f) g)

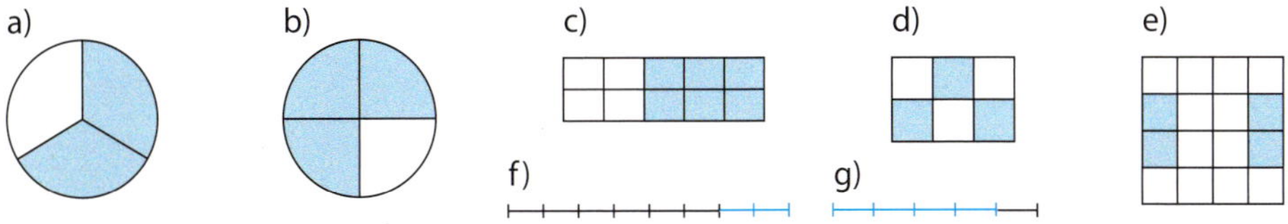

Hinweis zu 2:
Hier findest du die Lösungen.

3. Gib zum blau gefärbten Anteil einen Bruch an. Bestimme auch den gelb gefärbten Anteil.

a) b) c) d) e)

Brüche zeichnerisch darstellen

Beispiel 2:

a) Zeichne die Figur ab. Färbe $\frac{1}{4}$ davon rot.

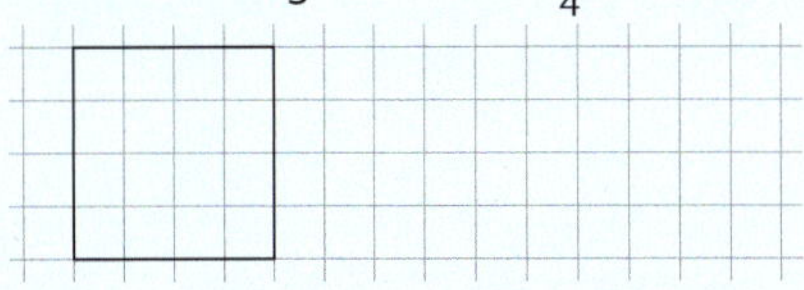

b) Zeichne die Figur ab. Färbe $\frac{3}{5}$ davon gelb.

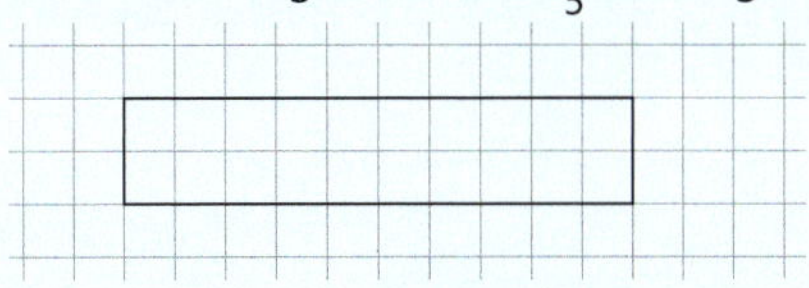

Lösung:

a) $\frac{1}{4}$ heißt, dass das Quadrat zuerst in 4 gleich große Teile zerlegt wird. Dann wird 1 Teil davon rot gefärbt.

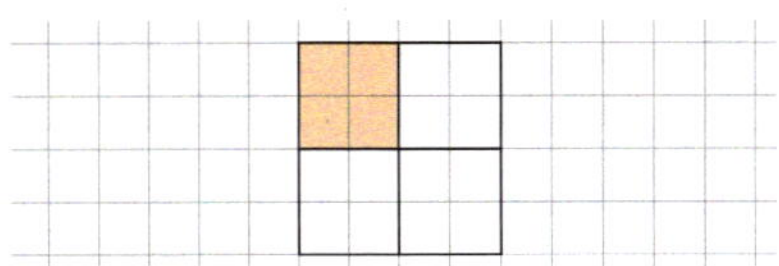

b) $\frac{3}{5}$ bedeutet, dass das Rechteck zuerst in 5 gleich große Teile zerlegt wird. Dann werden 3 Teile davon gelb gefärbt.

Hinweis:
In der Lösung zu a) und b) siehst du nur eine passende Zerlegung. Es gibt auch andere Möglichkeiten.

Basisaufgaben

4. Zeichne die Figuren ab.

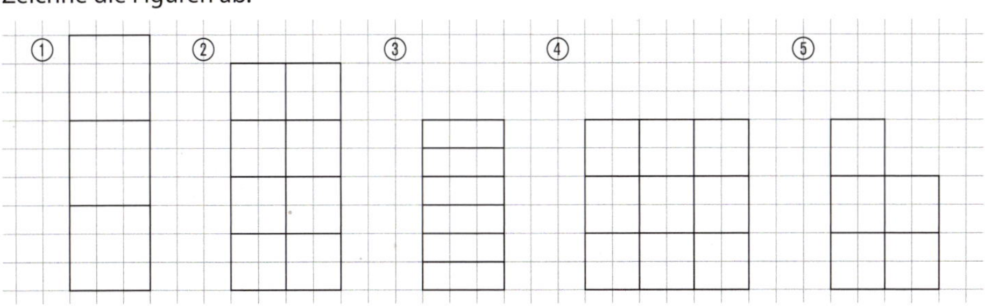

a) Ordne zu, mit welcher Figur du $\frac{1}{3}, \frac{1}{9}, \frac{1}{8}, \frac{1}{5}$ und $\frac{1}{6}$ darstellen kannst.
Schreibe den Bruch neben die Figur und färbe den Anteil.

b) Zeichne auch $\frac{4}{8}, \frac{5}{6}$ und $\frac{3}{5}$ jeweils in eine der Figuren ein.

c) Welche der Anteile $\frac{4}{6}, \frac{2}{7}, \frac{7}{9}$ und $\frac{3}{10}$ lassen sich nicht mit den Figuren darstellen?

5. Zeichne zu jeder Teilaufgabe ein Rechteck mit 12 Kästchen Länge und 5 Kästchen Breite. Teile in gleich große Teile auf und färbe dann den Anteil.

a) $\frac{1}{2}$ b) $\frac{1}{3}$ c) $\frac{1}{6}$ d) $\frac{1}{5}$ e) $\frac{1}{12}$

6. Zeichne zu jeder Teilaufgabe ein Rechteck wie im Bild. Färbe dann den angegebenen Anteil.

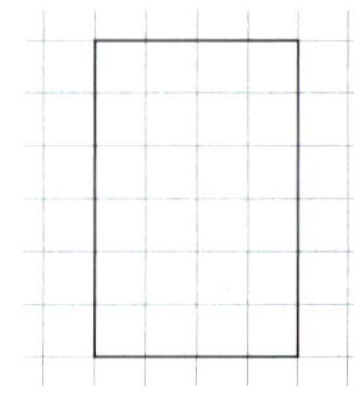

a) $\frac{3}{4}$ b) $\frac{3}{6}$ c) $\frac{1}{4}$ d) $\frac{5}{6}$
e) $\frac{2}{3}$ f) $\frac{3}{8}$ g) $\frac{5}{12}$ h) $\frac{7}{24}$

Weiterführende Aufgaben

7. a) Begründe, warum alle Bilder den Bruch $\frac{3}{4}$ darstellen.

① 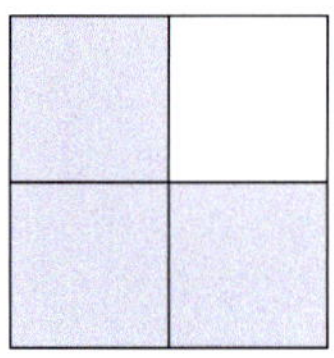

② 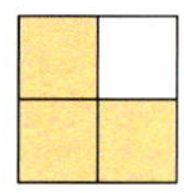

③ 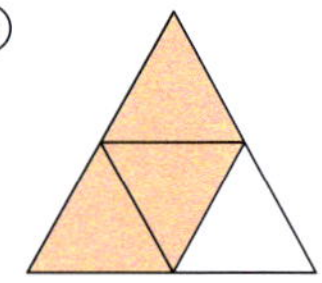

④ 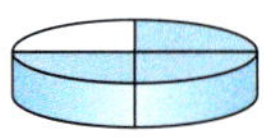

⑤

b) Erläutere an den Figuren ① und ②, dass der Anteil $\frac{3}{4}$ unterschiedlich groß sein kann.

c) Finde weitere Möglichkeiten, um $\frac{3}{4}$ darzustellen und zeichne sie in dein Heft.

8. a) Zeichne zu jeder Aufgabe ein Rechteck mit den Seitenlängen a = 3 cm und b = 4 cm. Färbe dann – wie im Beispiel 2 – den angegebenen Anteil rot. Erläutere dein Vorgehen.

① $\frac{2}{3}$ ② $\frac{1}{8}$ ③ $\frac{5}{6}$ ④ $\frac{1}{2}$ ⑤ $\frac{7}{12}$

b) Welcher Anteil des Rechtecks in a) bleibt jeweils ungefärbt?

9. **Stolperstelle:** Überprüfe die Zeichnungen und begründe, warum sie richtig oder falsch sind. Zeichne eine richtige Lösung ins Heft.

a)

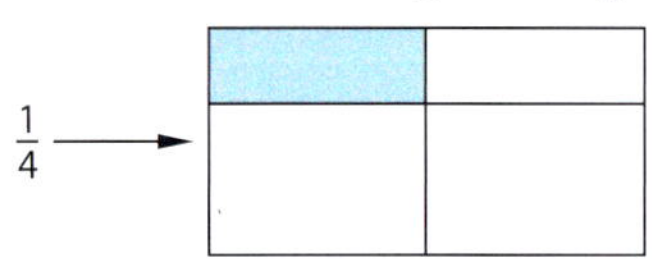

b)

c)

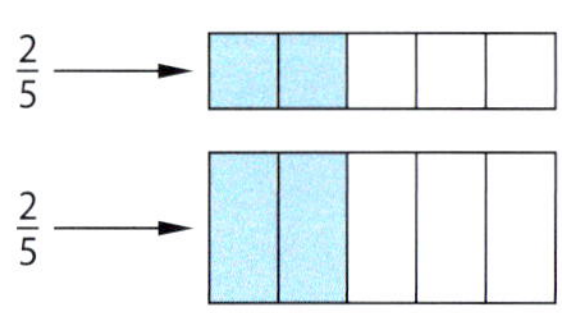

d)

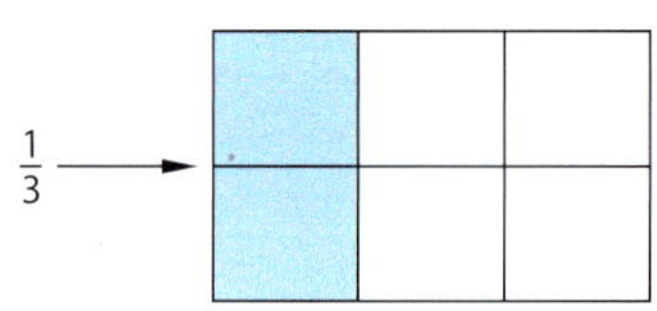

10. Zeichne ein Quadrat mit der Seitenlänge a = 6 cm. Färbe $\frac{1}{6}$ des Quadrats rot. Finde dafür mindestens drei verschiedene Möglichkeiten.

11. Miriam, Petra und Nina teilen sich einen Schokoriegel. Petra sagt: „Nina hat doppelt so viel bekommen wie Miriam oder ich“. Welchen Anteil hat Miriam bekommen?

12. Wie viele Teile ergeben ein Ganzes?

a) Zehntel b) Achtel c) Siebtel d) Halbe e) Drittel

13. Welcher Anteil fehlt zu einem Ganzen?

a) $\frac{2}{3}$ b) $\frac{6}{8}$ c) $\frac{1}{2}$ d) $\frac{1}{9}$ e) $\frac{11}{15}$

14. Tom und Max haben mit ihrer Mutter am Sonntag Kuchen gebacken. Max hat am Montag und am Dienstag jeweils ein Stück gegessen, Tom nur am Dienstag eines. Dafür haben ihre Eltern zusammen drei Stücke gegessen. Was am Mittwoch noch vom Kuchen übrig geblieben ist, siehst du rechts.

a) Aus wie vielen Stücken bestand der Kuchen ursprünglich?
b) Welchen Anteil am Kuchen haben alle Familienmitglieder zusammen gegessen?
c) Welchen Anteil haben Max und Tom gegessen?

15. Welcher Anteil eines Ganzen könnte dargestellt sein? Gib zwei verschiedene Möglichkeiten an. Übertrage die Figur jeweils in dein Heft und ergänze sie zum Ganzen.

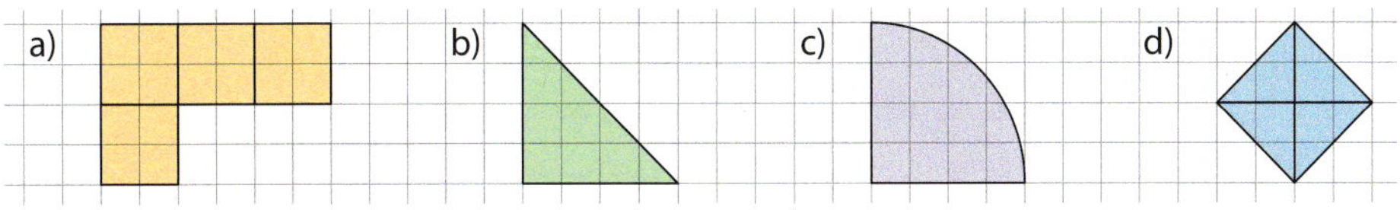

16. Welcher Anteil vom gleichen Ganzen ist größer? Begründe mithilfe einer Zeichnung.

a) $\frac{4}{6}$ oder $\frac{5}{6}$ b) $\frac{1}{4}$ oder $\frac{1}{5}$

17. a) Welcher Anteil der ganzen Pizza ist in Bild ① und ② dargestellt?
b) Welcher der beiden Anteile ist größer?
c) Welcher der folgenden Anteile an einer ganzen Pizza ist am größten, welcher am kleinsten? Begründe mithilfe von Skizzen.
$\frac{1}{2}$, $\frac{1}{4}$ oder $\frac{3}{8}$
d) Sven sagt: „Wenn ich viel Pizza möchte, ist der Anteil entscheidend und nicht die Anzahl der Stücke." Was meint er damit? Erkläre.

18. Ausblick: Die Flächen stellen jeweils $\frac{1}{3}$ einer Figur dar. Zeichne sie einzeln ab und ergänze sie so, dass ein Ganzes dargestellt wird.

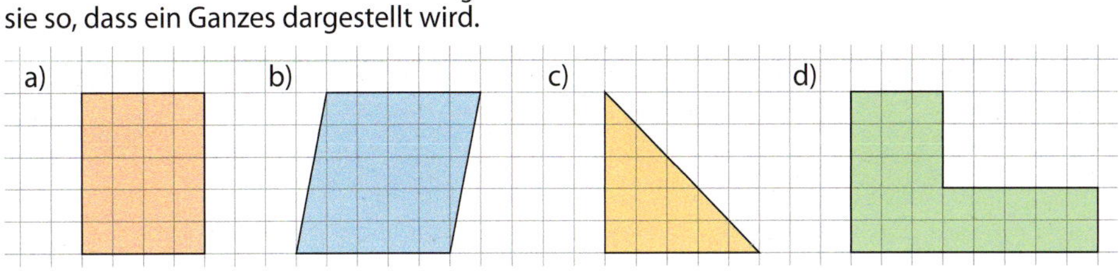

Spiel: Triff den Bruch

Tipp:
Unterteile das Quadrat vorher in 36 kleine Quadrate.

■ Dieses Bild findest du auch auf der Rückseite deines Buches. Übertrage es zuerst in dein Heft und trage dort den Anteil der einzelnen Flächen als Bruch ein. Benachbarte Flächen in derselben Farbe gehören zusammen.
Beispiel: Die drei blauen Kästchen links oben bilden ein Rechteck. Das sind $\frac{3}{36}$ der Gesamtfläche. ■

Tipp:
Spielt jede Runde so oft, dass jeder Spieler einmal begonnen hat, und dreht das Spielfeld nach jeder Runde.

Wissen: Spielregeln
Es sollten möglichst 4 Personen spielen. Ihr könnt auch zwei Teams mit je 2 Spielern bilden. Jeder Spieler benötigt eine 1-Cent-Münze. Markiert eure Münze mit einem Bleistift, damit ihr eure Münze wiedererkennt. Das Spiel wird in mehreren Runden gespielt.

In jeder Runde legst du deine Münze auf dein Startfeld und schnippst sie auf das Spielfeld. Falls dabei allerdings eine Münze (deine eigene oder die eines Mitspielers) außerhalb des Spielfeldes gerät, erhalten alle deine Mitspieler einen Siegpunkt und die Runde ist beendet.

Liegen alle Münzen auf dem Spielfeld, wird der Siegpunkt nach folgenden Regeln vergeben:

1. **Runde: Max**
   Du gewinnst, wenn deine Münze den größten Flächenanteil belegt. Liegt die Münze auf mehreren Flächen mit unterschiedlichen Farben, zählt nur der kleinere Flächenanteil.

2. **Runde: Min**
   Du gewinnst, wenn deine Münze den kleinsten Flächenanteil belegt. Liegt die Münze auf mehreren, verschiedenfarbigen Flächen, zählt nur der größere Flächenanteil.

Es gewinnt, wer die meisten Siegpunkte erzielt.

Beispiel 1: Spielsituation Max
Welche Münze belegt nach den Spielregeln von Max den größten Flächenanteil?

Lösung:
Spieler A gewinnt. Die Münze A belegt $\frac{6}{36}$. Die Münze von Spieler B liegt auf der Grenze zwischen der gelben und der lila Fläche. Es zählt aber nur der kleinere Anteil, also $\frac{4}{36}$.

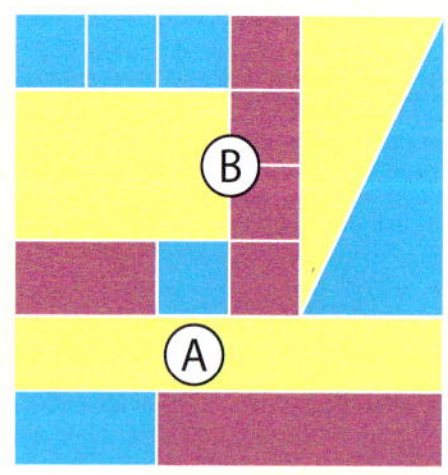

1. Hier siehst du eine typische Spielsituation. Alle vier Spieler haben ihre Münze gespielt. Entscheide und begründe jeweils, welche Münze oder welche Münzen nach den Spielregeln von Max oder Min gewonnen hätten.

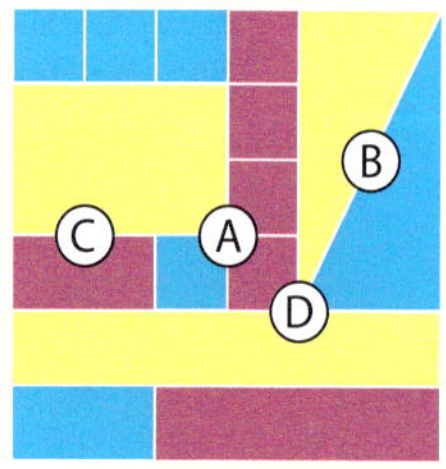

1.2 Unechte Brüche und gemischte Zahlen

■ Louise, Johan, Emilia und Frida essen Waffeln. Es gibt noch drei ganze Waffeln und zwei Waffelherzen.
Wie viele einzelne Waffelherzen gibt es noch?
Wie viele Herzen bekommt jeder, wenn alle gleich viel essen? Bleibt etwas übrig? ■

Im Alltag begegnet man Zahlen wie „zweieinhalb":
„Zweieinhalb Liter Milch" sind so viel wie zwei Liter und ein halber Liter Milch.
„Zweieinhalb Brötchen" sind zusammen so viel wie zwei ganze Brötchen und ein halbes oder fünf halbe Brötchen.

Wissen: Echte und unechte Brüche

$\frac{1}{5}$, $\frac{2}{3}$ und $\frac{7}{10}$ sind Beispiele für **echte Brüche.** Sie sind kleiner als ein Ganzes.
Bei echten Brüchen ist der Zähler kleiner als der Nenner.

$\frac{5}{2}$, $\frac{7}{4}$ und $\frac{10}{5}$ sind Beispiele für **unechte Brüche**. Sie sind größer als ein Ganzes oder genauso groß.

Bei unechten Brüchen ist der Zähler größer als der Nenner oder genauso groß.

Unechte Brüche können ein oder mehrere Ganze und damit natürliche Zahlen darstellen, zum Beispiel: $\frac{2}{2} = 1$, $\frac{4}{2} = 2$, $\frac{6}{2} = 3$

Unechte Brüche lassen sich deshalb auch in einer **gemischten Schreibweise** schreiben, zum Beispiel: $\frac{5}{2} = 2 + \frac{1}{2} = 2\frac{1}{2}$

Wissen: Gemischte Zahlen

$2\frac{1}{2}$ oder $1\frac{3}{4}$ sind Beispiele für **gemischte Zahlen.** Die gemischte Schreibweise ist eine Kurzschreibweise für die Summe aus einer natürlichen Zahl und einem echten Bruch.

Hinweis:
$2\frac{1}{2}$ liest man „zweieinhalb".
$1\frac{3}{4}$ liest man „eindreiviertel".

Gemischte Zahlen in unechte Brüche umwandeln

Beispiel 1: Schreibe die gemischte Zahl $2\frac{1}{4}$ als unechten Bruch.

Lösung:

$2\frac{1}{4}$ bedeutet 2 Ganze plus $\frac{1}{4}$.

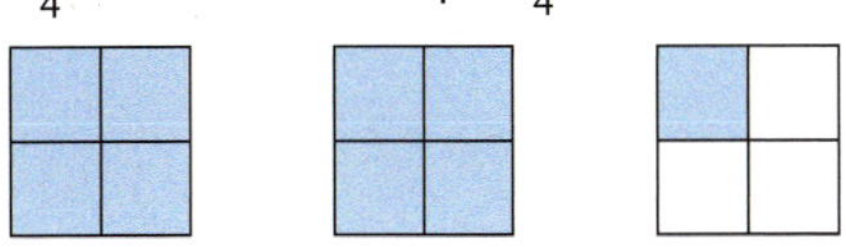

2 Ganze sind $\frac{8}{4}$.

2 Ganze plus $\frac{1}{4}$ sind $\frac{9}{4}$.

Also: $2\frac{1}{4} = \frac{9}{4}$

Basisaufgaben

1. Welche Brüche sind dargestellt? Schreibe sie als gemischte Zahl und als unechten Bruch..

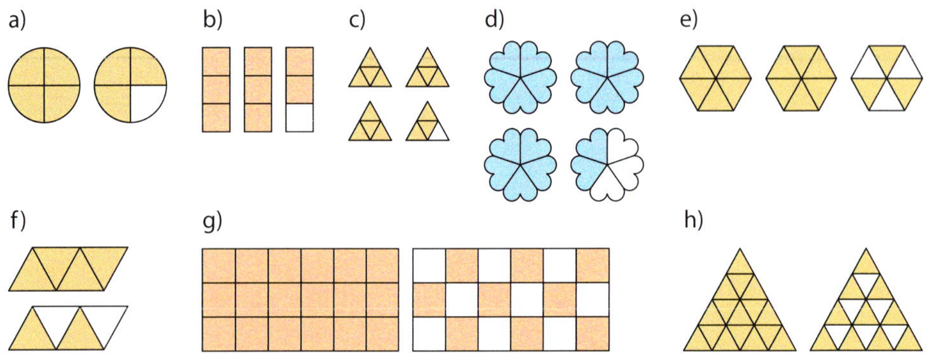

2. Schreibe die gemischte Zahl als unechten Bruch.

a) $1\frac{1}{4}$ b) $2\frac{1}{3}$ c) $4\frac{1}{2}$ d) $3\frac{6}{10}$ e) $4\frac{4}{5}$

3. Sarah soll $2\frac{1}{6}$ in einen unechten Bruch umwandeln. Sie sagt: „Ich rechne $2 \cdot 6 + 1 = 13$. 13 ist der Zähler des Bruchs. Den Nenner 6 lasse ich unverändert. $2\frac{1}{6}$ ist gleich $\frac{13}{6}$."
Prüfe Sarahs Rechenweg mit den gemischten Zahlen aus Aufgabe 2.

4. Gib als unechten Bruch an.

a) $2\frac{1}{2}$ b) $3\frac{1}{4}$ c) $3\frac{3}{4}$ d) $1\frac{2}{3}$ e) $3\frac{1}{3}$
f) $4\frac{5}{6}$ g) $2\frac{3}{5}$ h) $3\frac{1}{5}$ i) $4\frac{9}{10}$ j) $1\frac{3}{7}$
k) $2\frac{5}{7}$ l) $4\frac{3}{14}$ m) $1\frac{3}{100}$ n) $5\frac{21}{100}$ o) $3\frac{57}{100}$

Unechte Brüche in gemischte Zahlen umwandeln

Beispiel 2: Schreibe den unechten Bruch $\frac{8}{3}$ als gemischte Zahl.

Lösung:

In $\frac{8}{3}$ sind $\frac{6}{3} = 2$ Ganze enthalten.
$\frac{2}{3}$ bleiben übrig.

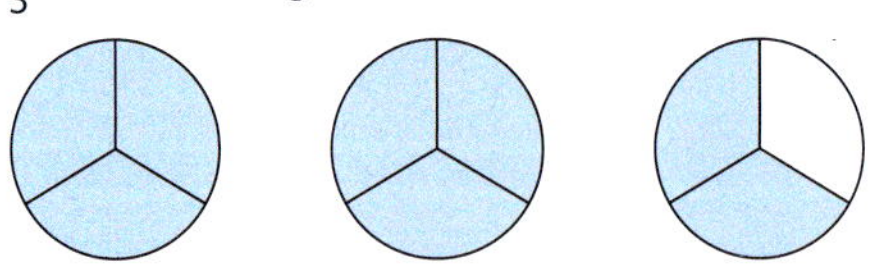

$\frac{6}{3}$ sind 2 Ganze.
$\frac{8}{3}$ sind 2 Ganze plus $\frac{2}{3}$.
Also: $\frac{8}{3} = 2\frac{2}{3}$

Hinweis:
Brüche, bei denen Zähler und Nenner gleich sind, ergeben immer 1: $\frac{6}{6} = 1$
Brüche, bei denen der Nenner 1 ist, stellen immer Ganze dar: $\frac{6}{1} = 6$

Basisaufgaben

5. Gib an, wie viele Ganze durch den unechten Bruch dargestellt werden.
Beispiel: $\frac{3}{3} = 1$, $\frac{6}{3} = 2$, $\frac{9}{3} = 3$

a) $\frac{4}{2}$ b) $\frac{12}{3}$ c) $\frac{4}{4}$ d) $\frac{25}{5}$ e) $\frac{30}{10}$
f) $\frac{15}{5}$ g) $\frac{68}{4}$ h) $\frac{25}{25}$ i) $\frac{3}{1}$ j) $\frac{78}{6}$

6. Stelle den Bruch grafisch dar. Schreibe den Bruch anschließend als gemischte Zahl.

a) $\frac{3}{2}$ b) $\frac{5}{3}$ c) $\frac{7}{3}$ d) $\frac{10}{6}$ e) $\frac{13}{4}$

7. Schreibe den Bruch als gemischte Zahl.

a) $\frac{5}{2}$ b) $\frac{11}{2}$ c) $\frac{15}{4}$ d) $\frac{21}{4}$ e) $\frac{4}{3}$

f) $\frac{11}{3}$ g) $\frac{10}{6}$ h) $\frac{7}{5}$ i) $\frac{17}{10}$ j) $\frac{23}{10}$

k) $\frac{15}{7}$ l) $\frac{29}{14}$ m) $\frac{101}{100}$ n) $\frac{211}{100}$ o) $\frac{491}{100}$

Tipp:
Wie viele Vielfache des Nenners passen in den Zähler hinein? Dies ergibt die Ganzen. Der Rest bleibt als echter Bruch übrig.

Weiterführende Aufgaben

8. Stolperstelle: Kim stellt die gemischten Zahlen $2\frac{1}{2}$ und $3\frac{1}{3}$ folgendermaßen dar.

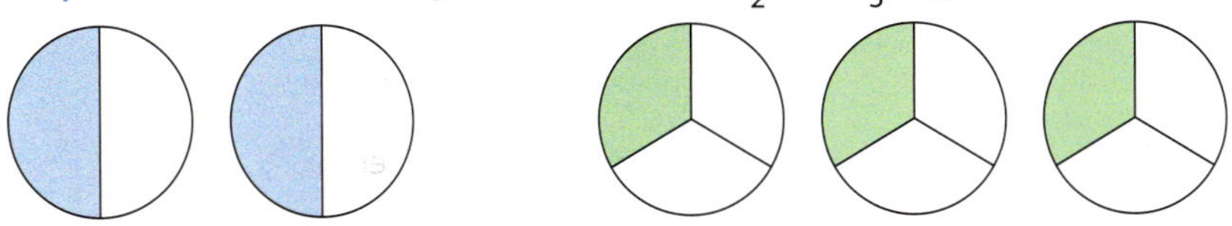

Was hat Kim falsch gemacht? Korrigiere ihren Fehler.

9. Vervollständige die fehlenden Angaben im Heft.

a) $4\frac{3}{5} = \frac{\square}{5}$ b) $\frac{24}{10} = \square\frac{4}{10}$ c) $\frac{175}{100} = \square\frac{75}{100}$ d) $2\frac{\square}{\square} = \frac{17}{6}$

e) $\frac{\square}{\square} = 3\frac{5}{8}$ f) $\square\frac{3}{10} = \frac{63}{10}$ g) $7\frac{3}{\square} = \frac{\square}{10}$ h) $5\frac{11}{\square} = \frac{\square}{12}$

10. Schreibe die natürliche Zahl als Bruch mit dem Nenner 10, danach mit dem Nenner 4.

a) 3 b) 1 c) 6 d) 10 e) 14 f) 18

11. Stellt der Bruch eine natürliche Zahl dar? Begründe.

a) $\frac{30}{5}$ b) $\frac{30}{20}$ c) $\frac{64}{2}$ d) $\frac{13}{2}$ e) $\frac{45}{9}$ f) $\frac{84}{7}$

● **12.** Welche der Brüche und gemischten Zahlen sind

a) weniger als ein Ganzes,
b) mehr als ein Ganzes und weniger als zwei Ganze,
c) mehr als zwei Ganze?

$\frac{5}{2}$ $1\frac{4}{9}$ $\frac{13}{8}$ $3\frac{1}{2}$ $\frac{5}{7}$ $\frac{20}{10}$ $\frac{11}{12}$ $\frac{7}{3}$ $\frac{7}{4}$ $\frac{12}{11}$

● **13.** Wie viel fehlt bis zum nächstgrößeren Ganzen?

a) $1\frac{1}{2}$ b) $2\frac{3}{4}$ c) $4\frac{1}{3}$ d) $\frac{9}{2}$ e) $\frac{24}{7}$ f) $\frac{59}{10}$

Hinweis zu 13:
Hier findest du die Lösungen.

● **14. Ausblick:**

a) Dividiere bei den Brüchen den Zähler durch den Nenner. Manchmal bleibt ein Rest.

① $\frac{13}{5}$ ② $\frac{32}{8}$ ③ $\frac{29}{7}$ ④ $\frac{37}{10}$

b) Erläutere den Zusammenhang zwischen der Division mit Rest und der Umwandlung eines unechten Bruchs in eine natürliche oder gemischte Zahl.

1.3 Brüche erweitern und kürzen

■ Jette: „Vom Apfelkuchen sind nur noch zwei Stücke übrig. Von der Erdbeertorte noch drei. Aber ich esse doch viel lieber Apfelkuchen."
Mutter: „Aber es ist doch von beiden Kuchen noch ein Viertel übrig. Von beiden Kuchen ist genau gleich viel übrig, Jette."
Hat Jette oder ihre Mutter recht? Begründe. ■

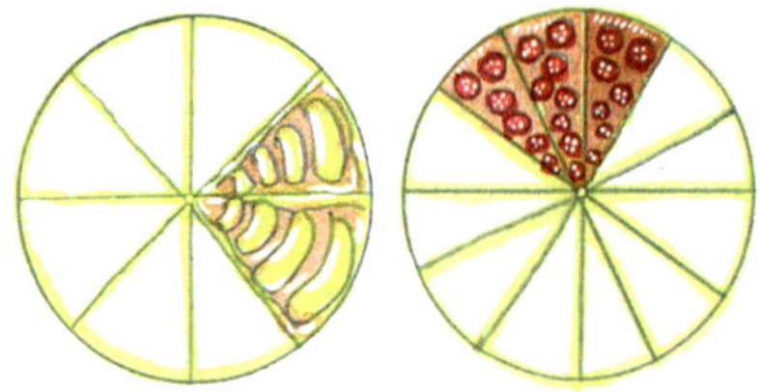

Ein Anteil kann durch verschiedene Brüche beschrieben werden. Durch Verfeinern oder Vergröbern der Einteilung lassen sich zu gleichen Anteilen verschiedene Brüche angeben.

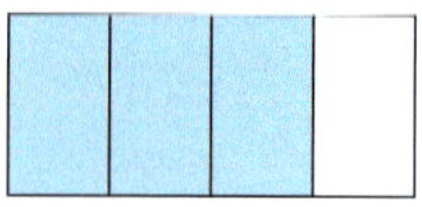

Einteilung verfeinern um den Faktor 2 (Erweitern mit 2)

$\frac{3}{4} = \frac{3 \cdot 2}{4 \cdot 2} = \frac{6}{8}$

$\frac{3}{4}$ → $\frac{6}{8}$

$\frac{6}{8} = \frac{6:2}{8:2} = \frac{3}{4}$

Einteilung vergröbern um den Faktor 2 (Kürzen mit 2)

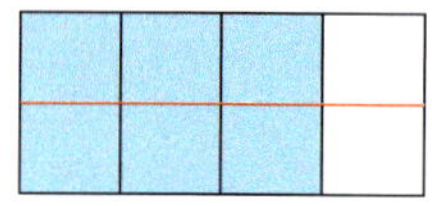

Hinweis:
Zu jedem Bruch kannst du durch Erweitern beliebig viele gleichwertige Brüche angeben.

Wissen: Erweitern und Kürzen
Brüche werden **erweitert**, indem man den Zähler und den Nenner mit derselben Zahl (der Erweiterungszahl) multipliziert.
Brüche werden **gekürzt**, indem man den Zähler und den Nenner durch dieselbe Zahl (die Kürzungszahl) dividiert.
Der Wert des Bruches ändert sich dadurch nicht.

Brüche erweitern

Beispiel 1: Erweitere den Bruch $\frac{2}{7}$ mit 5.

Lösung: Multipliziere Zähler und Nenner mit 5.

$\frac{2}{7} = \frac{2 \cdot 5}{7 \cdot 5} = \frac{10}{35}$

Basisaufgaben

1. Schreibe passende Brüche zu den Darstellungen.

a) 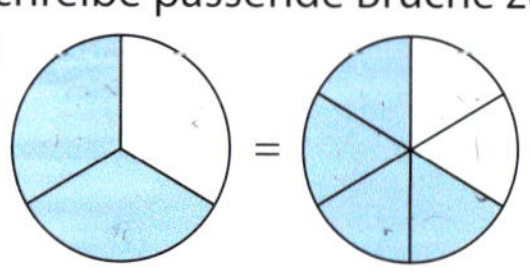

b) 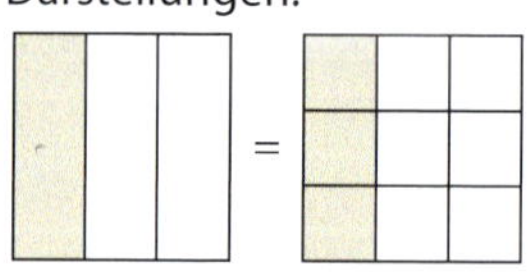

c) 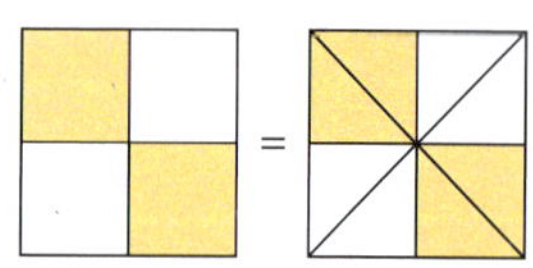

d) 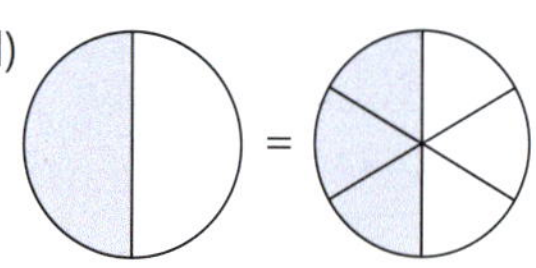

e) 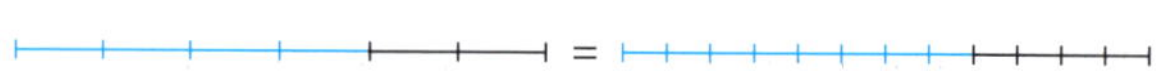

2. Zeichne zur Darstellung von $\frac{1}{3}$ eine verfeinerte Einteilung. Gib dazu den Bruch an. Prüfe, ob es auch andere Verfeinerungen gibt.

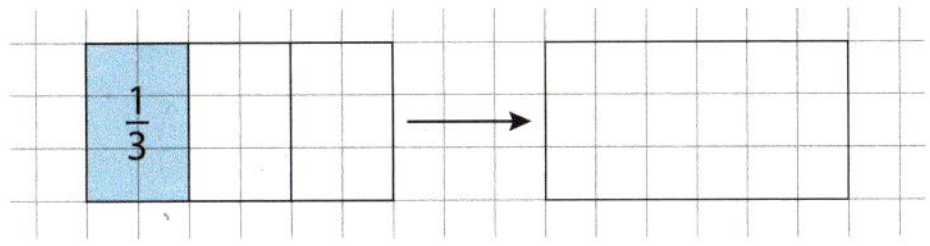

3. Erweitere den Bruch.

a) $\frac{1}{2}$ (mit 6) b) $\frac{2}{3}$ (mit 4) c) $\frac{4}{5}$ (mit 3) d) $\frac{3}{7}$ (mit 4)

e) $\frac{9}{14}$ (mit 4) f) $\frac{9}{5}$ (mit 4) g) $\frac{11}{3}$ (mit 7) h) $\frac{12}{25}$ (mit 8)

Hinweis zu 3:
Hier findest du die Lösungen.

4. Übertrage die Tabelle in dein Heft. Erweitere die Brüche jeweils mit der oben angegebenen Erweiterungszahl.

	2	3	5	10
$\frac{1}{2}$				
$\frac{3}{4}$				
$\frac{2}{5}$				
$\frac{7}{12}$				

Brüche kürzen

Beispiel 2: a) Kürze $\frac{24}{30}$ mit 6. b) Kürze $\frac{42}{63}$ so weit wie möglich.

Lösung: Dividiere Zähler und Nenner durch 6.

a) $\frac{24}{30} = \frac{24:6}{30:6} = \frac{4}{5}$

b) Suche Schritt für Schritt gemeinsame Teiler von Zähler und Nenner. Am Ende stehen im Zähler und Nenner zwei Zahlen, die außer 1 keinen gemeinsamen Teiler haben.

Dividiere Zähler und Nenner durch 7. Dividiere Zähler und Nenner durch 3.

$\frac{42}{63} = \frac{42:7}{63:7} = \frac{6}{9} = \frac{6:3}{9:3} = \frac{2}{3}$

Basisaufgaben

5. Schreibe passende Brüche zu den Darstellungen.

a) 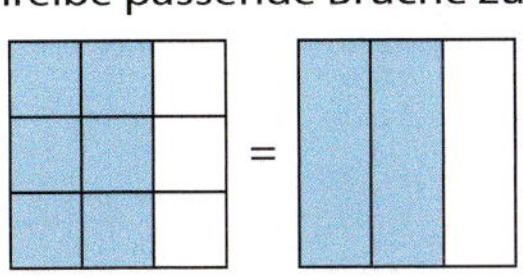

b) 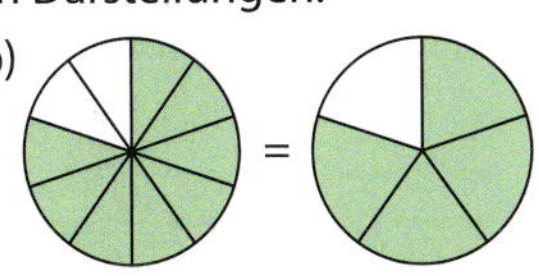

c) 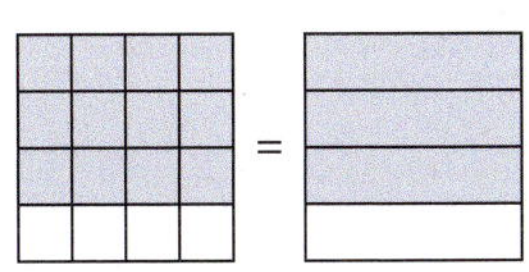

6. Zeichne zur Darstellung von $\frac{6}{8}$ eine vergröberte Einteilung. Gib dazu den Bruch an. Prüfe, ob es auch andere Möglichkeiten der Vergröberung gibt.

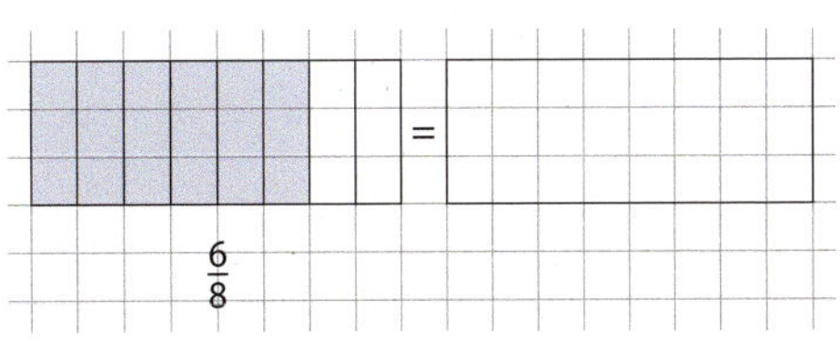

7. Kürze jeweils

a) mit 2: $\frac{4}{6}$, $\frac{8}{10}$, $\frac{12}{14}$, $\frac{24}{36}$, $\frac{84}{100}$

b) mit 3: $\frac{3}{9}$, $\frac{12}{18}$, $\frac{9}{15}$, $\frac{42}{45}$, $\frac{27}{18}$

c) mit 5: $\frac{15}{25}$, $\frac{45}{60}$, $\frac{15}{40}$, $\frac{10}{60}$, $\frac{15}{35}$

d) mit 8: $\frac{8}{16}$, $\frac{24}{56}$, $\frac{16}{64}$, $\frac{32}{48}$, $\frac{40}{16}$

e) mit 6: $\frac{6}{12}$, $\frac{24}{18}$, $\frac{6}{30}$, $\frac{12}{60}$, $\frac{18}{6}$

f) mit 9: $\frac{18}{27}$, $\frac{54}{90}$, $\frac{36}{45}$, $\frac{54}{27}$, $\frac{72}{81}$.

8. Übertrage die Tabelle in dein Heft und kürze die angegebenen Brüche jeweils mit der oben angegebenen Kürzungszahl, sofern das möglich ist.

	2	3	4	5
$\frac{60}{84}$				
$\frac{40}{120}$				
$\frac{48}{88}$				
$\frac{50}{55}$				

9. Kürze den Bruch so weit wie möglich.

a) $\frac{16}{20}$ b) $\frac{6}{28}$ c) $\frac{24}{36}$ d) $\frac{64}{48}$ e) $\frac{9}{24}$ f) $\frac{40}{100}$

g) $\frac{36}{54}$ h) $\frac{120}{96}$ i) $\frac{124}{120}$ j) $\frac{36}{144}$ k) $\frac{105}{63}$ l) $\frac{180}{360}$

Weiterführende Aufgaben

10. In den Bildern ist das Erweitern oder das Kürzen eines Bruchs dargestellt. Gib die passenden Brüche und die Erweiterungs- oder die Kürzungszahl an.

a)
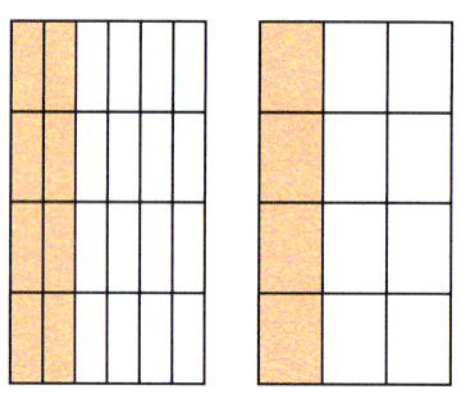

b)
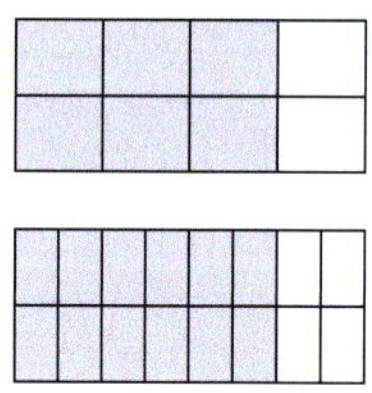

c)
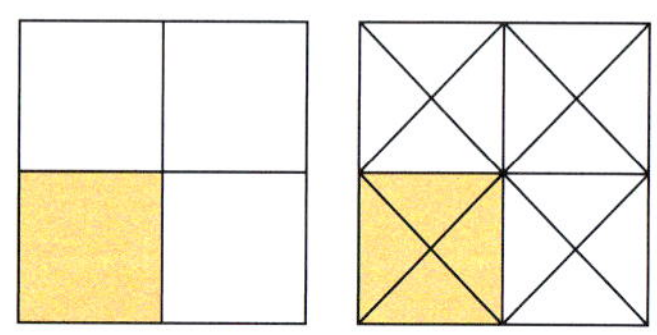

11. Erweitere den Bruch so, dass der Nenner 24 ist. Gib die Erweiterungszahl an.

a) $\frac{1}{2}$ b) $\frac{5}{3}$ c) $\frac{1}{4}$ d) $\frac{7}{6}$ e) $\frac{3}{8}$ f) $\frac{17}{12}$

12. Kürze den Bruch so, dass der Nenner 3 ist. Gib die Kürzungszahl an.

a) $\frac{4}{6}$ b) $\frac{6}{9}$ c) $\frac{18}{27}$ d) $\frac{33}{33}$ e) $\frac{27}{81}$ f) $\frac{96}{72}$

13. Vervollständige im Heft. Gib die Erweiterungs- oder die Kürzungszahl an.

a) $\frac{3}{4} = \frac{\square}{12}$ b) $\frac{36}{\square} = \frac{9}{10}$ c) $\frac{\square}{28} = \frac{1}{4}$ d) $\frac{15}{25} = \frac{\square}{5}$

e) $\frac{\square}{56} = \frac{3}{8}$ f) $\frac{2}{3} = \frac{16}{\square}$ g) $\frac{5}{6} = \frac{15}{\square}$ h) $\frac{81}{45} = \frac{\square}{5}$

i) $\frac{12}{\square} = \frac{3}{7}$ j) $\frac{\square}{24} = \frac{3}{2}$ k) $\frac{5}{8} = \frac{35}{\square}$ l) $\frac{12}{13} = \frac{\square}{156}$

14. Gib alle echten Brüche mit dem Nenner 12 an, die nicht gekürzt werden können.

Erinnere dich:
Bei echten Brüchen ist der Zähler kleiner als der Nenner.

15. Stolperstelle: Timo hat so weit wie möglich gekürzt, aber Fehler gemacht. Kontrolliere seine Lösungen und korrigiere sie gegebenenfalls.

a) $\frac{18}{27} = \frac{2}{3}$ b) $\frac{30}{44} = \frac{10}{11}$ c) $\frac{4}{12} = \frac{1}{4}$ d) $\frac{15}{42} = \frac{5}{14}$

e) $\frac{25}{45} = \frac{5}{45}$ f) $\frac{35}{56} = \frac{5}{7}$ g) $\frac{21}{126} = \frac{7}{42}$ h) $\frac{28}{200} = \frac{7}{25}$

16. a) Kürze die Brüche rechts zunächst mit 2 und dann so weit wie möglich.
b) Kürze die Brüche rechts zunächst mit 3 und dann so weit wie möglich.
c) Vergleiche die Rechenwege und Ergebnisse in a) und b). Formuliere deine Erkenntnis in einem Satz.

① $\frac{12}{18}$ ② $\frac{42}{30}$ ③ $\frac{90}{150}$ ④ $\frac{144}{108}$

17. Gib drei passende Brüche für den gefärbten Anteil an.

a)

b)
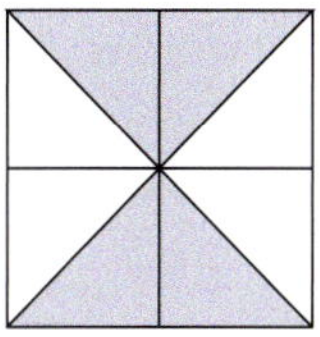
c)
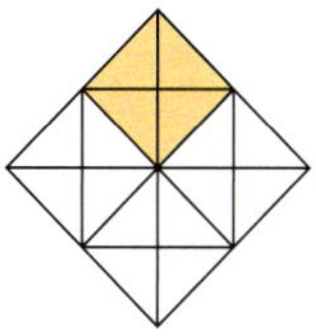

18. Gib zu dem Bruch drei verschiedene gleichwertige Brüche an.

a) $\frac{1}{5}$ b) $\frac{4}{3}$ c) $\frac{7}{14}$ d) $\frac{30}{70}$ e) $\frac{48}{72}$ f) $\frac{55}{22}$

19. Gib zu dem Bruch einen gleichwertigen Bruch mit dem Nenner 100 an.

a) $\frac{1}{10}$ b) $\frac{2}{4}$ c) $\frac{30}{25}$ d) $\frac{36}{300}$ e) $\frac{36}{48}$ f) $\frac{21}{150}$

● **20.** Prüfe durch Erweitern oder Kürzen, ob die beiden Brüche den gleichen Wert haben.

a) $\frac{2}{12}$ und $\frac{8}{48}$ b) $\frac{3}{12}$ und $\frac{1}{3}$ c) $\frac{36}{54}$ und $\frac{49}{63}$ d) $\frac{40}{50}$ und $\frac{72}{96}$

● **21.** Finde passende Brüche.
a) Gesucht ist ein Bruch, den man mit 3, aber nicht mit 6 kürzen kann.
b) Gesucht ist ein Bruch, den man auf den Nenner 10 erweitern kann.
c) Gesucht ist ein Bruch mit einem dreistelligen Nenner, der gleich einem Viertel des Ganzen ist.
d) Gesucht ist ein Bruch mit einem zweistelligen Zähler und einem dreistelligem Nenner, der gleichwertig zu $\frac{2}{3}$ ist.

● **22. Ausblick:**
a) Kürze die Brüche so weit wie möglich: ① $\frac{54}{81}$ ② $\frac{66}{42}$ ③ $\frac{36}{108}$
b) Schreibe für jeden Bruch die Teiler des Zählers und die Teiler des Nenners auf.
c) Schreibe für jeden Bruch alle Zahlen auf, mit denen der Bruch gekürzt werden kann.
d) Kürze die Brüche mit der größtmöglichen Zahl und vergleiche die Ergebnisse mit a).
e) Vervollständige den Satz: „Man kann einen Bruch so weit wie möglich kürzen, indem man …" Verwende den Begriff Teiler.

1.4 Brüche vergleichen und ordnen

■ Hier siehst du verschiedene Flaggen. Welche Flagge hat den größten Anteil Rot? Bei welcher Flagge ist der Anteil am kleinsten? ■

Österreich

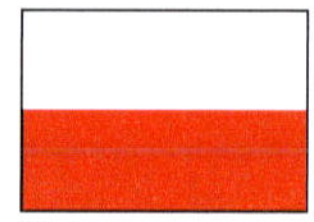
Polen

Niederlande

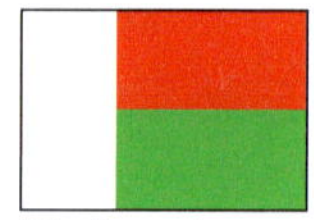
Madagaskar

Brüche gleichnamig machen und vergleichen

Um Brüche vergleichen zu können, müssen sie den gleichen Nenner haben. Ist dies nicht der Fall, dann erweitert oder kürzt man die Brüche so, dass sie einen **gemeinsamen Nenner** haben:

$\frac{3}{5} = \frac{6}{10}$

$\frac{1}{2} = \frac{5}{10}$

Man nennt dies auch **gleichnamig machen.**

Jetzt kann man vergleichen:

$\frac{6}{10} > \frac{5}{10}$, also ist $\frac{3}{5} > \frac{1}{2}$.

$\frac{3}{5}$

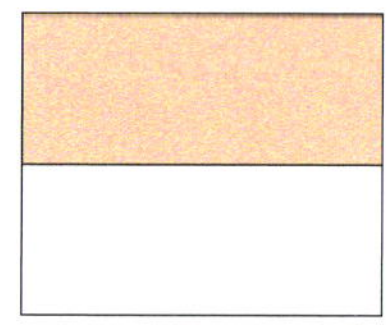
$\frac{1}{2}$

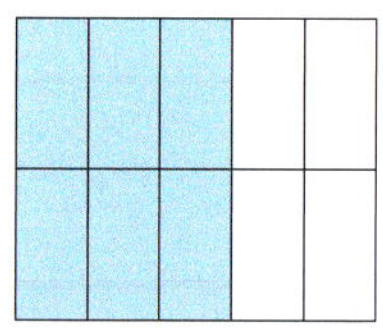
$\frac{6}{10}$

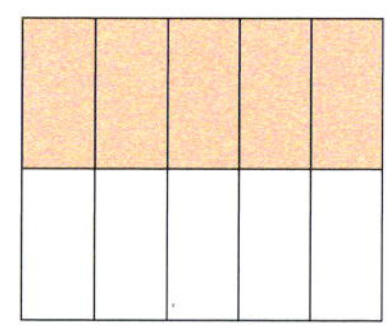
$\frac{5}{10}$

Wissen: Brüche vergleichen

Bei **Brüchen mit dem gleichen Nenner** ist der Bruch größer, der den größeren Zähler hat.

Brüche mit unterschiedlichen Nennern werden zuerst durch Erweitern oder Kürzen **gleichnamig gemacht** und dann verglichen.

Beispiel 1: Bringe auf einen gemeinsamen Nenner und vergleiche die Brüche.

a) $\frac{2}{3}$ und $\frac{7}{9}$

b) $\frac{4}{5}$ und $\frac{7}{8}$

Lösung:

a) Hier kann 9 als gemeinsamer Nenner gewählt werden. Erweitere $\frac{2}{3}$ mit 3. Vergleiche dann die Zähler.

$\frac{2}{3} = \frac{2 \cdot 3}{3 \cdot 3} = \frac{6}{9}$

$\frac{6}{9} < \frac{7}{9}$, also ist $\frac{2}{3} < \frac{7}{9}$.

b) Erweitere die Brüche jeweils mit dem Nenner des anderen Bruchs.

Erweitere also $\frac{4}{5}$ mit 8 und $\frac{7}{8}$ mit 5.

Der gemeinsame Nenner ist 40. Vergleiche dann die Zähler.

$\frac{4}{5} = \frac{4 \cdot 8}{5 \cdot 8} = \frac{32}{40}$ und $\frac{7}{8} = \frac{7 \cdot 5}{8 \cdot 5} = \frac{35}{40}$

$\frac{32}{40} < \frac{35}{40}$, also ist $\frac{4}{5} < \frac{7}{8}$.

Hinweis:
Man kann immer auf das Produkt der Nenner erweitern wie bei b). Wenn man einen kleineren gemeinsamen Nenner findet, sind die Rechnungen aber einfacher wie bei a).

Basisaufgaben

1. Gib an, welche Brüche dargestellt sind. Vergleiche sie.

a) 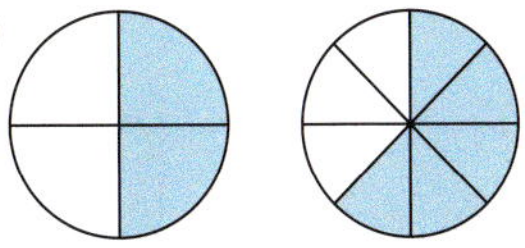

b) 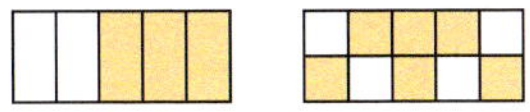

c) 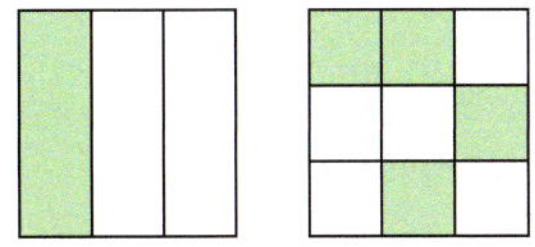

2. Vergleiche die Brüche mithilfe von Zeichnungen wie in Aufgabe 1.

a) $\frac{3}{5}$ und $\frac{4}{5}$ b) $\frac{3}{4}$ und $\frac{2}{3}$ c) $\frac{3}{4}$ und $\frac{7}{12}$ d) $\frac{2}{3}$ und $\frac{3}{5}$ e) $\frac{7}{8}$ und $\frac{3}{4}$

3. Vergleiche die Brüche.

a) $\frac{2}{5}$ und $\frac{3}{5}$ b) $\frac{7}{9}$ und $\frac{4}{9}$ c) $\frac{5}{12}$ und $\frac{10}{12}$ d) $\frac{6}{2}$ und $\frac{1}{2}$ e) $\frac{12}{3}$ und $\frac{17}{3}$

f) $\frac{2}{5}$ und $\frac{2}{7}$ g) $\frac{3}{8}$ und $\frac{3}{5}$ h) $\frac{9}{11}$ und $\frac{9}{4}$ i) $\frac{3}{10}$ und $\frac{3}{5}$ j) $\frac{10}{3}$ und $\frac{5}{3}$

4. Übertrage ins Heft. Setze das richtige Zeichen <, > oder = ein.

a) $\frac{3}{4}$ ■ $\frac{4}{8}$ b) $\frac{1}{8}$ ■ $\frac{5}{24}$ c) $\frac{3}{10}$ ■ $\frac{1}{2}$ d) $\frac{14}{18}$ ■ $\frac{7}{9}$ e) $\frac{15}{21}$ ■ $\frac{8}{14}$

f) $\frac{6}{7}$ ■ $\frac{3}{4}$ g) $\frac{3}{8}$ ■ $\frac{4}{7}$ h) $\frac{3}{4}$ ■ $\frac{5}{8}$ i) $\frac{11}{18}$ ■ $\frac{4}{6}$ j) $\frac{7}{8}$ ■ $\frac{9}{10}$

k) $\frac{3}{2}$ ■ $\frac{7}{4}$ l) $\frac{10}{12}$ ■ $\frac{40}{48}$ m) $\frac{3}{8}$ ■ $\frac{2}{7}$ n) $\frac{1}{32}$ ■ $\frac{1}{64}$ o) $\frac{13}{20}$ ■ $\frac{31}{50}$

5. Gib die dargestellten Brüche an und ordne sie der Größe nach.

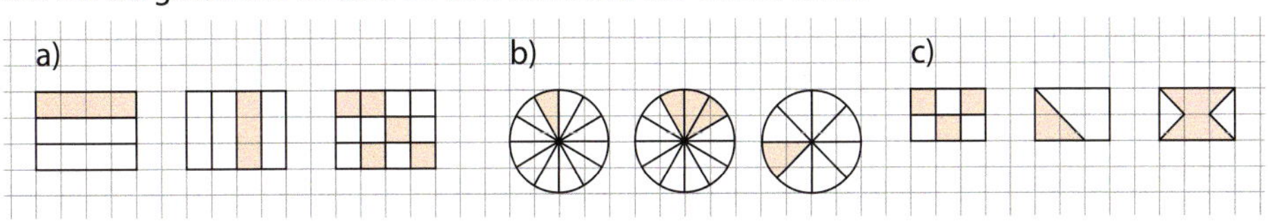

6. Bringe die Brüche auf einen gemeinsamen Nenner und ordne sie. Beginne mit dem kleinsten Bruch.

a) $\frac{2}{3}, \frac{4}{9}, \frac{1}{3}$ b) $\frac{5}{8}, \frac{1}{2}, \frac{3}{4}, \frac{7}{8}$ c) $\frac{8}{4}, \frac{7}{10}, \frac{1}{4}, \frac{1}{2}, \frac{4}{5}$

d) $\frac{3}{4}, \frac{3}{2}, \frac{3}{3}, \frac{3}{5}$ e) $\frac{3}{7}, \frac{1}{7}, \frac{7}{3}, \frac{7}{7}, \frac{1}{3}$ f) $\frac{5}{12}, \frac{3}{4}, \frac{3}{8}, \frac{7}{24}$

Brüche am Zahlenstrahl darstellen und vergleichen

Jedem Bruch lässt sich genau ein Punkt auf dem Zahlenstrahl zuordnen.

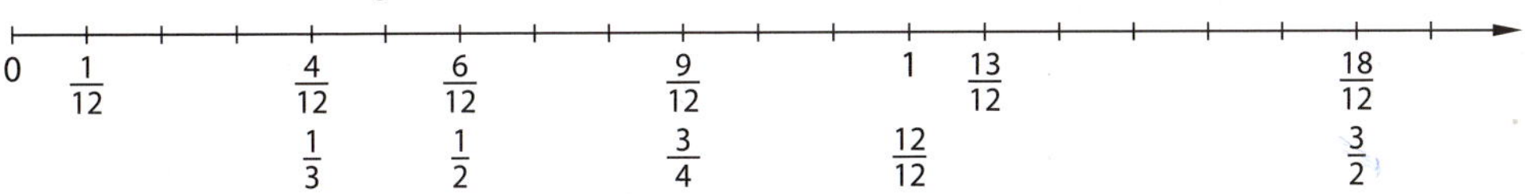

Wissen: Brüche auf dem Zahlenstrahl

Auf einem Zahlenstrahl liegt der **kleinere von zwei Brüchen immer links** vom anderen Bruch.

Brüche, die durch Erweitern oder Kürzen auseinander hervorgehen, gehören zu demselben Punkt auf dem Zahlenstrahl. Sie bezeichnen dieselbe **Bruchzahl**.

Beispiel 2: Zeichne die Brüche $\frac{2}{3}$ und $\frac{3}{4}$ auf dem Zahlenstrahl ein und vergleiche sie.

Lösung:
Teile Strecke von 0 bis 1 durch Skalenstriche in 3 beziehungsweise in 4 gleich große Teile und zeichne die Brüche ein.

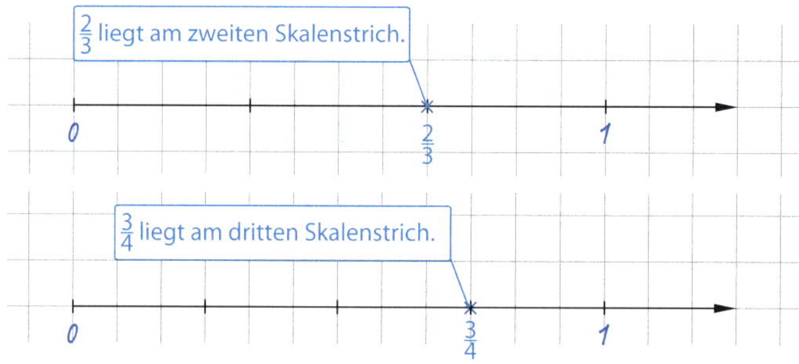

Am Zahlenstrahl liegt die kleinere von zwei Zahlen links. Also ist $\frac{2}{3} < \frac{3}{4}$.

Basisaufgaben

7. Lies die markierten Brüche ab.

a)
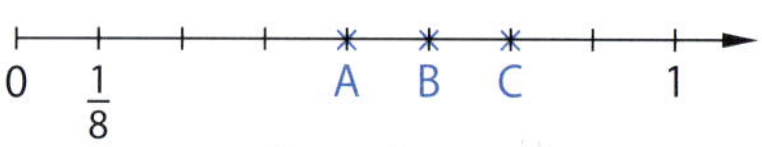

b)
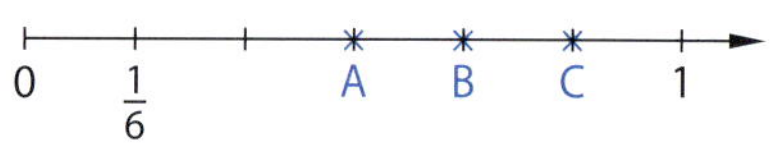

8. ①
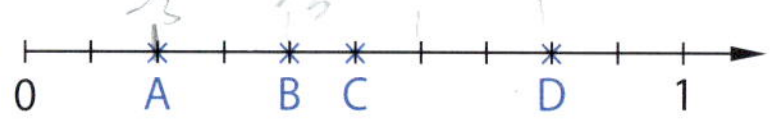

②
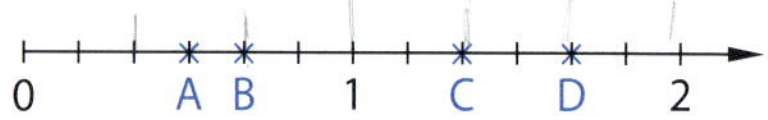

a) In wie viele gleiche Teile ist die Strecke zwischen 0 und 1 jeweils unterteilt?
b) Gib für jeden markierten Punkt auf den Zahlenstrahlen zwei Brüche an.

Erinnere dich:
Gemischte Zahlen bestehen aus einer natürlichen Zahl und einem echten Bruch, z. B. $2\frac{1}{6}$.

9. Gib für jeden markierten Punkt einen Bruch und – falls möglich – eine gemischte Zahl an.

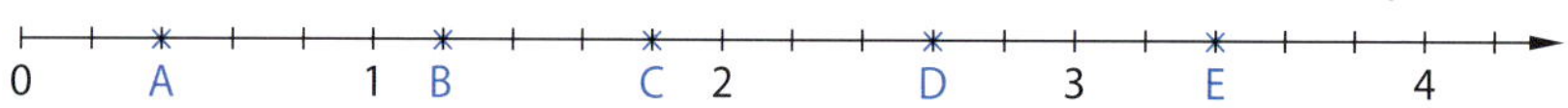

10. a) Lies den Bruch am Punkt A ab.

b) Zeichne einen Zahlenstrahl wie in a). Markiere darauf jeweils die zwei folgenden Brüche und vergleiche sie.
① $\frac{3}{15}$ und $\frac{1}{5}$ ② $\frac{7}{15}$ und $\frac{2}{5}$ ③ $\frac{2}{3}$ und $\frac{4}{5}$ ④ $\frac{19}{15}$ und $\frac{4}{3}$

c) Markiere auf deinem Zahlenstahl die gemischten Zahlen $1\frac{1}{15}$ und $1\frac{2}{5}$. Vergleiche sie ebenfalls.

11. Markiere die Brüche auf einem geeigneten Zahlenstrahl.
a) $\frac{2}{5}, \frac{4}{5}, \frac{6}{5}$ b) $\frac{1}{6}, \frac{5}{6}, \frac{7}{6}, \frac{11}{6}$ c) $\frac{1}{12}, \frac{2}{3}, \frac{1}{2}, \frac{5}{12}$ d) $\frac{2}{5}, \frac{1}{3}, \frac{4}{5}$

Weiterführende Aufgaben

12. a) Gib alle Brüche mit dem Nenner 5 an, die größer als $\frac{3}{5}$ und kleiner als 2 sind.
b) Gib alle Brüche mit dem Nenner 2 an, die größer als 2 und kleiner als $\frac{10}{2}$ sind.

13. Setze für ■ einen Bruch mit dem Nenner 12 so ein, dass eine wahre Aussage entsteht.

a) $\frac{5}{12} < ■ < \frac{7}{12}$ b) $0 < ■ < \frac{1}{6}$ c) $\frac{2}{3} < ■ < \frac{11}{12}$ d) $\frac{5}{6} < ■ < 1$

Hinweis zu 13:
Hier findest du die Lösungen. Vorsicht: Eine Zahl ist zuviel angegeben.

14. Stolperstelle: Anton, Moritz und Jasper wollten begründen, warum $\frac{1}{3}$ kleiner als $\frac{1}{4}$ ist. Was ist an ihren Begründungen jeweils falsch?

a) Anton: *Am gefärbten Anteil sieht man $\frac{1}{3} < \frac{1}{4}$.*

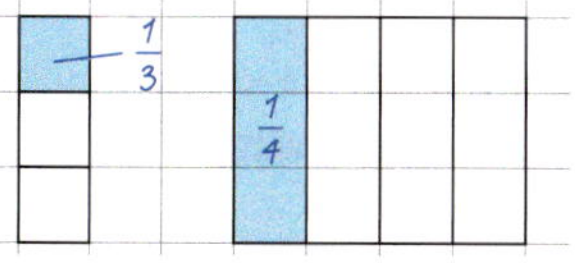

b) Moritz: *Der kleinere Bruch liegt am Zahlenstrahl weiter links. Also ist $\frac{1}{3} < \frac{1}{4}$.*

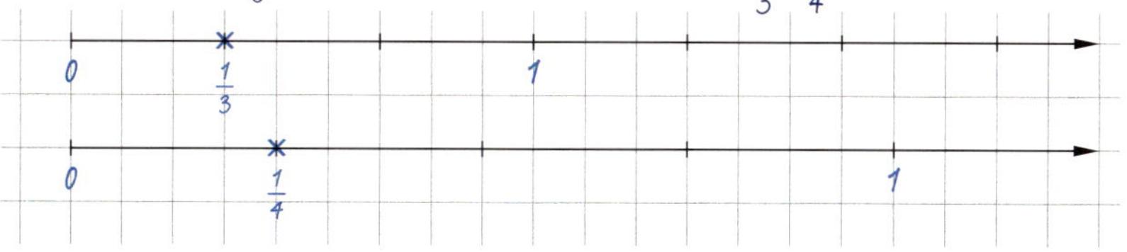

c) Jasper: *$\frac{1}{3} < \frac{1}{4}$, da $3 < 4$.*

15. Rechnen ist nicht immer nötig. Du kannst auch argumentieren.

a) Liegt der Bruch im blauen, roten, grünen oder schwarzen Bereich des vorgegebenen Zahlenstrahls? $\frac{3}{5}$, $\frac{2}{7}$, $\frac{17}{10}$, $\frac{7}{8}$, $\frac{7}{12}$, $\frac{6}{17}$, $\frac{15}{13}$, $\frac{13}{11}$

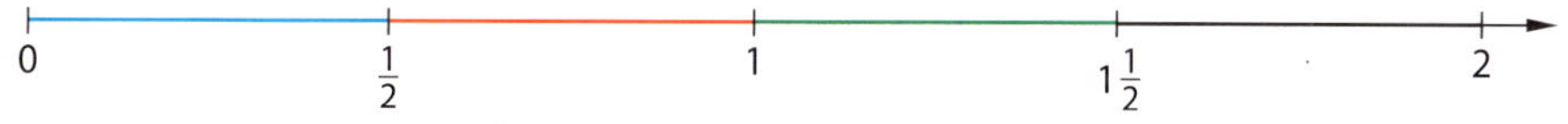

b) Durch Vergleich mit 1 oder $\frac{1}{2}$ kannst du manchmal ganz leicht erkennen, welcher der Brüche der größere ist. Vergleiche die Brüche.

① $\frac{3}{5}$ und $\frac{2}{7}$ ② $\frac{13}{11}$ und $\frac{7}{8}$ ③ $\frac{6}{17}$ und $\frac{7}{12}$ ④ $\frac{15}{13}$ und $\frac{17}{10}$

16. Ordne die Brüche der Größe nach. Erläutere dein Vorgehen.

a) $\frac{7}{13}$ und $\frac{11}{13}$ b) $\frac{1}{6}$ und $\frac{5}{42}$ c) $\frac{5}{3}$ und $\frac{29}{32}$ d) $\frac{11}{16}$ und $\frac{7}{12}$

e) $\frac{6}{15}$, $\frac{15}{15}$, $\frac{9}{15}$ f) $\frac{9}{12}$, $\frac{5}{6}$, $\frac{4}{5}$ g) $\frac{3}{5}$, $\frac{14}{25}$, $\frac{9}{8}$ h) $\frac{1}{2}$, $\frac{11}{12}$, $\frac{2}{11}$

17. Überprüfe folgende Aussage an Beispielen.
„Haben zwei Brüche den gleichen Zähler, dann ist derjenige der kleinere Bruch, der den größeren Nenner hat."
Ist die Aussage immer richtig? Begründe mithilfe von Zeichnungen.

4. Bestimme einen Bruch, der zu der Situation passt.
Gib – wenn möglich – auch als gemischte oder als natürliche Zahl an.
   a) 6 Pfannkuchen werden gerecht an 4 Kinder verteilt.
   b) 3 Kinder teilen sich 6 Schokoriegel und jedes bekommt gleich viel.
   c) Zu Martas Geburtstag hat die Mutter 15 Waffeln gebacken. Es kommen 12 Kinder, die alle großen Waffelhunger haben.

5. Finde Situationen, bei denen etwas geteilt wird und die zu der gemischten Zahl $1\frac{2}{3}$ passen.

Weiterführende Aufgaben

6. Vier Kinder wollen fünf Tafeln Schokolade gerecht aufteilen.
   a) Moritz teilt jede Tafel in vier gleich große Teile. Fertige eine Skizze wie in Beispiel 1 an. Welchen Anteil erhält jeder? Gib als Bruch an.
   b) Lisa sagt: „Du musst doch gar nicht alle Tafeln Schokolade zerteilen." Woran denkt Lisa?
   c) Gib den Anteil als gemischte Zahl an.

7. **Stolperstelle:** Was meinst du zu der Behauptung? Begründe deine Meinung.
   a) Raiko sagt: „$\frac{0}{3}$ ist 0. Wenn drei Personen Pizza essen wollen, aber keine Pizza da ist, bekommt jeder null Pizzen."
   b) Oskar erwidert: „$\frac{3}{0}$ ist auch 0. Wenn es drei Pizzen gibt, aber keiner ist da, dann kann auch keiner was essen."

8. Die beiden rechts abgebildeten Wiesen sollen in fünf gleich große Grundstücke aufgeteilt werden.
   a) Welchen Anteil an einer Wiese hat jedes Grundstück?
   b) Übertrage die Zeichnung ins Heft und zeichne eine mögliche Aufteilung ein. Jedes Grundstück soll aus einer zusammenhängenden Fläche bestehen.
   c) Kann man so aufteilen, dass alle Grundstücke rechteckig sind?

9. a) Vier Freunde haben sich zwei Pizzen geholt. Wie viel bekommt jeder?
   b) Nun kommt ein fünfter Freund dazu. Wie viel bekommt nun jeder der Freunde?
   c) Wenn sie eine weitere Pizza bestellen – wie viel bekommt dann jeder der fünf Freunde?
   d) Wie ändert sich der Anteil für jeden Einzelnen, wenn weitere Freunde dazu kommen?
   e) Wie ändert sich der Anteil für jeden Einzelnen, wenn sie weitere Pizzen bestellen?
   f) Wie ändert sich der Anteil für jeden Einzelnen, wenn jede weitere Person eine Pizza mitbringt?

10. **Ausblick:** „Ich nehme ein Ganzes, teile es in 8 Teile und nehme 5 davon."
„Ich nehme 5 Ganze und gebe 8 Kindern gleich viel davon."
   a) Beide Sätze erklären, was $\frac{5}{8}$ bedeutet. Finde jeweils eine Zeichnung für die unterschiedlichen Erklärungen.
   b) Erläutere Gemeinsamkeiten und Unterschiede der Erklärungen.

1.6 Anteile von mehreren Ganzen – Anteile von Größen

■ Robin hat mit seinen drei jüngeren Geschwistern Anna, Marie und Merle einen ganzen Nachmittag auf dem Flohmarkt verbracht, um altes Spielzeug zu verkaufen. Am Ende des Tages zählt er die Einnahmen:

„Prima! Zusammen haben wir 63 Euro eingenommen. Allein zwei Drittel des Geldes hat Merles altes Dreirad eingebracht."

Wie viel Geld haben die Geschwister für das Dreirad bekommen? ■

Anteile von Größen berechnen

Willst du von einer bestimmten Größe einen Anteil berechnen, kannst du zwei Rechenschritte hintereinander ausführen.

Wissen: Anteil von Größen berechnen
Ist der Anteil an einer Größe als Bruch gegeben, so kann man den Anteil berechnen, indem man die Größe durch den Nenner teilt und danach das Ergebnis mit dem Zähler multipliziert.

Beispiel 1: a) Berechne $\frac{3}{4}$ von 8 kg. b) Berechne $\frac{3}{8}$ von 1 kg.

Lösung:

a) Drei Viertel von … bedeutet:
Teile etwas in **vier** gleich große Teile und nimm **drei** davon.

Das heißt:
Teile 8 kg durch 4.
Multipliziere anschließend das Ergebnis mit 3.

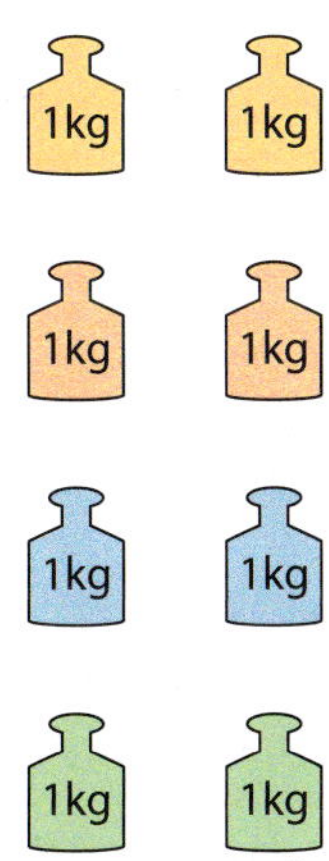

8 kg → (: 4) → 2 kg → (· 3) → 6 kg

$\frac{3}{4}$ von 8 kg sind 6 kg.

b) Da man 1 kg nicht direkt in acht gleich große Teile teilen kann, wandle 1 kg zunächst in eine kleinere Maßeinheit um.

$\frac{3}{8}$ von 1000 g bedeutet: Teile 1000 g durch 8 und multipliziere anschließend mit 3.

1 kg = 1000 g → (: 8) → 125 g → (· 3) → 375 g

$\frac{3}{8}$ von 1 kg sind 375 g.

Basisaufgaben

1. Zeichne jeweils eine 6 cm lange Strecke. Färbe dann den Anteil an der Strecke. Gib die Länge der gefärbten Strecke in cm an.
   a) $\frac{1}{3}$ b) $\frac{2}{3}$ c) $\frac{1}{6}$ d) $\frac{4}{6}$

2. Berechne.
   a) $\frac{1}{2}$ von 8 t b) $\frac{1}{3}$ von 24 h c) $\frac{2}{5}$ von 20 cm d) $\frac{3}{8}$ von 56 €
   e) $\frac{2}{3}$ von 63 cm f) $\frac{7}{10}$ von 500 g g) $\frac{7}{9}$ von 27 ℓ h) $\frac{3}{8}$ von 200 km

3. Zeichne jeweils eine 6 cm lange Strecke. Färbe dann den Anteil an der Strecke. Gib die Länge der gefärbten Strecke in mm an.
   a) $\frac{1}{10}$ b) $\frac{4}{5}$ c) $\frac{3}{4}$ d) $\frac{7}{12}$

4. Berechne.
   a) $\frac{1}{5}$ von 1 cm b) $\frac{1}{10}$ von 1 kg c) $\frac{1}{4}$ von 2 km d) $\frac{9}{10}$ von 1 g
   e) $\frac{4}{5}$ von 1 min f) $\frac{2}{5}$ von 3 € g) $\frac{2}{3}$ von 5 h h) $\frac{3}{20}$ von 5 m

Hinweis zu 5:
Hier findest du die Lösungen.

5. Berechne die Anteile der gegebenen Größen.
   a) $\frac{3}{4}$ von 200 kg; 16 ℓ; 1 h b) $\frac{2}{5}$ von 60 kg; 3 min; 8 m c) $\frac{7}{10}$ von 7 t; 2 ℓ; 40 min

6. Ordne passend zu.
   a) $\frac{3}{5}$, $\frac{3}{4}$, $\frac{2}{3}$, $\frac{3}{10}$, $\frac{2}{5}$ – von 6 Euro sind – 1,80 €, 2,40 €, 3,60 €, 4 €, 4,50 €
   b) $\frac{15}{20}$, $\frac{4}{10}$, $\frac{2}{6}$, $\frac{1}{3}$, $\frac{3}{4}$ – von 3 Stunden sind – 135 min, 72 min, 60 min

7. **Brüche als Maßzahlen:** Schreibe die Größenangabe in der nächstkleineren Einheit.
   Beispiel: $\frac{3}{5}$ kg sind $\frac{3}{5}$ von 1 kg. Rechne daher: 1 kg = 1000 g $\xrightarrow{:5}$ 200 g $\xrightarrow{\cdot 3}$ 600 g
   $\frac{3}{5}$ kg = 600 g
   a) $\frac{1}{4}$ km b) $\frac{1}{6}$ h c) $\frac{1}{5}$ m d) $\frac{3}{100}$ g
   e) $\frac{2}{5}$ ℓ f) $\frac{5}{6}$ min g) $\frac{7}{10}$ t h) $\frac{4}{5}$ dm

8. Ordne die Größen im linken Kasten den Größen im rechten Kasten richtig zu.
   a) $\frac{1}{5}$ m, $\frac{1}{10}$ m, $\frac{1}{4}$ m, $\frac{1}{20}$ m, $\frac{1}{100}$ m | 5 cm, 10 cm, 20 cm, 25 cm, 1 cm
   b) $\frac{1}{4}$ h, $\frac{1}{3}$ h, $\frac{1}{10}$ h, $\frac{1}{2}$ h, $\frac{1}{12}$ h | 5 min, 6 min, 15 min, 20 min, 30 min

9. **Gemischte Zahlen als Maßzahlen:** Schreibe die Größenangabe in der nächstkleineren Einheit.

Beispiel: $2\frac{3}{4}$ kg = 2 kg + $\frac{3}{4}$ kg = 2000 g + 750 g = 2750 g

a) $2\frac{1}{2}$ cm b) $1\frac{5}{8}$ kg c) $3\frac{4}{10}$ g d) $1\frac{1}{4}$ km e) $1\frac{1}{2}$ h

f) $1\frac{1}{10}$ t g) $2\frac{1}{6}$ min h) $3\frac{2}{5}$ m i) $1\frac{3}{8}$ km j) $1\frac{3}{20}$ ℓ

10. Ordne die Größen im linken Kasten den Größen im rechten Kasten passend zu.

a)

$1\frac{3}{4}$ h $2\frac{1}{2}$ h
$3\frac{1}{4}$ h $2\frac{3}{4}$ h
$1\frac{1}{3}$ h

80 min 105 min
150 min
165 min 195 min

b)

$1\frac{1}{5}$ m
$2\frac{3}{5}$ m $3\frac{1}{4}$ m
$2\frac{1}{4}$ m $3\frac{2}{5}$ m

120 cm 225 cm
260 cm 325 cm
340 cm

Anteile von Größen als Brüche angeben

Beispiel 2: Veranschauliche 4 cm von 10 cm zeichnerisch. Gib diesen Anteil als Bruch an.

Lösung:
Eine 10 cm lange Strecke wird in 10 gleich große Teile geteilt, die je 1 cm lang sind. 4 dieser Teile sind zusammen 4 cm.

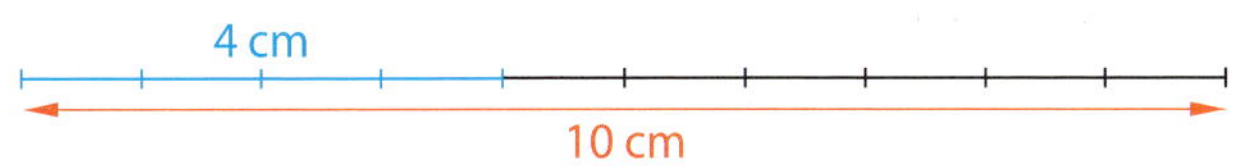

4 cm von 10 cm sind $\frac{4}{10} = \frac{2}{5}$.

Hinweis:
Beide Größen müssen in der gleichen Einheit angegeben sein. Im Beispiel sind es cm.

Basisaufgaben

11. Zeichne wie in Beispiel 2. Gib den Anteil dann als Bruch an.

a) 7 cm von 9 cm b) 4 cm von 6 cm c) 3 cm von 12 cm

12. Gib zu dem Anteil zwei passende Brüche an.

a) 3 € von 9 € b) 8 € von 12 € c) 12 € von 15 €

d) 6 € von 8 € e) 4 € von 10 € f) 5 € von 20 €

13. Gib den Anteil als vollständig gekürzten Bruch an.

a) 10 min von 20 min b) 6 h von 10 h c) 3 s von 24 s

14. Gib den Anteil als Bruch an. Rechne zunächst in die gleiche Einheit um.

Beispiel: 750 g von 1 kg sind 750 g von 1000 g. Der Anteil ist $\frac{750}{1000} = \frac{3}{4}$.

a) 6 mm von 1 cm b) 15 min von 1 h c) 700 g von 1 kg
d) 500 m von 3 km e) 80 s von 2 min f) 75 Cent von 2 €

Weiterführende Aufgaben

15. Berechne die Anteile der Größen.

$\frac{1}{10}$ **von**	1 t	2 dm	40 min	2,50 €
$\frac{5}{8}$ **von**	4 kg	64 km	2 h	3,20 €
$\frac{4}{5}$ **von**	2 kg	120 m	1 h	1 €

16. Ergänze die fehlenden Angaben im Heft.

a) $\frac{1}{4}$ von 80 g sind ■.
b) $\frac{■}{■}$ von 11 m sind 5 m.
c) $\frac{1}{10}$ kg = ■ g
d) $\frac{1}{5}$ von 1 h sind ■.
e) $\frac{■}{7}$ von 140 t sind 80 t.
f) $\frac{5}{8}$ ℓ = ■ mℓ
g) $\frac{7}{16}$ von 8 km sind ■.
h) $\frac{■}{18}$ von 3 h sind 50 min.
i) $\frac{9}{50}$ m = ■ cm

17. Gib die Anteile mit einem möglichst einfachen Bruch an.
a) Von 22 Flaschen Saft sind noch 11 voll.
b) Von einem 36 m^2 großen Hausgiebel sind 24 m^2 verglast.
c) Von 20 Liter Milch wurden 15 Liter verkauft.
d) Von 28 Schülern kommen 12 mit dem Bus zur Schule.
e) Ein Mensch schläft täglich etwa 8 Stunden.
f) Laura hat im Training 30-mal aufs Tor geworfen. Sie hat 15-mal ins Tor getroffen und zweimal daneben geworfen. 13-mal hat die Torhüterin gehalten.

18. Stolperstelle:
a) Beschreibe die Fehler, die Annika gemacht hat, und korrigiere sie.
① *$\frac{2}{3}$ von 18 kg sind 27 kg.*
② *$\frac{1}{1000}$ g = 1 kg*
③ *$\frac{2}{5}$ m = 4 cm*
④ *2 mm von 10 cm sind der Anteil $\frac{1}{5}$.*
b) Ein Sportreporter berichtet im Radio: „In der Basketball-Bundesliga trennten sich die BG Göttingen und die Baskets Oldenburg 60 zu 90. Damit erzielte Göttingen zwei Drittel aller Körbe." Beschreibe, welchen Fehler der Reporter gemacht hat. Formuliere die Nachricht richtig.

19. a) Welcher der beiden Angaben ist jeweils größer? Vergleiche die Brüche.
① $\frac{3}{4}$ kg ■ $\frac{1}{2}$ kg
② $\frac{1}{4}$ km ■ $\frac{1}{5}$ km
③ $\frac{4}{5}$ m ■ $\frac{7}{10}$ m
④ $\frac{2}{5}$ min ■ $\frac{1}{3}$ min
⑤ $\frac{11}{20}$ h ■ $\frac{7}{12}$ h
⑥ $2\frac{4}{5}$ ℓ ■ $2\frac{3}{4}$ ℓ
b) Kontrolliere deine Ergebnisse aus a), indem du die Größenangaben in eine kleinere Einheit umrechnest.

20. a) Bei einer Verlosung auf dem Schulfest gibt es unter 150 Losen 30 Gewinne. Beim Sportfest sind es 100 Lose und 20 Gewinne. Bei welchem Fest ist der Anteil der Gewinne größer?
b) In Linas Klasse sind 26 Schüler, davon sind 13 Mädchen. In Jans Klasse gibt es 10 Mädchen und insgesamt 24 Schüler. In welcher Klasse ist der Anteil der Mädchen größer?
c) In A-Stadt sind 95 von 100 Bussen pünktlich. In B-Stadt kommt jeder zehnte Bus zu spät. In welcher Stadt sind die Busse pünktlicher?

21. Schreibe die Größenangabe mit einem Bruch in der nächstgrößeren Einheit.
Beispiel: 250 g = $\frac{1}{4}$ kg

a) 500 m b) 250 mℓ c) 45 min d) 4 mm e) 750 kg

22. Schreibe die Größenangabe mit einer gemischten Zahl in der nächstgrößeren Einheit.

a) 4500 mℓ b) 1250 g c) 2750 mg d) 75 s e) 1200 m

23. Die Saison einer Handballmannschaft ist gut gelaufen. Von 36 Spielen hat die Mannschaft zwei Drittel der Spiele gewonnen und nur ein Viertel verloren.

a) Berechne, wie viele Spiele die Mannschaft gewonnen und verloren hat.
b) Welchen Anteil haben die Spiele, die unentschieden ausgingen?

24. Ein Geschäft senkt im Schlussverkauf alle Preise um $\frac{2}{5}$. Berechne, um wie viel Euro der Preis gesenkt wird. Gib auch den neuen Preis an.

a) Jeans: 80 € b) T-Shirt: 16 € c) Jacke: 175 €

25. Ein Bauer bringt 400 kg Weizen, 560 kg Roggen und 1 t Gerste zur Mühle. Von der Mühle erhält er jeweils $\frac{5}{8}$ des Getreides als Mehl zurück. Wie viel Kilogramm Weizenmehl, Roggenmehl und Gerstenmehl erhält er?

● **26.** Luise bastelt Schmuck aus Perlen. Eine Halskette besteht aus insgesamt 60 Perlen. Die Grundfarbe soll weiß sein und zusätzlich möchte sie, dass $\frac{1}{5}$ der Perlen rot sind.

a) Wie viele rote und wie viele weiße Perlen benötigt sie?
b) Wie könnten die Perlen gleichmäßig auf der Kette verteilt werden? Fertige eine Skizze an.

● **27.** Daniel und Samira sind um 17 Uhr zum Kino verabredet.
Daniel kommt um 14:15 Uhr nach Hause. Für das Mittagessen braucht er eine halbe Stunde. Dann hat er $1\frac{3}{4}$ h Training auf den Sportplatz nebenan. Für den Weg zum Kino braucht Daniel mit dem Fahrrad 20 Minuten. Wird er pünktlich sein?

28. Ella geht auf den Wochenmarkt und kauft $2\frac{1}{2}$ kg Kartoffeln, $1\frac{1}{4}$ kg Hackfleisch und $2\frac{3}{4}$ kg Äpfel. Welches Gewicht muss sie insgesamt nach Hause tragen? Gib das Gewicht in Gramm und Kilogramm an.

● **29. Ausblick:**

a) Bei einem Straßenlauf erreicht ein Läufer die 10-km-Marke. Daneben steht ein Schild „Zwei Drittel der Strecke geschafft!". Wie lang ist der Straßenlauf insgesamt?
b) Ergänze die fehlenden Angaben im Heft.

① $\frac{1}{4}$ von ■ sind 25 km. ② $\frac{1}{3}$ von ■ sind 150 kg. ③ $\frac{3}{5}$ von ■ sind 6 m^2.

④ $\frac{5}{6}$ von ■ sind 60 mℓ. ⑤ $\frac{2}{3}$ von ■ sind 1 min. ⑥ $\frac{8}{9}$ von ■ sind 2 dm.

1.7 Dezimalzahlen

■ Tim ist Leichtathlet. Seine Bestzeit über 80 m liegt bei rund elfeinhalb Sekunden. Bei einem Wettkampf wurden die folgenden Ergebnisse gemessen: 11,25 s; 10,88 s; 10,50 s; 11,52 s; 11,77 s; 10,99 s; 11,91 s; 11,60 s
Welche Ergebnisse könnten von Tim sein? ■

Erinnere dich:
$1\frac{1}{4}\,\ell = 1250\,m\ell$
$1{,}25\,\ell = 1250\,m\ell$

Dezimalzahlen sind aus dem Alltag bekannt. Statt „$1\frac{1}{4}\,\ell$ Milch" sagt man auch „1,25 ℓ Milch". Der **Bruch** $1\frac{1}{4}$ und die **Dezimalzahl 1,25** sind unterschiedliche Schreibweisen für dieselbe Zahl.

Wissen: Dezimalzahlen
Zahlen mit einem Komma heißen **Dezimalzahlen.**

Die Stellen links vom Komma sind die Ganzen.
Die Zahlen nach dem Komma werden **Dezimalstellen** genannt.

1,25
Ganze
Dezimalstellen

Für Dezimalzahlen wird die Stellenwerttafel für die Stellen nach dem Komma erweitert. Zu den bekannten Stellenwerten Einer (E), Zehner (Z), Hunderter (H) kommen neue Stellenwerte hinzu: Zehntel (z), Hundertstel (h), Tausendstel (t), Zehntausendstel (zt), …
Die Dezimalzahl 1,25 bedeutet dann 1 Einer, 2 Zehntel und 5 Hundertstel.

Wissen: Stellenwerttafel

:10 :10 :10 :10 :10

100	10	1	$\frac{1}{10}$	$\frac{1}{100}$	$\frac{1}{1000}$	
H	**Z**	**E**	**z**	**h**	**t**	**Dezimalzahl**
		1,	2			$1{,}2 = 1$ Einer und $\frac{2}{10}$.
	1	5,	9	8		$15{,}98 = 1$ Zehner, 5 Einer, $\frac{9}{10}$ und $\frac{8}{100}$.
		0,	1	3	5	$0{,}135 = 0$ Einer, $\frac{1}{10}$, $\frac{3}{100}$ und $\frac{5}{1000}$.

Hinweis:
Lies die Stellen nach dem Komma ziffernweise.
15,98: fünfzehn Komma neun acht

Dezimalzahlen in Brüche oder gemischte Zahlen umwandeln

Beispiel 1: Schreibe als Bruch oder als gemischte Zahl und kürze so weit wie möglich.
a) 0,4 b) 4,26 c) 0,015

Lösung:
Lies aus der Stellenwerttafel ab. Fasse dabei die Stellen nach dem Komma zusammen:

	E	z	h	t
a)	0,	4		
b)	4,	2	6	
c)	0,	0	1	5

$0{,}4 = \frac{4}{10} = \frac{2}{5}$

$4{,}26 = 4\frac{26}{100} = 4\frac{13}{50}$

$0{,}015 = \frac{15}{1000} = \frac{3}{200}$

Basisaufgaben

1. Schreibe als Bruch.
a) 0,1 b) 0,3 c) 0,7 d) 0,03 e) 0,101 f) 0,023

2. Schreibe als gemischte Zahl.
a) 2,1 b) 1,33 c) 1,73 d) 5,03 e) 10,17 f) 5,051

3. Schreibe als Bruch oder als gemischte Zahl. Kürze, wenn möglich.
a) 0,2 b) 2,5 c) 3,7 d) 0,12 e) 5,18 f) 6,15
g) 0,98 h) 10,025 i) 2,88 j) 0,125 k) 4,258 l) 9,089

4. Ordne passend zu und begründe.

a)

1,6	0,6
0,06	0,16
0,016	0,01

$1\frac{6}{10}$	$\frac{6}{10}$
$\frac{16}{1000}$	$\frac{16}{100}$
$\frac{1}{100}$	$\frac{6}{100}$

b)

0,9	2,5
1,5	0,25
0,8	0,375

$1\frac{1}{2}$	$\frac{4}{5}$
$\frac{1}{4}$	$\frac{3}{8}$
$\frac{9}{10}$	$2\frac{1}{2}$

5. Dezimalzahlen in unechte Brüche umwandeln:
a) Schreibe erst als gemischte Zahl und dann als unechten Bruch.
① 1,3 ② 10,7 ③ 1,23 ④ 9,5 ⑤ 4,44 ⑥ 13,129
b) Formuliere einen Satz, wie man Dezimalzahlen direkt in Brüche umwandeln kann:
„Man kann eine Dezimalzahl als (unechten) Bruch schreiben, indem man ..."

Brüche und gemischte Zahlen in Dezimalzahlen umwandeln

Beispiel 2: Schreibe als Dezimalzahl.
a) $\frac{8}{25}$ b) $4\frac{7}{200}$ c) $\frac{18}{300}$ d) $1\frac{3}{15}$

Lösung:
a) und b) **Erweitern**
Erweitere den Bruch so, dass der Nenner 10, 100, 1000 … ist (Zehnerbruch). Schreibe dann das Ergebnis auf.

a) $\frac{8}{25} = \frac{8 \cdot 4}{25 \cdot 4} = \frac{32}{100} = 0{,}32$

b) $4\frac{7}{200} = 4\frac{7 \cdot 5}{200 \cdot 5} = 4\frac{35}{1000} = 4{,}035$

c) **Kürzen**
$\frac{18}{300}$ kannst du durch Kürzen auf einen Zehnerbruch bringen.

c) $\frac{18}{300} = \frac{18 : 3}{300 : 3} = \frac{6}{100} = 0{,}06$

d) **Kürzen und Erweitern**
Manchmal musst du einen Bruch erst kürzen, bevor du ihn auf einen Zehnerbruch erweitern kannst.

d) $1\frac{3}{15} = 1\frac{3:3}{15:3} = 1\frac{1}{5} = 1\frac{1 \cdot 2}{5 \cdot 2} = 1\frac{2}{10} = 1{,}2$

Hinweis:
Der Zehnerbruch bestimmt die Anzahl der Nachkommastellen:
Nenner 10: $\frac{1}{10} = 0{,}1$
Nenner 100: $\frac{1}{100} = 0{,}01$
Nenner 1000: $\frac{1}{1000} = 0{,}001$
Oder du bestimmst die Nachkommastellen in der Stellenwerttafel:

	E	z	h	t
a)	0,	3	2	
b)	4,	0	3	5
c)	0,	0	6	
d)	1,	2		

Basisaufgaben

6. Schreibe als Dezimalzahl.
a) $\frac{3}{10}$ b) $\frac{8}{10}$ c) $\frac{7}{100}$ d) $\frac{36}{100}$ e) $\frac{772}{1000}$ f) $\frac{1}{10000}$
g) $4\frac{1}{10}$ h) $3\frac{9}{10}$ i) $2\frac{76}{100}$ j) $5\frac{8}{100}$ k) $6\frac{125}{1000}$ l) $1\frac{73}{1000}$

Hinweis zu 7:
Hier findest du die Zahlen, die in die Lücken gehören.

7. Schreibe als Dezimalzahl. Vervollständige die Rechnung im Heft.

a) $\frac{3}{5} = \frac{\square}{10} = \square$ b) $\frac{3}{4} = \frac{\square}{100} = \square$ c) $\frac{9}{50} = \frac{\square}{100} = \square$ d) $4\frac{5}{20} = 4\frac{\square}{100} = \square$ e) $\frac{1}{8} = \frac{\square}{1000} = \square$

8. Ordne passend zu und begründe. Die Brüche werden zunächst gekürzt.

$\frac{9}{30}$ $\frac{105}{500}$ $\frac{150}{600}$ $\frac{28}{140}$ = $\frac{3}{10}$ $\frac{21}{100}$ $\frac{2}{10}$ $\frac{25}{100}$ = 0,25 0,2 0,21 0,3

9. Schreibe als Dezimalzahl. Erweitere oder kürze geschickt.

a) $\frac{1}{4}$ b) $6\frac{1}{2}$ c) $\frac{21}{70}$ d) $2\frac{124}{200}$ e) $\frac{7}{8}$ f) $1\frac{40}{500}$

10. Schreibe als Dezimalzahl. Kürze erst und erweitere dann.

a) $\frac{9}{15}$ b) $3\frac{3}{6}$ c) $\frac{14}{35}$ d) $1\frac{3}{150}$ e) $\frac{12}{75}$ f) $\frac{55}{88}$

11. Unechte Brüche in Dezimalzahlen umwandeln:

a) Schreibe erst als gemischte Zahl und dann als Dezimalzahl.

① $\frac{19}{10}$ ② $\frac{135}{10}$ ③ $\frac{276}{100}$ ④ $\frac{909}{100}$ ⑤ $\frac{1002}{1000}$ ⑥ $\frac{5125}{1000}$

b) Formuliere einen Satz, wie man Zehnerbrüche direkt in Dezimalzahlen umwandeln kann: „Man kann einen (unechten) Zehnerbruch direkt als Dezimalzahl schreiben, indem man …"

c) Schreibe als Dezimalzahl.

① $\frac{14}{5}$ ② $\frac{17}{2}$ ③ $\frac{48}{30}$ ④ $\frac{81}{20}$ ⑤ $\frac{54}{12}$ ⑥ $\frac{99}{75}$

Weiterführende Aufgaben

12. Gib den farbigen Anteil in Bruch- und in Dezimalschreibweise an.

a) 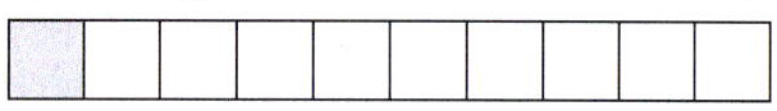

b) 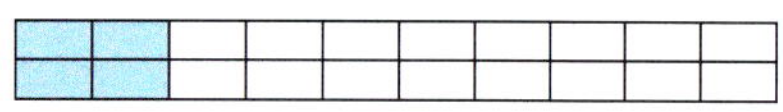

c) 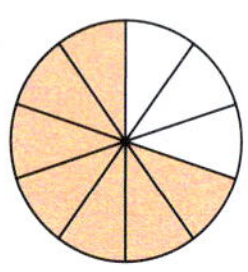

d) 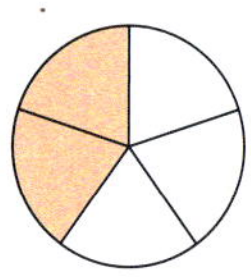

e) 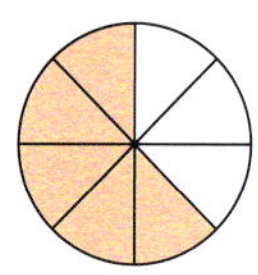

f) 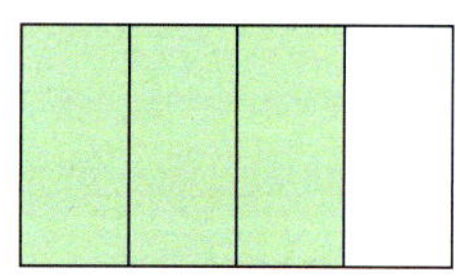

13. Schreibe die Zahl in der Stellenwerttafel als Dezimalzahl, als Bruch und – wenn möglich – als gemischte Zahl.

	T	H	Z	E	z	h	t	zt
a)			2	1,	0	3	2	
b)	1	0	3	2,	2	1		
c)				4,	6	0	0	1
d)				0,	0	1	0	3

14. Welche Zahlen sind gleich?

$\frac{9}{4}$ $2\frac{1}{2}$ 2,5 $\frac{5}{2}$ 2,25 $\frac{225}{100}$ 2,50 $2\frac{5}{10}$

15. Vervollständige die Tabelle im Heft. Beschreibe dein Vorgehen.

Gekürzter Bruch	$\frac{9}{50}$			$1\frac{5}{8}$		
Zehnerbruch		$\frac{124}{1000}$				$3\frac{84}{100}$
Dezimalzahl			0,33		2,4	

16. Stolperstelle: Erkläre, welche Fehler Katharina hier gemacht hat.

a) $\frac{47}{10} = 0{,}47$ b) $\frac{7}{5} = 7{,}5$ c) $0{,}80 = \frac{8}{100}$ d) $3\frac{2}{5} = 3{,}25$

17. Mit Zahlenfolgen lassen sich Vielfache angeben. Arbeitet zu zweit und übersetzt die Zahlenfolgen – so schnell wie möglich – mündlich in Dezimalzahlen.

a) $\frac{1}{2}, \frac{2}{2}, \frac{3}{2}, \frac{4}{2}, \frac{5}{2}, \ldots$ b) $\frac{1}{10}, \frac{2}{10}, \frac{3}{10}, \frac{4}{10}, \frac{5}{10}, \ldots$ c) $\frac{1}{5}, \frac{2}{5}, \frac{3}{5}, \frac{4}{5}, \frac{5}{5}, \ldots$

d) $\frac{1}{4}, \frac{2}{4}, \frac{3}{4}, \frac{4}{4}, \frac{5}{4}, \ldots$ e) $\frac{1}{25}, \frac{2}{25}, \frac{3}{25}, \frac{4}{25}, \frac{5}{25}, \ldots$ f) $\frac{1}{50}, \frac{2}{50}, \frac{3}{50}, \frac{4}{50}, \frac{5}{50}, \ldots$

18. a) Welche Nullen kannst du weglassen und welche nicht? Schreibe die Größenangaben mit möglichst wenig Nullen.
① 1,50 m ② 3,10 km ③ 0,008 mg ④ 100,0700 kg ⑤ 4,0 s ⑥ 20,00 cm

b) Formuliere eine Regel, welche Nullen man bei Dezimalzahlen weglassen kann.

19. Für einen Kuchen benötigt Sam $\frac{1}{4}$ kg Mehl, $\frac{1}{10}$ kg Butter, $\frac{1}{8}$ ℓ Milch und 3 Eier. Gib die Größen mithilfe von Dezimalzahlen an.

20. Die deutsche 4 × 100-m-Staffel der Frauen hat bei der Leichtathletik-Weltmeisterschaft 2013 die Bronze-Medaille knapp verpasst:

1. Jamaika: 41,29 s
2. USA: 42,75 s
3. Großbritannien: 42,87 s
4. Deutschland: 42,90 s

a) Ludwig meint: „Die deutsche Staffel hat 42 Sekunden und 9 Zehntelsekunden gebraucht".
Mara meint: „Es waren 42 Sekunden und 90 Hundertstelsekunden." Wer hat recht?

b) Um wie viel Sekunden hat die deutsche Staffel Bronze verpasst?

c) Gib die Zeit der USA-Staffel als gemischte Zahl an.

21. Schreibe die Einwohnerzahl ohne Komma. Vergleiche mit Stuttgart (591 000 Einwohner).
Beispiel: Berlin: 3,50 Mio. = 3 Mio. + 5 HT + 0 ZT = 3 500 000

a) Estland: 1,3 Mio. b) Island: 0,33 Mio.

c) Luxemburg: 0,55 Mio. d) Andorra: 0,085 Mio.

Erinnere dich:
Mio. = Millionen
HT = Hunderttausend
ZT = Zehntausend
T = Tausend

22. Ausblick: Nicht jeder Bruch lässt sich auf einen Zehnerbruch bringen.
Beispiel: $\frac{1}{3}$ lässt sich nur auf $\frac{3}{9}, \frac{33}{99}, \frac{333}{999} \ldots$ erweitern.
Kannst du den Bruch in eine Dezimalzahl umformen? Begründe.

a) $\frac{9}{30}$ b) $\frac{20}{30}$ c) $\frac{10}{45}$ d) $\frac{54}{45}$ e) $\frac{1}{6}$ f) $\frac{50}{11}$

1.8 Dezimalzahlen vergleichen und ordnen

■ Julia nahm als Leistungssportlerin an einem 200-m-Lauf teil. Ihre Zeit war 23,15 s. Die Zeiten der anderen Läuferinnen waren: 22,98 s; 23,51 s; 23,05 s; 23,18 s; 23,79 s; 24,05 s; 23,76 s.
Welchen Platz hat Julia belegt?
Welche war die schnellste gelaufene Zeit?
Welche war die langsamste Zeit? ■

Dezimalzahlen stellenweise vergleichen

Wissen: Dezimalzahlen vergleichen
Dezimalzahlen werden **stellenweise** von links nach rechts verglichen. Die Zahl mit dem größeren Stellenwert an der ersten unterschiedlichen Stelle ist größer als die andere Zahl.

Beispiel 1: Welche der beiden Zahlen ist kleiner?
a) 2,45 oder 3,41 b) 4,37 oder 4,14 c) 0,125 oder 0,13

Lösung:
a) 2,45 < 3,41, denn 2 Einer < 3 Einer.
b) 4,14 < 4,37, denn 1 Zehntel < 3 Zehntel.
c) 0,125 < 0,13, denn 2 Hundertstel < 3 Hundertstel.

Basisaufgaben

1. Setze zwischen die Zahlen das richtige Zeichen < oder > ein.
a) 1,35 ■ 3,15 b) 1,2 ■ 1,1 c) 3,4 ■ 3,7 d) 0,79 ■ 0,97
e) 3,83 ■ 3,84 f) 3,8 ■ 3,74 g) 1,245 ■ 1,241 h) 1,24 ■ 1,245

2. Welche Zahl ist die kleinste, welche die größte? Begründe deine Wahl.
a) 0,9; 1,1; 0,7 b) 0,98; 1,01; 0,89 c) 3,02; 2,9; 3,021
d) 14,1; 13,6; 15,7 e) 4; 4,13; 4,1 f) 7,6; 6,7; 7,06

3. Gib die beiden Nachbarzahlen mit einer Nachkommastelle an, zwischen denen die Zahl liegt.
Beispiel: 4,5 = 4,50 < 4,56 < 4,60 = 4,6
a) 3,73 b) 4,82 c) 0,33 d) 1,05 e) 7,94 f) 6,325

4. Ordne die Zahlen der Größe nach. Beginne mit der kleinsten.
a) 8,3; 8,1; 8,7; 7,8 b) 0,91; 0,19; 0,37; 0,73 c) 0,42; 0,49; 0,43; 0,48
d) 1,67; 1,7; 1,6; 1,62 e) 4,39; 4,3; 4,387; 4,388 f) 15,01; 14,98; 14,899; 15,001

5. Ordne die Zahlen aus der Stellenwerttafel der Größe nach.

Z	E	z	h	t
	4,	3	7	8
	0,	5	7	
	4,	9		
	4,	3	8	

Dezimalzahlen am Zahlenstrahl darstellen und vergleichen

Bei der Darstellung von Dezimalzahlen teilt man die Strecke für ein Ganzes (ein Zehntel, ein Hundertstel) in 10 gleich große Teile.

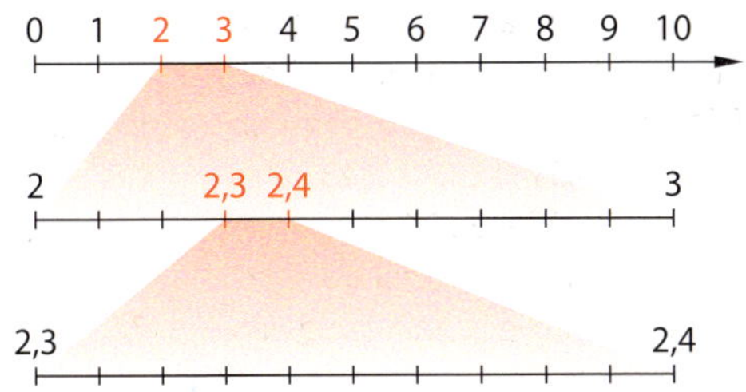

Wissen: Dezimalzahlen am Zahlenstrahl vergleichen
Auf dem **Zahlenstrahl** liegt die größere von zwei Dezimalzahlen rechts von der anderen Dezimalzahl.

Beispiel 1: Markiere die Zahlen auf einem Zahlenstrahl.
a) 0,3 und 0,5 b) 1,6 und 0,7 c) 0,82 und 0,83

Lösung:
a) Teile die Strecke von 0 bis 1 in zehn gleich große Teile ein. Die Striche markieren die Zehntel. Zeichne dann 0,3 und 0,5 ein.

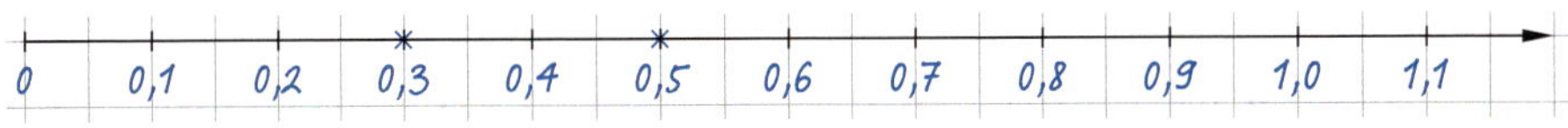

b) Zeichne einen Zahlenstrahl von 0 bis 2. Teile jedes Ganze in zehn Teile, also Zehntel.

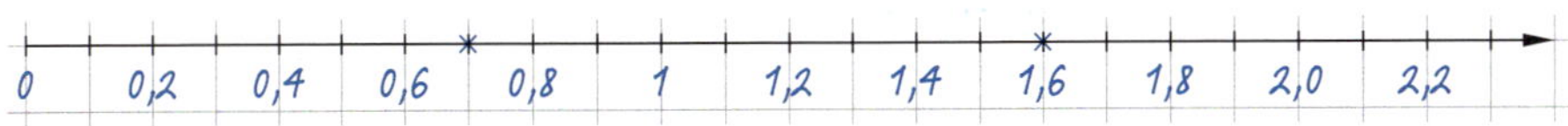

c) Zeichne einen Ausschnitt von 0,8 bis 0,9. Teile das Zehntel von 0,8 bis 0,9 in zehn gleich große Teile – also Hundertstel – ein.

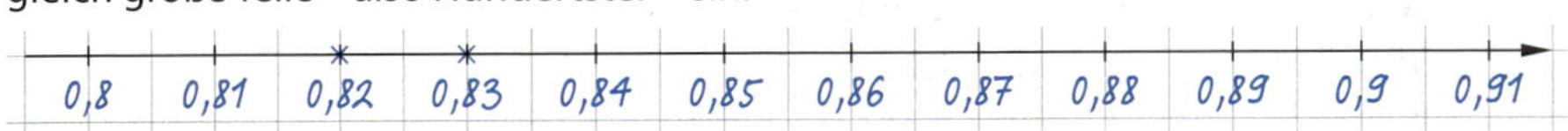

Basisaufgaben

6. Lies die markierten Zahlen ab.

a)

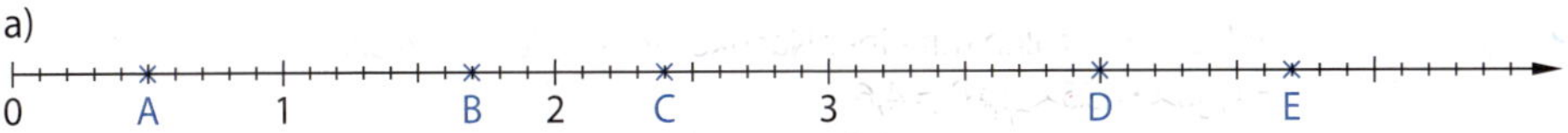

b)

c)

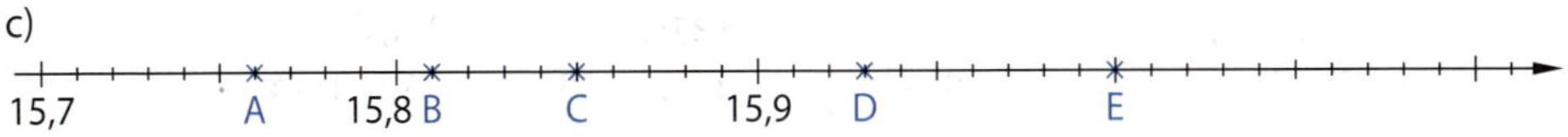

7. Zeichne auf Karopapier einen Zahlenstrahl von 0 bis 2. Wähle für ein Zehntel ein Kästchen. Markiere auf dem Zahlenstrahl 0,2; 0,5; 0,6; 1,1 und 1,8.

8. Zeichne auf Karopapier einen geeigneten Zahlenstrahl. Wähle für ein Zehntel ein Kästchen. Vergleiche dann die Zahlen mithilfe des Zahlenstrahls.
a) 0,3 und 0,9 b) 1,2 und 2,2 c) 2,4 und 2,25

Weiterführende Aufgaben

9. a) Ordne die Zahlen der Größe nach.
① 7,04; 7,59; 7,02 ② 3,05; 3,6; 3,19 ③ 72,34; 72,39; 73,3 ④ 45,3; 45,5; 45,1
b) Welche der Zahlen aus a) kannst du leicht am Zahlenstrahl darstellen? Begründe deine Wahl. Markiere diese Zahlen auf einem geeigneten Zahlenstrahl.

10. Stolperstelle: Ist die Aussage richtig oder falsch? Begründe deine Entscheidung.
a) 3,138 ist größer als 3,14, weil 138 größer ist als 14.
b) 0,400; 0,4 und 0,004 bezeichnen dieselbe Zahl.
c) Zum Ordnen von Dezimalzahlen müssen die Ziffern rechts vom Komma stellenweise verglichen werden.

11. Finde drei Dezimalzahlen, die zwischen den angegebenen Zahlen liegen.
a) 8,3 und 8,8 b) 0,15 und 0,19 c) 0,003 und 0,014 d) 0,03 und 0,031

12. Gib je zwei Zahlen an, die zwischen A und B (zwischen B und C; zwischen C und D; zwischen D und E) liegen.

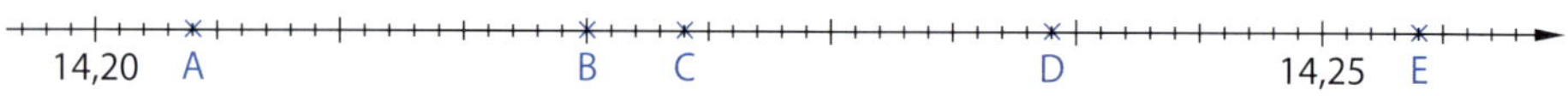

13. Gib für jeden markierten Punkt auf dem Zahlenstrahl eine Dezimalzahl und einen gekürzten Bruch an.

14. Übertrage ins Heft und setze das richtige Zeichen <, > oder = ein.
a) $\frac{3}{4}$ ■ 0,7 b) 0,0001 ■ $\frac{1}{1000}$ c) $\frac{6}{10}$ ■ 0,60 d) $\frac{1}{3}$ ■ 0,3
e) 7,65 ■ $\frac{765}{100}$ f) 1,98 ■ $2\frac{9}{25}$ g) 3,5 ■ $\frac{25}{6}$ h) $4\frac{2}{5}$ ■ 4,25

15. Setze ein Komma so, dass die Zahl kleiner als 5000 wird. Wie viele Möglichkeiten gibt es?
a) 645091 b) 1987612 c) 55555555 d) 499482705

16. Ordne die Volumenangaben der Größe nach. Beginne mit der kleinsten Volumenangabe.
0,33 ℓ; 250 mℓ; $\frac{3}{4}$ ℓ; 0,2 ℓ; 0,7 ℓ; $\frac{1}{2}$ ℓ; 100 mℓ

Erinnere dich:
Mio. = Millionen

● **17.** a) Ordne die Länder nach ihrer Einwohnerzahl.

Kroatien	4,23 Mio.	**Albanien**	3,16 Mio.	**Montenegro**	0,62 Mio.
Irland	4,59 Mio.	**Malta**	0,42 Mio.	**Norwegen**	5,02 Mio.
Lettland	2,03 Mio.	**Slowenien**	2,06 Mio.	**Liechtenstein**	0,04 Mio.

b) Finde Aussagen der Art: „… hat ungefähr …-mal so viele Einwohner wie …"

● **18.** Finde eine Dezimalzahl, die möglichst nahe an 1 liegt, aber größer als 1 (kleiner als 1) ist. Erläutere dein Vorgehen.

● **19. Ausblick:** Finde mindestens zwei verschiedene Dezimalzahlen, die …
a) größer als $\frac{1}{5}$ und kleiner als $\frac{1}{4}$ sind.
b) größer als $\frac{1}{9}$ und kleiner als $\frac{1}{7}$ sind.
Begründe jeweils.

1.9 Abbrechende und periodische Dezimalzahlen

■ Lara, Mirco und Jan kaufen sich gemeinsam einen neuen Basketball zum Preis von 10 Euro.
Mirco schlägt vor, dass jeder $\frac{1}{3}$ des Preises bezahlt.
„Aber das geht doch gar nicht!", erwidert Jan.
Was kann Lara vorschlagen? ■

Brüche sind Anteile von Ganzen. $\frac{1}{4}$ bedeutet, dass du ein Ganzes in vier gleiche Teile aufteilst. Darum lässt sich der Bruch $\frac{1}{4}$ auch als Division 1 : 4 darstellen.

Wissen: Brüche in Dezimalzahlen umwandeln
Man kann einen Bruch in eine Dezimalzahl umwandeln, indem man den Zähler durch den Nenner dividiert.

Abbrechende Dezimalzahlen

Beispiel 1: Wandle in eine Dezimalzahl um, indem du eine schriftliche Division durchführst.

a) $\frac{1}{4}$ b) $\frac{6}{16}$

Lösung:

a) Rechne nach dem Verfahren der schriftlichen Division.
Schreibe 1 : 4 als 1,00… : 4.
Setze im Ergebnis ein Komma, wenn du bei 1,00 die erste Null herunterziehst.

$\frac{1}{4} = 1 : 4 = 1,00 : 4 = 0,25$

```
1, 0 0 : 4 = 0, 2 5
0      ← ·4
―
1 0
  8    ← ·4
―
  2 0
  2 0  ← ·4
  ―
    0
```

b) Bei $\frac{6}{16}$ ist es leichter, wenn du den Bruch vor der Division kürzt und 3 : 8 rechnest.

$\frac{6}{16} = \frac{3}{8} = 3 : 8 = 3,000 : 8 = 0,375$

```
3, 0 0 0 : 8 = 0, 3 7 5
0        ← ·8
―
3 0
2 4      ← ·8
―
  6 0
  5 6    ← ·8
  ―
    4 0
    4 0  ← ·8
    ―
      0
```

Basisaufgaben

1. Wandle in eine Dezimalzahl um, indem du eine schriftliche Division durchführst.
a) $\frac{1}{5}$ b) $\frac{1}{8}$ c) $\frac{5}{8}$ d) $\frac{6}{25}$ e) $\frac{7}{16}$ f) $\frac{9}{40}$

2. Kürze und wandle dann in eine Dezimalzahl um.
a) $\frac{18}{24}$ b) $\frac{14}{16}$ c) $\frac{21}{60}$ d) $\frac{27}{48}$ e) $\frac{51}{75}$ f) $\frac{30}{96}$

Periodische Dezimalzahlen

Beispiel 2: Wandle den Bruch in eine Dezimalzahl um.

a) $\frac{2}{3}$ b) $\frac{7}{6}$ c) $\frac{4}{11}$

Lösung:

a) Die schriftliche Division von 2 : 3 geht nicht auf.
Es bleibt immer der Rest 2.

Die Rechnung ließe sich immer weiter fortsetzen.

```
2/3 = 2 : 3 = 2, 0 0 0 0 … : 3 = 0, 6 6 6
              0      ← · 3
              2 0
              1 8    ← · 3
                2 0
                1 8  ← · 3
                  2 0
                  1 8  ← · 3
                    2 0
```

Hinweis:
Periodos (griechisch): Kreislauf, Herumgehen, regelmäßige Wiederkehr.

Schreibe das Ergebnis deshalb als Periode („null Komma Periode 6“).

$\frac{2}{3} = 0{,}666\ldots = 0{,}\overline{6}$

b)

```
7/6 = 7, 0 0 0 : 6 = 1, 1 6 6
      6
      1 0
        6
        4 0
        3 6
          4 0
          3 6
            4
```

$\frac{7}{6} = 1{,}166\ldots = 1{,}1\overline{6}$

c)

```
4/11 = 4, 0 0 0 0 : 1 1 = 0, 3 6 3 6
       0
       4 0
       3 3
         7 0
         6 6
           4 0
           3 3
             7 0
             6 6
               4
```

$\frac{4}{11} = 0{,}3636\ldots = 0{,}\overline{36}$

Hinweis:
Die Periodenlänge gibt die Anzahl der sich wiederholenden Ziffern an.

$\frac{7}{22} = 0{,}3181818\ldots$
$= 0{,}3\overline{18}$
↑
Periode 18
Periodenlänge 2

Wissen: Abbrechende und periodische Dezimalzahlen

Jeder Bruch lässt sich entweder als **abbrechende Dezimalzahl** oder als **periodische Dezimalzahl** schreiben.

Bei periodischen Dezimalzahlen wiederholen sich eine oder mehrere Ziffern nach dem Komma unendlich oft. Diese sich wiederholenden Ziffern nennt man **Periode**.

$\frac{5}{6} = 0{,}83333\ldots = 0{,}8\overline{3}$
↑
„null Komma 8 Periode 3“

Basisaufgaben

3. Schreibe die Zahl mit Periodenstrich.

a) 0,2222… b) 0,13333… c) 0,82828282… d) 0,2502020202…

4. Wandle in eine periodische Dezimalzahl um.

a) $\frac{1}{3}$ b) $\frac{5}{9}$ c) $\frac{6}{11}$ d) $\frac{11}{6}$ e) $\frac{25}{9}$ f) $\frac{8}{15}$

5. Kürze wenn möglich und wandle dann in eine periodische Dezimalzahl um.

a) $\frac{21}{9}$ b) $\frac{16}{60}$ c) $\frac{7}{18}$ d) $\frac{26}{12}$ e) $\frac{35}{110}$ f) $\frac{77}{90}$

Weiterführende Aufgaben

6. Finde die zusammengehörenden Paare von Brüchen und Dezimalzahlen.

$\frac{20}{25}$ | 1,75 | 0,24 | $\frac{14}{8}$ | 0,8 | $\frac{10}{16}$ | $\frac{36}{150}$ | 0,625

7. Ada und Henry wandeln $\frac{3}{20}$ in eine Dezimalzahl unterschiedlich um.

Ada rechnet: $3 : 20 = 0{,}15$ Henry rechnet: $\frac{3}{20} = \frac{15}{100} = 0{,}15$

a) Wandle $\frac{5}{8}$ und $\frac{43}{50}$ in Dezimalzahlen um. Welcher Rechenweg ist jeweils einfacher?

b) Schreibe als Dezimalzahl. Entscheide vorher, ob du wie Ada oder wie Henry rechnest.

① $\frac{18}{20}$ ② $\frac{28}{50}$ ③ $\frac{18}{30}$ ④ $\frac{13}{5}$ ⑤ $\frac{15}{12}$ ⑥ $\frac{336}{300}$

8. Finde die zusammengehörenden Paare von Brüchen und periodischen Dezimalzahlen.

$1{,}\overline{1}$ | $\frac{1}{11}$ | $\frac{70}{63}$ | $\frac{29}{24}$ | $0{,}1\overline{36}$ | $0{,}\overline{09}$ | $\frac{3}{22}$ | $1{,}208\overline{3}$

9. Wandle in eine abbrechende oder periodische Dezimalzahl um.

a) $\frac{15}{50}$ b) $\frac{22}{99}$ c) $\frac{69}{90}$ d) $\frac{26}{8}$ e) $\frac{7}{33}$ f) $\frac{10}{27}$

Hinweis zu 9:
Hier findest du die Lösungen.

10. Wandle in eine Dezimalzahl um. Formuliere dann eine Regel.

a) $\frac{1}{5}; \frac{1}{50}; \frac{1}{500}$ b) $\frac{1}{3}; \frac{1}{30}; \frac{1}{300}$ c) $\frac{7}{3}; \frac{7}{30}; \frac{7}{300}$

11. a) Erkläre, wie du anhand der Umwandlung eines Bruches in eine Dezimalzahl erkennen kannst, ob die Dezimalzahl abbrechend oder periodisch ist.

b) Wandle die folgenden Brüche in eine Dezimalzahl um: $\frac{7}{9}, \frac{3}{11}$ und $\frac{19}{15}$.
Worin unterscheiden sich die drei Dezimalzahlen?

c) Erkläre mithilfe von b), wie du anhand der schriftlichen Division beim Umwandeln von Brüchen in Dezimalzahlen erkennen kannst, an welcher Stelle nach dem Komma die Periode beginnt und welche Länge sie hat.

12. Stolperstelle: Richtig oder falsch? Korrigiere, wenn ein Fehler vorliegt.

a) $0{,}121212\ldots = 0{,}1\overline{21}$ b) $\frac{1}{12}$ und $\frac{2}{12}$ sind periodisch, $\frac{3}{12}$ nicht.

c) $\frac{222}{1000} = 0{,}222 = 0{,}\overline{2}$ d) $\frac{4}{9} = 0{,}444$

● **13.** Setze zwischen die Zahlen das richtige Zeichen < oder > ein.

a) $0{,}6$ ■ $0{,}\overline{6}$ b) $1{,}\overline{3}$ ■ $1{,}34$ c) $3{,}\overline{36}$ ■ $3{,}3\overline{6}$ d) $5{,}\overline{7}$ ■ $5{,}71$

● **14.** Ordne die Zahlen von klein nach groß.

a) $\frac{6}{5}$; $1\frac{2}{9}$; 1,22; $\frac{51}{50}$; 0,12 b) 2,34; $\frac{69}{30}$; $\frac{14}{6}$; $2{,}\overline{34}$; $2\frac{66}{200}$ c) 3,46; $3\frac{45}{99}$; 3,455; $3\frac{45}{100}$; $\frac{42}{12}$

● **15. Ausblick:** Aus Beispiel 2 weißt du bereits, dass $\frac{4}{11} = 0{,}\overline{36}$ ist.

a) Wandle $\frac{1}{11}$ und $\frac{2}{11}$ in Dezimalzahlen um. Stelle eine Vermutung auf, welche Dezimalzahlen zu $\frac{3}{11}$ und $\frac{5}{11}$ gehören. Überprüfe durch eine Rechnung.

b) Jana meint: „$\frac{10}{11}$ und $\frac{12}{11}$ haben die gleiche Periode." Was meinst du dazu?

Prozentanteile von Größen berechnen

Beispiel 3: Berechne 40 % von 45 €.

Lösung:

Schreibe die Prozentangabe als Bruch. $40\,\% = \frac{40}{100} = \frac{2}{5}$

Berechne nun $\frac{2}{5}$ von 45 €.

Teile 45 € durch 5 und multipliziere mit 2.

45 € $\xrightarrow{:5}$ 9 € $\xrightarrow{\cdot 2}$ 18 €

40 % von 45 € sind 18 €.

Basisaufgaben

8. Berechne den Anteil an der Größe.
   a) 30 % von 120 €
   b) 20 % von 150 ℓ
   c) 75 % von 1200 Kindern
   d) 5 % von 40 €

9. Wandle erst in eine kleinere Einheit um. Berechne dann den Anteil an der Größe.
   a) 20 % von 1 kg
   b) 2 % von 12 t
   c) 10 % von 5 €
   d) 5 % von 30 €
   e) 15 % von 5 kg
   f) 22 % von 12 km
   g) 16 % von 69 €
   h) 22% von 120 g

10. Berechne und formuliere dann eine Regel.
   a) 5 %, 10 %, 20 %, 30 %, 40 % von 400 m
   b) 20 % von 50 m, 100 m, 200 m, 300 m, 400 m

Weiterführende Aufgaben

11. Gib den gefärbten Anteil der Figur in Prozent und als Dezimalzahl an.
   a) b) c) d)

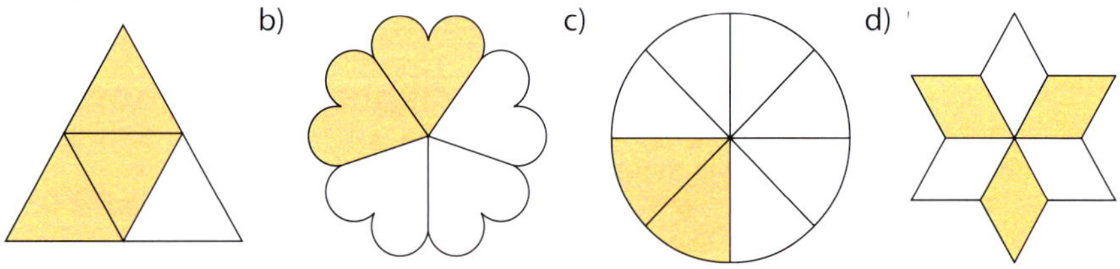

Tipp zu 12:
Ein Blick auf Beispiel 3 kann dir bei der Lösung dieser Aufgabe helfen.

12. Wie viele Tortenstücke müssen gefärbt werden, um den angegebenen Prozentanteil darzustellen? Beschreibe dein Vorgehen.

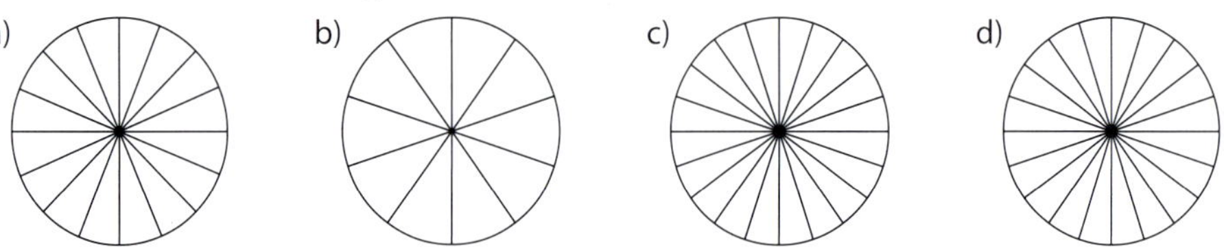

a) 25% b) 30% c) 80% d) 85%

13. **Stolperstelle:** „Die Anzahl der gefährlichen Radunfälle hat an dieser Straße abgenommen. Nur bei jedem fünften Unfall gab es Verletzte. Aber auch 5 % sind noch zu viel." Bei dieser Meldung ist etwas falsch. Korrigiere die Aussage so, dass die Prozentangabe stimmt.

14. Ordne die Zahlen im blauen Kasten den Zahlen im roten Kasten passend zu und begründe.

a)

$\frac{4}{200}$	$\frac{3}{75}$
$\frac{3}{50}$	$\frac{2}{40}$

4 %	5 %
2 %	6 %

b)

$\frac{2}{5}$	$\frac{63}{150}$
$\frac{18}{40}$	$\frac{33}{75}$

40 %	45 %
44 %	42 %

15. Wandle in eine gemischte Zahl und in eine Dezimalzahl um.

Beispiel: $118\,\% = \frac{118}{100} = 1\frac{18}{100} = 1\frac{9}{50}$ $\qquad 118\,\% = \frac{118}{100} = 1{,}18$

a) 150 % b) 110 % c) 124 % d) 200 % e) 240 % f) 222 %

16. a) Zeichne eine 10 cm lange Strecke. Trage nach Augenmaß folgende Prozentanteile ein: 50 %, 75 %, 16 %, 35 %, 7 %

b) Tausche die Zeichnung mit deinem Nachbarn. Prüft die eingezeichneten Anteile mit einem Lineal und zeichnet die genauen Anteile ein. Wer hatte das bessere Augenmaß?

17. a) Thomas Müller vom FC Bayern München hat beim Elfmeterschießen eine Trefferquote von 80 %. Berechne, wie viele der 25 Elfer er verwandelt hat.

b) Rafael van der Vaart ist beim Hamburger SV einer der besten Elfmeterschützen. Er hat bislang 17 der 20 geschossenen Elfmeter verwandelt. Hat er eine bessere Trefferquote als Thomas Müller?

18. Die Lehrerin der 25 Schüler in der 5d ist sehr stolz: Sie hat ausgerechnet, dass 16 % der Schüler im Test die Note 1 bekommen haben. Schreibe die Prozentangabe als Bruch und bestimme die Anzahl der „Einser-Schüler".

● **19.** Eine externe Festplatte kann maximal 500 Gigabyte an Daten speichern. Die Anzeige zeigt 64 % belegten Speicherplatz an. Wie viele Gigabytes sind das?

● **20.** Finn und Ole machen eine Radtour über 25 km. Bis zum ersten Zwischenstopp sind es 9 km. Wie viel Prozent der ganzen Strecke haben sie schon geschafft? Wie viel liegt noch vor ihnen?

● **21. Ausblick:** Marion kauft sich im Winterschlussverkauf Kleidung.

a) Wie viel kosten die Jacke, die Schuhe sowie die Hose mit Preisnachlass?

b) Lea hat die gleiche Jacke in einem anderen Laden gekauft. Dort hat sie ursprünglich 150 € gekostet, wurde aber um 40 % reduziert. Welche Jacke war günstiger?

1.11 Vermischte Aufgaben

1. Benenne sowohl den farbigen als auch den weißen Anteil und kürze, wenn möglich.

a) 

b) 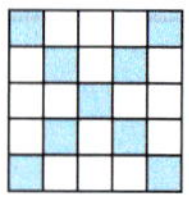

c) 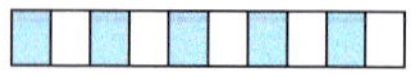

d) 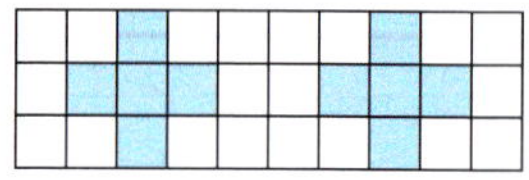

2. Stelle mithilfe von Flächen dar.

a) $\frac{5}{8}$ b) $2\frac{1}{2}$ c) $\frac{9}{4}$ d) 30 %

Tipp zu 3:
Du kannst die Tabelle abschreiben und dann links oben beginnend eine neue Bruchzahl umkreisen und alle Brüche, die dieselbe Bruchzahl darstellen, durchstreichen, bis du rechts unten angekommen bist.

3. Erinnere dich: Brüche, die den gleichen Wert haben wie $\frac{1}{3}$, $\frac{2}{6}$ oder $\frac{3}{9}$, gehören zu derselben Bruchzahl.

a) Finde unterschiedliche Bruchzahlen und zugehörige Brüche in der Tabelle.

$\frac{1}{1}$	$\frac{1}{2}$	$\frac{1}{3}$	$\frac{1}{4}$	$\frac{1}{5}$	$\frac{1}{6}$	$\frac{1}{7}$	$\frac{1}{8}$	$\frac{1}{9}$	$\frac{1}{10}$
$\frac{2}{1}$	$\frac{2}{2}$	$\frac{2}{3}$	$\frac{2}{4}$	$\frac{2}{5}$	$\frac{2}{6}$	$\frac{2}{7}$	$\frac{2}{8}$	$\frac{2}{9}$	$\frac{2}{10}$
$\frac{3}{1}$	$\frac{3}{2}$	$\frac{3}{3}$	$\frac{3}{4}$	$\frac{3}{5}$	$\frac{3}{6}$	$\frac{3}{7}$	$\frac{3}{8}$	$\frac{3}{9}$	$\frac{3}{10}$
$\frac{4}{1}$	$\frac{4}{2}$	$\frac{4}{3}$	$\frac{4}{4}$	$\frac{4}{5}$	$\frac{4}{6}$	$\frac{4}{7}$	$\frac{4}{8}$	$\frac{4}{9}$	$\frac{4}{10}$
$\frac{5}{1}$	$\frac{5}{2}$	$\frac{5}{3}$	$\frac{5}{4}$	$\frac{5}{5}$	$\frac{5}{6}$	$\frac{5}{7}$	$\frac{5}{8}$	$\frac{5}{9}$	$\frac{5}{10}$
$\frac{6}{1}$	$\frac{6}{2}$	$\frac{6}{3}$	$\frac{6}{4}$	$\frac{6}{5}$	$\frac{6}{6}$	$\frac{6}{7}$	$\frac{6}{8}$	$\frac{6}{9}$	$\frac{6}{10}$
$\frac{7}{1}$	$\frac{7}{2}$	$\frac{7}{3}$	$\frac{7}{4}$	$\frac{7}{5}$	$\frac{7}{6}$	$\frac{7}{7}$	$\frac{7}{8}$	$\frac{7}{9}$	$\frac{7}{10}$
$\frac{8}{1}$	$\frac{8}{2}$	$\frac{8}{3}$	$\frac{8}{4}$	$\frac{8}{5}$	$\frac{8}{6}$	$\frac{8}{7}$	$\frac{8}{8}$	$\frac{8}{9}$	$\frac{8}{10}$
$\frac{9}{1}$	$\frac{9}{2}$	$\frac{9}{3}$	$\frac{9}{4}$	$\frac{9}{5}$	$\frac{9}{6}$	$\frac{9}{7}$	$\frac{9}{8}$	$\frac{9}{9}$	$\frac{9}{10}$
$\frac{10}{1}$	$\frac{10}{2}$	$\frac{10}{3}$	$\frac{10}{4}$	$\frac{10}{5}$	$\frac{10}{6}$	$\frac{10}{7}$	$\frac{10}{8}$	$\frac{10}{9}$	$\frac{10}{10}$

b) Wie viele verschiedene Bruchzahlen gibt es in der Tabelle insgesamt?

4. a) Welche Kärtchen gehören zusammen?

$\frac{5}{20}$

Ich habe 6 Pizzen auf 5 Personen aufgeteilt.

$\frac{3}{10}$

$\frac{4}{20}$

3,00

$1\frac{1}{5}$

$\frac{1}{4}$

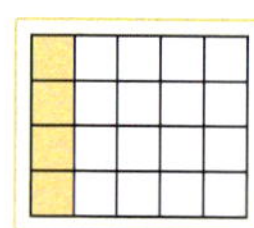

0,25

$\frac{6}{5}$

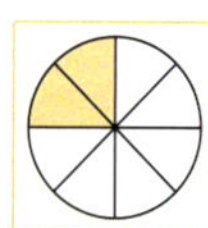

$\frac{1}{5}$

30 %

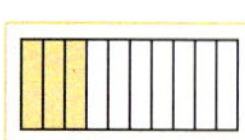

3

$\frac{26}{20}$

0,3

25 %

Von 4 Torschüssen ging einer rein.

$\frac{21}{7}$

20 %

b) Denk dir eigene Zuordnungsaufgaben aus und lasse sie von einem Mitschüler lösen.

5. In der Abbildung siehst du ein altes chinesisches Legespiel, das Tangram genannt wird. Es besteht aus einzelnen geometrischen Teilstücken und kann zu verschiedenen Formen, wie zum Beispiel einem Hasen oder einer Ente zusammengelegt werden. Das große zusammengelegte Quadrat ist achtmal so groß wie das kleine Quadrat Nr. 4.

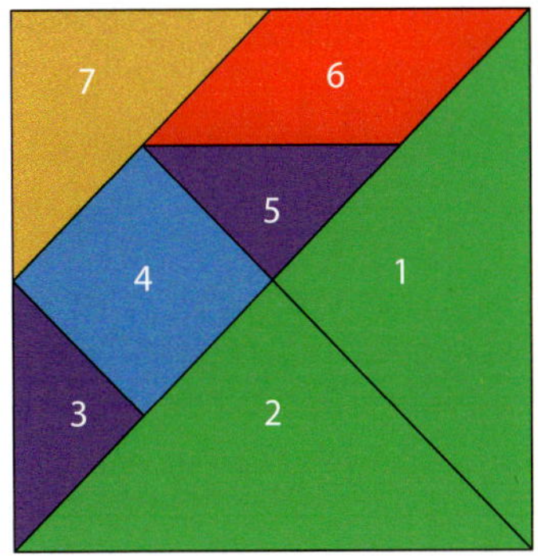

a) Den wievielten Anteil des Flächeninhalts vom großen Quadrat haben die anderen Teilstücke? Begründe deine Antwort.
b) Gib den Anteil von jedem Teilstück in Prozent an.
c) Bestimme den Flächeninhalt von jedem Teilstück, wenn das große Quadrat 10 cm lange Seiten hat.
d) Wie groß ist der Flächeninhalt von Teilstück 2, wenn das kleine Quadrat (Teilstück 4) $2\,\text{cm}^2$ groß ist?

6. Vergleiche und ersetze ■ so durch =, < oder >, dass eine wahre Aussage entsteht.

a) $\frac{3}{4}$ von 4 m ■ $\frac{1}{2}$ von 4 m
b) $\frac{2}{6}$ von 30 kg ■ $\frac{1}{3}$ von 30 kg
c) $\frac{3}{5}$ von 10 € ■ $\frac{4}{5}$ von 10 €
d) $\frac{3}{5}$ von 20 € ■ $\frac{4}{5}$ von 15 €

7. Peter sagt: „Ich bin $1\frac{3}{4}$ m groß." „Dann bist du 8 cm größer als ich", meint Paula. Wie groß ist Paula in cm?

8. Die Redakteure der Schülerzeitung haben an die 250 Unterstufenschüler des Adenauer-Gymnasiums Fragebögen verteilt. Sie wollen wissen, was in der Schule verbessert werden könnte und gaben vier Möglichkeiten vor, von denen genau eine angekreuzt werden soll. Anschließend haben sie die Ergebnisse aller 250 Fragebögen zusammengefasst:

- 115 Schüler wünschen sich einen Süßigkeiten-Automaten,
- 73 Schüler hätten gerne eine „Chillecke" speziell für die Unterstufenschüler,
- 40 Schüler wünschen sich Spinde mit Schlössern in der Schule und
- 22 Schüler würden sich über Gratis-WLAN freuen.

a) In der Schülerzeitung steht: „Die Hälfte der Schüler möchte einen Süßigkeiten-Automaten!" Prüfe diese Aussage.
b) Wie viel Prozent der Schüler hätten gerne eine „Chillecke"? Überschlage.
c) „Nicht einmal ein Zehntel der Schüler spricht sich für Gratis-WLAN aus". Stimmt das?
d) Wie viel Prozent der Schüler wünschen sich Spinde mit Schlössern?

9. Setze das Komma so, dass die Ziffer 2 den angegebenen Stellenwert hat.
a) 3549021 (Zehntel)
b) 453092351 (Tausendstel)
c) 2671511 (Hunderter)

10. Bei den folgenden Zahlen können insgesamt acht Nullen weggelassen werden. Findest du sie alle? Begründe deine Antwort.
① 0,2030 ② 0203,4300 ③ 00,00201 ④ 0100,0030010 ⑤ 500,0050

11. a) Gib die Größen mithilfe von Dezimalzahlen an. Behalte zunächst die Einheit bei. Schreibe danach die Größen ohne Komma, indem du eine andere Einheit wählst.
Beispiel: $\frac{3}{4}$ km = 0,75 km = 750 m

① $\frac{3}{8}$ kg ② $\frac{14}{10}$ m ③ $\frac{1}{100}$ g ④ $\frac{7}{25}$ ℓ ⑤ $1\frac{1}{5}$ cm

b) Kontrolliere die Ergebnisse aus a), indem du mit Anteilen rechnest.
Beispiel: $\frac{3}{4}$ km = $\frac{3}{4}$ von 1 km = $\frac{3}{4}$ von 1000 m = 1000 m : 4 · 3 = 750 m

12. Man kann dieselbe Größe in verschiedenen Schreibweisen angeben. Du kannst hier Brüche, gemischte Zahlen oder Dezimalzahlen und andere Einheiten nutzen. Finde für jede angegebene Größe mindestens vier weitere Schreibweisen.

a) $\frac{3}{2}$ km b) $\frac{5}{2}$ h c) $1\frac{2}{5}\,m^2$ d) $\frac{14}{20}$ km e) 1,25 m

13. Ordne die Längenangaben der Größe nach. Kontrolliere, indem du sie in eine kleinere Einheit umrechnest.

0,78 m 0,07 m 0,707 m 0,8 m 7,07 m 0,70 m

14. Schaue dir folgende Gewichtsangaben an und finde gleiche Paare.
Achtung: Eine Gewichtsangabe bleibt übrig.

6 kg 20 g $6\frac{1}{2}$ kg $6\frac{2}{10}$ kg 30 g $\frac{6}{2}$ kg 6020 g $\frac{3}{100}$ kg 3000 g 6,200 kg 6,05 kg $\frac{13}{2}$ kg

15. Finde mindestens
a) vier Dezimalzahlen, die zwischen 6,32 und 6,33 liegen,
b) vier Dezimalzahlen, die zwischen $\frac{1}{4}$ und $\frac{2}{5}$ liegen, und beschreibe, wie du vorgehst,
c) vier Brüche, die zwischen 0,5 und 0,8 liegen, und beschreibe, wie du vorgehst.

16. a) Gib für jeden markierten Punkt auf dem Zahlenstrahl eine Dezimalzahl an.

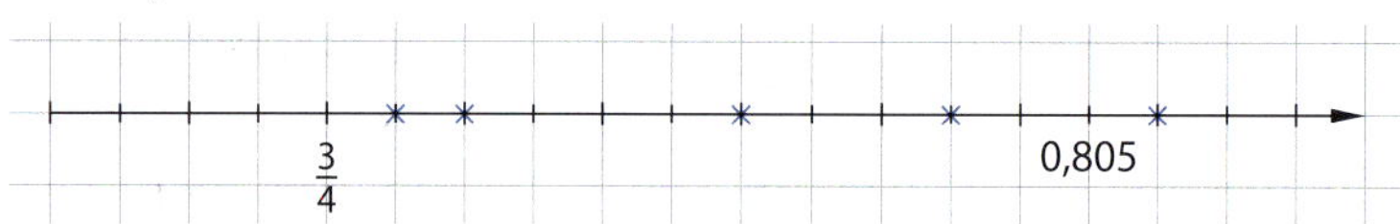

Hinweis zu 16 b:
Achte darauf, dass du den Zahlenstrahl passend zeichnest.

b) Zeichne selbst einen Zahlenstrahl in dein Heft und trage folgende Werte ein.
$\frac{15}{100}$; $\frac{1}{4}$; 0,3; $\frac{2}{5}$; 0,525; 0,9; 1,45; $\frac{3}{2}$

17. Vergleiche und ersetze ■ durch <, > oder =.

a) 0,7 ■ $\frac{4}{5}$ b) $\frac{1}{3}$ ■ 0,3 c) 2,25 ■ $2\frac{1}{4}$ d) $\frac{14}{7}$ ■ 2 e) $10\frac{2}{5}$ ■ 10,25

18. Setze für ■ geeignete Ziffern oder Zahlen ein, sodass die Aussagen stimmen.

a) $\frac{3}{4}$ < 0,7■ b) 0,5 = $\frac{■}{8}$ c) 0,3 > $\frac{■}{4}$ d) 0,8 = $\frac{8}{■}$ e) $2\frac{1}{3}$ > 2,3■

19. Wandle in eine abbrechende oder periodische Dezimalzahl um.

a) $\frac{8}{9}$ b) $5\frac{9}{12}$ c) $1\frac{5}{12}$ d) $\frac{1}{7}$ e) 37,5 %

20. Wandle in eine Dezimalzahl um. Formuliere dann eine Regel.

a) $\frac{7}{200}$; $\frac{70}{200}$; $\frac{700}{200}$ b) $\frac{1}{6}$; $\frac{10}{6}$; $\frac{100}{6}$ c) $\frac{9}{11}$; $\frac{90}{11}$; $\frac{900}{11}$

21. Finde möglichst viele Prozentzahlen von 1 % bis 100 %, die sich als Bruch dargestellt nicht kürzen lassen.
Beispiel: 11 %, denn es gilt $11\,\% = \frac{11}{100}$ und $\frac{11}{100}$ lässt sich nicht kürzen.
12 % gehört nicht dazu, denn es gilt $12\,\% = \frac{12}{100} = \frac{3}{25}$.

22. Südafrika besteht zu $\frac{1}{10}$ aus Ackerland, zu 70 % aus Weideland, zu 5 % aus Wald und im Übrigen aus Ödland, vor allem Wüste.
a) Zeichne ein geeignetes Viereck und stelle die Anteile farbig dar.
b) Welcher Anteil an der Gesamtfläche ist Ödland? Gib als Bruch und in Prozent an.

23. Gib die Anteile in Prozent an.
a) Jeder vierte Schüler eines Gymnasiums besitzt ein Notebook.
b) Eines von fünf Kindern braucht eine Brille.
c) Jedes zweite Kind besitzt ein Haustier.
d) Von 25 Kindern hat mindestens ein Kind mehr als zwei Geschwister.

Tipp zu 23:
Gib die Anteile zunächst als Bruch an. So bedeutet „jeder Sechste": einer von sechs, also $\frac{1}{6}$.

24. Christian und Wiebke gehen ins Theater „Schauspielhäuschen". Dort kostet eine Eintrittskarte normalerweise 8 €. Bei einer Nachmittagsvorstellung soll Schülern ein Nachlass von 30 % gewährt werden. Als Christian und Wiebke ihre Karten bezahlen wollen, sagt die Kassiererin: „Das macht 14 €." Entrüstet entgegnet Wiebke: „Das stimmt nicht!"
Wer hat recht? Begründe.

25. Ein gesundes Frühstück ist der beste Start in den Tag. Eine Portion Müsli (30 g) enthält wichtige Nährstoffe, die der Körper braucht. Sie besteht zu je etwa 2 g aus Fetten und Eiweißen und zu etwa 18 g aus Kohlenhydraten. Ein Mensch besteht durchschnittlich zu $\frac{3}{5}$ aus Wasser.

- Berechne den Wassergehalt in kg eines Jugendlichen, der 50 kg wiegt.
- Bestimme bei einer Portion Frühstücksmüsli den Anteil an Fett, Eiweiß und Kohlenhydraten.

- Marie hat zwei Portionen Müsli mit Milch gefrühstückt. Sie hat nachgelesen, dass sie damit gut $\frac{1}{10}$ des gesamten Tagesbedarfs gegessen hat. Wie viele Portionen Müsli müsste sie theoretisch über den Tag verteilt noch essen, um den Tagesbedarf zu decken?
- Eine durchschnittlich große Kiwi ist 80 g schwer und enthält etwa 64 g Wasser. Bestimme den Anteil des Wassers in Prozent.
- Anika behauptet: „Bei einer Portion Müsli liegt der Fettanteil zwischen 6 % und 7 %". Hat sie Recht? Begründe.

Lösungen
↗ S. 241

1. Gib den gefärbten Anteil als Bruch an.

a) 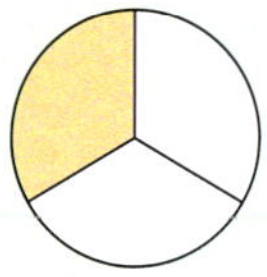
b) 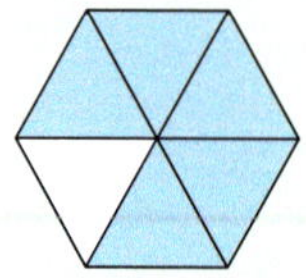
c) 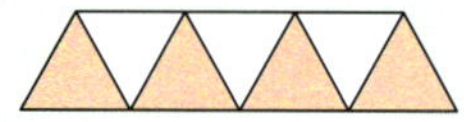
d) 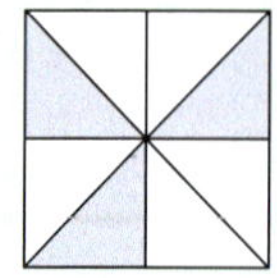

2. Zeichne zu jeder Aufgabe ein Rechteck wie im Bild. Färbe dann den angegebenen Anteil.

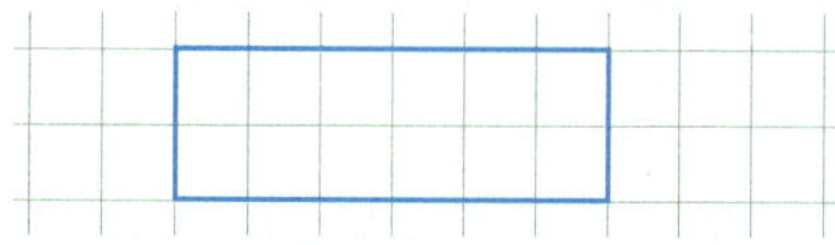

a) $\frac{1}{6}$ b) $\frac{7}{12}$ c) $\frac{2}{3}$

3. Schreibe als unechten Bruch.

a) $6\frac{1}{2}$ b) $1\frac{1}{5}$ c) $2\frac{2}{3}$ d) $7\frac{3}{10}$ e) $2\frac{1}{17}$ f) $5\frac{3}{11}$

4. Schreibe als gemischte Zahl.

a) $\frac{4}{3}$ b) $\frac{6}{5}$ c) $\frac{19}{2}$ d) $\frac{17}{4}$ e) $\frac{29}{10}$ f) $\frac{44}{7}$

5. a) Erweitere $\frac{3}{5}$ mit 2, 5 und 8. b) Kürze $\frac{36}{48}$ durch 12, 4, 3 und 2.

6. Kürze so weit wie möglich.

a) $\frac{6}{21}$ b) $\frac{25}{50}$ c) $\frac{30}{24}$ d) $\frac{100}{60}$ e) $\frac{18}{160}$ f) $\frac{108}{144}$

7. Übertrage ins Heft. Setze das richtige Zeichen < oder > ein.

a) $\frac{6}{16}$ ■ $\frac{5}{16}$ b) $\frac{3}{4}$ ■ $\frac{4}{5}$ c) $\frac{7}{12}$ ■ $\frac{11}{16}$ d) $3\frac{7}{10}$ ■ $3\frac{1}{2}$

8. Wie viel erhält jeder, wenn gerecht geteilt wird?

a) 4 Kinder teilen sich 9 Pfannkuchen.
b) 11 Donuts sind noch übrig. 2 Kinder möchten die Donuts mitnehmen.
c) Mareike und ihre fünf Freunde bestellen zwei Pizzen.

9. Berechne den Anteil.

a) $\frac{1}{3}$ von 63 € b) $\frac{7}{20}$ von 400 g c) $\frac{1}{6}$ von 5 min d) $\frac{3}{10}$ von 2 cm

10. Gib den Anteil als Bruch an. Kürze so weit wie möglich.

a) 40 g von 100 g b) 14 m von 21 m c) 5 min von 1 h d) 250 mℓ von 2 ℓ

11. Schreibe in der nächstkleineren Einheit.

a) $\frac{1}{10}$ kg b) $\frac{1}{2}$ g c) $\frac{2}{5}$ dm d) $\frac{3}{8}$ ℓ e) $5\frac{1}{2}$ km f) $2\frac{3}{4}$ h

12. Peter und Marie schießen auf eine Torwand. Peter trifft bei 1 von 10 Schüssen, Marie bei 1 von 5 Schüssen. Wer hat die höhere Trefferquote, also einen höheren Anteil von Schüssen, die zum Tor führten?

13. Schreibe als Bruch oder gemischte Zahl. Kürze so weit wie möglich.

a) 0,9 b) 0,06 c) 1,1 d) 20,5 e) 5,23 f) 0,175

14. Schreibe als Dezimalzahl.

a) $\frac{39}{100}$ b) $\frac{1}{500}$ c) $\frac{613}{10}$ d) $4\frac{1}{4}$ e) $2\frac{24}{300}$ f) $\frac{33}{55}$

15. Übertrage ins Heft. Setze das richtige Zeichen < oder > ein.

a) $2{,}7$ ■ $2{,}3$ b) $1{,}77$ ■ $0{,}79$ c) $0{,}081$ ■ $0{,}18$ d) $0{,}15$ ■ $\frac{1}{5}$

16. Übertrage den Zahlenstrahl in dein Heft.

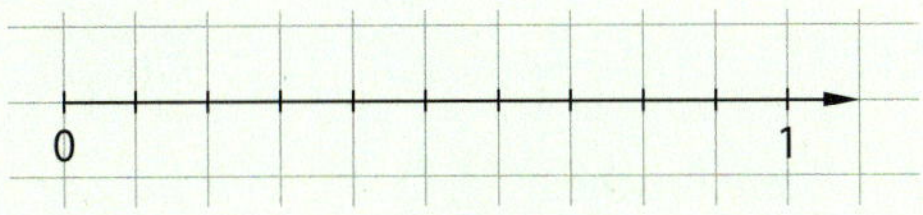

Markiere die Zahlen $0{,}3$; $\frac{1}{2}$; $\frac{9}{10}$; $1{,}2$; $0{,}6$; $\frac{2}{5}$.

17. Wandle in eine abbrechende oder eine periodische Dezimalzahl um.

a) $\frac{7}{8}$ b) $\frac{1}{9}$ c) $\frac{34}{20}$ d) $\frac{14}{22}$ e) $\frac{4}{60}$ f) $\frac{160}{12}$

18. Gib in Prozent an.

a) $0{,}76$ b) $0{,}3$ c) $0{,}001$ d) $\frac{19}{100}$ e) $\frac{11}{20}$ f) $\frac{7}{35}$

19. Bestimme den Anteil.

a) 20 % von 60 € b) 75 % von 120 g c) 30 % von 1 cm

20. In 50 g Vollmilchschokolade sind 15 g Fett enthalten. Ist dieser Anteil größer als 20 %?

21. In den Klassen 5a und 5b sind jeweils 25 Kinder. In der 5a sind davon drei Fünftel Mädchen. In der 5b beträgt der Anteil der Mädchen 44 %.

a) Berechne, wie viele Mädchen in jede Klasse gehen.
b) Gib für jede Klasse den Anteil der Jungen in Prozent an.

22. Jeweils drei Zahlen sind gleich. Schreibe sie in dein Heft.

$\frac{24}{40}$ | $0{,}\overline{6}$ | $\frac{16}{24}$ | $1{,}6$ | $\frac{600}{1000}$ | $\frac{16}{10}$ | $1\frac{3}{5}$ | 60 % | $\frac{2}{3}$

Wiederholungsaufgaben

1. Ein Lieferwagen hat drei Kisten zu je 25 kg und zwei Säcke zu je 15 kg geladen. Wie schwer ist die Ladung?

2. a) Schreibe 15 als Produkt aus zwei Zahlen.
b) Wie groß ist der Wert der Summe von 12 und 19?

3. Übertrage in dein Heft und ergänze eine passende Zahl.

a) $2\,m^2 =$ ■ dm^2 b) $4\,dm \cdot 3\,cm =$ ■ cm^2 c) 9 cm = ■ mm

4. Ergänze den Satz so, dass er wahr wird.

a) Ein Rechteck ist genau dann ein Quadrat, wenn …
b) In einer Raute gibt es vier gleich …

5. In der Klasse 5 a sind 17 Jungen und 11 Mädchen. Erstelle dazu ein passendes Säulendiagramm.

Zusammenfassung

Brüche

Anteile von einem Ganzen können mit **Brüchen** beschrieben werden.
Der **Nenner** eines Bruches gibt an, in wie viele gleiche Teile das Ganze geteilt ist. Der **Zähler** gibt die Anzahl der Teile an.
Bei **echten Brüchen** ist der Zähler stets kleiner als der Nenner.
Bei **unechten Brüchen** ist der Zähler stets größer als der Nenner oder genauso groß.
Unechte Brüche kann man auch als **gemischte Zahlen** schreiben.

Brüche können **Anteile von Größen** angeben.

Zähler, Bruchstrich, Nenner: $\frac{4}{5}$

Beachte: Der Nenner darf nie 0 sein.

Echte Brüche: $\frac{1}{2}, \frac{3}{4}, \frac{5}{7}$

Unechte Brüche: $\frac{3}{2}, \frac{7}{4}, \frac{15}{7}$

Gemischte Zahlen: $\frac{3}{2} = 1\frac{1}{2}, \frac{7}{4} = 1\frac{3}{4}, \frac{15}{7} = 2\frac{1}{7}$

$\frac{3}{4}$h = 45 min, $2\frac{1}{2}$kg = 2500 g, $\frac{3}{8}$ℓ = 0,375 ℓ

Kürzen und Erweitern von Brüchen

Beim **Erweitern** werden Zähler und Nenner mit der gleichen Zahl multipliziert.

Beim **Kürzen** werden Zähler und Nenner durch die gleiche Zahl dividiert.

$\frac{2}{3} = \frac{2 \cdot 4}{3 \cdot 4} = \frac{8}{12}$

$\frac{8}{12} = \frac{8 : 4}{12 : 4} = \frac{2}{3}$

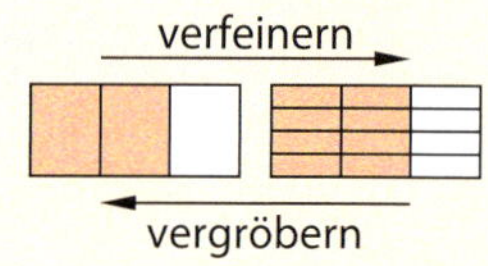

Dezimalzahlen

Zahlen mit Komma heißen **Dezimalzahlen**. Dezimalzahlen lassen sich als Bruch mit dem Nenner 10, 100, 1000, ... (**Zehnerbrüche**) darstellen und in Brüche überführen.

E	z	h	
1,	2	5	1 Ganzes, 2 Zehntel, 5 Hundertstel

$0{,}5 = \frac{5}{10} = \frac{1}{2}$; $0{,}77 = \frac{77}{100}$; $1{,}25 = \frac{125}{100} = \frac{5}{4} = 1\frac{1}{4}$

Brüche und Dezimalzahlen am Zahlenstrahl

Brüche und Dezimalzahlen, die zum selben Punkt des Zahlenstrahls gehören, bezeichnen dieselbe **Bruchzahl**.

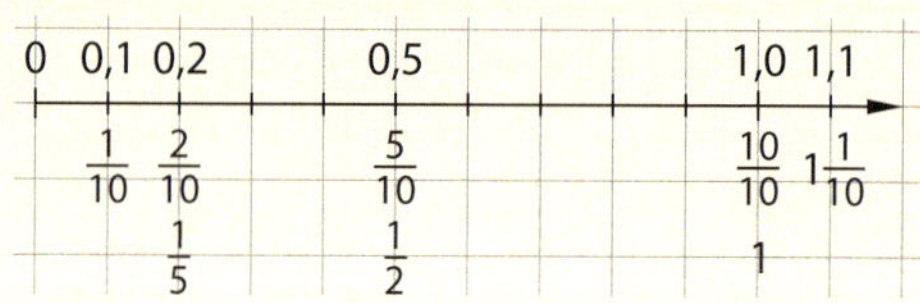

Brüche und Dezimalzahlen vergleichen

Von zwei **gleichnamigen Brüchen** ist der Bruch mit dem größeren Zähler der größere.

Ungleichnamige Brüche werden zuerst gleichnamig gemacht und dann verglichen.

Dezimalzahlen kann man stellenweise von links nach rechts vergleichen.

$\frac{3}{7} < \frac{4}{7}$, denn 3 < 4.

$\frac{2}{3} < \frac{3}{4}$, denn $\frac{2}{3} = \frac{2 \cdot 4}{3 \cdot 4} = \frac{8}{12}$, $\frac{3}{4} = \frac{3 \cdot 3}{4 \cdot 3} = \frac{9}{12}$ und $\frac{8}{12} < \frac{9}{12}$.

2,6735 < 2,681, denn
7 Hundertstel < 8 Hundertstel.

Umwandeln eines Bruchs in eine Dezimalzahl

Man kann einen Bruch in eine Dezimalzahl umwandeln, indem man
- ihn auf einen Zehnerbruch **erweitert oder kürzt** und in eine Dezimalzahl überführt,
- **Zähler durch Nenner dividiert.**

$\frac{1}{4} = \frac{1 \cdot 25}{4 \cdot 25} = \frac{25}{100} = 0{,}25$

$\frac{1}{4} = 1 : 4 = 0{,}25$ abbrechende Dezimalzahl

$\frac{2}{3} = 2 : 3 = 0{,}666\ldots = 0{,}\overline{6}$ periodische Dezimalzahl

Prozente

Brüche mit dem Nenner 100 kann man auch als **Prozente** schreiben.

Bruch	$\frac{1}{100}$	$\frac{25}{100} = \frac{1}{4}$	$\frac{50}{100} = \frac{1}{2}$
Prozent	1 %	25 %	50 %

2. Brüche und Dezimalzahlen addieren und subtrahieren

$\frac{4}{4}$-Takt bedeutet, dass sich in jedem Takt die Notenwerte (Halbe, Viertel, Achtel, Sechzehntel, …) zu $\frac{4}{4}$ addieren.

Nach diesem Kapitel kannst du …

- Brüche addieren und subtrahieren,
- Dezimalzahlen addieren und subtrahieren.

Basisaufgaben

1. Erweitere einen der beiden Brüche so, dass du anschließend addieren oder subtrahieren kannst. Berechne das Ergebnis.

a) $\frac{1}{2}+\frac{1}{6}$ b) $\frac{3}{4}+\frac{1}{20}$ c) $\frac{3}{10}+\frac{3}{100}$ d) $\frac{2}{5}+\frac{9}{10}$ e) $\frac{19}{56}+\frac{3}{7}$
f) $\frac{2}{3}-\frac{1}{6}$ g) $\frac{9}{10}-\frac{1}{2}$ h) $\frac{2}{5}-\frac{4}{25}$ i) $\frac{7}{2}-\frac{2}{14}$ j) $\frac{1}{3}-\frac{8}{33}$

2. Berechne.

a) $\frac{2}{7}+\frac{1}{4}$ b) $\frac{1}{5}+\frac{2}{3}$ c) $\frac{6}{7}+\frac{1}{2}$ d) $\frac{5}{4}+\frac{4}{5}$ e) $\frac{3}{10}+\frac{2}{11}$
f) $\frac{2}{3}-\frac{1}{4}$ g) $\frac{5}{2}-\frac{7}{9}$ h) $\frac{7}{12}-\frac{2}{5}$ i) $\frac{13}{2}-\frac{6}{2}$ j) $\frac{7}{12}-\frac{1}{13}$

Hinweis zu 3:
Hier findest du die Lösungen.

3. Erweitere die Brüche auf einen möglichst kleinen gemeinsamen Nenner und berechne das Ergebnis.

a) $\frac{3}{4}+\frac{1}{6}$ b) $\frac{7}{9}+\frac{5}{6}$ c) $\frac{7}{8}+\frac{17}{12}$ d) $\frac{1}{20}+\frac{1}{50}$ e) $\frac{7}{15}+\frac{3}{25}$
f) $\frac{1}{10}-\frac{1}{15}$ g) $\frac{5}{4}-\frac{1}{16}$ h) $\frac{11}{30}-\frac{3}{20}$ i) $\frac{9}{20}-\frac{1}{15}$ j) $\frac{3}{40}-\frac{3}{100}$

4. In einer Flasche sind $\frac{7}{10}$ ℓ Orangensaft. Anna schüttet davon $\frac{1}{4}$ ℓ in ein Glas. Wie viel Liter Saft sind noch in der Flasche?

Weiterführende Aufgaben

5. a) Schreibe die Rechnung mit Brüchen auf.

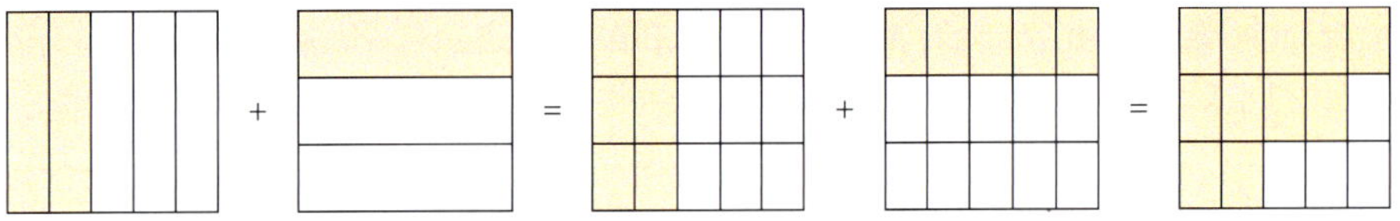

b) Stelle die Rechnung wie in a) mit Rechtecken dar und berechne das Ergebnis.

① $\frac{1}{5}+\frac{1}{2}$ ② $\frac{2}{3}+\frac{1}{4}$ ③ $\frac{3}{5}-\frac{1}{2}$ ④ $\frac{3}{4}-\frac{1}{3}$

6. **Stolperstelle:** Die Schüler der Klasse 6d berechnen $\frac{5}{6}+\frac{4}{9}$. Welche Rechnungen sind richtig, welche falsch? Korrigiere die falschen Rechnungen.

a) Peter: $\frac{5}{6}+\frac{4}{9}=\frac{9}{15}=\frac{3}{5}$ b) Mara: $\frac{5}{6}+\frac{4}{9}=\frac{5}{54}+\frac{4}{54}=\frac{9}{54}$
c) Leon: $\frac{5}{6}+\frac{4}{9}=\frac{15}{18}+\frac{8}{18}=\frac{23}{18}$ d) Michael: $\frac{5}{6}+\frac{4}{9}=\frac{5}{9}+\frac{4}{9}=\frac{9}{9}=1$

7. a) Bringe die abgebildeten Begriffe in eine sinnvolle Reihenfolge und schreibe eine Anleitung, wie man Brüche addiert oder subtrahiert.

addieren/subtrahieren | gleichnamig | Zähler | erweitern | Ergebnis | ungleichnamig | gemeinsamer Nenner

b) Berechne. Überprüfe dabei deine Anleitung aus a).

① $\frac{1}{5}+\frac{1}{3}$ ② $\frac{7}{24}+\frac{5}{6}$ ③ $\frac{11}{10}+\frac{4}{25}$ ④ $\frac{1}{2}-\frac{7}{20}$ ⑤ $\frac{7}{6}-\frac{4}{5}$

8. Berechne und überprüfe dein Ergebnis mit der Umkehroperation.

Beispiel: $\frac{1}{2} - \frac{1}{6} = \frac{3}{6} - \frac{1}{6} = \frac{2}{6} = \frac{1}{3}$ Umkehroperation: $\frac{1}{3} + \frac{1}{6} = \frac{2}{6} + \frac{1}{6} = \frac{3}{6} = \frac{1}{2}$

a) $\frac{1}{5} - \frac{1}{7}$ b) $\frac{3}{5} - \frac{19}{40}$ c) $\frac{5}{8} - \frac{3}{10}$ d) $\frac{1}{2} + \frac{1}{3}$ e) $\frac{23}{45} + \frac{2}{9}$

Erinnere dich:
Addition und Subtraktion sind Umkehroperationen:

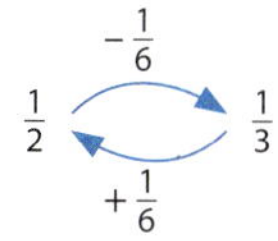

● **9.** Ergänze einen vollständig gekürzten Bruch, sodass die Rechnung stimmt.

a) $\frac{4}{15} + \frac{\square}{\square} = \frac{7}{15}$ b) $\frac{5}{8} + \frac{\square}{\square} = \frac{23}{24}$ c) $\frac{\square}{\square} - \frac{1}{3} = \frac{1}{6}$ d) $\frac{\square}{\square} + \frac{1}{4} = \frac{1}{3}$

e) $\frac{\square}{\square} - \frac{1}{10} = \frac{1}{100}$ f) $\frac{\square}{\square} - \frac{2}{5} = \frac{21}{60}$ g) $\frac{3}{10} + \frac{\square}{\square} = \frac{11}{20}$ h) $\frac{2}{3} - \frac{\square}{\square} = \frac{5}{9}$

10. Addiere oder subtrahiere die gemischten Zahlen.

a) $1\frac{1}{2} + \frac{3}{8}$ b) $\frac{2}{5} + 1\frac{2}{3}$ c) $2\frac{3}{4} + \frac{1}{8}$ d) $3\frac{2}{3} + 1\frac{1}{6}$ e) $1\frac{1}{12} + 1\frac{3}{8}$

f) $5\frac{3}{8} - 1\frac{3}{4}$ g) $2\frac{3}{5} - \frac{3}{10}$ h) $1\frac{2}{3} - \frac{8}{9}$ i) $2\frac{3}{7} - 1\frac{1}{2}$ j) $4\frac{1}{2} - 3\frac{1}{4}$

11. Berechne.

a) $\frac{5}{8} + \frac{1}{4} + \frac{3}{16}$ b) $\frac{1}{2} + \frac{2}{3} + \frac{3}{4}$ c) $\frac{11}{15} - \frac{3}{25} + \frac{29}{75}$ d) $\frac{19}{18} + \frac{2}{3} - \frac{7}{27}$

e) $4 - \frac{3}{10} - \frac{3}{5}$ f) $\frac{1}{3} + \frac{1}{4} - \frac{1}{5}$ g) $\frac{1}{2} + 5 - 1\frac{2}{3}$ h) $4\frac{3}{4} - 2\frac{1}{2} - 1\frac{1}{5}$

● **12.** Patrick möchte Tennisprofi werden. Vormittags trainiert er drei Stunden auf dem Platz, eine Viertelstunde davon macht er Pause. Am Nachmittag macht er $1\frac{1}{2}$ h Krafttraining. Später spielt er noch eine Dreiviertelstunde gegen seinen Trainer. Wie viele Stunden hat Patrick insgesamt trainiert?

13. Übertrage die Rechenmauern in dein Heft und berechne. Der Wert eines Steines ist die Summe der Werte der beiden direkt darunterliegenden Steine.

a)

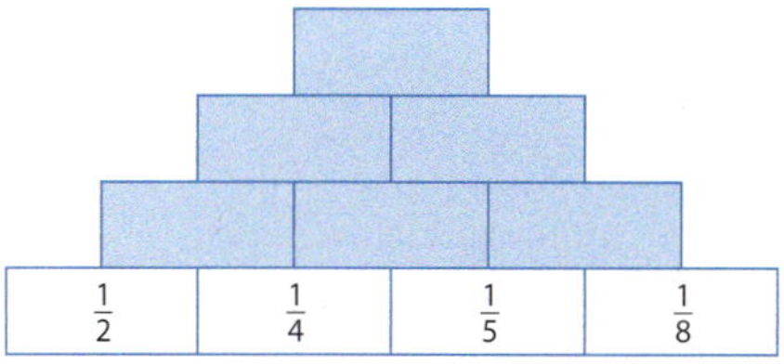

b)

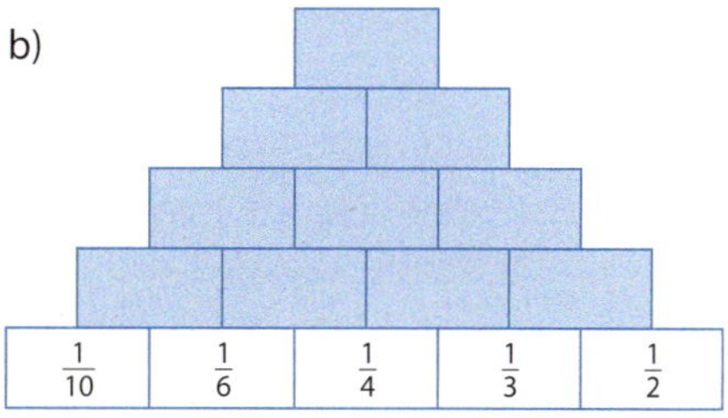

14. Kürze zuerst und berechne anschließend.

a) $\frac{15}{100} + \frac{36}{40}$ b) $\frac{22}{99} + \frac{13}{26}$ c) $\frac{110}{40} - \frac{49}{56}$ d) $\frac{28}{35} + \frac{40}{48}$ e) $\frac{60}{144} - \frac{5}{75}$

Hinweis zu 14:
Hier findest du die Lösungen.

● **15.** **Ausblick:** Vervollständige das magische Quadrat in deinem Heft. In jeder Zeile, Spalte und Diagonale soll die Summe denselben Wert haben.

a)

		$\frac{1}{6}$
		$\frac{7}{12}$
$\frac{2}{3}$		$\frac{1}{2}$

b)

$\frac{2}{5}$		$\frac{2}{12}$
	$\frac{1}{3}$	
$\frac{1}{2}$		

2.3 Dezimalzahlen runden

■ Lina möchte eine 35 cm lange Kuchenrolle für ihre Gäste in 13 gleich große Scheiben schneiden. Sie überlegt, wie dick jede Scheibe sein muss.
Ihre Schwester Zoe nimmt einen Taschenrechner und rechnet 35 : 13. Dieser zeigt als Ergebnis 2,692307692 an.
Welchen Wert für die Dicke der Scheiben sollte sie Lina nennen? ■

Dezimalzahlen können beliebig viele Nachkommastellen haben. Häufig ist aber die Angabe vieler Nachkommastellen gar nicht nötig und ein gerundeter Wert reicht aus.

Dezimalzahlen kann man auf Zehntel, Hundertstel, Tausendstel, … runden. Dabei streicht man die Ziffern, die hinter der Rundungsstelle stehen. Für die Rundungsstelle gelten diese Regeln:

Wissen: Vereinbarungen zum Runden von Dezimalzahlen
Wähle zunächst die Rundungsstelle.
Abrunden: Folgt nach der Rundungsstelle eine **0, 1, 2, 3 oder 4,** so wird abgerundet.
Aufrunden: Folgt nach der Rundungsstelle eine **5, 6, 7, 8 oder 9,** so wird aufgerundet.

Beispiel 1: Runde die Zahl
a) 4,82 auf Zehntel, b) 2,51 auf Einer, c) 0,496 auf Hundertstel.

Lösung:
a) Die Rundungsstelle ist die 8. Die Ziffer rechts neben der 8 ist die 2, also werden die 8 Zehntel abgerundet, also 4,8. $4{,}82 \approx 4{,}8$

b) Die Rundungsstelle ist die 2. Die Ziffer rechts neben der 2 ist die 5, also werden die 2 Einer aufgerundet auf 3 Einer. $2{,}51 \approx 3$

c) Die Rundungsstelle ist die 9. Die Ziffer rechts neben der 9 ist die 6, also werden die 9 Hundertstel aufgerundet auf 10 Hundertstel. 10 Hundertstel sind 1 Zehntel. Zusammen mit 4 Zehntel ergeben sie 5 Zehntel, das sind 50 Hundertstel. $0{,}496 \approx 0{,}50$

Hinweis zu c):
Man schreibt 0,50 und nicht 0,5. Damit gibt man an, dass die Zahl auf Hundertstel gerundet wurde.

Basisaufgaben

1. Runde die Zahlen in der Stellenwerttafel
a) auf Zehntel (z),
b) auf Hundertstel (h),
c) auf Einer (E).

H	Z	E	z	h	t
	7	0,	9	1	4
		5,	0	6	3
		9,	6	2	5
	2	3,	8	5	1

Tipp zu 2:
Markiere die Stelle, auf die gerundet wird, und in einer anderen Farbe die erste Stelle, die wegfällt.

2. Trage die Zahl in eine Stellenwerttafel ein und runde wie angegeben.
a) 2,54 auf Zehntel,
b) 1,725 auf Hundertstel,
c) 34,81 auf Einer,
d) 7,312 auf zwei Nachkommastellen.

3. Runde die Zahlen auf die vorgegebene Rundungsstelle.

a) Zehntel	b) Hundertstel	c) Tausendstel	d) Einer
2,61	0,045	1,7346	8,6
3,382	8,381	2,2991	0,457
0,066	0,095	0,09049	299,5

4. a) Runde auf m: 17,1 m; 1,27 m; 109,8 m
b) Runde auf kg: 7,2 kg; 1,46 kg; 49,5 kg
c) Runde auf €: 13,20 €; 9,95 €; 58,00 €
d) Runde auf s: 5,622 s; 99,7 s; 0,087 s

5. a) Runde auf eine Nachkommastelle: 7,34; 0,07; 11,257 g; 8,69 ℓ; 99,961 km
b) Runde auf zwei Nachkommastellen: 1,249; 0,0041; 15,315 m^2; 0,3081 t; 0,9999 s

Hinweis zu 5:
Hier findest du die gerundeten Zahlen und Maßzahlen.

6. Begründe, ob es sinnvoll ist zu runden. Runde gegebenenfalls auf eine geeignete Stelle.
a) Ein Fußballspiel dauert 1,5 Stunden – ohne Pause.
b) Das Handgepäck wiegt 7,608 kg.
c) Die Durchschnittsgeschwindigkeit eines Reisebusses beträgt 78,914 km/h.
d) Der Weltrekord im Hochsprung liegt bei 2,45 m.
e) München hat etwa 1,4 Millionen Einwohner.

Weiterführende Aufgaben

7. Gib drei mögliche Ausgangszahlen an, die gerundet die angegebene Zahl ergeben.
Beispiel: 4,2 Mögliche Ausgangszahlen: 4,24; 4,15; 4,213
a) 0,6 b) 9,9 c) 7 d) 1,15 e) 0,60 f) 0,600

8. a) Runde 79,925 auf Zehntel, Hundertstel und Einer.
b) Runde 25,2096 auf ein, auf zwei und auf drei Nachkommastellen.
c) Eine Zahl wurde auf Zehntel gerundet. Die gerundete Zahl ist 2,0.
Gib drei mögliche Ausgangszahlen an, die größer als 2 sind, und zwei Ausgangszahlen, die kleiner als 2 sind.

9. Stolperstelle: Welche Fehler hat Daniel gemacht? Korrigiere sie.
a) *41,452 auf Zehntel gerundet: 41,45*
b) *912,995 auf Hundertstel gerundet: 912,9*
c) *49,33 auf eine ganze Zahl gerundet: 50*
d) *3,02 auf Zehntel gerundet: 3*

● **10.** Stelle die Einwohnerzahlen der Großstädte in einem Säulendiagramm dar.
Runde die Zahlen dazu vorher geeignet.

London: 8,308 Mio.	New York: 8,245 Mio.	Rio de Janeiro: 6,024 Mio.
Berlin: 3,422 Mio.	Madrid: 3,213 Mio.	Rom: 2,554 Mio.
Paris: 2,250 Mio.	Hamburg: 1,746 Mio.	München: 1,408 Mio.

● **11. Ausblick:**
a) Gib die kleinste Zahl an, die beim Runden die angegebene Zahl ergibt.
① 6 ② 44,1 ③ 0,078 ④ 0,020 ⑤ 100,0
b) Martin behautet: „7,84 ist die größte Zahl, die auf Zehntel gerundet 7,8 ergibt."
Erkläre, warum Martin nicht recht hat.
c) Eine Zahl ergibt beim Runden 6. Begründe, warum es keine größte Ausgangszahl geben kann.

2.4 Dezimalzahlen addieren und subtrahieren

■ Nach dem ersten Lauf beim Ski-Slalom in Wengen gab es dieses Zwischenergebnis:

1	HARGIN	SWE	54.80	
2	GROSS	IT	54.94	+ 0.14
3	KRISTOFFERSEN	NOR	55.12	+ 0.32
4	DOPFER	GER	55.34	+0.54
5	NEUREUTHER	GER	55.35	+ 0.55

Was bedeuten die Zahlen?
Schreibe passende Rechnungen auf. ■

Wissen: Addieren und Subtrahieren von Dezimalzahlen
Dezimalzahlen werden (wie natürliche Zahlen) **stellengerecht addiert bzw. subtrahiert.**
Steht Komma unter Komma, haben untereinander stehende Ziffern den gleichen Stellenwert.

Beispiel 1: Rechne schriftlich.
a) 34,92 + 0,34
b) 54,97 – 3,208

Lösung:
a) Schreibe die Zahlen stellengerecht untereinander und addiere dann:

Hundertstel (h): 2 + 4 = 6
Zehntel (z): 9 + 3 = 12
(2 Zehntel, 1 Einer im Übertrag)
Einer (E): 4 + 1 = 5
Zehner (Z): 3 + 0 = 3

	Z	E	z	h
	3	4,	9	2
+		0,	3	4
		1		
	3	5,	2	6

b) Subtrahiere stellenweise:

Tausendstel (t): 2, denn 8 + 2 = 10
(2 Tausendstel, 1 Hundertstel im Übertrag)
Hundertstel (h): 6, denn 1 + 6 = 7
Zehntel (z): 7, denn 2 + 7 = 9
Einer (E): 1, denn 3 + 1 = 4
Zehner (Z): 5, denn 0 + 5 = 5

	Z	E	z	h	t
	5	4,	9	7	0
–		3,	2	0	8
				1	
	5	1,	7	6	2

Basisaufgaben

Hinweis:
Damit die Anzahl der Nachkommastellen bei beiden Zahlen gleich ist, ergänze – falls nötig – Nullen am Ende.

1. Schreibe die Zahlen stellengerecht untereinander und berechne.
a) 21,37 + 35,12
b) 34,7 + 123,5
c) 41,7 + 3,92
d) 0,027 + 1,08
e) 34,79 – 21,35
f) 83,58 – 8,45
g) 56,94 – 7,9
h) 11,8 – 0,707

2. Berechne im Kopf.
a) 1,4 + 3,2
b) 0,5 + 7,6
c) 8 + 1,23
d) 2,75 + 3,25
e) 7,9 – 2,1
f) 24,8 – 4,4
g) 9 – 1,8
h) 1,32 – 0,05
i) 1,99 + 3,99
j) 0,48 + 0,63
k) 42,37 – 0,9
l) 98,531 – 0,03

3. **Überschlag:** Addiere. Überschlage zuerst, indem du die Zahlen geeignet rundest.
Beispiel: 6,218 + 0,497   Überschlag: 6,2 + 0,5 = 6,7   Exaktes Ergebnis: 6,715
a) 5,89 + 0,483   b) 0,712 + 0,859   c) 10,45 + 6,231   d) 36,67 + 15,8
e) 14,35 + 0,089   f) 0,0323 + 0,0798   g) 2,7875 + 1,086   h) 0,058 + 0,5858

4. Subtrahiere. Mache zuerst einen Überschlag, indem du die Zahlen geeignet rundest.
Beispiel: 0,583 – 0,376   Überschlag: 0,6 – 0,4 = 0,2   Exaktes Ergebnis: 0,207
a) 0,802 – 0,505   b) 7,34 – 0,905   c) 12 – 8,85   d) 106,32 – 23,43
e) 45,346 – 1,23   f) 2,11 – 1,534   g) 0,0306 – 0,0097   h) 0,6767 – 0,067

5. Ordne jeder Aufgabe das passende Ergebnis auf den Karten zu. Entscheide mithilfe einer Überschlagsrechnung.
a) 3,193 + 0,612   b) 0,66 – 0,045
c) 2,385 + 2,45   d) 2,015 – 1,19
e) 0,0137 + 0,0513   f) 8,205 – 4,08
g) 0,963 + 0,612   h) 11,12 – 9,055

4,835   0,065   4,125   0,825
1,575   3,805   0,615   2,065

6. Katja meint, dass ihre Katze Bo Übergewicht hat, und möchte sie deshalb wiegen. Da Bo aber immer wieder von der Waage springt, wiegt sich Katja zuerst alleine und anschließend noch einmal mit Bo auf dem Arm. Katja wiegt 38,7 kg, beide zusammen wiegen 44,5 kg. Wie schwer ist Bo?

Weiterführende Aufgaben

7. Mache einen Überschlag und berechne anschließend.
a) 1,23 + 6,79 + 4,06   b) 11,03 + 0,978 + 5,172   c) 0,033 + 0,0472 + 0,107
d) 1,9 + 2,99 + 3,999   e) 84,5731 + 7,342 + 9,9402   f) 121,93 + 32,87 + 82,931

Hinweis zu 7:
Hier findest du die exakten Lösungen.

8. Berechne. Entscheide, ob du im Kopf oder schriftlich rechnest. Mache bei e) bis h) zuerst einen Überschlag.
a) 56,8 + 4,3   b) 12 – 7,6   c) 56,943 – 2,941   d) 0,5 + 3,2 + 1,01
e) 0,0978 + 3,075   f) 7,704 – 6,12   g) 75,97 – 45,731   h) 9,54 + 4,8 + 0,72

9. **Stolperstelle:** Suche Fehler und berichtige sie. Erläutere kurz, worin der Fehler besteht.

a)

	2,	1	9
–	1,	5	6
	1		
	0,	6	3

b)

			8
+	0,	7	9
		1	
	0,	8	7

c) 12,45 + 4,7 = 16,52   d) 4,3 cm – 3 mm = 1,3 cm

10. Beschreibe das Muster der Zahlenfolge. Ergänze im Heft die nächsten sechs Dezimalzahlen.
a) 0,25; 0,5; 0,75; 1; 1,25; …   b) 14,1; 13,2; 12,3; 11,4; 10,5; …
c) 2,05; 2,062; 2,074; 2,086; 2,098; …   d) 7; 6,25; 5,5; 4,75; 4; …
e) 4; 4,125; 4,25; 4,375; 4,5; …   f) 8,4; 8,05; 7,7; 7,35; 7; …

11. Arbeitet zu zweit. Einer von euch nimmt einen Taschenrechner und gibt mehrere Dezimalzahlen vor und bestimmt jeweils, ob sie addiert oder subtrahiert werden sollen. Der andere rechnet schriftlich. Die erste Person kontrolliert mit dem Taschenrechner. Tauscht dann eure Rollen.

Beispiel: 2,4 $\xrightarrow{+1,33}$ 3,73 $\xrightarrow{-0,82}$ 2,91 $\xrightarrow{+10,706}$ 13,616 $\xrightarrow{-1,996}$ 11,62

12. Wie viel Wechselgeld bekommst du zurück, wenn du den Geldbetrag mit einen 5-€-Schein (einem 20-€-Schein) bezahlst?

a) 4,50 € b) 1,80 € c) 3,19 € d) 0,72 €
e) 4,22 € f) 5 Cent g) 1,95 € + 1,50 € h) 1,99 € + 2,98 €

13. Stephan möchte Eistee zubereiten. Laut Rezept muss er 0,75 ℓ Früchtetee, 0,45 ℓ Hagebuttentee, 0,125 ℓ Apfelsaft und 0,02 ℓ Zitronensaft mischen.
Kann er den Tee in eine 1,5-ℓ-Flasche füllen?

14. Die Klasse 6 a hat in ihrer Klassenkasse 149,46 € und kauft für eine Weihnachtsfeier ein. Für Getränke geben sie 87,89 €, für Knabbereien 32,19 € und für Teller, Becher und Dekoration 21,39 € aus. Wie viel Euro kostet die Feier insgesamt und wie viel Geld haben sie übrig? Überschlage zunächst und berechne dann.

● **15.** In der Tabelle stehen die Ergebnisse beim Formel-1-Qualifying in Singapur.

a) Berechne jeweils die Zeitabstände zwischen zwei benachbarten Plätzen.
b) Welche Fahrer sind unter einer Zehntelsekunde (einer Hundertstelsekunde) voneinander entfernt?
c) Welche Fahrer meint der Reporter?
① „Ihn trennt nur eine halbe Sekunde vom ersten Platz."
② „Heute haben die Tausendstel entschieden."
③ „Eineinhalb Zehntel schneller und er wäre drei Plätze besser."
④ „Sechs Hundertstel trennen ihn von einem Podestplatz."

1. Lewis Hamilton	1 min 45,681 s
2. Nico Rosberg	1 min 45,688 s
3. Daniel Ricciardo	1 min 45,854 s
4. Sebastian Vettel	1 min 45,902 s
5. Fernando Alonso	1 min 45,907 s
6. Felippe Massa	1 min 46,000 s
7. Kimi Raikkönen	1 min 46,170 s

● **16.** Die Summe der beiden unteren Steine ist jeweils der Wert des darauf liegenden Steins. Übertrage die Additionsmauern in dein Heft und ergänze sie.

a)
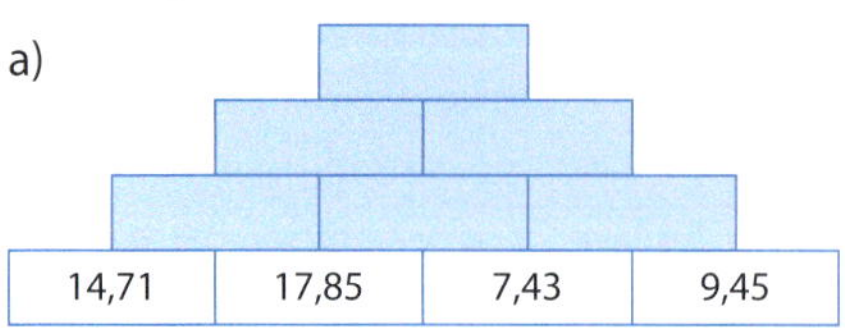

b)
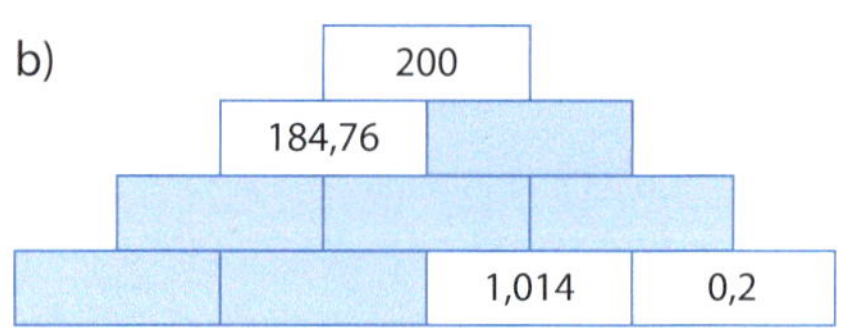

● **17.** **Ausblick:** Ersetze im Heft die Lücken so, dass die Rechnung stimmt.

a)
```
   1 2 , ■ 3
 + ■ 3 , 5 ■
 -----------
   4 5 , 8 2
```

b)
```
   7 2 2 , ■ 3 5
 − ■ 8 ■ , 5 ■ 3
 ---------------
   6 ■ 9 , 7 2 2
```

c)
```
   ■ , 2 ■ 3
 + ■ 3 , ■ 3 9
 -------------
   4 0 , 8 1 ■
```

2.5 Rationale Zahlen addieren und subtrahieren

■ An einem Wintermorgen zeigt das Thermometer –4,5° C an. In der Nacht war es sogar noch um 5,2 Grad kälter. Im Verlauf des Tages steigt die Temperatur um 6,7 Grad.
Gib die kälteste Nachttemperatur und die höchste Temperatur am Tag an. ■

Rationale Zahlen

Du kennst Situationen, in denen ein Grundzustand mit der Zahl 0 beschrieben wird.

- Beim Thermometer beschreibt 0°C den Gefrierpunkt von Wasser.
- Der Kontostand 0 € bedeutet, dass man weder Guthaben noch Schulden hat.

Alle anderen Zustände liegen entweder „unter“ oder „über“ dem Grundzustand.
Sie werden mit **negativen Zahlen** (Vorzeichen „–“) oder **positiven Zahlen** (Vorzeichen „+“) beschrieben. Bei positiven Zahlen kann man das Vorzeichen setzen oder weglassen.
Auf der Zahlengeraden werden positive Zahlen rechts von der Null und negative Zahlen links von der Null abgetragen. Zahlen, die sich nur durch ihr Vorzeichen unterscheiden, ergeben sich dann durch Spiegelung an der Null. So ergibt sich auch zu jedem **positiven Bruch** ein **negativer Bruch** und zu jeder **positiven Dezimalzahl** eine **negative Dezimalzahl**.

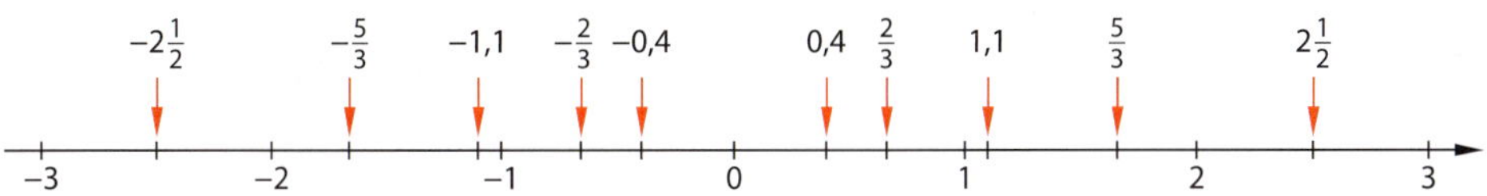

Wissen: Rationale Zahlen
Alle positiven und negativen Brüche oder Dezimalzahlen bilden zusammen mit der Null die rationalen Zahlen (kurz $\mathbb{Q}$).

Hinweis:
Die natürlichen Zahlen werden mit dem Buchstaben $\mathbb{N}$ bezeichnet und die ganzen Zahlen mit $\mathbb{Z}$. Rationale Zahlen bezeichnet man mit $\mathbb{Q}$.

Rationale Zahlen vergleichen und ordnen

Beispiel 1: Vergleiche die beiden Zahlen und stelle sie auf der Zahlengeraden dar.
a) -1 und $-1{,}7$ b) $-\frac{5}{7}$ und $\frac{4}{7}$ c) $-1\frac{1}{8}$ und $-1{,}5$

Lösung:
a) Es ist $-1 > -1{,}7$. Die Zahl -1 liegt auf der Zahlengeraden weiter rechts als $-1{,}7$.

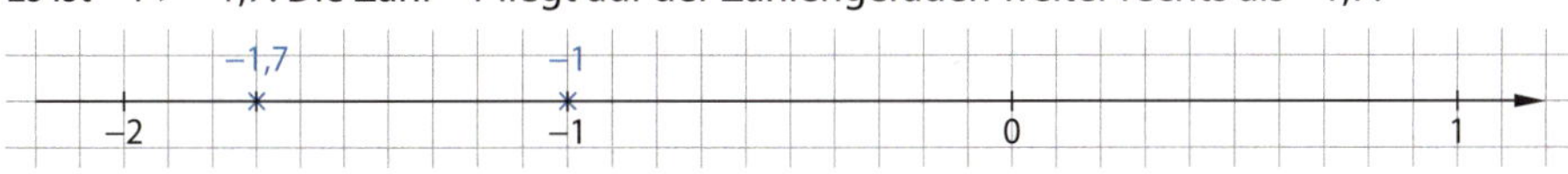

b) Es ist $-\frac{5}{7} < \frac{4}{7}$. Die Zahl $-\frac{5}{7}$ liegt auf der Zahlengeraden weiter links als $\frac{4}{7}$.

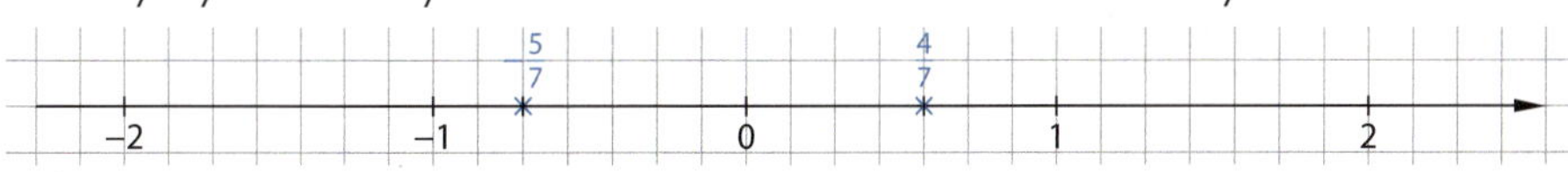

c) Es ist $-1\frac{1}{8} > -1{,}5$. Die Zahl $-1\frac{1}{8}$ liegt auf der Zahlengeraden weiter rechts als $-1{,}5$.

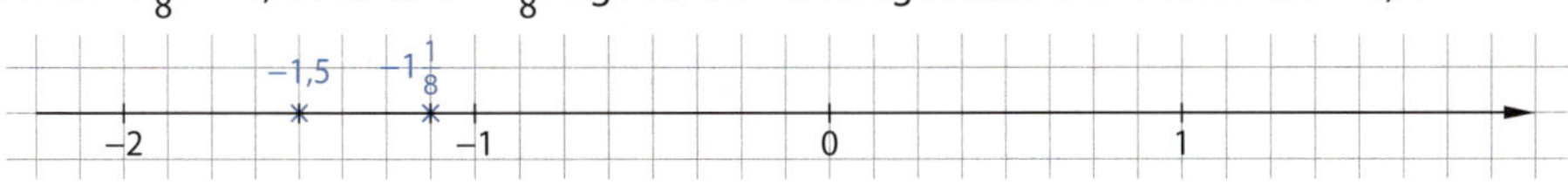

Basisaufgaben

1. Gib an, welche Zahlen auf der Zahlengeraden durch die Buchstaben markiert sind.

a) 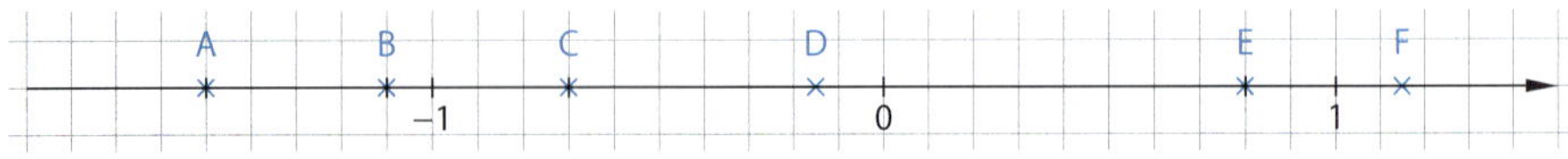

b) 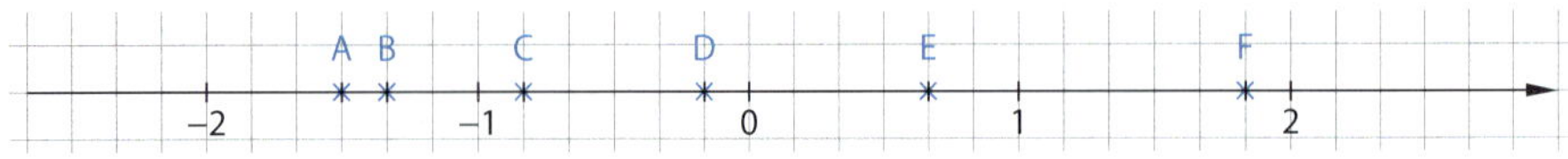

2. Zeichne eine geeignete Zahlengerade in dein Heft und trage darauf die Zahlen ein.

a) 2; −3; 0,5; −1,5; 1,8; −0,4; −2,6; 0,9

b) $3; \frac{1}{4}; -2; -\frac{3}{4}; 1\frac{3}{4}; -1\frac{1}{2}; 2\frac{1}{2}; -\frac{1}{2}$

c) $-2; 1; -\frac{1}{2}; -\frac{5}{6}; -\frac{8}{6}; \frac{2}{3}; -\frac{11}{6}; \frac{1}{6}$

d) $-2; 2; -1{,}8; -\frac{5}{4}; 0{,}9; -\frac{1}{4}; 1\frac{1}{2}; -2{,}75$

3. Übertrage in dein Heft und ersetze ■ richtig durch < oder >.

a) −2 ■ 3,5 b) −2,7 ■ −3 c) 0,5 ■ −0,2 d) −3,45 ■ −3,54

e) $-\frac{3}{7}$ ■ −2 f) $-\frac{2}{5}$ ■ $-\frac{3}{10}$ g) 3 ■ $-3\frac{1}{4}$ h) $-\frac{4}{5}$ ■ $-1\frac{1}{4}$

i) −0,6 ■ $-\frac{3}{4}$ j) $-\frac{4}{3}$ ■ −1,2 k) $-\frac{3}{4}$ ■ −0,8 l) $-\frac{8}{7}$ ■ $-\frac{9}{8}$

4. Ordne die Zahlen der Größe nach. Unterstreiche dann alle natürlichen Zahlen, alle ganzen Zahlen und alle rationalen Zahlen mit derselben Farbe. Beschreibe und erkläre das Ergebnis.

a) −3; 0,7; −0,2; 3; −2,6; 3,8; −2; 4

b) $-\frac{1}{2}; -1; -0{,}4; 1; 0{,}02; 0{,}1; \frac{3}{4}; 0{,}2$

a) $-2{,}4; 2\frac{3}{5}; -\frac{4}{9}; \frac{5}{2}; -2\frac{1}{4}; 5{,}2; -0{,}4; -0{,}24$

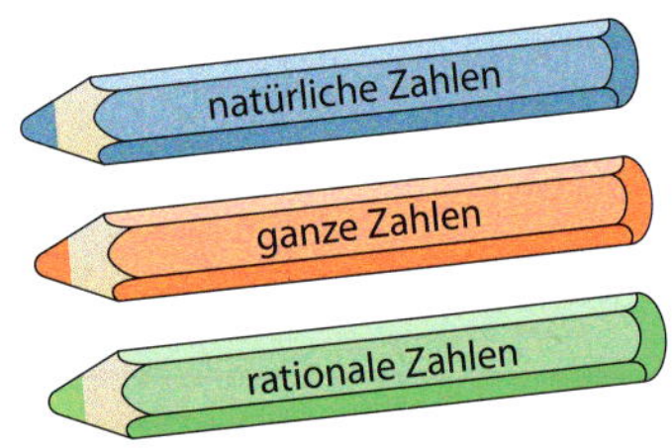

Rationale Zahlen addieren und subtrahieren

Rationale Zahlen werden nach denselben Regeln addiert oder subtrahiert wie ganze Zahlen.

Beispiel 2: Berechne.

a) 0,5 + (−0,7) b) $-\frac{2}{5} - \frac{4}{5}$ c) 0,5 − (−0,7) d) $-\frac{2}{5} + \frac{4}{5}$

Lösung:

Vereinfache die Schreibweise, wo Rechenzeichen und Vorzeichen aufeinandertreffen.

Verschiedene Zeichen ergeben „−"

Gleiche Zeichen ergeben „+".

a) 0,5 + (−0,7) = 0,5 − 0,7 = −0,2

b) $-\frac{2}{5} - \frac{4}{5} = \frac{-2-4}{5} = -\frac{6}{5}$

c) 0,5 − (−0,7) = 0,5 + 0,7 = 1,2

d) $-\frac{2}{5} + \frac{4}{5} = \frac{-2+4}{5} = \frac{2}{5}$

Beim Berechnen der Lösung kann dir die Darstellung an der Zahlengeraden helfen.

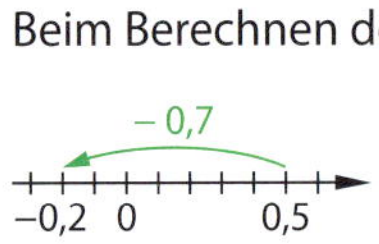

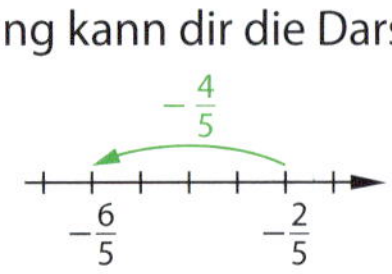

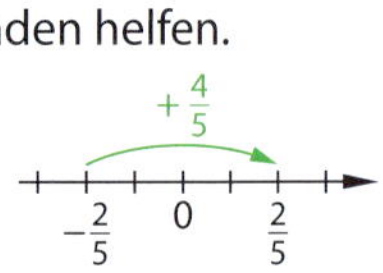

Basisaufgaben

5. **Vereinfachte Schreibweise:** Positive Zahlen benötigen weder Vorzeichen noch Klammern. Rechenzeichen und Vorzeichen, die aufeinander folgen, kann man zusammenfassen.
Beispiele: $(-0{,}5) + (-0{,}8) = -0{,}5 - 0{,}8$
$\left(+\frac{1}{8}\right) - \left(-\frac{1}{3}\right) = \frac{1}{8} + \frac{1}{3}$
Schreibe in vereinfachter Schreibweise und berechne die Aufgabe.

a) $(-6) + (+1{,}1)$ b) $(+1{,}3) - (-4)$ c) $\left(+\frac{1}{6}\right) - \left(+\frac{7}{6}\right)$ d) $\left(+\frac{1}{7}\right) - \left(+\frac{1}{7}\right)$
e) $(-0{,}7) + (-15)$ f) $(+1{,}0) + (-2{,}5)$ g) $\left(-\frac{5}{9}\right) - \left(-\frac{7}{9}\right)$ h) $\left(-\frac{6}{5}\right) + \left(-\frac{7}{11}\right)$

6. Berechne.

a) $-0{,}5 + 0{,}8$ b) $0{,}3 + (-0{,}4)$ c) $-0{,}24 + (-0{,}55)$ d) $-0{,}35 + 0{,}2$
e) $-\frac{2}{5} + \left(-\frac{4}{5}\right)$ f) $\frac{3}{8} + \left(-\frac{5}{8}\right)$ g) $-\frac{1}{2} + \frac{3}{4}$ h) $-\frac{3}{7} + \left(-\frac{3}{14}\right)$
i) $-\frac{3}{5} + \frac{2}{3}$ j) $-\frac{11}{3} + \frac{2}{3}$ k) $-\frac{5}{4} + \left(-1\frac{1}{2}\right)$ l) $3\frac{1}{5} + \left(-2\frac{1}{2}\right)$

Hinweis zu 6:
Hier findest du die Lösungen.

7. Subtrahiere.

a) $0{,}4 - 0{,}7$ b) $-0{,}3 - (-0{,}5)$ c) $1{,}25 - (-0{,}6)$ d) $-2{,}3 - 0{,}4$
e) $\frac{1}{8} - \frac{3}{8}$ f) $-\frac{2}{3} - \left(-\frac{5}{6}\right)$ g) $\frac{3}{4} - \left(-\frac{3}{8}\right)$ h) $-4\frac{1}{5} - \frac{7}{4}$

8. Berechne. Wandele dazu eine Zahl so um, dass du geschickt rechnen kannst.

a) $-\frac{1}{2} + 0{,}3$ b) $0{,}5 - \frac{1}{4}$ c) $-\frac{1}{3} - 0{,}25$ d) $\frac{1}{5} + 2{,}1$
e) $\frac{3}{4} - 0{,}04$ f) $-2{,}6 - \frac{3}{8}$ g) $\frac{1}{6} - 0{,}4$ h) $\frac{2}{7} - 0{,}25$

Weiterführende Aufgaben

9. Welche Aufgaben haben jeweils dasselbe Ergebnis? Berechne.

① $0{,}4 + \left(-\frac{1}{5}\right)$ ② $\frac{1}{4} - \frac{1}{2}$ ③ $-0{,}6 - 0{,}65$ ④ $-0{,}1 - 0{,}15$
⑤ $-0{,}2 + 1{,}1$ ⑥ $-1{,}5 + \frac{1}{4}$ ⑦ $7{,}1 - \frac{31}{5}$ ⑧ $-\frac{3}{10} + \frac{3}{6}$

10. **Stolperstelle:** Welche der folgenden Rechnungen enthalten Fehler? Korrigiere sie und erkläre, was falsch gemacht wurde.

a) $-1{,}5 - \frac{3}{8} = -\frac{3}{2} - \frac{3}{8} = -\frac{12}{8} - \frac{3}{8} = -\frac{9}{8}$ b) $-\frac{1}{5} + \frac{3}{2} = -\frac{2}{10} + \frac{15}{10} = -\frac{17}{10}$
c) $-\frac{1}{3} + 0{,}8 = -\frac{1}{3} + \frac{4}{5} = -5 + \frac{12}{15} = \frac{7}{15}$ d) $2\frac{1}{4} - 0{,}3 = 2{,}25 - 0{,}3 = 2{,}22$

11. Berechne den Abstand, den die beiden Zahlen auf der Zahlengeraden haben.

a) $0{,}24$ und $-0{,}71$ b) $-\frac{2}{3}$ und $\frac{1}{6}$
c) $-\frac{1}{7}$ und $-\frac{3}{4}$ d) $-1{,}2$ und $-2{,}33$

12. Timos Vater hat auf dem Girokonto 217,50 €. Ein Online-Händler bucht von dem Konto 349,95 €. Von seinem Arbeitgeber erhält der Vater 85,70 € für Auslagen überwiesen. Berechne den Kontostand nach der Abbuchung und nach der Überweisung.

13. Welche Ziffer fehlt hier? Berechne.

a) $0{,}6-0{,}\blacksquare 6=0{,}34$ b) $-1{,}28-0{,}\blacksquare 4=-2{,}22$ c) $-\frac{\blacksquare}{7}+\frac{3}{4}=-\frac{3}{28}$

d) $\frac{1}{\blacksquare}-\frac{2}{5}=-\frac{7}{30}$ e) $\frac{1}{4}-0{,}\blacksquare 5=-0{,}3$ f) $2\frac{5}{12}-3{,}\blacksquare 5=-\frac{3}{4}$

14. Übertrage in dein Heft und ersetze ■ durch passende Vorzeichen.

a) $(\blacksquare 4{,}3)+(\blacksquare 2{,}4)=-7{,}7$ b) $(\blacksquare 5{,}1)-(\blacksquare 8{,}3)=3{,}2$ c) $\left(\blacksquare \frac{3}{4}\right)+\left(\blacksquare \frac{7}{8}\right)=\frac{1}{8}$

d) $(\blacksquare 0{,}6)+\left(\blacksquare \frac{3}{4}\right)=0{,}15$ e) $\left(\blacksquare 2\frac{2}{3}\right)-\left(\blacksquare \frac{11}{6}\right)=4{,}5$ f) $\left(\blacksquare \frac{7}{4}\right)-(\blacksquare 0{,}3)+\left(-\frac{1}{5}\right)=-2\frac{1}{4}$

15. Johanna möchte das Rezept für das Mixgetränk „Südseetraum“ ausprobieren.
Passen die Zutaten in eine Karaffe, die $1\frac{3}{4}$ ℓ fasst?

Südseetraum

$\frac{1}{2}$ l Orangensaft	0,3 l Maracujasaft
$\frac{2}{5}$ l Ananassaft	$\frac{1}{8}$ l Zitronensaft
0,35 l Mineralwasser	0,1 l Grenadinesirup

● **16.** Tamara ist mit ihren Eltern im Skiurlaub. An der Skihütte zeigt das Thermometer −2,7 °C. Sie fahren mit dem Lift zunächst weiter hoch bis zur Mittelstation, wo die Temperatur 2,8 Grad kälter ist. Bis sie ganz oben auf dem Berg sind, sinkt die Temperatur noch einmal um 1,9 Grad. Im Verlauf der Abfahrt bis ganz hinunter ins Tal steigt die Temperatur um 7,6 Grad an. Berechne die Temperatur an der Mittelstation, auf dem Berg und unten im Tal.

17. Berechne die fehlende Zahl.

a) $-\frac{5}{6}-\blacksquare=-1\frac{1}{6}$ b) $\frac{7}{8}+\blacksquare=\frac{3}{4}$ c) $\blacksquare-0{,}52=-0{,}37$ d) $-0{,}3+\blacksquare=-0{,}72$

e) $-0{,}6-\blacksquare=-\frac{3}{8}$ f) $\blacksquare+2\frac{2}{5}=1{,}5$ g) $1\frac{1}{6}-\blacksquare=0{,}2$ h) $-1{,}3+\frac{5}{8}-\blacksquare=-3$

● **18.** Vom Hellen ins Dunkle: Löse die Kettenaufgabe.

a)

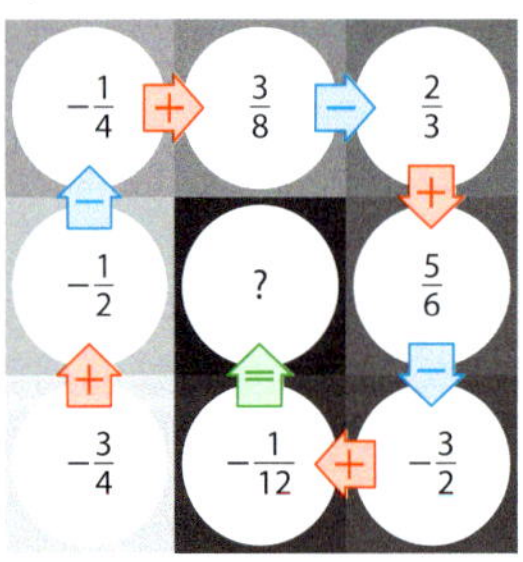

b)

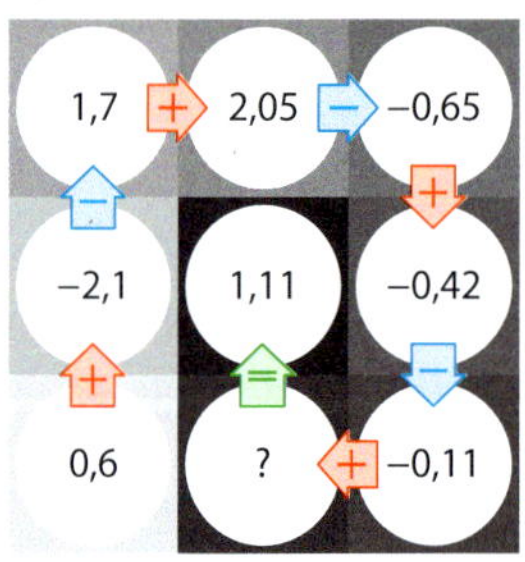

c)

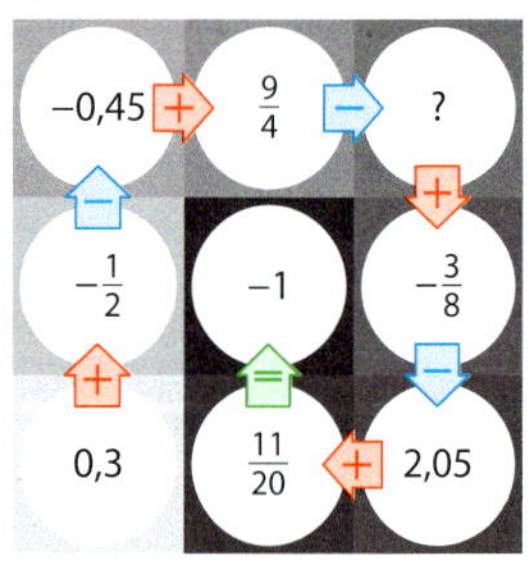

● **19.** **Ausblick:** Aus den Punkten A, B, C, D, E, F, E′, D′, C′ und B′ entsteht durch geeignetes Verbinden ein Stern, der symmetrisch zu der Geraden g durch die Punkte A (2,5 | 5) und F (2,5 | −0,75) ist.
Die Koordinaten der weiteren gegebenen Punkte lauten B (3,5 | 2,5), C (6,25 | 2,5), D (4,25 | 0,5) und E (5,25 | −1,75).

a) Zeichne den Stern und gib die Koordinaten der Punkte B′, C′, D′ und E′ an.
b) Ermittle ohne zu zeichnen die Koordinaten der Bildpunkte von G (0,5|4), H (−2|2,5), I (0,25|−1) und J (5,75|−0,5) bei der Achsenspiegelung an g.
c) Formuliere eine Regel, mit deren Hilfe man bei der vorliegenden Achsensymmetrie die Koordinaten von Bildpunkten errechnen kann.

2.6 Vermischte Aufgaben

1. Gib jeweils zwei vollständig gekürzte Brüche an, die zu der Rechnung passen.
Beispiel: ■ + ▼ = $\frac{4}{8} + \frac{2}{8} = \frac{6}{8}$, ■ = $\frac{1}{2}$, ▼ = $\frac{1}{4}$

a) ■ + ▼ = $\frac{16}{48} + \frac{30}{48} = \frac{46}{48}$
b) ■ − ▼ = $\frac{36}{60} - \frac{15}{60} = \frac{21}{60}$
c) ■ + ▼ = $\frac{12}{54} + \frac{18}{54} = \frac{30}{54}$
d) ■ − ▼ = $4\frac{14}{56} - 2\frac{32}{56} = \frac{238}{56} - \frac{144}{56} = \frac{94}{56} = 1\frac{38}{56}$

2. Was passiert mit der Summe $\frac{a}{b} + \frac{c}{d}$ ($b \neq 0$; $d \neq 0$) bei der angegeben Änderung?
Setze zunächst Zahlen ein und verallgemeinere dann.
a) d wird kleiner, a, b und c bleiben gleich.
b) c und d werden verdreifacht, a und b bleiben gleich.
c) b und d werden größer, a und c bleiben gleich.

3. Erfinde zu jedem Ergebnis zwei Aufgaben. Du darfst hierbei rationale Zahlen verwenden. Bereite die Präsentation deiner Aufgaben vor.
a) $\frac{1}{4}$ b) $\frac{4}{10}$ c) 2,5 d) 0,01 e) $\frac{3}{5}$ f) $\frac{7}{8}$ g) 5

Hinweis zu 3:
Du kannst mit einem Partner zusammenarbeiten: Tauscht eure Aufgaben gegenseitig und kontrolliert eure Rechnungen.

4. Runde auf die angegebene Einheit. Beispiel: 2195,5 cm auf m: 2195,5 cm ≈ 22 m
a) 41,2 mm auf cm b) 783,02 cm auf m c) 38 146,33 g auf kg d) 945,7 m auf km

5. Nimm Stellung zu den verwendeten Dezimalzahlen im Nachrichtenartikel. Wäre es hier sinnvoll gewesen zu runden? Erläutere die Bedeutung der Stellen nach dem Komma.

Kinder pro Frau im europäischen Vergleich

Je nach Nation ist die Zahl der Kinder pro Frau in der Europäischen Union sehr unterschiedlich. Im Durchschnitt hatte eine Frau im Alter zwischen 20 und 49 Jahren im Jahr 2004 etwa 1,50 Kinder. Deutschland liegt mit 1,37 Kindern pro Frau weit unter dem Durchschnitt. Der Erhalt der Bevölkerung ist nach Meinung von Wissenschaftlern bei 2,1 Kindern pro Frau gesichert.

6. Familie Strunk war in den Sommerferien in Norwegen. Die Familie hat (umgerechnet aus der dortigen Währung, der norwegischen Krone) 530,18 € für die Ferienhausmiete, 131,77 € für die Überfahrten von Dänemark nach Norwegen mit der Fähre, 187,55 € für Lebensmittel, 68,14 € für Eintrittsgelder und 12,11 € für einen Angelschein ausgegeben. Dazu kommen Benzinkosten in Höhe von 200,45 €.
Wie viel Geld hat Familie Strunk für den Urlaub bezahlt? Mache zunächst einen Überschlag und berechne anschließend.

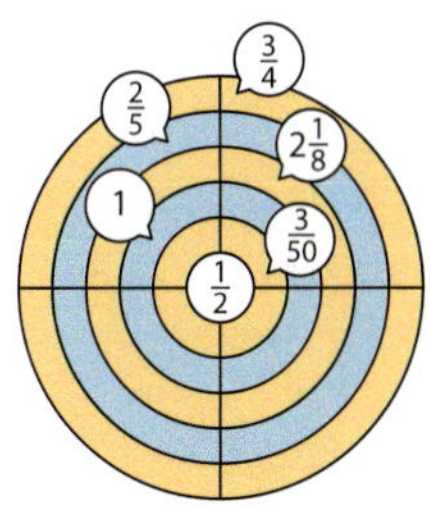

7. Jeder hat drei Schuss frei. Geschossen werden darf entweder nur auf die obere oder nur auf die untere Zielscheibe. Die getroffenen Zahlen werden dabei addiert oder subtrahiert. Zum Beispiel: 1,5 − 0,5 + 0,1 = 1,1.
- Getroffen wurden $\frac{2}{5}$, $2\frac{1}{8}$ und $\frac{1}{2}$. Nenne drei verschiedene Ergebnisse.
- Nenne die größte Zahl, die man mit drei verschiedenen Treffern erreichen kann.
- Kannst du bei der zweiten Zielscheibe mit drei Treffern genau $\frac{23}{5}$ erreichen? Begründe.
- Wer mit drei Schüssen genau die Zahl 2,5 erzielt, gewinnt. Welche Zielscheibe wählst du?
- Denk dir eine eigene Fragestellung aus, in der die Zahl „0" vorkommt. Löse die Aufgabe.

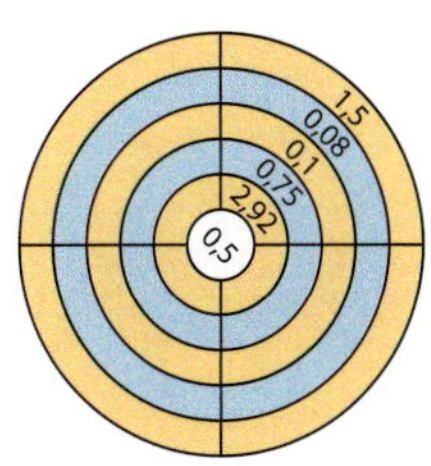

Prüfe dein neues Fundament

Lösungen
↗ S. 243

1. Welche Additionsaufgabe mit gleichnamigen Brüchen ist hier dargestellt?

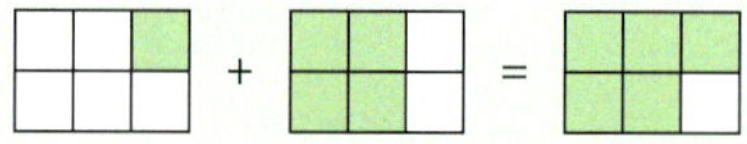

2. Berechne.

a) $\frac{8}{9}-\frac{4}{9}$ b) $\frac{4}{7}+\frac{5}{7}$ c) $\frac{1}{10}+\frac{3}{5}$ d) $\frac{2}{3}+\frac{3}{4}$ e) $\frac{3}{16}-\frac{11}{12}$

3. Berechne. Kürze so weit wie möglich.

a) $\frac{9}{10}+\frac{6}{10}$ b) $\frac{6}{12}-\frac{2}{5}$ c) $\frac{3}{9}+\frac{2}{12}$ d) $\frac{5}{6}-\frac{14}{36}$ e) $-\frac{19}{20}+\frac{10}{25}$

4. Berechne. Gib das Ergebnis als natürliche oder gemischte Zahl an.

a) $3\frac{2}{3}+5\frac{1}{3}$ b) $1\frac{3}{4}-\frac{1}{7}$ c) $2\frac{3}{5}+2\frac{9}{10}$ d) $12-6\frac{1}{2}$ e) $3\frac{2}{3}-4\frac{8}{9}$

5. a) Gib drei gleichnamige Brüche an, deren Summe 2 ist.
b) Gib zwei ungleichnamige Brüche an, deren Differenz $\frac{3}{8}$ ist.
c) Welche Zahl musst du von $\frac{1}{2}$ abziehen, um $\frac{1}{10}$ zu erhalten?

6. Runde
a) 2,378 auf Zehntel,
b) 1,125 auf Hundertstel,
c) 1,324 auf zwei Nachkommastellen,
d) 1,3799 auf drei Nachkommastellen.

7. Übertrage die Tabelle in dein Heft und ergänze die fehlenden Angaben.

Aufgabe	Überschlagsrechnung	Überschlagsergebnis	Genaues Ergebnis
0,47 + 1,238	0,5 +	1,7	
15,91 – 7,28		9	
34,873 + 53,234			
0,107 – 0,0543			

8. Mache einen Überschlag und berechne anschließend.

a) 1,1 + 0,83 b) 7 – 5,45 c) 34,851 – 16,234 d) –1,9682 – 3,18

9. Überprüfe die Rechnungen. Korrigiere, falls sie fehlerhaft sind.

a) $\frac{1}{6}+\frac{1}{6}=\frac{1}{3}$ b) $\frac{11}{30}-\frac{4}{20}=\frac{7}{10}$ c) $12{,}6+3=12{,}9$ d) $-6{,}15+2{,}8=-4{,}7$

10. Berechne.

a) $\frac{17}{21}+\frac{2}{21}-\frac{5}{21}$ b) $1\frac{2}{5}+\frac{1}{2}+\frac{2}{3}$ c) 7,6 – 0,8 – 5 d) 0,85 – 2,904 + 0,067

11. Vervollständige die magischen Quadrate in deinem Heft. In jeder Zeile, Spalte und Diagonale soll die Summe denselben Wert haben.

a)

		1
$\frac{1}{3}$	$\frac{8}{9}$	$\frac{7}{9}$

b)

		0,95
	1	
1,05	0,8	

12. In einer Bäckerei sind von den Himbeertorten am Mittag noch $3\frac{1}{2}$ Torten vorhanden. Für den Nachmittag liegen Bestellungen über eine halbe und eine dreiviertel Himbeertorte vor. Wie viele Himbeertorten können noch an andere Kunden verkauft werden?

13. Mona hat von ihrer Verwandtschaft zum Geburtstag 100 € bekommen. Sie kauft Süßigkeiten für 5,15 €, Schuhe für 24,95 €, ein Poster für 8,95 € und Sammelkarten für 1,47 €. Den Rest möchte sie sparen. Wie viel Geld hat Mona ausgegeben und wie viel Geld hat sie noch übrig? Mache zunächst einen Überschlag und berechne anschließend.

Wiederholungsaufgaben

1. Zeichne ein Rechteck mit den Seitenlängen 3 cm und 5 cm in dein Heft.

2. Gib jeweils zwei Beispiele an für etwas,
   a) das ungefähr 5 m lang ist,
   b) ein Volumen von ungefähr 1 dm^3 hat,
   c) eine Fläche von ungefähr 5000 m^2 hat,
   d) 45 Minuten dauert,
   e) 4 Kilogramm schwer ist.

3. Zeichne das Schrägbild eines Würfels mit der Kantenlänge 5 cm in dein Heft. Wie groß ist das Volumen dieses Würfels?

4. Bestimme den Umfang der Dreiecke.

a)

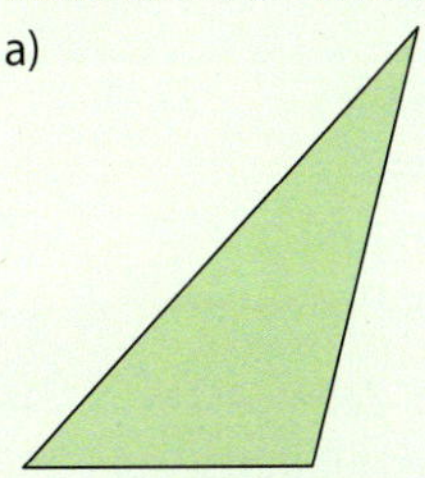

b)

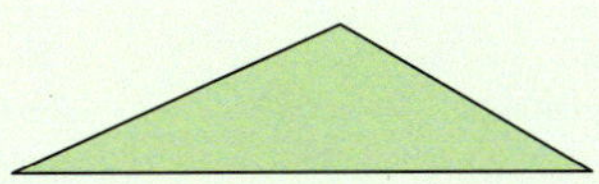

5. In der Jugendherberge gibt es am letzten Tag eine etwas größere Auswahl beim Mittagessen. Jedes Kind kann bei der Hauptspeise und beim Nachtisch zwischen zwei Möglichkeiten wählen. Sebastian macht eine Strichliste mit den Essenswünschen.

	Nudeln mit Tomatensoße	Schnitzel und Pommes
Hauptspeise	𝍸 𝍸 |||	𝍸 𝍸 𝍸 ||||

	Eis	Pudding
Nachtisch	𝍸 𝍸 𝍸 𝍸 |||	

a) Wie häufig wurde bei der Hauptspeise Wunsch 1, wie oft Wunsch 2 angegeben?
b) Beim Nachtisch hat er nur gefragt, wer Eis möchte. Alle Kinder bekommen aber einen Nachtisch. Wie viele Portionen Pudding muss Sebastian für seine Klasse bestellen?

Zusammenfassung

Addieren und Subtrahieren von Brüchen

Gleichnamige Brüche kannst du **addieren** (**subtrahieren**), indem du
1. die Zähler addierst (subtrahierst) und
2. den gemeinsamen Nenner der Brüche beibehältst.

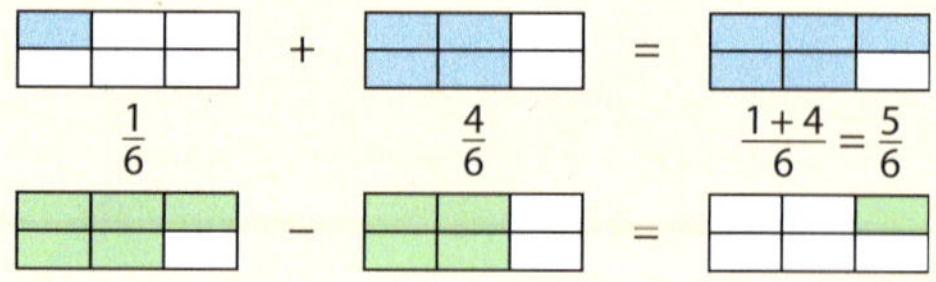

$\frac{1}{6} + \frac{4}{6} = \frac{1+4}{6} = \frac{5}{6}$

$\frac{5}{6} - \frac{4}{6} = \frac{5-4}{6} = \frac{1}{6}$

Ungleichnamige Brüche kannst du addieren (**subtrahieren**), indem du
1. die Brüche gleichnamig machst und
2. die gleichnamigen Brüche addierst (subtrahierst).

$\frac{2}{5} + \frac{1}{3} = \frac{2 \cdot 3}{5 \cdot 3} + \frac{1 \cdot 5}{3 \cdot 5} = \frac{6+5}{15} = \frac{11}{15}$

$\frac{3}{4} - \frac{2}{3} = \frac{3 \cdot 3}{4 \cdot 3} - \frac{2 \cdot 4}{3 \cdot 4} = \frac{9-8}{12} = \frac{1}{12}$

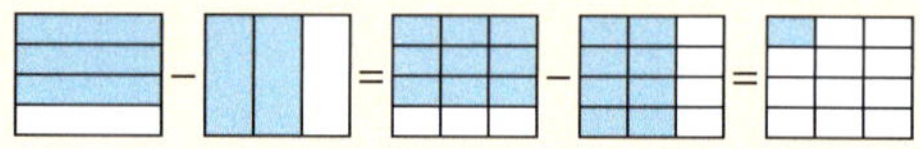

$\frac{3}{4} - \frac{2}{3} = \frac{3 \cdot 3}{4 \cdot 3} - \frac{2 \cdot 4}{3 \cdot 4} = \frac{9-8}{12} = \frac{1}{12}$

Addieren und Subtrahieren von Dezimalzahlen

Dezimalzahlen kannst du **addieren** (**subtrahieren**), indem du
1. die Dezimalzahlen stellengerecht untereinanderschreibst (Komma unter Komma) und Endnullen (wenn nötig) ergänzt,
2. sie stellengerecht wie natürliche Zahlen addierst (subtrahierst) und
3. im Ergebnis das Komma setzt (Komma unter Komma).

Kontrolliere durch Überschlag.

1,34 + 23,71	11,7 – 9,67
1,34	11,70
+ 23,71	– 9,67
1	1 1
25,05	2,03
Ü: 1 + 24 = 25	Ü: 12 – 10 = 2

Runden von Dezimalzahlen

Das **Runden von Dezimalzahlen** erfolgt wie das Runden natürlicher Zahlen.
Ob eine Stelle auf– oder abgerundet wird, entscheidet die nachfolgende Stelle.

Runde auf, wenn die nachfolgende Stelle 5 oder größer ist.

7,875 gerundet auf Zehntel: 7,9
7,875 gerundet auf Hundertstel: 7,88

Runde ab, wenn die nachfolgende Stelle kleiner als 5 ist.

19,643 gerundet auf Zehntel: 19,6
19,643 gerundet auf Hundertstel : 19,64

Rationale Zahlen

Alle positiven und negativen Brüche oder Dezimalzahlen bilden zusammen mit der Null die rationalen Zahlen (kurz ℚ).

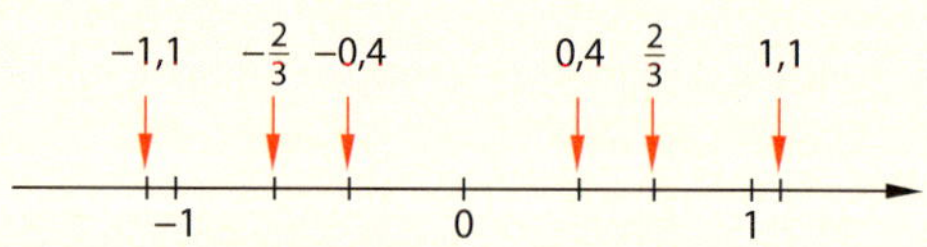

Addieren und Subtrahieren von rationalen Zahlen

Rationale Zahlen werden nach denselben Regeln addiert oder subtrahiert wie ganze Zahlen.

$-0{,}5 + (-1{,}5) = -0{,}5 - 1{,}5 = -2$

$-\frac{1}{4} - \left(-\frac{3}{8}\right) = -\frac{1}{4} + \frac{3}{8} = \frac{-2+3}{8} = \frac{1}{8}$

3. Kreis und Winkel

Viele Uhren haben die Form eines Kreises. Der große und der kleine Zeiger der Uhr bilden einen Winkel – oder zwei?

Nach diesem Kapitel kannst du …

- Kreise, Radien und Durchmesser zeichnen,
- Winkelarten angeben,
- Winkel messen und Winkel zeichnen.

Lösungen ↗ S. 244

Geometrische Grundbegriffe

1. Beschreibe die Linien. Benutze dazu die Fachbegriffe „Punkt", „Strecke", „Strahl", „Gerade", „zueinander parallel" und „zueinander senkrecht".

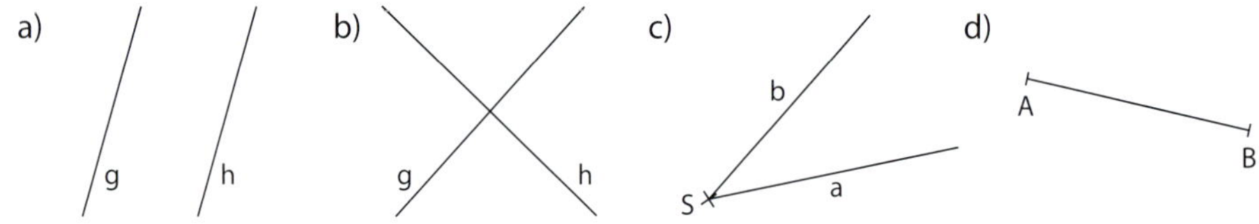

2. Welche der Geraden stehen senkrecht zueinander? Prüfe mit deinem Geodreieck.

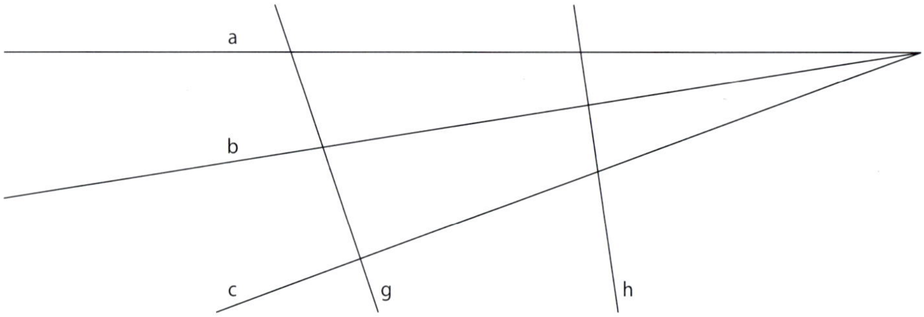

3. Zeichne zwei zueinander senkrecht stehende Geraden g und h.

4. Gib die Länge der Strecke an
a) von A nach B, b) von B nach C, c) von B nach D, d) von A nach D.

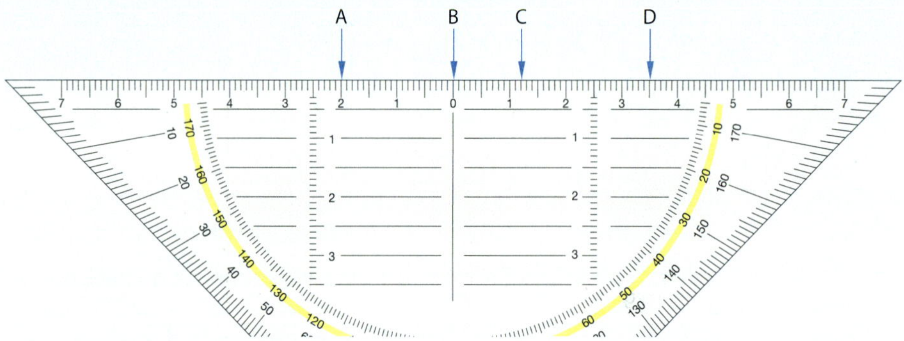

5. Zeichne drei Strahlen a, b und c mit einem gemeinsamen Anfangspunkt S.

Figuren mit rechten Winkeln

6. Bestimme die Anzahl der rechten Winkel in der Figur.

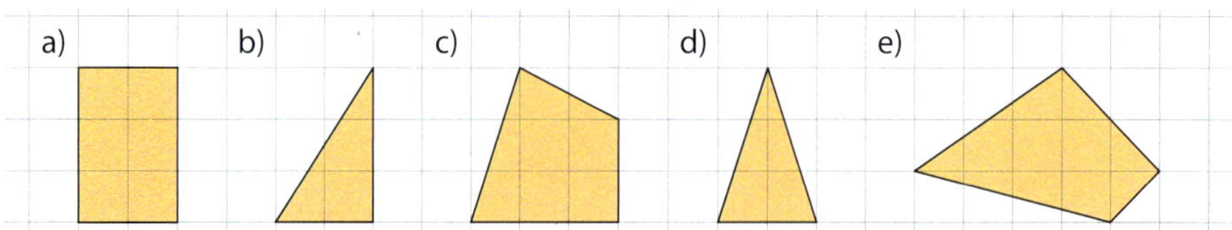

7. Zeichne ein Viereck mit nur zwei rechten Winkeln.

8. Zeichne ein Koordinatensystem mit der Einheit 1 cm und trage die Punkte A (2 | 1), B (4 | 1) und D (1 | 2) in das Koordinatensystem ein.
Trage einen weiteren Punkt C so ein, dass das Viereck ABCD
 a) genau zwei rechte Winkel hat,
 b) keinen rechten Winkel hat,
 c) genau einen rechten Winkel hat.
Gib jeweils die Koordinaten des Punktes an.

Sicher rechnen

9. Berechne im Kopf.
 a) 360 − 90 b) 180 + 180 c) 90 + 90 + 90 + 90 d) 360 − 70
 e) 360 : 4 f) 90 : 2 g) 360 : 8 h) 180 : 5

10. Übertrage in dein Heft. Setze für ■ ein Rechenzeichen ein, sodass die Rechnung stimmt.
 a) 180 ■ 2 = 90 b) 270 ■ 90 = 180 c) 360 ■ 45 = 8 d) 180 ■ 90 = 270

11. Setze die Zahlenfolge mit vier weiteren Zahlen fort. Gib eine Vorschrift in Worten an.
 a) 45, 90, 135, … b) 360, 345, 330, 315, …
 c) 270, 240, 210, … d) 100, 200, 190, 290, 280, 380, …

Vermischtes

12. Welche der Zahlen 0, 35, 89, 90, 99, 101, 180, 200, 233 und 271 sind
 a) größer als 0, aber kleiner als 90,
 b) größer als 90, aber kleiner als 180,
 c) kleiner als 270, aber größer als 180?

13. Es ist jetzt 8.00 Uhr. Nach 60 Minuten hat der große Zeiger der Uhr eine volle Drehung gemacht.
Vervollständige zu einer wahren Aussage.
 a) Nach ... Minuten hat der große Zeiger der Uhr eine halbe Drehung gemacht.
 b) Nach 45 Minuten hat der große Zeiger der Uhr … Drehung gemacht.
 c) Nach 90 Minuten hat der große Zeiger der Uhr … Drehungen gemacht.
 d) Nach … Minuten hat der große Zeiger der Uhr zwei Drehungen gemacht.

14. Wahr oder falsch? Überprüfe die Aussagen.
 a) Eine Gerade hat weder einen Anfangspunkt noch einen Endpunkt.
 b) Eine Strecke hat einen Endpunkt, aber keinen Anfangspunkt.
 c) Ein Strahl hat einen Anfangspunkt, aber keinen Endpunkt.
 d) Eine Strecke ist die kürzeste Verbindung zwischen zwei Punkten.
 e) Drei Geraden schneiden sich entweder gar nicht, in genau einem Punkt oder in genau drei Punkten.

3.1 Kreis

■ Ein Bauer bindet seine Ziege an einen Pflock, um sie im hohen Gras weiden zu lassen.
Beschreibe, welche Form die abgegraste Fläche haben wird. ■

Wissen: Kreis, Mittelpunkt, Radius und Durchmesser
Ein Kreis besteht aus allen Punkten, die vom **Mittelpunkt M** den gleichen Abstand haben.
Diesen Abstand nennt man den **Radius r** des Kreises.

Der **Durchmesser d** ist der doppelte Radius eines Kreises.

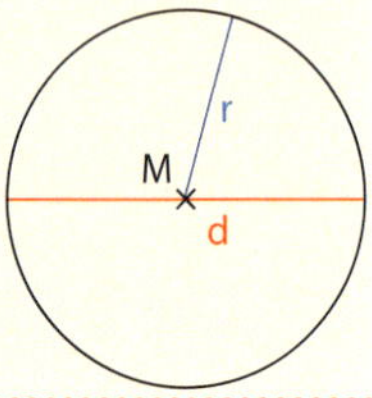

Es gibt verschiedene Möglichkeiten einen Kreis zu zeichnen: Mit einem Zirkel, mit einer Schablone, mit einem kreisförmigen Gegenstand oder mit einer Reißzwecke und einem Faden.

Beispiel 1: Zeichne einen Kreis mit dem Radius r = 5 cm um einen Mittelpunkt M. Zeichne und markiere einen Radius im Kreis.

Lösung:

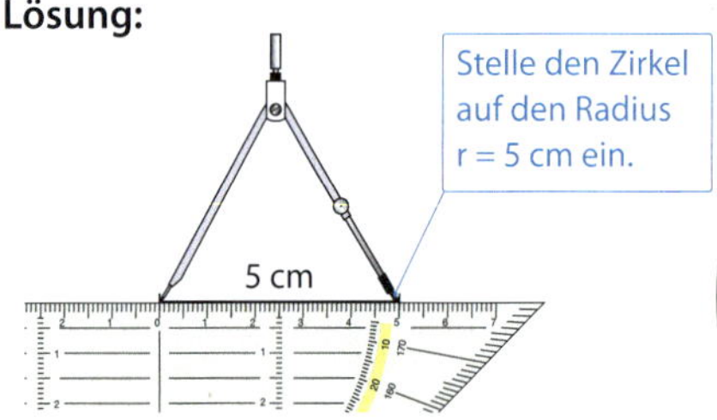

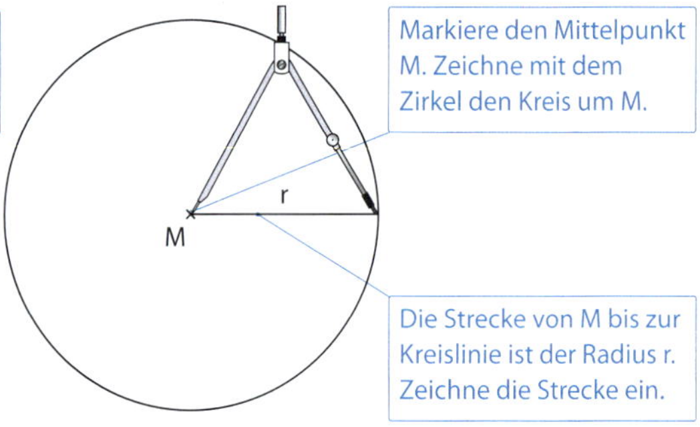

Basisaufgaben

1. Zeichne einen Kreis mit dem Radius r = 6 cm um einen Mittelpunkt M. Zeichne und markiere einen Radius im Kreis.

2. Zeichne einen Kreis mit dem Zirkel. Markiere zunächst den Mittelpunkt M. Zeichne auch einen Radius r und einen Durchmesser d ein.
a) r = 2 cm b) r = 6,5 cm c) d = 6 cm d) d = 7 cm

3. a) Zeichne wie im rechten Bild drei Kreise mit den Mittelpunkten A, B, C und den Radien 1 cm, 2 cm und 4 cm.
b) Beschreibe den Zusammenhang zwischen den Radien und den Durchmessern der Kreise.

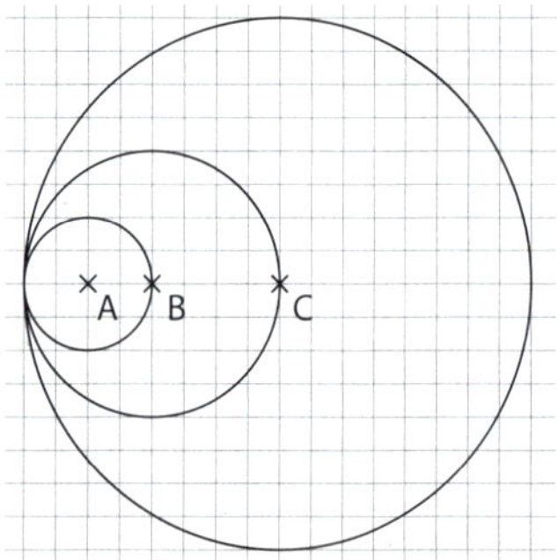

4. a) Bestimme aus der Zeichnung den Radius und den Durchmesser von Kreis 1 und Kreis 2.

b) Zeichne zwei Kreise in dein Heft, die einen gemeinsamen Mittelpunkt haben. Der eine Kreis soll den Radius r = 4 cm und der andere den Durchmesser d = 4 cm haben.

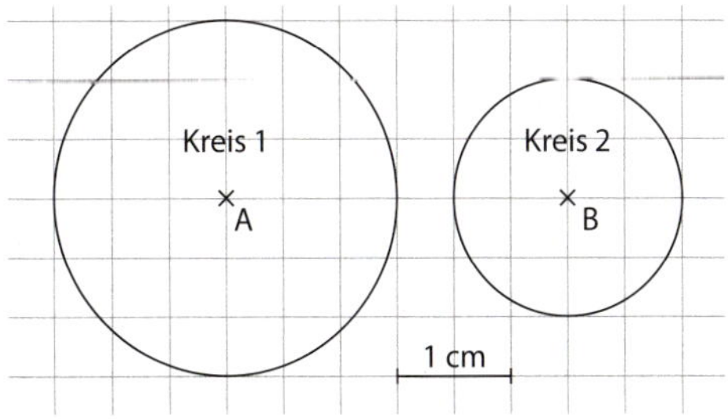

5. **Sehne:** Zeichne einen Kreis mit 5 cm Radius. Eine Strecke zwischen zwei Punkten auf dem Kreis nennt man Sehne.

a) Zeichne eine Sehne der Länge 4 cm und eine Sehne der Länge 8 cm in den Kreis ein.

b) Zeichne die deiner Meinung nach längstmögliche Sehne in den Kreis ein.
Kennst du eine andere Bezeichnung für diese Sehne?

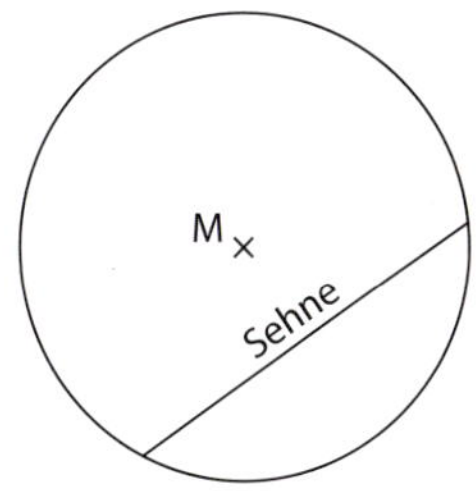

Weiterführende Aufgaben

6. a) Zeichne mit dem Zirkel einen Kreis mit dem Durchmesser d = 10 cm. Beschreibe, wie du dabei vorgehst.

b) Zeichne einen Kreis mit dem Radius r = 5 cm, dessen Mittelpunkt auf der Kreislinie des Kreises aus a) liegt. Erkläre, warum der zweite Kreis durch den Mittelpunkt des ersten Kreises verläuft.

7. **Stolperstelle:** Martina soll den Radius der 2-Euro-Münze bestimmen. Ihr Ergebnis ist 2,5 cm. Kann das stimmen? Begründe.

8. Zeichne die Figuren in deinem Heft nach und male sie bunt aus. Erfinde weitere Figuren.

a)

b)

c)

Hinweis zu 8b:
Diese Figur heißt Yin und Yang und stammt ursprünglich aus China.

9. a) Zeichne mit dem Geodreieck ein Quadrat in dein Heft.

① Zeichne einen Kreis, der durch alle vier Eckpunkte des Quadrates verläuft.

② Zeichne einen Kreis, der durch alle vier Seitenmittelpunkte des Quadrates verläuft.

b) Zeichne mit dem Geodreieck ein Rechteck in dein Heft.

① Zeichne einen Kreis, der durch alle vier Eckpunkte des Rechtecks verläuft.

② Zeichne einen Kreis, der durch die Seitenmittelpunkte der beiden langen Seiten verläuft.

10. Zeichne mit einem kreisförmigen Gegenstand – beispielsweise einer Konservendose – einen Kreis auf ein weißes Blatt Papier.

a) Zeichne den Mittelpunkt des Kreises ein. Beschreibe dein Vorgehen.

b) Miss den Radius und den Durchmesser des Kreises.

● **11.** Zeichne ein Koordinatensystem mit der Achseneinteilung 1 cm = 1 Einheit. Zeichne um den Punkt M (6|6) einen Kreis mit dem Radius r = 2 cm ein.

a) Gib die Koordinaten von drei Punkten an, die vom Punkt M

① weniger als 2 cm entfernt sind,

② genau 2 cm entfernt sind,

③ mehr als 2 cm entfernt sind.

b) Zeichne einen zweiten Kreis mit dem Radius r = 2 cm, sodass dieser Kreis den ersten Kreis genau in einem Punkt berührt.

c) Beschreibe, wo die Mittelpunkte aller Kreise mit dem Radius r = 2 cm liegen, die den ersten Kreis in genau einem Punkt berühren.

● **12.** Die Zeichnung zeigt den Plan einer Schatzinsel. Eine Kästchenlänge entspricht einem Schritt. Wo ist der Schatz versteckt? Übertrage den Plan mithilfe des Koordinatensystems in dein Heft.

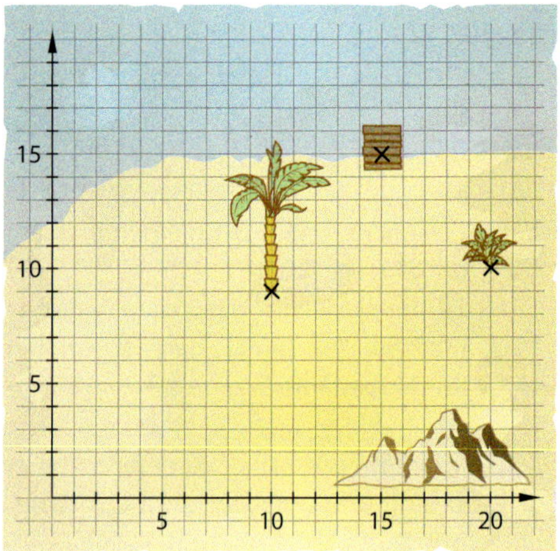

a) „Der Schatz ist 6 Schritte von der Palme und 9 Schritte vom Busch entfernt versteckt."
Bestimme die Koordinaten, wo der Schatz versteckt ist.

b) „Der Schatz liegt höchstens 8 Schritte von der Palme und höchstens 6 Schritte vom Busch entfernt. Er liegt aber mehr als 7 Schritte vom Anleger entfernt."
Zeichne ein, wo der Schatz gesucht werden muss.

c) Denk dir eigene Verstecke aus und beschreibe ihre Lage wie in Aufgabe a) oder b).

Tipp zu 13 b:
Ziehe Parallelen, die zu den Dreiecksseiten den gleichen Abstand haben.

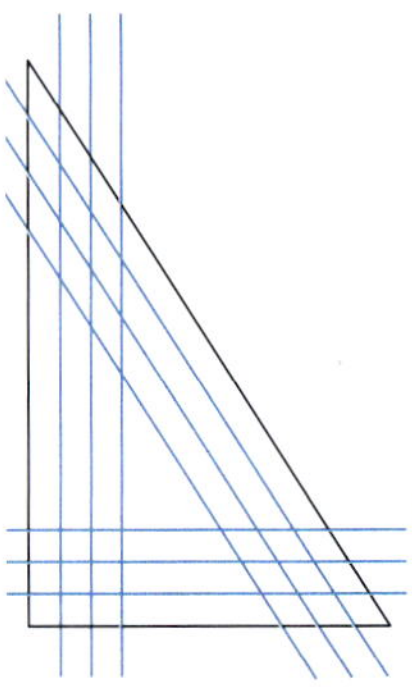

● **13.** Die Stadt Knettelbeck möchte einen Zirkus einladen und stellt für das Zelt ein dreieckiges Terrain mit den Seitenlängen 80 m, 120 m und 144 m zur Verfügung.

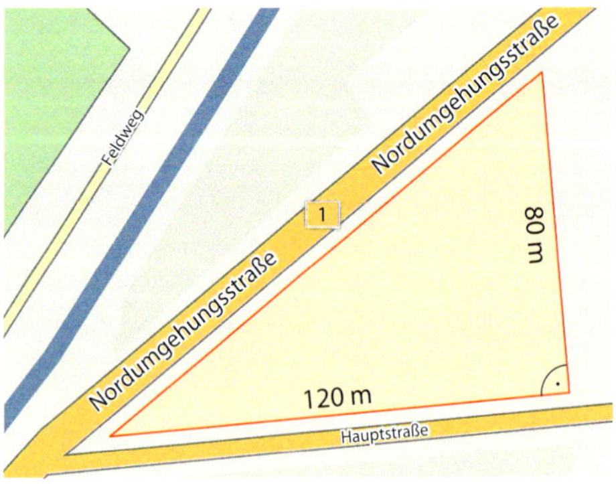

a) Zirkus Trolli besitzt ein Zelt mit 30 m Durchmesser. Ermittle, ob das Zelt auf das Terrain passt.

b) Welchen Durchmesser darf ein Zirkuszelt maximal haben, damit es auf das Terrain passt?

● **14. Ausblick:** Zeichne ein regelmäßiges Achteck. Erstelle dafür einen Kreis mit dem Radius r = 5 cm und zeichne einen Durchmesser ein. Zeichne einen zweiten Durchmesser senkrecht zum ersten und verbinde die Punkte auf dem Kreis zu einem Quadrat. Zeichne durch dessen Seitenmittelpunkte zwei weitere Durchmesser. Verbinde dann die Punkte auf dem Kreis zum Achteck. Färbe das Muster schwarz-weiß ein.

3.2 Winkel

■ Peter und Paul sind Detektive und beobachten aus ihren Verstecken in kleinen Seitengassen die Hauseingänge auf der anderen Straßenseite. Wer von beiden kann mehr Hauseingänge sehen? ■

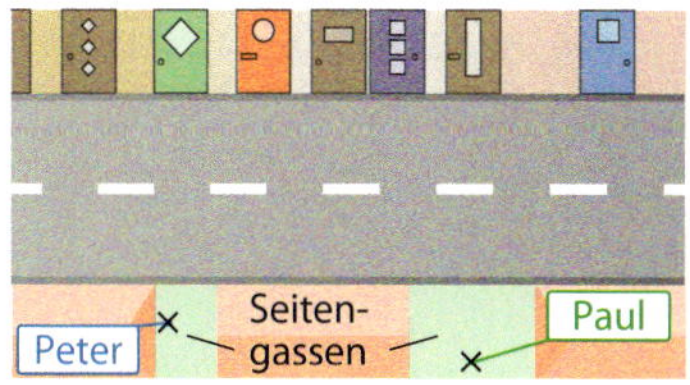

Wissen: Winkel

Ein **Winkel** wird durch zwei Strahlen begrenzt, die vom gleichen Anfangspunkt ausgehen. Die Strahlen heißen **Schenkel** und der Anfangspunkt ist der **Scheitelpunkt** des Winkels.

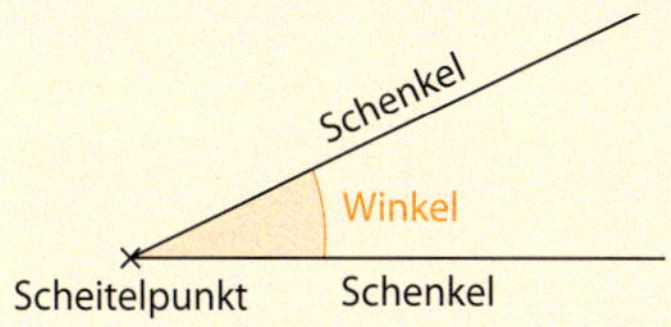

Winkel kann man auf verschiedene Weise angeben:

Mit **griechischen Buchstaben**:

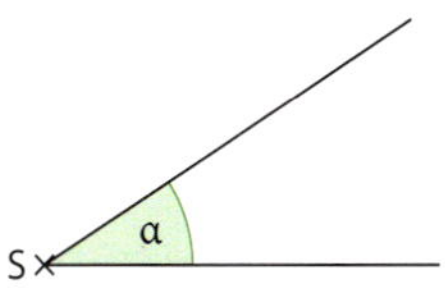

Mit **zwei Schenkeln**:

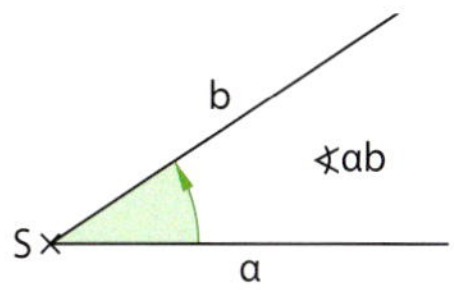

Mit **drei Punkten**:

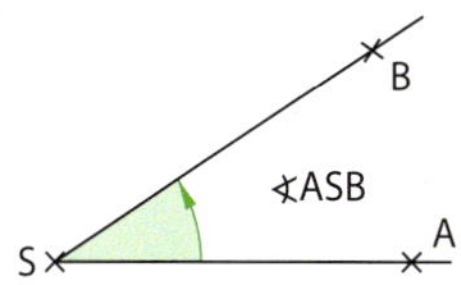

Die Reihenfolge bei der Angabe ∢ab oder ∢ASB erfolgt **gegen den Uhrzeigersinn**. Dies ist die übliche Drehrichtung in der Mathematik.

Hinweis:
Die ersten griechischen Buchstaben sind:

α Alpha
β Beta
γ Gamma
δ Delta
ε Epsilon

Beispiel 1:

a) Übertrage die Zeichnung ins Heft und zeichne Winkel ein, die durch die Schenkel g und h begrenzt werden. Gib die Winkel mit griechischen Buchstaben an.

b) Gib die Winkel aus a) auch in der Schreibweise mit Schenkeln und mit Punkten an.

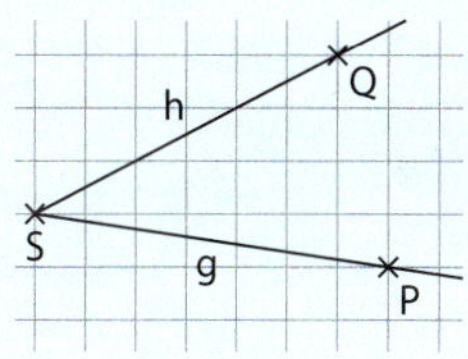

Lösung:

a) Es gibt zwei Winkel, die durch die Schenkel begrenzt werden.

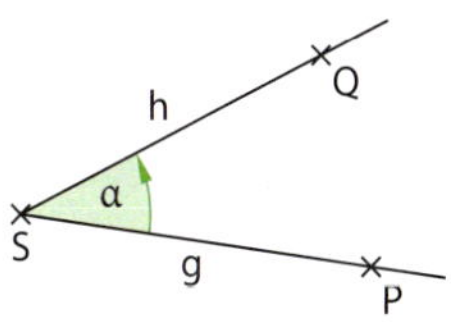

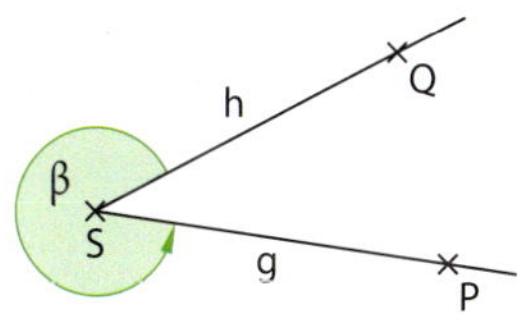

b) Zeichne einen Pfeil entgegen dem Uhrzeigersinn (nach links) ein und lies dann ab.

α = ∢gh = ∢PSQ β = ∢hg = ∢QSP

Basisaufgaben

1. Welche beiden Winkel werden durch die Schenkel a und b begrenzt?
Gib beide WInkel jeweils mit drei Punkten und zwei Schenkeln an.

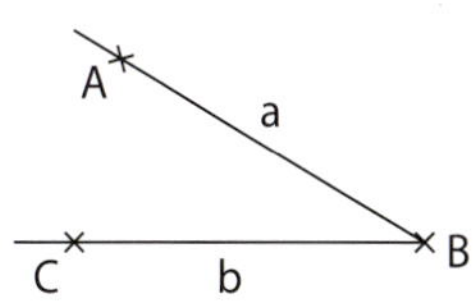

2. Gib die Winkel mit drei Punkten oder zwei Schenkeln an. Beachte die Reihenfolge.

a)
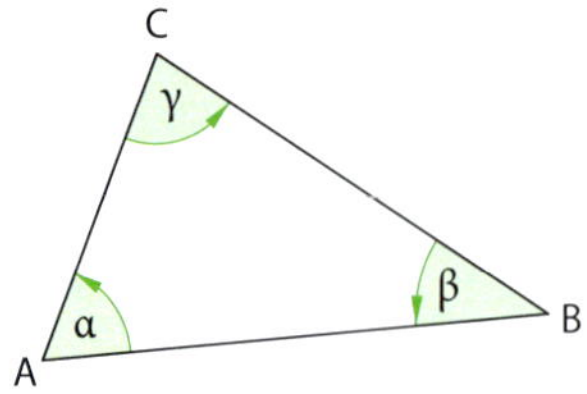

b)
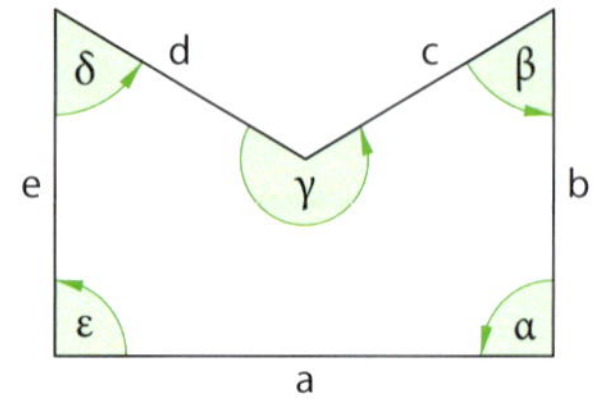

Weiterführende Aufgaben

Hinweis zu 3:
Insgesamt ergeben die Lösungen 90 Minuten.

3. Bestimme näherungsweise, wie viele Minuten vergangen sind, wenn der Minutenzeiger einer Uhr den gelben Winkel überstreicht.

a)
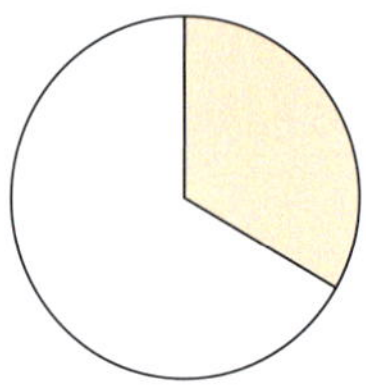

b)
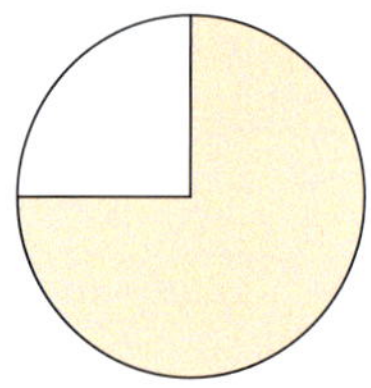

c)
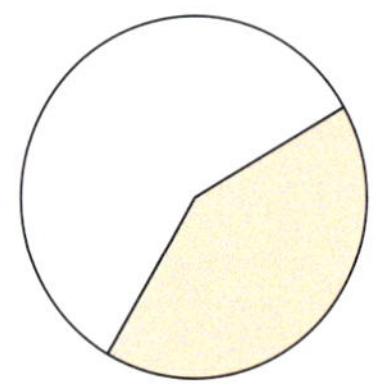

● **4.** Kapitän Hansson ist an Bord seines Fischkutters auf dem Meer. Juliane ist am Strand. Das Bild zeigt die Blickwinkel, unter denen die beiden den Leuchtturm sehen.

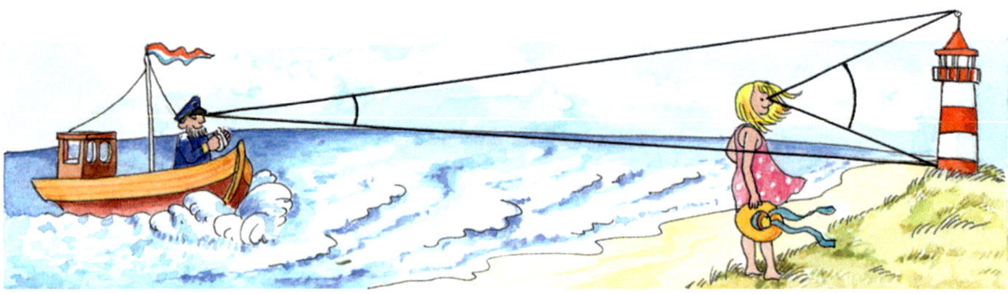

a) Beschreibe den Unterschied zwischen den Blickwinkeln von Kapitän Hansson und Juliane.

b) Beschreibe, wie sich der Blickwinkel des Kapitäns verändert, wenn er zurück zum Strand fährt. Wann ist der Blickwinkel des Kapitäns am weitesten? Wann ist er am kleinsten?

5. Ida sagt: *„Zeichne ich ein Dreieck, entstehen insgesamt 6 Winkel.“* Hat sie recht? Begründe.

6. **Stolperstelle:** Tim beschreibt den Winkel α durch α = ∢CBA. Erkläre, was er falsch gemacht hat.

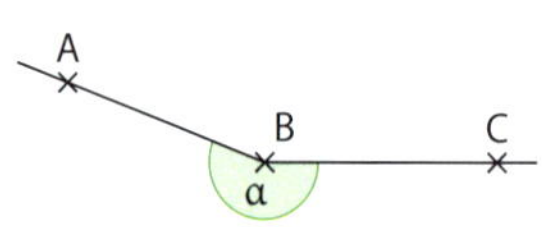

● **7.** **Ausblick:** Im Bild ist der Schusswinkel beim Elfmeter markiert, dazu ein Halbkreis mit dem Radius r = 11 m.

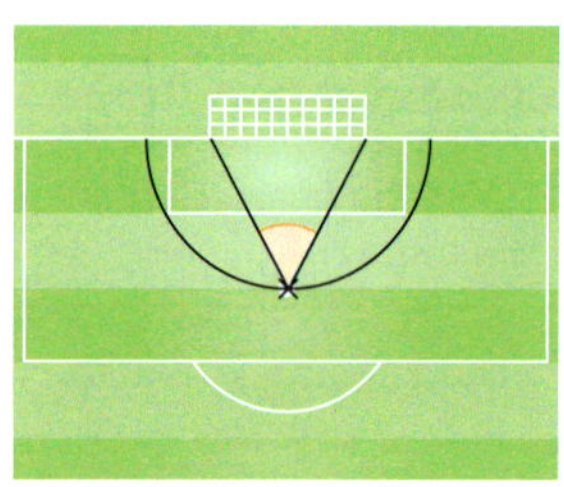

a) Wie verändert sich der Schusswinkel, wenn der Schütze von einem anderen Punkt des Halbkreises schießt?

b) Beim Freistoß sieht man häufig, dass die Schützen heimlich den Ball etwas weiter nach vorn legen. Verbessert das ihre Torchance? Wie verändert sich die Torchance, wenn sie den Ball nach links oder rechts legen?

3.3 Winkel messen

■ Beschreibe, welche Größen man mit diesen Messgeräten bestimmen kann. ■

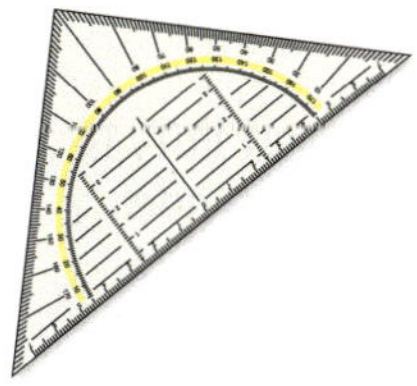

Wissen: Winkelmaß und Winkelarten

Die Weite eines Winkels wird in **Grad** (°) angegeben. Liegen beide Schenkel aufeinander, so bilden sie einen **Vollwinkel** von **360°**. Teilt man ihn in 360 gleich große Teile, so hat ein Teil davon die Winkelweite **1°**.

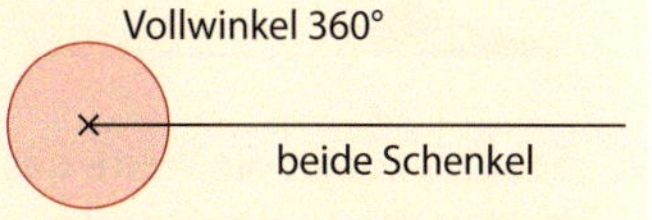

Es gibt verschiedene **Winkelarten** je nach Weite des Winkels:

spitzer Winkel	rechter Winkel	stumpfer Winkel	gestreckter Winkel	überstumpfer Winkel
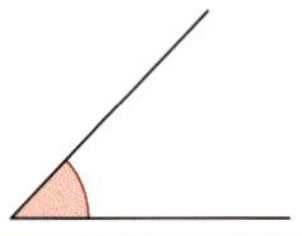	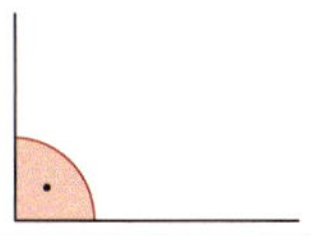	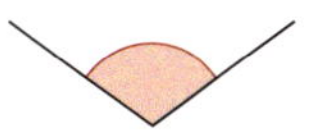	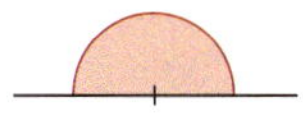	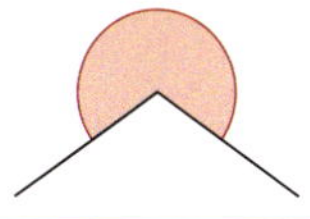
kleiner als 90°	90°	zwischen 90° und 180°	180°	zwischen 180° und 360°

Winkel messen

Winkel kann man mit dem Geodreieck messen. Dazu befindet sich auf dem Geodreieck ein Halbkreis, von dem aus die Winkel von 0° bis 180° eingezeichnet sind.

Beispiel 1:
a) Schätze die Weite des Winkels α.
b) Miss dann mit dem Geodreieck.

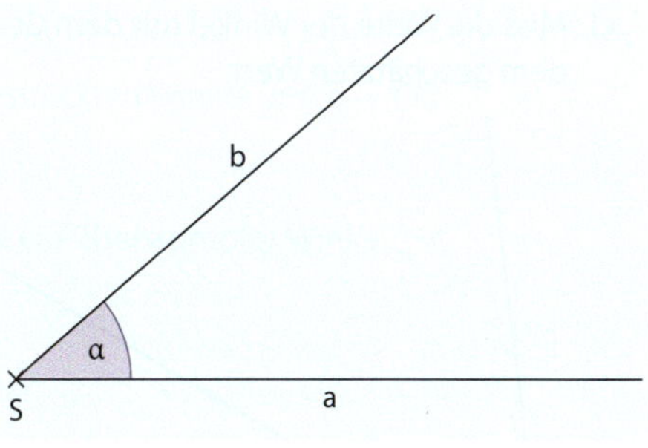

Hinweis:
Das **Messen von überstumpfen Winkeln** lernst du in Aufgabe 6.

Lösung:
a) Der Winkel α ist etwa halb so groß wie ein rechter Winkel. α ist also etwa 45° groß.
b)

Lege das Geodreieck auf den Winkel. Die lange Seite liegt auf einem Schenkel, der Nullpunkt liegt auf dem Scheitelpunkt S.

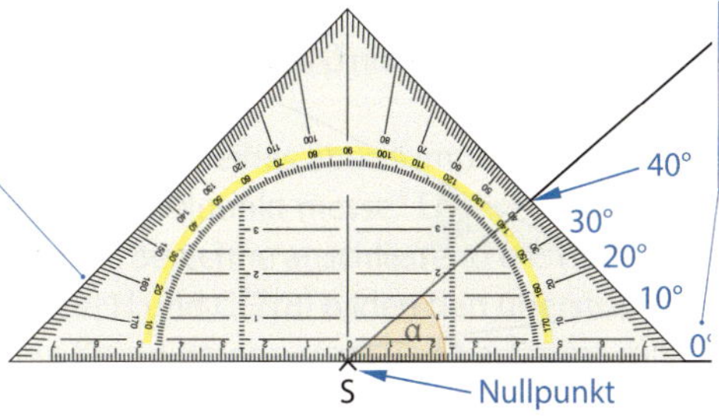

Zähle an der Skala, die bei 0 beginnt, nach oben: 0°, 10°, … 40°.

Ergebnis: α = 40°

Weiterführende Aufgaben

7. Betrachte die Abbildung eines Fachwerkhauses.
   a) Suche in der Abbildung einen spitzen, einen rechten und einen stumpfen Winkel. Schätze ihre Weite.
   b) Beschreibe, an welcher Stelle der kleinste spitze Winkel auftaucht. Wo findet man den größten stumpfen Winkel?

Hinweis zu 8:
Hier findest du die Lösungen.

8. Der große und der kleine Zeiger einer Uhr bilden jeweils zwei Winkel. Der kleinere Winkel wird immer mit α und der größere Winkel immer mit β bezeichnet.

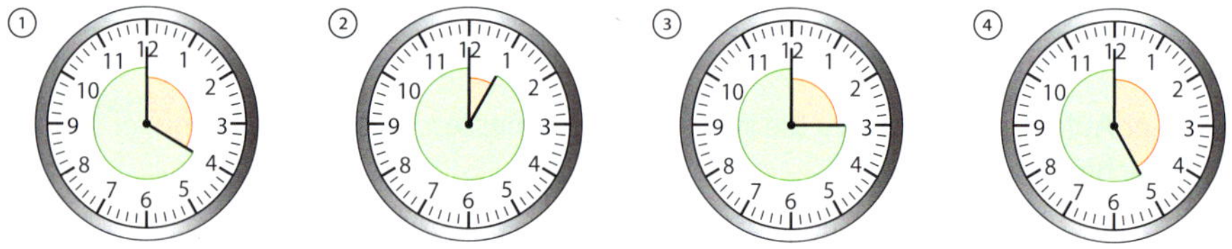

   a) Gib die Weite der Winkel α und β in den vier Abbildungen an. Du kannst die Weite der Winkel berechnen. Messen ist an dieser Stelle nicht notwendig.
   b) Erkläre, warum der Winkel β zu fast allen vollen Stunden ein überstumpfer Winkel ist. Es gibt aber Ausnahmen. Zu welchen vollen Stunden ist β kein überstumpfer Winkel?

9. Zeichne die Punkte A(1|1), B(6|1) und C(9|6) in ein Koordinatensystem und verbinde sie zu einem Dreieck. Betrachte die Winkel an den Punkten A und B. Bestimme die Winkelart und schätze die Weite der Winkel. Miss dann mit dem Geodreieck. Beschreibe schrittweise, wie du vorgegangen bist.

10. **Stolperstelle:**
   a) Beim Winkel α misst Lara 75°, Luca misst 105°. Erkläre, wer recht hat und welchen Fehler der andere gemacht hat.
   b) Lara behauptet, dass der Winkel β ein stumpfer Winkel ist. Erkläre, was Lara verwechselt hat.

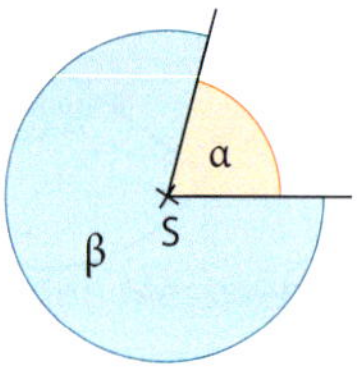

● 11. a) Der Winkel α ist 120° weit. Ordne dem Winkel α eine Winkelart zu. Begründe.
   b) Zwei Strahlen, die von einem Scheitelpunkt ausgehen, bilden immer zwei Winkel. Ordne dem zweiten Winkel β eine Winkelart zu und bestimme seine Weite.
   c) Richtig oder falsch: Zwei Strahlen, die von einem Scheitelpunkt ausgehen, bilden immer zwei Winkel, von denen einer ein überstumpfer Winkel ist. Begründe.

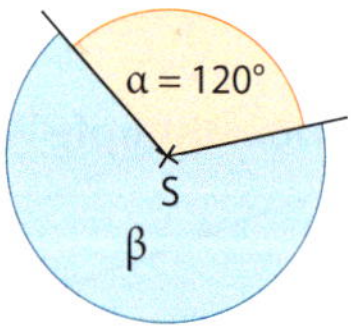

Hinweis:
Beachte die Bewegungen des Stundenzeigers.

● 12. **Ausblick:** Die Uhr zeigt 4:00. Zeichne eine Uhr, die 8:20 zeigt.
   a) Die Winkel zwischen Minuten- und Stundenzeiger sind um 4:00 und um 8:20 nicht genau gleich weit. Erkläre.
   b) Bestimme die Winkel zwischen Minuten- und Stundenzeiger um 8:20 ohne zu messen. Erkläre deinen Lösungsweg.
   c) Zeichne eine Uhrzeit, bei der die Zeiger einen Winkel von 60° bilden.
   d) Erkläre, warum die Zeiger zu keiner vollen Stunde einen Winkel von 75° bilden können.
   e) Finde eine passende Uhrzeit und zeichne einen Winkel von 75°.

3.4 Winkel zeichnen

■ Ein Spiel für zwei: Bastelt gemeinsam eine Winkelscheibe. Schneidet dafür zwei Kreisscheiben mit einem Radius von 7 cm in unterschiedlichen Farben aus. Schneidet die beiden Kreise entlang eines Radius ein und schiebt die Scheiben ineinander.
Der erste Spieler nennt nun eine Winkelweite, der zweite muss – ohne zu messen – die Winkelweite mit der Winkelscheibe darstellen. Hinterher könnt ihr zur Überprüfung messen. ■

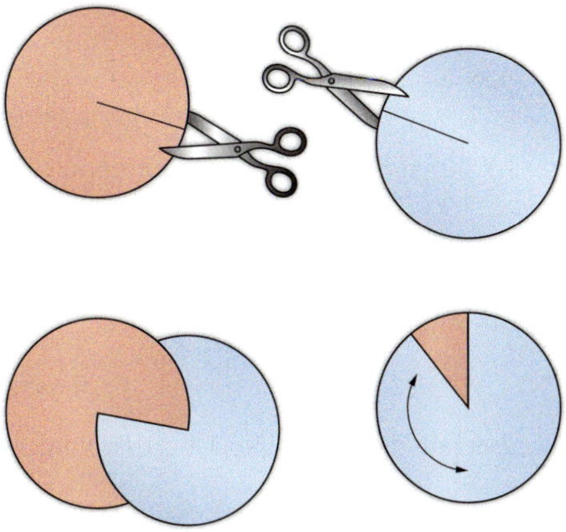

Hinweis:
Das Zeichnen von überstumpfen Winkeln lernst du in Aufgabe 5.

Beispiel 1: Zeichne den Winkel $\alpha = 50°$ (Drehen) und $\beta = 140°$ (Markieren).

Lösung: Geodreieck drehen

1. Schritt

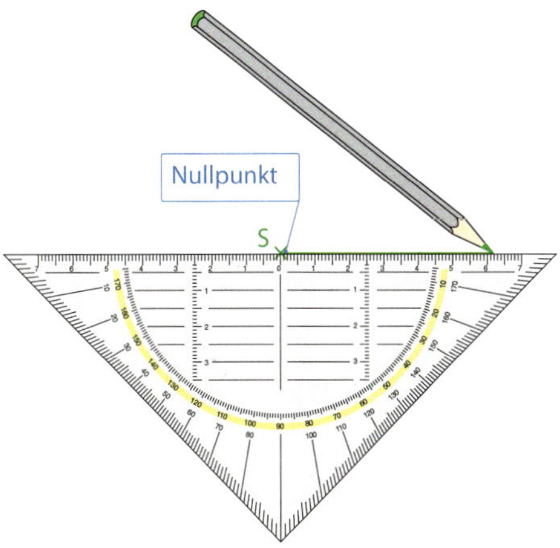

Zeichne den ersten Schenkel mit dem Scheitelpunkt S am Nullpunkt.

2. Schritt

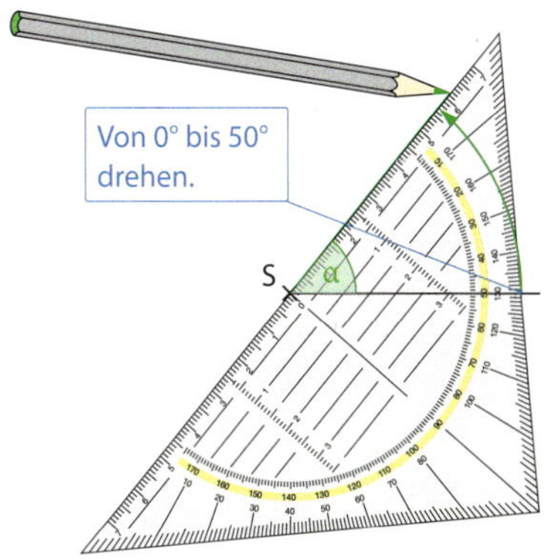

Drehe das Geodreieck nach links, bis die Skala bei 50° steht. Zeichne dann den zweiten Schenkel.

Lösung: Am Geodreieck markieren

1. Schritt

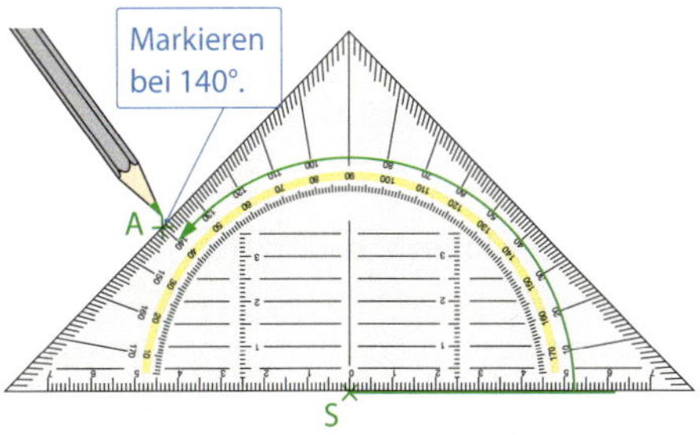

Zeichne den ersten Schenkel mit dem Scheitelpunkts am Nullpunkt. Dann markierst du bei 140° einen weiteren Punkt.

2. Schritt

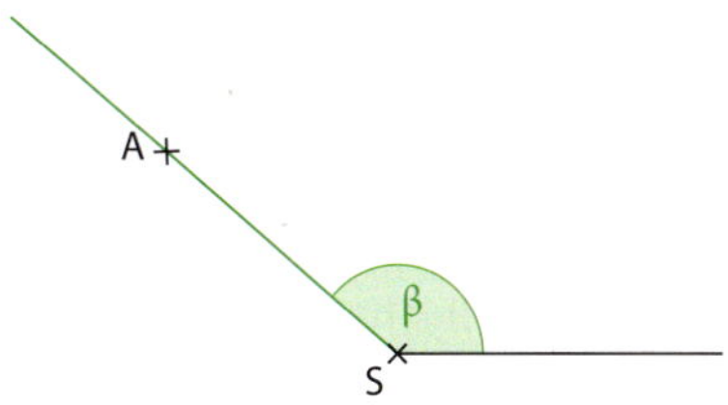

Anschließend verbindest du diesen Punkt mit S und erhältst so den zweiten Schenkel.

Basisaufgaben

1. Zeichne die Winkel.
   a) durch Drehen des Geodreiecks: 30°, 60°, 90°, 130°
   b) durch Markieren am Geodreieck: 160°, 120°, 90°, 50°
   c) 100°, 70°, 170°, 20°

2. Zeichne den Winkel. Bestimme vorher die Winkelart und überlege, wie weit die Winkelöffnung ungefähr sein muss.
   a) 70° b) 150° c) 15° d) 180°

Hinweis zu 3c:
Bei der Figur handelt es sich um einen regelmäßigen Stern.

3. Zeichne die Figuren ab. Übertrage dazu schrittweise die Längen und Winkel in dein Heft.
   a)
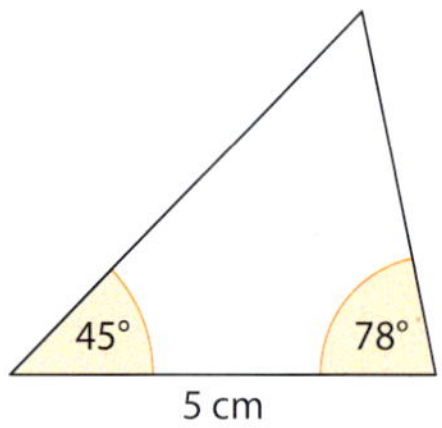

   b)
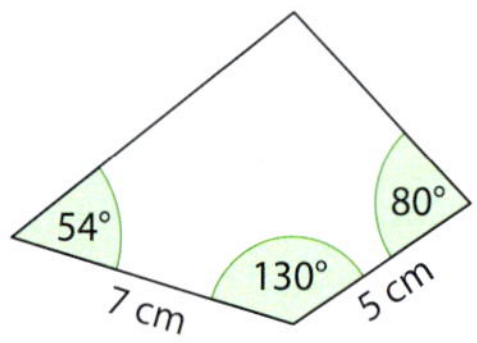

   c)
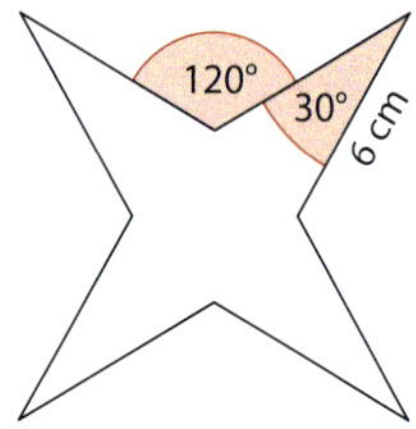

Hinweis zu 4:
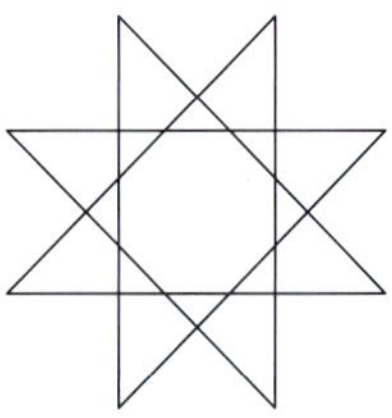

4. a) Übertrage die Figur nach folgender Konstruktion in dein Heft:
   1. Zeichne einen Startpunkt A.
   2. Zeichne von A nach B eine Strecke von 6 cm.
   3. Trage bei B einen 45° Winkel ab.
   4. Die Strecke von B nach C soll wieder 6 cm lang sein.
   5. Trage wieder einen 45° Winkel ab und zeichne wieder eine Strecke von 6 cm.
   6. Setze diese Konstruktion fort, bis du wieder am Startpunkt ankommst.

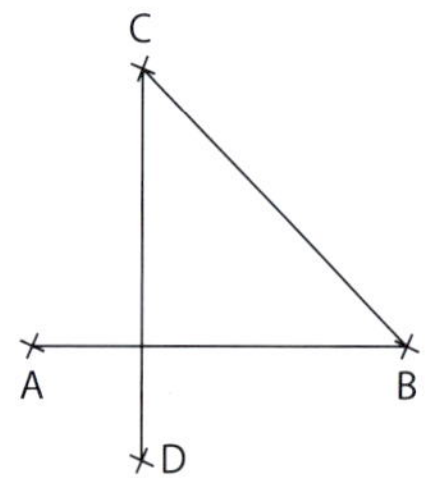

   b) Wiederhole die Konstruktion aus a) mit den Winkeln 30°, 60° und 90°.

5. **Überstumpfe Winkel zeichnen:** Tim behauptet: „Ich kann einen Winkel mit der Weite 250° zeichnen, indem ich einfach einen Winkel der Weite 110° zeichne."
   a) Zeichne einen Winkel mit der Weite 110°. Erkläre, warum Tim recht hat.
   b) Zeichne die überstumpfen Winkel wie Tim: $\alpha = 200°$; $\beta = 300°$; $\gamma = 225°$; $\delta = 270°$

Weiterführende Aufgaben

6. Zeichne zwei Winkel der Weite 65° und 120° jeweils mit beiden Verfahren. Erkläre, bei welchem Verfahren dir die Auswahl der Skala und das Zeichnen leichter fallen.

7. **Stolperstelle:** Raphael sollte einen Winkel $\alpha = 110°$ zeichnen. Marie sollte einen Winkel $\beta = 210°$ zeichnen. Erkläre die Fehler, die sie gemacht haben.

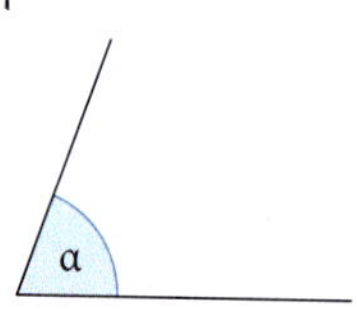

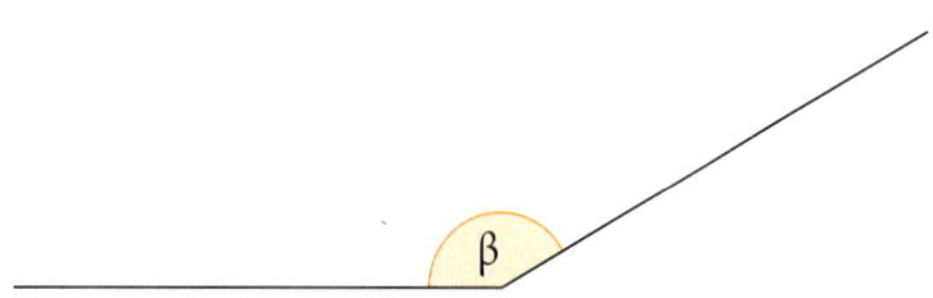

8. In den fünf Kreisen sind die Winkel α, β, γ, δ oder ε eingefärbt.

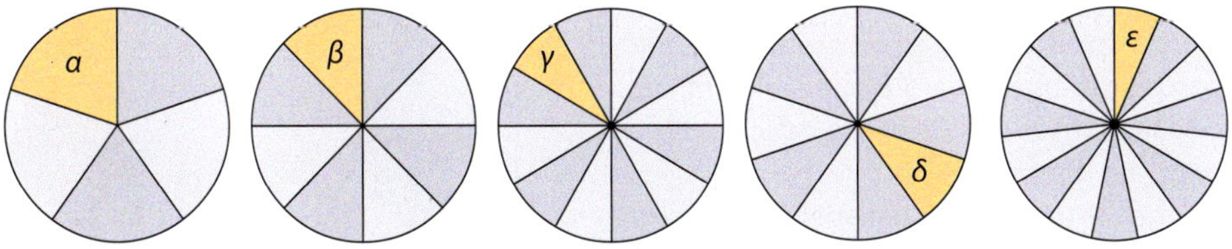

a) Ordne die Winkel der Weite nach. Gib jeweils ihre Weite an.
b) Zeichne den Winkel β zweimal so nebeneinander, dass der Scheitelpunkt und ein Schenkel übereinstimmen. Was für einen Winkel erhältst du?
c) Finde eine Kombination, drei Winkel mit gemeinsamem Scheitelpunkt so aneinanderzulegen, dass sie einen rechten Winkel ergeben. Überprüfe durch eine Zeichnung.
d) Zeichne die fünf Winkel ausgehend vom gleichen Scheitelpunkt nebeneinander. Wie weit wird der gemeinsame Winkel?

9. Das Gesichtsfeld ist der Bereich, den wir beim Geradeaus-Schauen überblicken können, ohne den Kopf zu bewegen. Das Gesichtsfeld wird durch den Sehwinkel beschrieben.

a) Öffne deine gestreckten Arme so weit, dass du sie gerade noch sehen kannst. Lass deinen Nachbarn messen, wie weit dein Sehwinkel ist.
b) Das Gesichtsfeld anderer Lebewesen unterscheidet sich von dem des Menschen teilweise recht deutlich. Recherchiert im Internet und zeichnet die Gesichtsfelder einiger Tiere auf.

10. Im Straßenverkehr sind Kinder benachteiligt. Im Alter von 6 Jahren beträgt ihr Sehwinkel nur 120°, der von Erwachsenen dagegen 180°.
Erkläre anhand einer Zeichnung die besondere Gefährdung der Kinder.

11. Ausblick: Punkte im Koordinatensystem kann man auch durch einen Winkel α und den Abstand d zum Ursprung angeben.

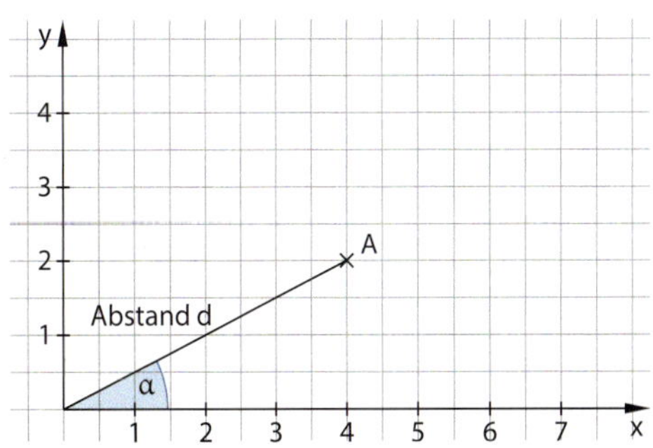

a) Zeichne den Punkt A (4|2) ein. Miss den Winkel α und den Abstand d.
b) Zeichne: B: α = 30°, d = 5 cm; C: α = 60°, d = 7 cm; D: α = 15°, d = 5 cm
c) Zeichne die Punkte P (6|8) und Q (8|6) ein. Lara behauptet: „Die Winkel der Punkte P und Q ergeben zusammen 90°.“ Hat Lara recht? Prüfe, ob dies auch für R (2|7) und S (7|2) zutrifft. Was fällt dir auf?

3.5 Punktsymmetrie

■ Viele Spielkarten sind symmetrisch, damit man beim Ziehen oder Ablegen erkennt, um welche Karte es sich handelt – egal, ob die Karte „auf dem Kopf steht".
Erkläre, warum Spielkarten aber nicht achsensymmetrisch sind.
Beschreibe die Symmetrie von Spielkarten in eigenen Worten. ■

Hinweis:
Eine halbe Drehung ist eine Drehung um 180°.

Wissen: Punktsymmetrie
Eine Figur, die nach einer halben Drehung um einen Punkt mit sich selbst in Deckung kommt, heißt **punktsymmetrisch**.

Der Punkt Z heißt **Symmetriezentrum**.

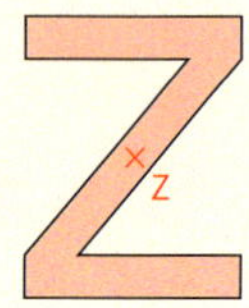

Punktsymmetrie erkennen

Beispiel 1: Prüfe, ob der Buchstabe N punktsymmetrisch ist.

Lösung:

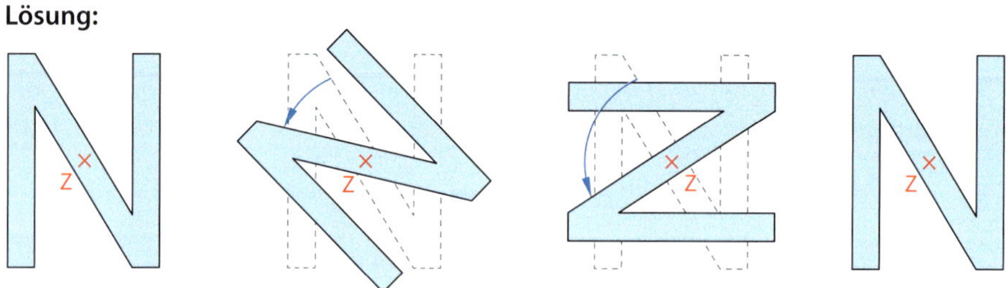

Ausgangsfigur

viertel Drehung (Drehung um 90°)

halbe Drehung (Drehung um 180°)

Die Figur sieht nach einer halben Drehung genauso aus wie die Ausgangsfigur.
Daher ist die Figur punktsymmetrisch.

Basisaufgaben

1. Welche der Verkehrszeichen sind punktsymmetrisch? Begründe.

a) 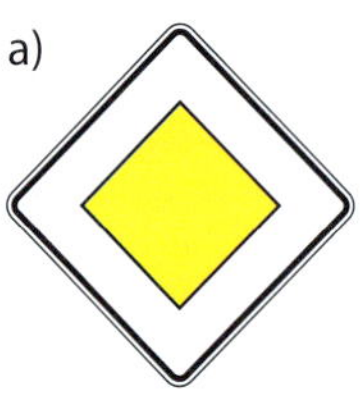

b) 

c) 

d) 

e) 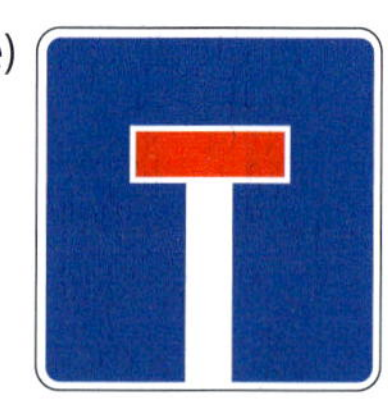

2. Gib an, welche der Buchstaben A bis Z (der Ziffern 0 bis 9) punktsymmetrisch sind.
Begründe mithilfe von Skizzen, in denen jeweils das Symmetriezentrum markiert ist.

3. a) Prüfe, ob die Figuren punktsymmetrisch sind. Übertrage die punktsymmetrischen Figuren in dein Heft und zeichne ihr Symmetriezentrum ein.

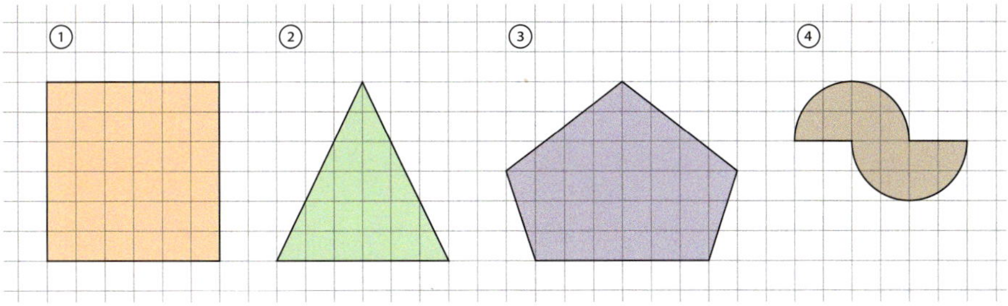

b) Zeichne selbst eine punktsymmetrische Figur.

Punktspiegelungen ausführen

Beim Spiegeln einer Figur an einem Punkt ergibt sich zu jedem **Punkt** ein **Bildpunkt** gegenüber vom Spiegelpunkt.
Diesen Vorgang nennt man **Punktspiegelung**. Dabei entsteht eine punktsymmetrische Figur.

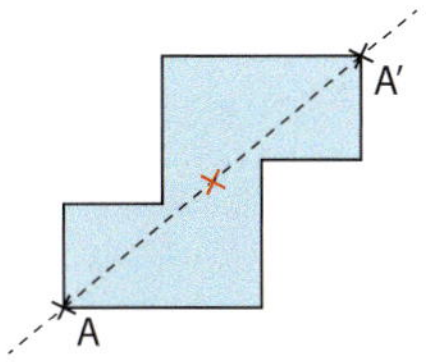

Wissen: Punkt und Bildpunkt bei der Punktspiegelung
Punkt und Bildpunkt haben denselben Abstand vom Punkt, an dem gespiegelt wird (**Spiegelpunkt**).
Punkt und Bildpunkt liegen auf einer Geraden, die durch den Spiegelpunkt verläuft.

Beispiel 2: Spiegele die Figur am Punkt Z.

a)

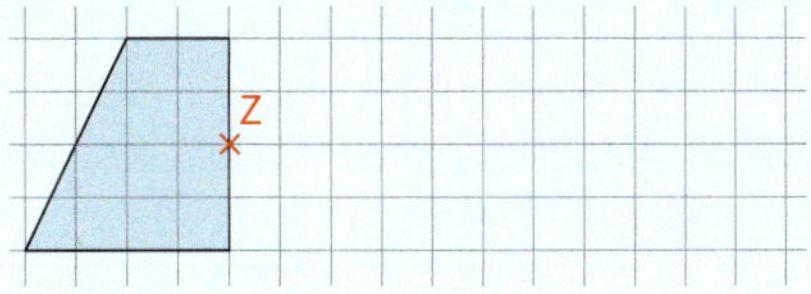

b)

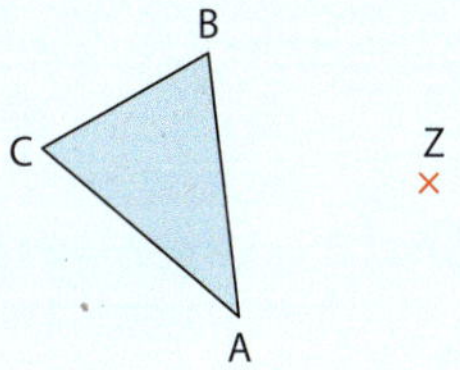

Lösung:

a) Hier kannst du die Lage der Bildpunkte an den Kästchen abzählen. Wenn alle Punkte der Figur gespiegelt sind, zeichnest du die Strecken.

Nach einer halben Drehung der Figur um den Punkt Z ergibt sich wieder die ursprüngliche Figur.

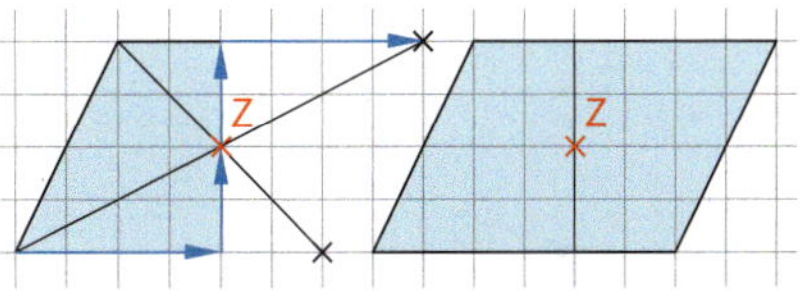

b) Lege das Geodreieck mit dem Nullpunkt auf den Punkt Z. Lies den Abstand von A zu Z ab und markiere gegenüber den Bildpunkt A' im selben Abstand zu Z.

Verfahre ebenso mit B und C.

Verbinde die Bildpunkte A', B' und C' zu einem Dreieck.

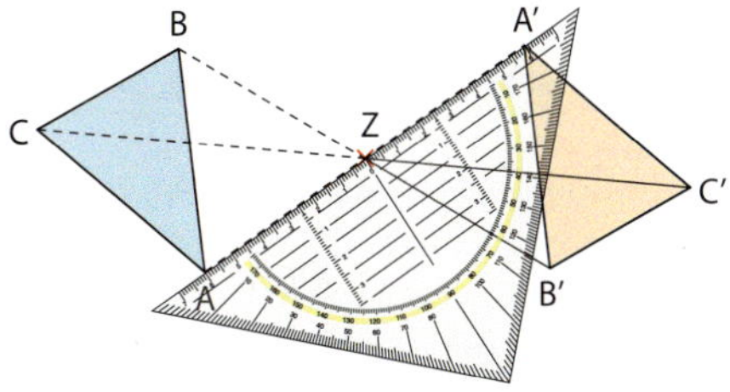

Basisaufgaben

4. Übertrage die Figur in dein Heft und spiegele sie am Punkt Z. Du kannst dich an den Kästchen orientieren.

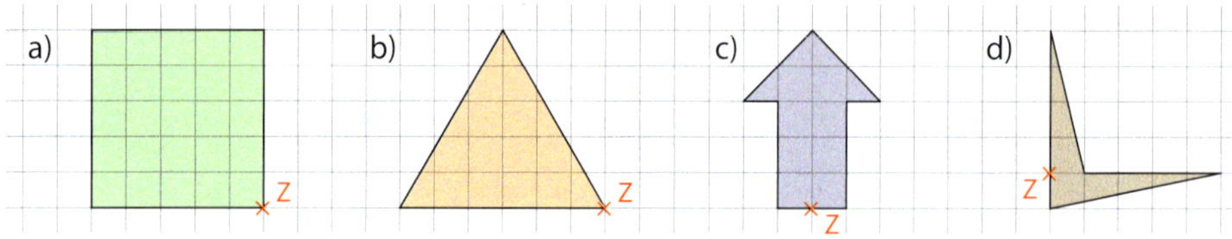

5. Übertrage die Figur in dein Heft und spiegele sie am Punkt Z.

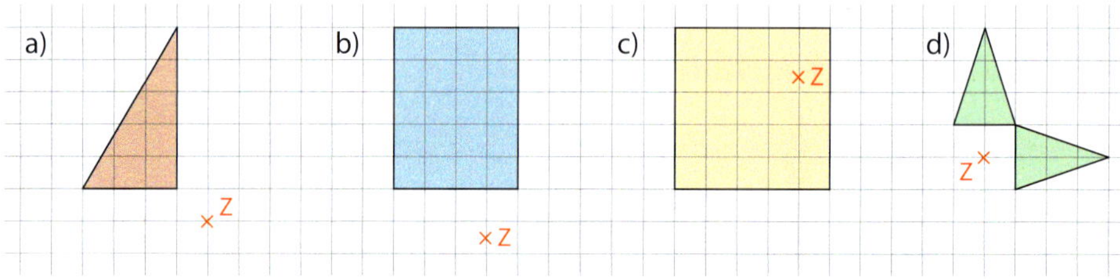

6. Zeichne auf weißem Papier ein 4,2 cm langes und 3,4 cm breites Rechteck.
a) Spiegele das Rechteck an einem seiner Eckpunkte.
b) Spiegele das Rechteck am Schnittpunkt der Diagonalen.

Erinnere dich:

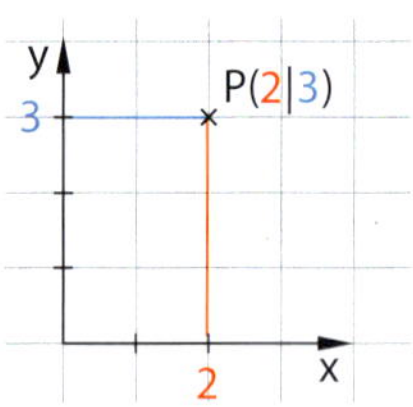

7. Zeichne die Figur in ein Koordinatensystem. Spiegele sie am Punkt Z (6|4). Gib dann die Koordinaten der Eckpunkte der Bildfigur an.
a) A (1|2), B (5|1), C (2|5) b) A (2|3), B (7|2), C (7|6) c) A (5|5), B (9|5), C (9|8), D (5|8)

Weiterführende Aufgaben

8.

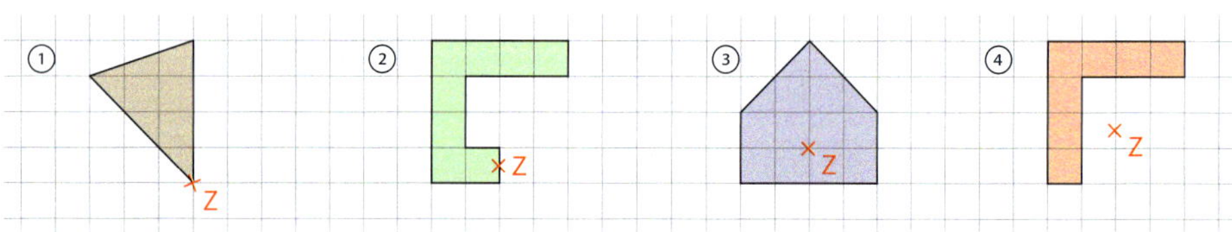

a) Übertrage die Figur in dein Heft und spiegele sie am Punkt Z.
b) Florian meint: *„Ich kann jede Figur durch eine Punktspiegelung zu einer punktsymmetrischen Figur ergänzen."* Hat Florian recht? Begründe.

9. Zeichne verschiedene Vierecke (Quadrat, Rechteck, Parallelogramm, Raute, Trapez, Drachenviereck). Untersuche, ob sie punktsymmetrisch sind.

10. Stolperstelle: Zeichne in dein Heft und überprüfe, ob die Figur punktsymmetrisch ist. Beschreibe gegebenenfalls die Lage des Symmetriezentrums.
a) Strecke von A nach B
b) Strahl mit dem Anfangspunkt A
c) Gerade
d) zwei Geraden, die sich schneiden

11. Die elektronische Zeitangabe auf dem Bild ist punktsymmetrisch. Gib eine weitere punktsymmetrische elektronische Zeitangabe an.

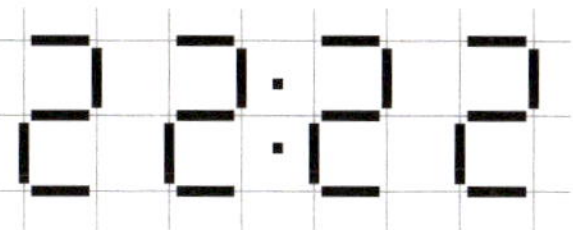

12. Welche der abgebildeten Flaggen sind
a) nur achsensymmetrisch, b) nur punktsymmetrisch, c) achsen- und punktsymmetrisch?

13. Ergänze die Figur im Heft zu einer punktsymmetrischen Figur. Färbe möglichst wenige Kästchen blau.

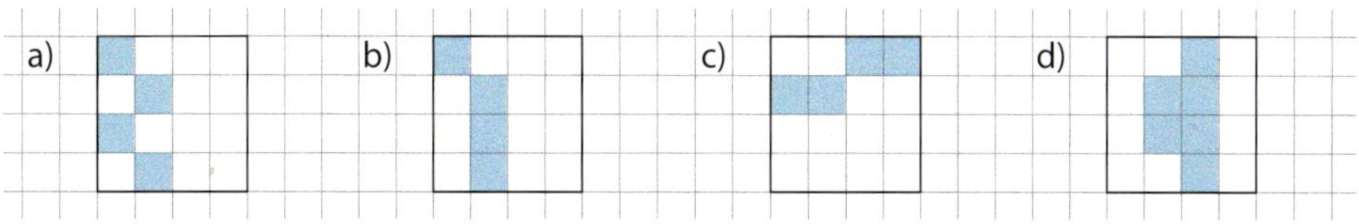

Hinweis zu 13:
Hier findest du die Anzahlen der blauen Kästchen, die hinzugefügt werden müssen.

● **14.** Übertrage die Figur in dein Heft und ergänze sie zu einer punktsymmetrischen Figur (zu einer achsensymmetrischen Figur). Gib jeweils zwei verschiedene Möglichkeiten an. Markiere das Symmetriezentrum Z (die Symmetrieachse g) rot.

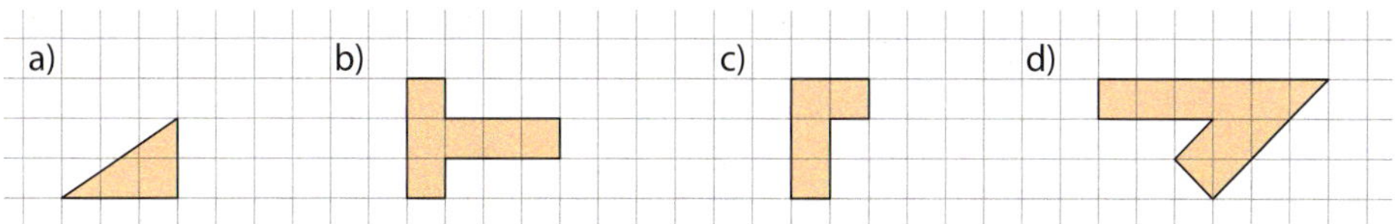

● **15.** Übertrage die Figur sowie die rote und blaue Linie in dein Heft und färbe die Figur grün.
a) Spiegele die Figur an der roten Linie.
b) Spiegele das erhaltene Bild an der blauen Linie. Färbe die nun erhaltene Figur auch grün.
c) Ist die gesamte grün gefärbte Figur eine punktsymmetrische Figur?
d) Nachdem Martin die Aufgabe gelöst hat, meint er: „Man muss also nur zwei Achsenspiegelungen durchführen, um eine Punktspiegelung zu erhalten." Überprüfe Martins Aussage an einem weiteren Beispiel.

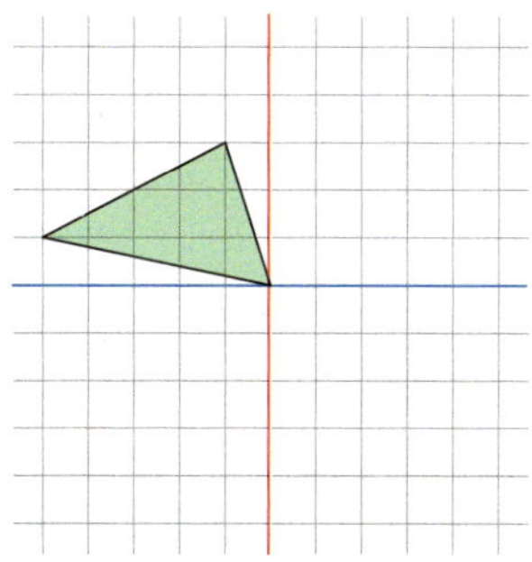

● **16. Ausblick:** „Eine achsensymmetrische Figur mit zwei aufeinander senkrecht stehenden Symmetrieachsen ist auch punktsymmetrisch."
a) Zeichne ein 6 cm langes und 4 cm breites Rechteck. Zeige, dass die Aussage auf das Rechteck zutrifft. Beschreibe die Lage des Symmetriezentrums bezüglich der Symmetrieachsen.
b) Überprüfe die Aussage an mindestens drei weiteren Figuren (zum Beispiel an einer Raute oder an einem Kreis).
c) Was passiert bei drei Symmetrieachsen? Zeichne ein Dreieck mit drei Symmetrieachsen. Prüfe die Figur auf Punktsymmetrie.

Drehsymmetrie

■ Das Windrad ist weder achsen- noch punktsymmetrisch.
Es ist aber trotzdem regelmäßig aufgebaut.
Beschreibe diese Regelmäßigkeit in eigenen Worten.
Finde weitere Gegenstände mit solchen Regelmäßigkeiten. ■

Wissen: Drehsymmetrie
Eine Figur, die nach einer Drehung um einen Winkel zwischen 0° und 360° um einen Punkt mit sich selbst in Deckung kommt, heißt **drehsymmetrisch**.

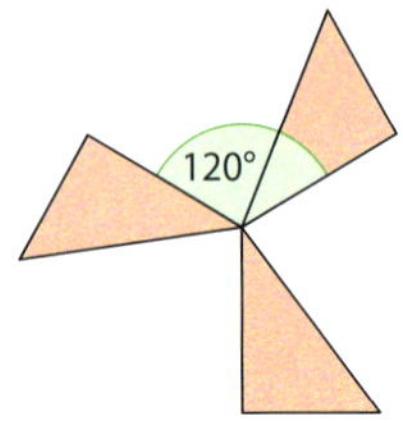

Drehsymmetrie erkennen

Beispiel 1: Prüfe, ob das Verkehrsschild „Kreisverkehr" drehsymmetrisch ist. Gib passende Drehwinkel an.

Ausgangsfigur

Drehung um 120°

Drehung um 240°

Lösung:
Bei Drehungen um 120° oder 240° sieht das gedrehte Verkehrsschild so aus wie die Ausgangsfigur. Das Verkehrsschild ist drehsymmetrisch. Die Drehwinkel sind 120° und 240°.

Aufgaben

1. Welche der Verkehrsschilder sind drehsymmetrisch? Begründe.

a) 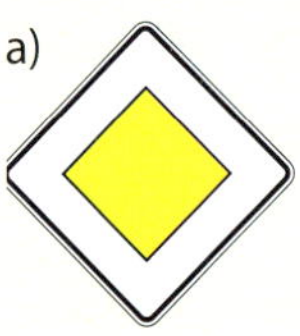
b) 

c) 
d) 
e) 

2. Um wie viel Grad kannst du die Figuren drehen, damit sie mit sich selbst zur Deckung kommen? Beachte: Es gibt zum Teil mehrere Lösungen.

a) 
b) 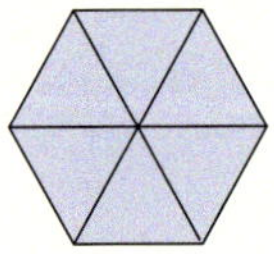
c) 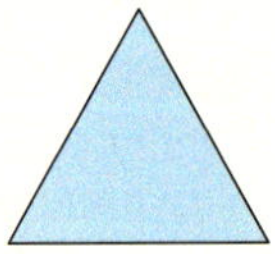
d) 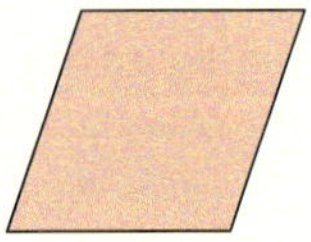

Drehungen ausführen

Beispiel 2:

a) Drehe einen Punkt P um einen Punkt Z mit dem Drehwinkel 30°.

b) Zeichne ein Rechteck ABCD und einen Punkt Z, der außerhalb des Rechtecks liegt. Drehe das Rechteck um den Punkt Z mit dem Drehwinkel 120°.

Lösung zu a):

1. Zeichne von Z durch P den ersten Schenkel des Drehwinkels $\alpha = 30°$ ein.
2. Trage an diesem Schenkel $\alpha = 30°$ bei Z ab.
3. Markiere den Bildpunkt P' auf dem zweiten Schenkel. P und P' müssen den gleichen Abstand zu Z haben.

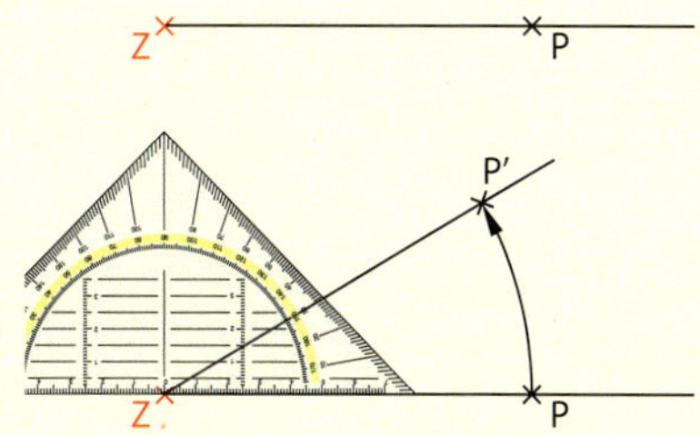

Hinweis

Die **Drehrichtung** bei Drehungen ist entgegen dem Uhrzeigersinn.

Lösung zu b):

1. Gehe für jeden Punkt vor wie in Beispiel 2.

1. Verbinde Z und A.
2. Trage den Drehwinkel $\alpha = 120°$ bei Z ab.
3. Markiere A' auf dem zweiten Schenkel des Drehwinkels.

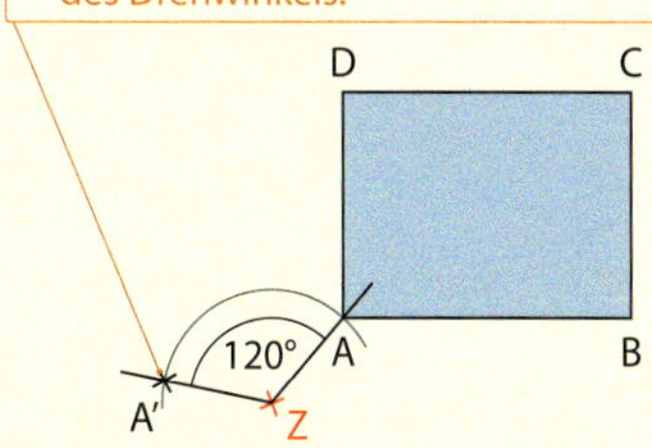

2. Verbinde am Ende die Bildpunkte zum Rechteck A'B'C'D'.

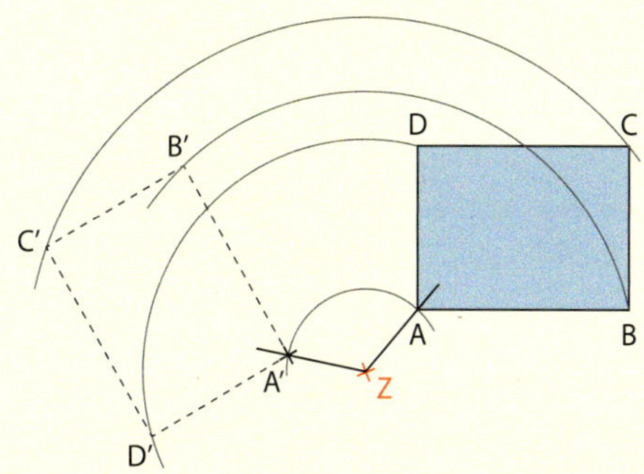

Aufgaben

3. Übertrage die Figur ins Heft. Drehe dann die Figur um den Punkt Z mit dem angegebenen Drehwinkel.

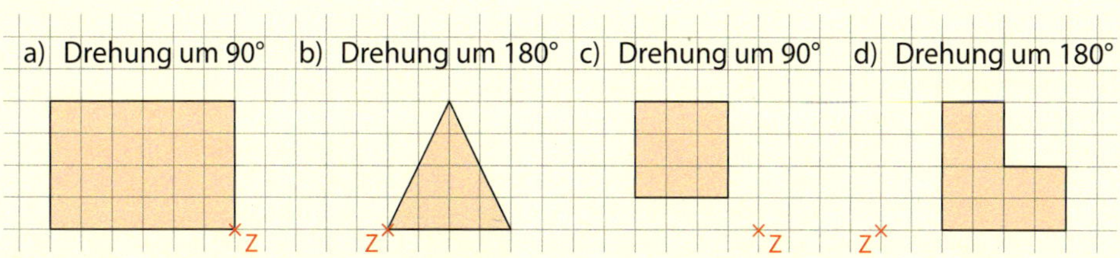

4. Ergänze zu einer drehsymmetrischen Figur, indem du mehrere Drehungen um Z durchführst.

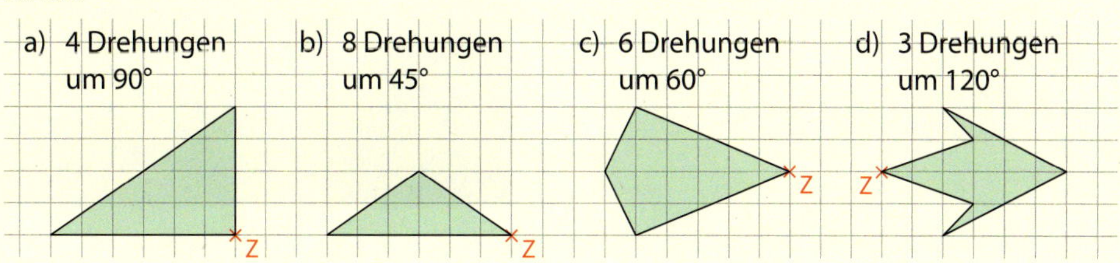

3.6 Vermischte Aufgaben

1. In der Saison 2013/14 fanden die Auswärtsspiele von TSG 1899 Hoffenheim im Durchschnitt in einem Umkreis von etwa 300 km statt.
   a) Finde heraus, welche Auswärtsspiele von TSG 1899 Hoffenheim weiter als 300 km von Hoffenheim entfernt stattgefunden haben. Welche Auswärtsspiele waren näher als 300 km?
   b) Finde heraus, wie viele Auswärtsspiele von Hertha BSC Berlin in einem Umkreis von 300 km stattgefunden haben.
   c) Untersuche durch Ausprobieren, welcher Bundesligist in einem Umkreis von 300 km die meisten Auswärtsspiele hatte.

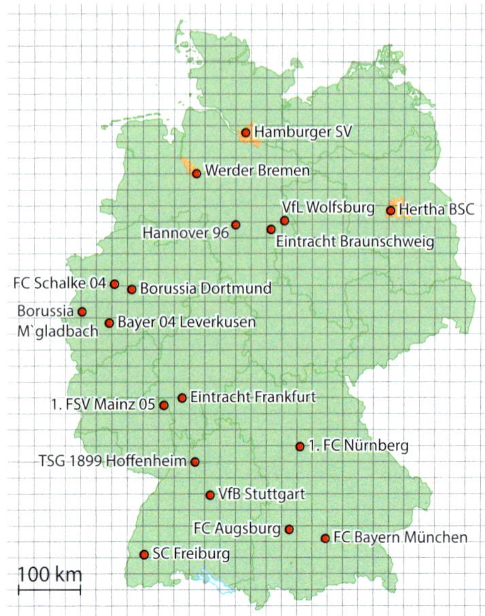

Tipp:
Zeichne für die zweite Figur am Mittelpunkt des Kreises fünf gleich weite Winkel.

2. Die Figur in Bild ① ist aus verschiedenen, aneinandergesetzten Halbkreisen zusammengesetzt.
   Die Figur in Bild ② ist ein regelmäßiger, fünfzackiger Stern, der in einem Kreis mit dem Durchmesser 10 cm liegt.
   a) Konstruiere die Figuren in deinem Heft.
   b) Beschreibe, wie du dabei vorgehst.

①
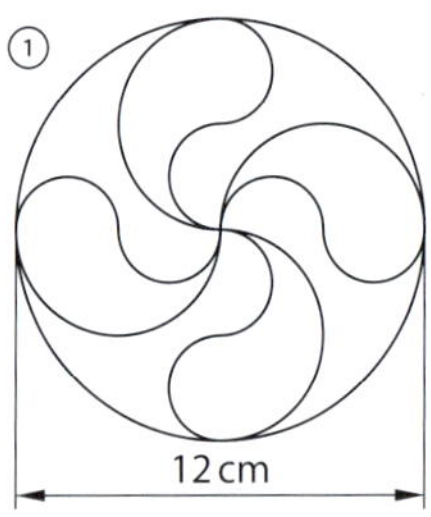

②
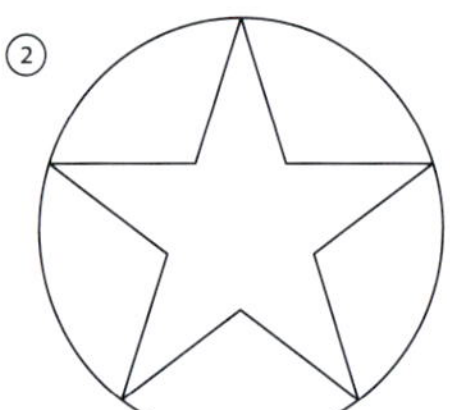

3. a) Zeichne zwei Kreise mit Radien von 3 cm, die
   ① sich in keinem Punkt berühren oder schneiden,
   ② in einem Punkt berühren.
   Erkläre, wie viele Schnittpunkte zwei Kreise höchstens haben können.
   b) Zeichne drei Kreise mit Radien von 3 cm, sodass insgesamt genau vier Schnittpunkte entstehen. Untersuche, wie viele Schnittpunkte die drei Kreise höchstens haben können.

4. a) Wie verändert sich der Neigungswinkel, wenn der Skispringer die Skischanze hinunterfährt? Übertrage die Skischanze als Skizze in dein Heft und zeichne dort drei unterschiedlich große Neigungswinkel ein.
   b) Was versteht man unter einem Steigungswinkel? Finde Beispiele für Steigungswinkel.

5. a) Zeichne eine 7 cm lange Strecke $\overline{AB}$. Zeichne dann mit dem Punkt B als Scheitelpunkt und der Strecke AB als ersten Schenkel je einen Winkel der Weite 35° mit und gegen den Uhrzeigersinn. Der zweite Schenkel soll dabei jeweils eine Länge von 4 cm haben. Verbinde die Enden der beiden Schenkel mit dem Punkt A.
Welche geometrische Figur ist nun entstanden?
b) Zeichne eine Raute. Die Winkel im Inneren der Raute sollen 30° und 150° weit sein.

6. Der abgebildete Kreis ist in sechs gleich große Teile geteilt.

Bestimme den Radius und den Durchmesser des Kreises.

Gib mithilfe der Punkte einen spitzen, einen stumpfen, einen überstumpfen und einen gestreckten Winkel an.

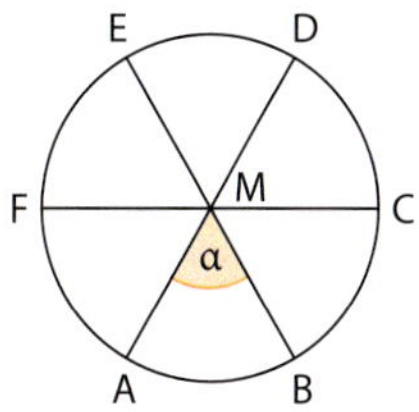

Berechne den Winkel α. Enthält die Figur Winkel der Weite 300° und 270°? Begründe.

Zeichne die Figur in dein Heft. Wähle als Kreisradius 5 cm.

7. Es gibt Zeichendreiecke, bei denen der Winkel α doppelt so weit ist wie der Winkel β und der Winkel γ dreimal so weit ist wie der Winkel β. Legt man die Winkel wie in der Abbildung so zusammen, dass sie einen gemeinsamen Scheitelpunkt haben, ergibt ihre Summe einen gestreckten Winkel. Gib an, wie weit jeder der drei Winkel ist.

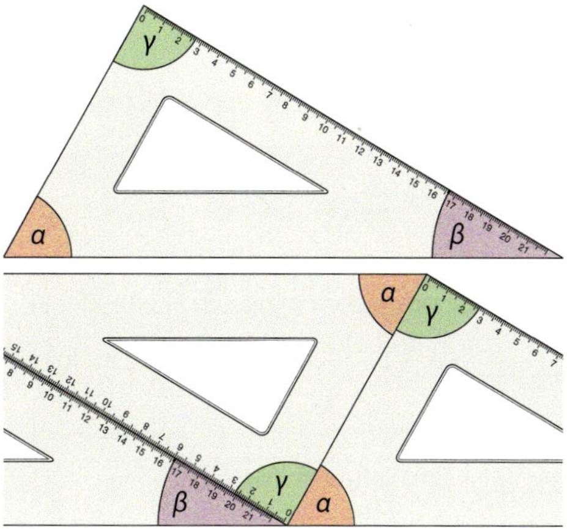

8. Das Bild zeigt, wie ein überstumpfer Winkel von 220° gezeichnet wurde.
a) Beschreibe das Verfahren.
b) Zeichne mit diesem Verfahren die folgenden überstumpfen Winkel.
① $\alpha = 215°$ ② $\beta = 285°$ ③ $\gamma = 330°$

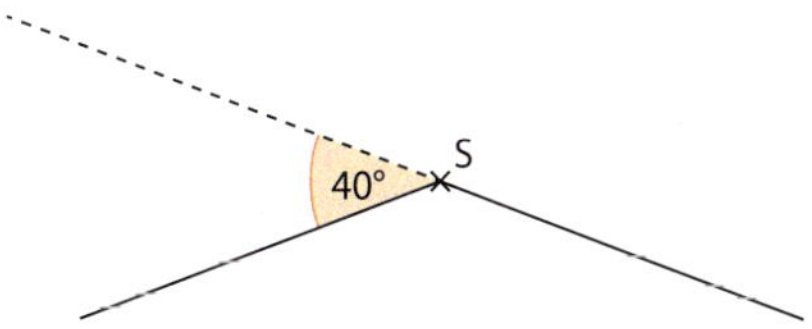

9. Gib an, ob die blaue Figur an einem Punkt gespiegelt wurde, um die grüne Figur zu erzeugen. Begründe, zum Beispiel durch eine Zeichnung im Heft.

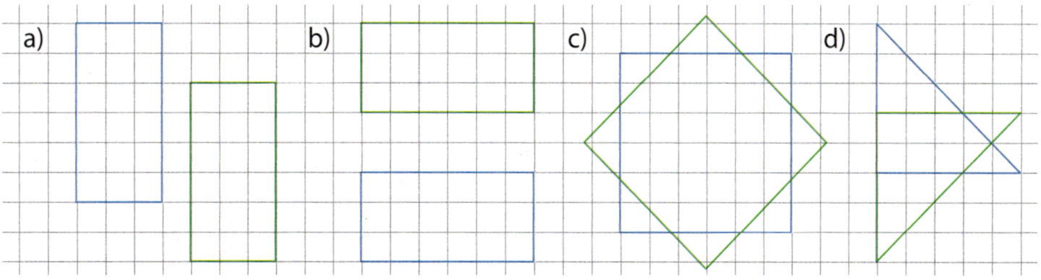

Lösungen
↗ S. 245

1. a) Zeichne Kreise mit den Radien 2 cm, 4 cm und 6 cm um denselben Mittelpunkt.
b) Zeichne einen Kreis mit dem Durchmesser 8 cm.

2. Zeichne ein Quadrat mit der Seitenlänge 10 cm. Zeichne zwei Kreise, die den Schnittpunkt der Diagonalen als Mittelpunkt haben. Der eine Kreis soll die Eckpunkte des Quadrats berühren, der andere die Mittelpunkte der Seiten. Gib Radius und Durchmesser beider Kreise an.

3. Gib die Winkel in der Schreibweise mit drei Punkten und mit zwei Schenkeln an.

a)

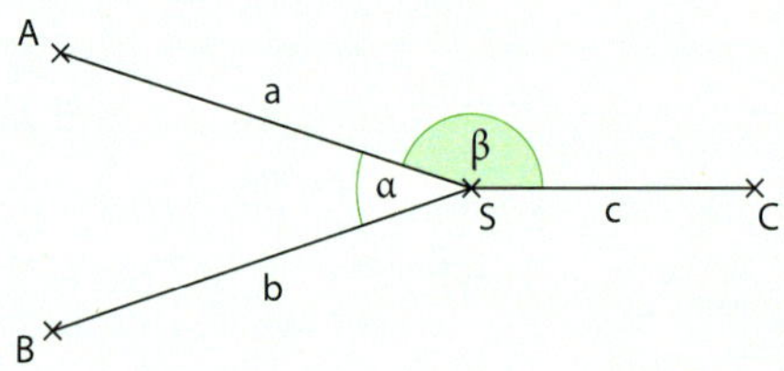

b)

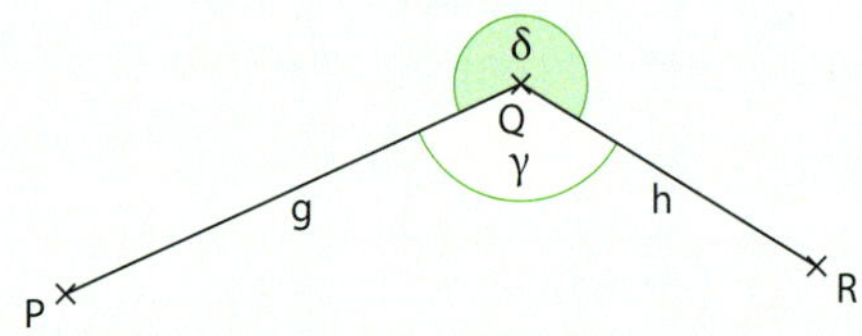

4. a) Gib an, um welche Winkelart es sich jeweils handelt.

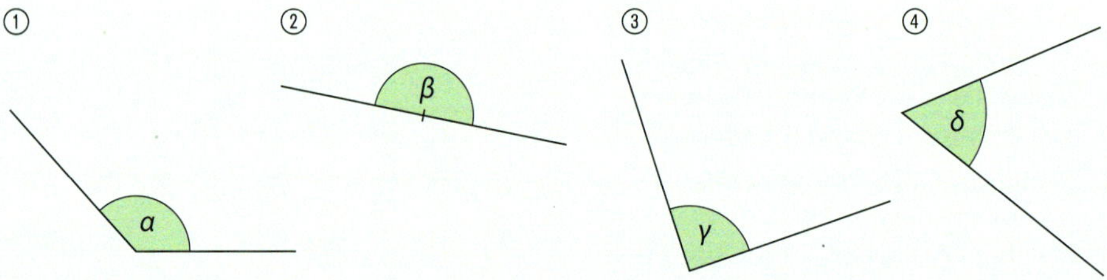

b) Ordne jedem Winkel in a) eine der Winkelweiten zu. Zwei Winkelweiten bleiben übrig.

30° 60° 90° 132° 180° 225°

5. Miss die Weite der Winkel.

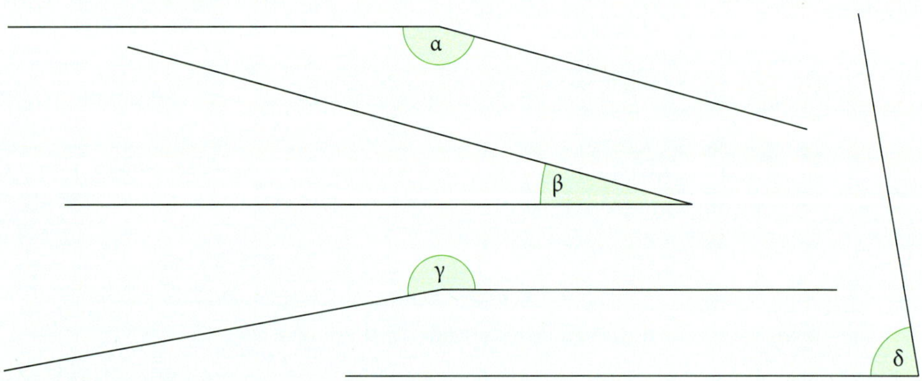

6. Zeichne in ein Koordinatensystem mit der Längeneinheit 1 cm die Punkte A(1|1), B(10|1) und C(10|6) und verbinde sie zu einem Dreieck.
a) Miss die Winkel, die im Dreieck liegen.
b) Überprüfe, ob ein Kreis mit dem Radius 2 cm vollständig in das Dreieck passt.

7. Zeichne auf Karopapier eine Figur, die aus vier Kästchen besteht und welche punktsymmetrisch, aber nicht achsensymmetrisch ist.

8. Übertrage die Figur in dein Heft und spiegele sie am Punkt Z.

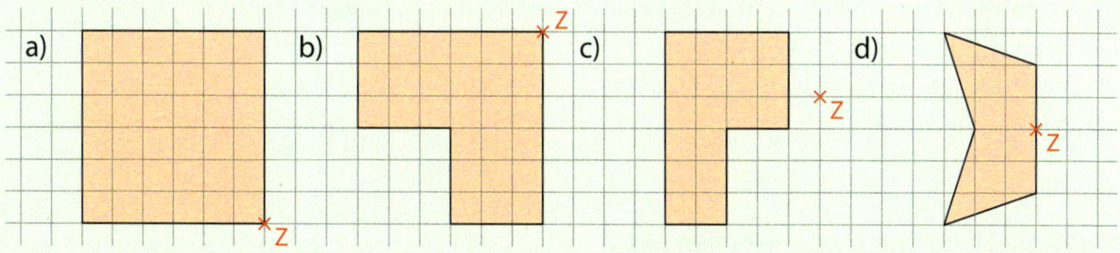

9. An den vier Ecken eines rechteckigen Geländes stehen Mobilfunkantennen. Das Gelände ist 50 km lang und 40 km breit. Die Reichweite jeder Antenne beträgt 35 km, das bedeutet es lassen sich Signale bis zu einer Entfernung von 35 km empfangen.

a) Kann man in jedem Punkt des Geländes Signale von mindestens einer Antenne empfangen? Begründe mit einer maßstäblichen Zeichnung.

b) Nora behauptet: „Es reicht eine Antenne aus, damit überall im Gelände Empfang besteht. Man muss sie nur an einem geeigneten Ort aufstellen." Hat Nora recht? Begründe.

Wiederholungsaufgaben

1. Aus Bausteinen werden Pyramiden gebaut.

a) Aus wie vielen Bausteinen besteht die abgebildete Pyramide?

b) Nach dem gleichen Muster wird eine 7 Steine hohe Pyramide gebaut. Wie viele Steine werden für die neue Pyramide benötigt?

2. In einer Schule findet man den Raum mit der Nummer 1240 im Gebäude 1 in der 2. Etage in Raum 40.

a) Gib in Worten an, wo man Raum 2124 findet.

b) Welche Bezeichnung hat Raum 12, der sich in der 4. Etage von Gebäude 1 befindet?

3. Maria soll in einer Hausaufgabe Rechenvorteile nutzen. Wie kann sie die folgenden Aufgaben ohne Nebenrechnung oder Taschenrechner lösen?

a) $25 \cdot 5 \cdot 15 \cdot 4$ b) $9837 + 8379 + 3 + 60 + 100$ c) $99 \cdot 35$

4. Max und sein Vater haben eine mehrtägige Radtour unternommen. In dem Säulendiagramm hat Max die täglich gefahrenen Kilometer dargestellt.
Wie viele Kilometer haben Max und sein Vater insgesamt ungefähr zurückgelegt?

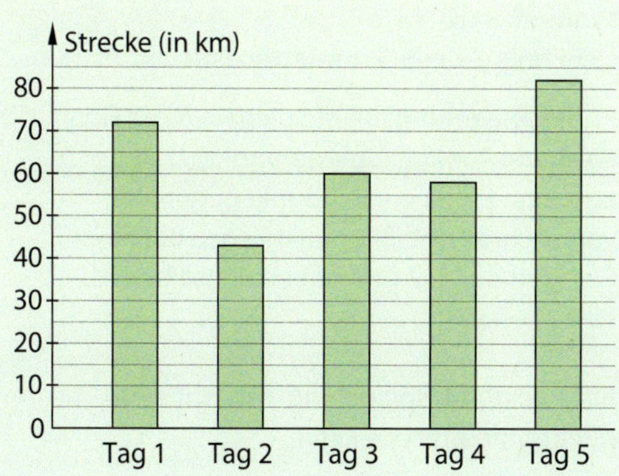

Zusammenfassung

Kreis

Alle Punkte eines Kreises haben von seinem **Mittelpunkt M** den gleichen Abstand r. Der Abstand r heißt **Radius** des Kreises, der doppelte Radius heißt **Durchmesser d** des Kreises.

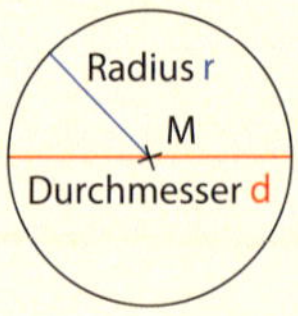

$d = 2r$

$r = \frac{d}{2}$

Winkel

Ein **Winkel** wird durch zwei Strahlen (die **Schenkel** des Winkels) begrenzt, die von demselben Punkt S (**Scheitelpunkt** des Winkels) ausgehen.
Die Weite eines Winkels wird in Grad (°) gemessen.

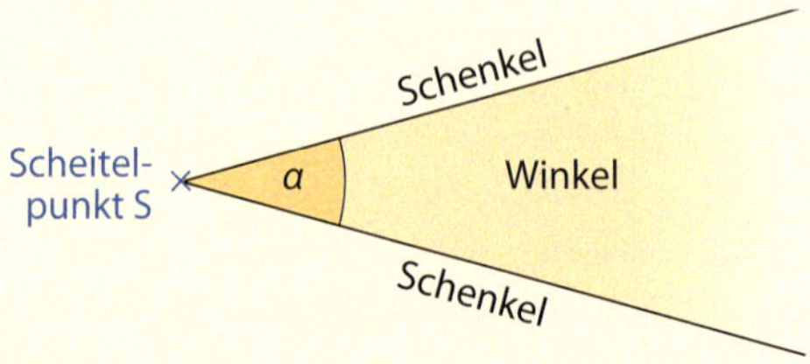

Winkelbezeichnung

Winkel kann man auf verschiedene Weise angeben:

mit griechischen Buchstaben (α, β, γ, δ, ε …)

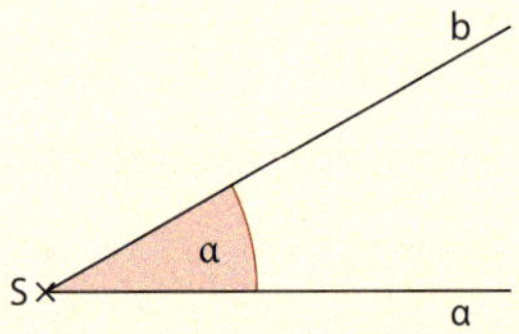

mithilfe der zwei Strahlen, die den Winkel bilden

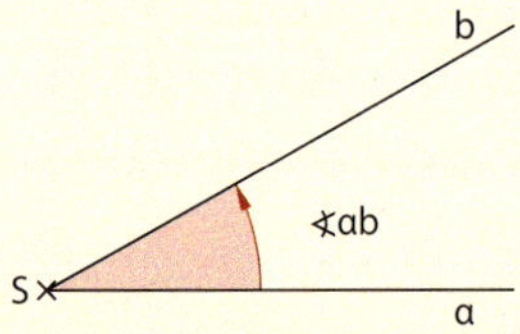

mithilfe von Punkten auf den Schenkeln und dem Scheitelpunkt S

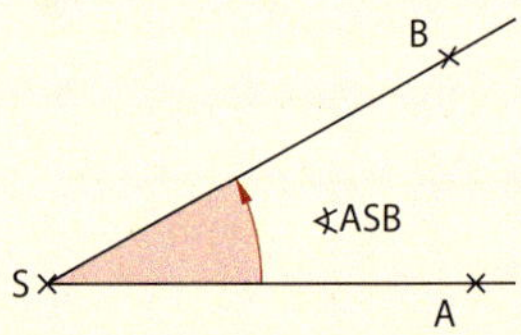

Winkelarten

spitzer Winkel größer als 0°, kleiner als 90°	rechter Winkel genau 90°	stumpfer Winkel größer als 90°, kleiner als 180°	gestreckter Winkel genau 180°	überstumpfer Winkel größer als 180°, kleiner als 360°	Vollwinkel genau 360°

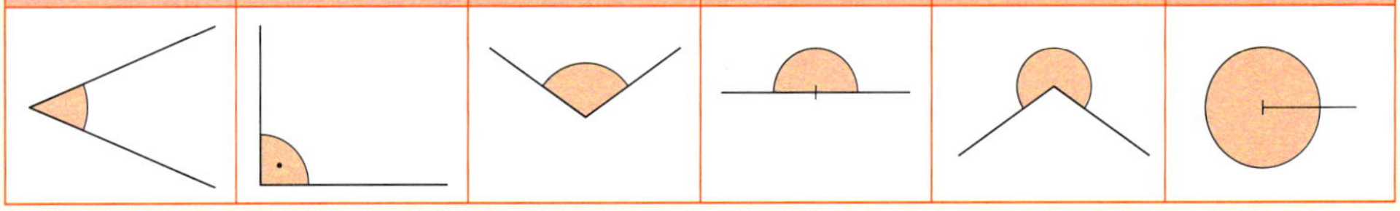

Punktsymmetrie, Punktspiegelung

Eine Figur, die nach einer halben Drehung (Drehung um 180°) um einen Punkt Z mit sich selbst zur Deckung kommt, heißt **punktsymmetrisch.**
Der Punkt Z heißt **Symmetriezentrum**.

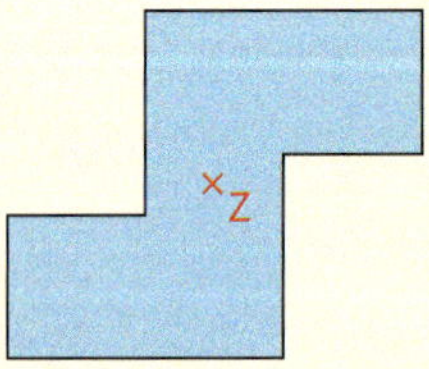

Punktspiegelung: Beim Spiegeln einer Figur an einem Punkt Z (**Spiegelpunkt**) ergibt sich zu jedem Punkt ein Bildpunkt gegenüber von Z. Punkt und Bildpunkt liegen auf einer Geraden durch Z und haben denselben Abstand von Z.

Bei einer Punktspiegelung entsteht eine punktsymmetrische Figur.

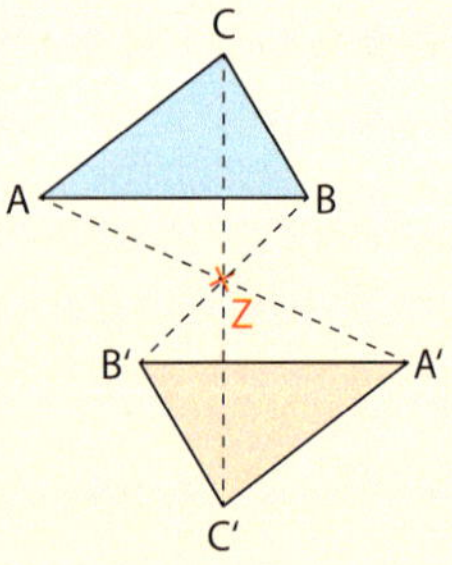

4. Brüche und Dezimalzahlen multiplizieren und dividieren

Diese Formen und Farben stammen von 0,05 mm großen Pflanzenzellen, die mit einer 600-fachen Vergrößerung betrachtet werden.

Nach diesem Kapitel kannst du …

- Brüche vervielfachen und teilen,
- Brüche multiplizieren und dividieren,
- Dezimalzahlen multiplizieren und dividieren,
- Rechenausdrücke mit Brüchen und Dezimalzahlen ausrechnen.

Lösungen
↗ S. 246

Multiplizieren und Dividieren natürlicher Zahlen

1. Berechne im Kopf.
a) $9 \cdot 7$ b) $3 \cdot 12$ c) $7 \cdot 8$ d) $5 \cdot 12$ e) $73 \cdot 2$ f) $85 \cdot 3$
g) $54 : 9$ h) $32 : 4$ i) $72 : 8$ j) $42 : 7$ k) $36 : 12$ l) $60 : 4$
m) $212 \cdot 4$ n) $39 : 3$ o) $48 : 12$ p) $523 \cdot 2$ q) $56 : 8$ r) $230 \cdot 9$

2. Berechne. Beschreibe deinen Lösungsweg.
a) $299 \cdot 8$ b) $72 \cdot 5$ c) $49 \cdot 20$ d) $84 : 4$ e) $105 : 7$ f) $1260 : 20$

3. Berechne die Aufgabenserie. Was stellst du fest?
a) $8 \cdot 10$, $8 \cdot 100$, $8 \cdot 1000$
b) $123 \cdot 10$, $123 \cdot 100$, $123 \cdot 1000$
c) $33 \cdot 20$, $33 \cdot 200$, $33 \cdot 2000$
d) $45 \cdot 60$, $45 \cdot 600$, $45 \cdot 6000$

4. Vergleiche die Ergebnisse. Was stellst du fest?
a) $270 : 30$, $27 : 3$
b) $4000 : 400$, $40 : 4$
c) $24\,000 : 300$, $240 : 3$
d) $20\,000 : 5000$, $20 : 5$

5. Berechne das Vielfache der Größe.
a) $5 \cdot 12$ m b) 15 min $\cdot 3$ c) 16 g $\cdot 5$ d) $4 \cdot 1500$ g

6. Ergänze die Lücke, sodass die Rechnung stimmt.
a) 200 g · ■ = 2 kg b) $\frac{1}{2}$ h · ■ = 2 h c) ■ · 25 cm = 3 m d) 12 min · ■ = 2 h

Schriftlich rechnen

7. Prüfe mit einem Überschlag, ob die Lösung stimmt. Gib auch die richtige Lösung an.
a) $175 \cdot 18 = 315$ b) $11\,620 : 28 = 4\,150$ c) $1704 : 71 = 24$ d) $79 \cdot 190 = 1501$

8. Rechne schriftlich. Überschlage zuerst.
a) $5432 \cdot 3$ b) $457 \cdot 9$ c) $432 \cdot 16$ d) $598 \cdot 12$
e) $615 : 5$ f) $5468 : 4$ g) $1107 : 9$ h) $1926 : 6$

9. Überprüfe die Ergebnisse durch Multiplikation. Korrigiere falsche Lösungen.
a) $8820 : 7 = 1160$ b) $315 : 7 = 46$ c) $1455 : 5 = 289$ d) $1467 : 9 = 163$

Anteile bestimmen

10. a) Wie viel Meter sind $\frac{3}{4}$ km? b) Wie viel Gramm sind $\frac{3}{10}$ kg?
c) Wie viel Milliliter sind $\frac{1}{8}$ ℓ? d) Wie viel Minuten sind $2\frac{1}{2}$ h?

11. Wie viel ist das?
a) $\frac{1}{8}$ von 24 Schülern b) $\frac{4}{5}$ von 100 Personen
c) $\frac{3}{10}$ von 12 km d) jeder zweite von 48 000 Fans

Rechenvorteile nutzen

12. Berechne geschickt, indem du Zahlen tauschst.
a) $13 \cdot 5 \cdot 2$ b) $25 \cdot 21 \cdot 4$ c) $5 \cdot 17 \cdot 20$ d) $5 \cdot 35 \cdot 4 \cdot 5$

13. Rechne geschickt.
a) $14 \cdot 3 + 7 \cdot 14$ b) $17 \cdot 2 + 17 \cdot 8$ c) $2 \cdot 9 + 3 \cdot 9$ d) $45 \cdot 19 + 55 \cdot 19$
e) $4 \cdot (25 + 7)$ f) $48 \cdot (23 + 77)$ g) $12 \cdot (2 + 10)$ h) $(17 + 20 + 13) \cdot 11$

14. Schreibe eine Rechnung auf, die zu dem Rechenbaum passt, und berechne das Ergebnis.

a)
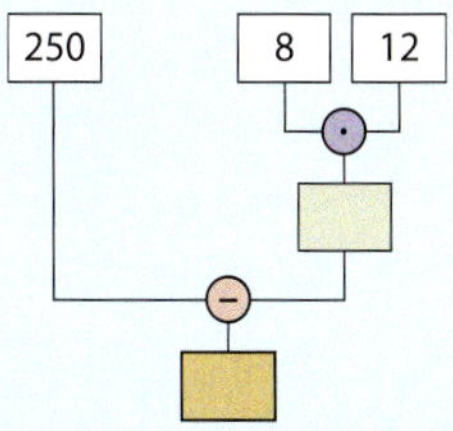

b)
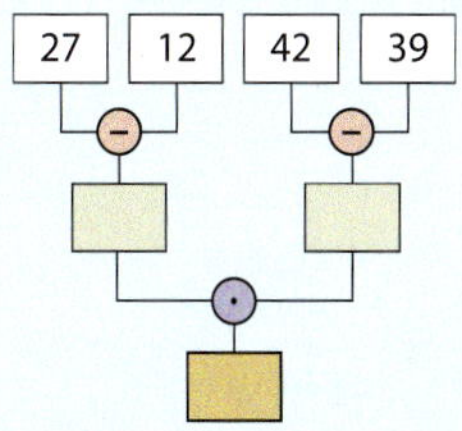

15. Stelle die Aufgabe in einem Rechenbaum dar und berechne.
a) $125 - 30 \cdot 4$ b) $(22 + 28) \cdot (7 + 13)$ c) $2 \cdot (200 - 125)$ d) $40 \cdot 4 - 8 \cdot (23 - 15)$

Kurz und knapp

16. Kürze so weit wie möglich.
a) $\frac{8}{12}$ b) $\frac{12}{18}$ c) $\frac{70}{100}$ d) $\frac{21}{42}$ e) $\frac{60}{100}$

17. Berechne.
a) $\frac{1}{2} + \frac{1}{2} + \frac{1}{2}$ b) $\frac{2}{3} + \frac{2}{3} + \frac{2}{3} + \frac{2}{3} + \frac{2}{3}$ c) $0{,}3 + 0{,}3 + 0{,}3$ d) $0{,}4 + 0{,}4 + 0{,}4 + 0{,}4$

18. Beantworte mithilfe der Skizze die Frage.

a) Wie oft passt $\frac{1}{2}$ in zwei Ganze?

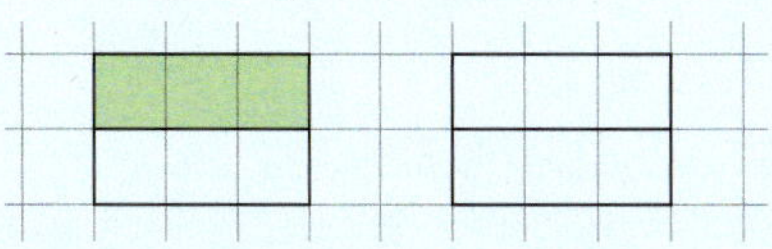

b) Wie oft passt $\frac{1}{3}$ in zwei Ganze?

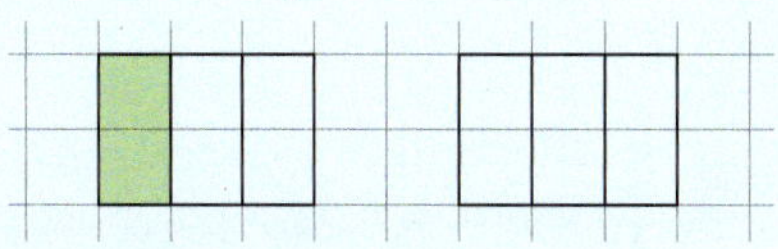

c) Wie oft passen $\frac{2}{3}$ in zwei Ganze?

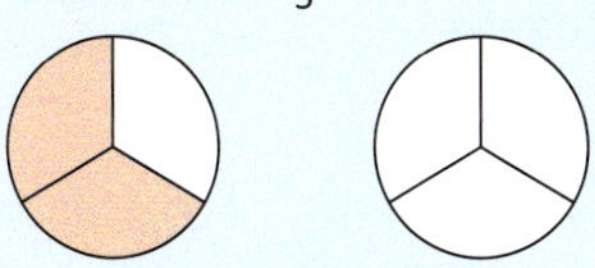

d) Wie oft passen $\frac{3}{4}$ in drei Ganze?

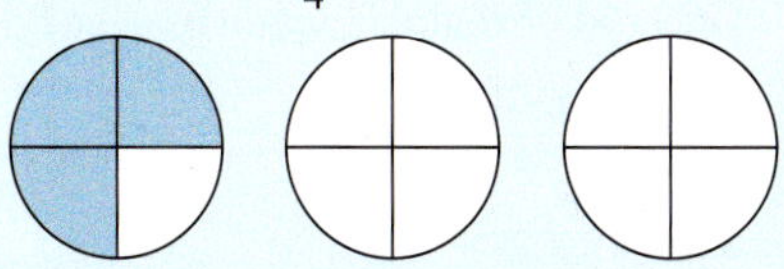

19. Schreibe als Dezimalzahl.
a) $\frac{3}{4}$ b) $4\frac{7}{10}$ c) $\frac{17}{100}$ d) $\frac{15}{300}$ e) $\frac{20}{100}$

20. Runde auf Hundertstel (auf Zehntel).
a) 2,876 b) 0,7845 c) 13,74499 d) 8,953 e) 7,117

4.1 Brüche vervielfachen

■ Auf Jans Geburtstagsfeier soll es Kartoffelsalat geben. Da insgesamt 8 Personen teilnehmen, benötigt er die vierfache Menge an Zutaten. Welche Mengen muss er für das angegebene Rezept besorgen? ■

Die Aufgabe $3 \cdot \frac{2}{7}$ kann man anschaulich lösen, indem man den Anteil $\frac{2}{7}$ am Kreis verdreifacht:

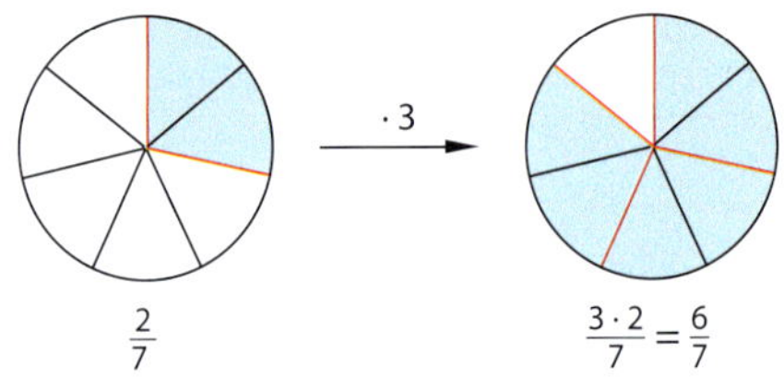

Hinweis:
Auch bei Brüchen darf man Faktoren vertauschen (Kommutativgesetz).
Daher gilt: $3 \cdot \frac{2}{7} = \frac{2}{7} \cdot 3$

Oder man schreibt $3 \cdot \frac{2}{7}$ als Addition: $3 \cdot \frac{2}{7} = \frac{2}{7} + \frac{2}{7} + \frac{2}{7} = \frac{2+2+2}{7} = \frac{3 \cdot 2}{7} = \frac{6}{7}$

Wenn man den Bruch $\frac{2}{7}$ mit 3 multipliziert, wird die Anzahl der Teile verdreifacht. Der Zähler 2 wird mit 3 multipliziert. Die Größe der Teile und damit der Nenner bleiben unverändert.

Wissen: Multiplizieren von Brüchen mit natürlichen Zahlen (Vervielfachen)
Der Zähler wird mit der natürlichen Zahl multipliziert. Der Nenner bleibt unverändert.

$5 \cdot \frac{2}{11} = \frac{5 \cdot 2}{11} = \frac{10}{11}$ $\qquad$ $\frac{2}{11} \cdot 5 = \frac{2 \cdot 5}{11} = \frac{10}{11}$

Beispiel 1: Berechne.

a) $\frac{3}{5} \cdot 4$

b) $9 \cdot \frac{5}{36}$

Lösung:

Zähler mal 4

a) $\frac{3}{5} \cdot 4 = \frac{3 \cdot 4}{5} = \frac{12}{5}$

9 mal Zähler

Kürze mit 9.
45 : 9 = 5 und 36 : 9 = 4

b) $9 \cdot \frac{5}{36} = \frac{9 \cdot 5}{36} = \frac{45}{36} = \frac{\overset{5}{\cancel{45}}}{\underset{4}{\cancel{36}}} = \frac{5}{4}$

Oft ist es vorteilhaft, wenn man vor dem Multiplizieren kürzt:

$9 \cdot \frac{5}{36} = \frac{9 \cdot 5}{36} = \frac{\overset{1}{\cancel{9}} \cdot 5}{\underset{4}{\cancel{36}}} = \frac{1 \cdot 5}{4} = \frac{5}{4}$

Hinweis:
Kürze zuerst, so werden deine Rechnung und das Ergebnis einfacher.

Basisaufgaben

1. Schreibe die Rechnung mit Brüchen auf.

a)

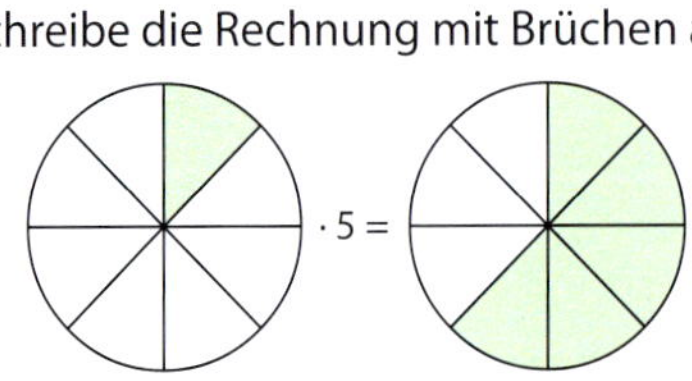

b)

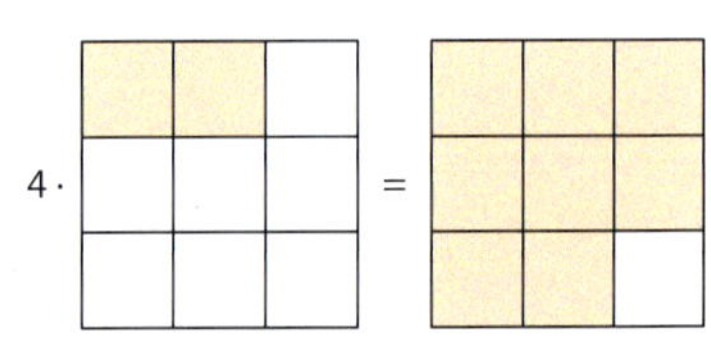

2. Stelle die Rechnung wie in Aufgabe 1 durch eine Zeichnung dar.
Gib auch das Ergebnis an.

a) $\frac{1}{4} \cdot 3$ b) $\frac{3}{8} \cdot 2$ c) $2 \cdot \frac{4}{9}$ d) $7 \cdot \frac{1}{8}$ e) $\frac{3}{16} \cdot 4$ f) $6 \cdot \frac{2}{15}$

3. Schreibe die Multiplikation als Addition und berechne.
Beispiel: $3 \cdot \frac{5}{16} = \frac{5}{16} + \frac{5}{16} + \frac{5}{16} = \frac{15}{16}$

a) $3 \cdot \frac{1}{10}$ b) $4 \cdot \frac{2}{3}$ c) $3 \cdot \frac{9}{100}$ d) $5 \cdot \frac{3}{5}$ e) $2 \cdot \frac{1}{12}$ f) $4 \cdot \frac{7}{8}$

4. Berechne.

a) $\frac{1}{20} \cdot 9$ b) $\frac{3}{5} \cdot 3$ c) $6 \cdot \frac{4}{25}$ d) $2 \cdot \frac{11}{5}$ e) $\frac{3}{4} \cdot 1$ f) $7 \cdot \frac{3}{10}$

5. Berechne und kürze das Ergebnis.

a) $\frac{1}{10} \cdot 5$ b) $\frac{3}{4} \cdot 2$ c) $3 \cdot \frac{8}{3}$ d) $64 \cdot \frac{1}{16}$ e) $\frac{5}{20} \cdot 10$ f) $9 \cdot \frac{4}{15}$

6. Berechne. Kürze vor dem Multiplizieren.

a) $11 \cdot \frac{9}{22}$ b) $\frac{19}{12} \cdot 4$ c) $60 \cdot \frac{26}{60}$ d) $35 \cdot \frac{9}{40}$ e) $\frac{14}{15} \cdot 30$ f) $55 \cdot \frac{12}{50}$

Hinweis zu 6:
Hier findest du die Lösungen.

Weiterführende Aufgaben

7. Ergänze die Lücken im Heft, sodass die Rechnung stimmt.

a) $2 \cdot \frac{3}{11} = \frac{\square}{\square}$ b) $\frac{\square}{7} \cdot 3 = \frac{3}{7}$ c) $5 \cdot \frac{\square}{15} = \frac{2}{3}$ d) $\frac{2}{9} \cdot \square = 2$

e) $\frac{7}{9} \cdot 4 = \frac{\square}{\square}$ f) $\square \cdot \frac{3}{8} = \frac{15}{8}$ g) $\frac{1}{\square} \cdot 8 = \frac{4}{3}$ h) $\square \cdot \frac{7}{10} = \frac{7}{2}$

8. Stolperstelle:

a) Erkläre den Unterschied. In welchem Fall ändert sich der Wert des Bruchs? Gib das Ergebnis an.

① Vervielfache mit 2:

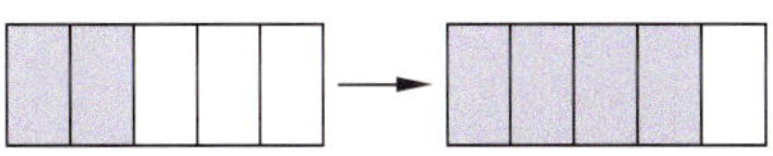

② Erweitere mit 2:

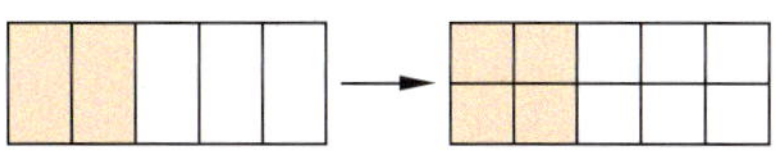

b) Vervielfache $\frac{3}{4}$ mit 5.

c) Erweitere $\frac{3}{4}$ mit 5.

d) Berechne $\frac{5}{7} \cdot 3$ und $\frac{1}{3} \cdot 7$.

e) Erweitere $\frac{5}{7}$ und $\frac{1}{3}$ auf den gleichen Nenner.

9. Marlon behauptet:
„$2 \cdot \frac{3}{8}$ ist das Gleiche wie $2\frac{3}{8}$." Was meinst du dazu?

● **10.** a) In einer Flasche sind $\frac{7}{10}$ ℓ Wasser. Wie viel Wasser ist in einem Kasten mit 12 Flaschen?

b) Isa isst von einem ganzen Johannisbeerkuchen dreimal $\frac{3}{16}$. Welcher Anteil am Kuchen bleibt übrig?

c) Lars hat zwei Wochen lang jeden Tag eine halbe Stunde Vokabeln gelernt, Valentin zehn Tage jeweils eine Dreiviertelstunde. Wer hat insgesamt länger gelernt?

● **11. Ausblick:** Multipliziere die Brüche $\frac{4}{9}$, $\frac{7}{15}$ und $\frac{11}{20}$ so mit einer natürlichen Zahl, dass das Ergebnis wieder eine natürliche Zahl ist. Finde verschiedene Möglichkeiten.
Stelle eine allgemeine Regel auf und überprüfe sie an eigenen Beispielen.

4.2 Brüche teilen

■ Ein Saftgefäß enthält $\frac{3}{4}$ Liter Apfelsaft. Der gesamte Saft wird gerecht an drei Freunde verteilt. Wie viel erhält jeder?
Ist es auch möglich den Saft gerecht an sechs Personen zu verteilen? Gib eine Rechnung an, wie viel dann jeder erhält. ■

Die Aufgabe $\frac{4}{5} : 2$ kann man anschaulich lösen, indem man den Anteil $\frac{4}{5}$ am Kreis halbiert. Dies ist besonders einfach, da der Zähler 4 durch 2 teilbar ist.

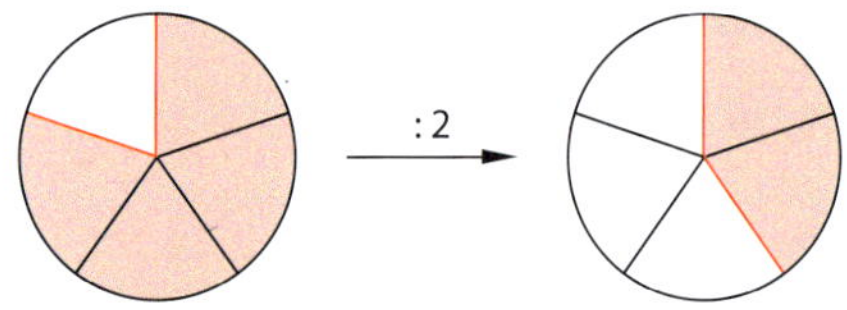

$\frac{4}{5}$ $\frac{2}{5}$

Man kann sich aber auch bei Aufgaben wie $\frac{3}{4} : 2$ eine anschauliche Lösung überlegen:

Teilt man 3 Viertel durch 2, wird jedes Viertel halbiert. Man erhält 3 Achtel.

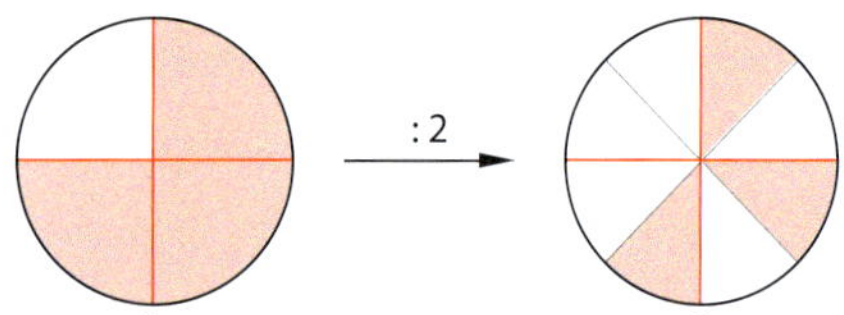

$\frac{3}{4}$ $\frac{3}{8}$

Der Nenner 4 wird dabei verdoppelt. Daher kann man einen Bruch auch durch 2 teilen, indem man den Nenner mit 2 multipliziert und den Zähler unverändert lässt:

$\frac{3}{4} : 2 = \frac{3}{4 \cdot 2} = \frac{3}{8}$

Wissen: Dvidieren von Brüchen durch natürliche Zahlen (Teilen)
Der Nenner wird mit der natürlichen Zahl multipliziert. Der Zähler bleibt unverändert.

$$\frac{2}{5} : 3 = \frac{2}{5 \cdot 3} = \frac{2}{15}$$

Beispiel 1: Berechne.

a) $\frac{3}{10} : 4$

b) $\frac{6}{7} : 3$

Lösung:

a) $\frac{3}{10} : 4 = \frac{3}{10 \cdot 4} = \frac{3}{40}$

Nenner mal 4

b) Da 6 : 3 = 2 ist, kannst du direkt rechnen: 6 Siebtel geteilt durch 3 sind 2 Siebtel.

$\frac{6}{7} : 3 = \frac{2}{7}$

Du kannst aber auch die Regel anwenden und kürzen:

$\frac{6}{7} : 3 = \frac{6}{7 \cdot 3} = \frac{\cancel{6}^{2}}{7 \cdot \cancel{3}_{1}} = \frac{2}{7 \cdot 1} = \frac{2}{7}$

Nenner mal 3

Kürze mit 3.
6 : 3 = 2 und 3 : 3 = 1

Basisaufgaben

1. Berechne.

a) $\frac{2}{5}:2$ b) $\frac{63}{100}:9$ c) $\frac{8}{7}:2$ d) $\frac{9}{13}:1$ e) $\frac{24}{3}:6$ f) $\frac{52}{25}:4$

g) $\frac{2}{3}:7$ h) $\frac{1}{3}:9$ i) $\frac{1}{2}:100$ j) $\frac{9}{5}:8$ k) $\frac{7}{10}:6$ l) $\frac{5}{11}:12$

2. Berechne und kürze das Ergebnis.

a) $\frac{3}{4}:6$ b) $\frac{2}{7}:10$ c) $\frac{10}{6}:9$ d) $\frac{8}{8}:8$ e) $\frac{4}{3}:30$ f) $\frac{21}{100}:7$

3. Berechne. Kürze vor dem Multiplizieren.

a) $\frac{8}{13}:8$ b) $\frac{18}{5}:36$ c) $\frac{6}{5}:21$ d) $\frac{10}{11}:50$ e) $\frac{24}{25}:30$ f) $\frac{108}{15}:9$

Hinweis zu 3:
Hier findest du die Lösungen.

Weiterführende Aufgaben

4. Die Divisionsaufgabe $\frac{3}{5}:3$ wurde auf zwei verschiedenen Wegen gelöst.
Beschreibe jeden Lösungsweg und führe die Rechnung durch.

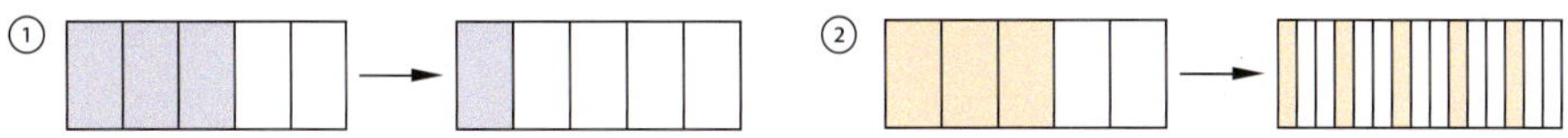

5. a) Berechne. Kürze das Ergebnis, falls möglich.

① $\frac{2}{7}:2$ ② $\frac{4}{9}:2$ ③ $\frac{3}{4}:4$ ④ $\frac{6}{8}:3$ ⑤ $\frac{2}{3}:4$

b) Veranschauliche jede Division aus a) durch eine Zeichnung wie in Aufgabe 4.
Bei welchen dieser Divisionen ist nur der Weg ② möglich?

6. Stolperstelle:

a) Beschreibe, die Fehler die gemacht wurden. Korrigiere sie.

Alexander: $\frac{4}{7}:7=4$ Clara: $\frac{28}{35}:7=\frac{4}{5}$

b) Erläutere den Unterschied zwischen Kürzen und Teilen eines Bruches an den Bespielen.
Berechne jeweils auch das Ergebnis.

① Kürze $\frac{4}{10}$ mit 2: ② Teile $\frac{4}{10}$ durch 2:

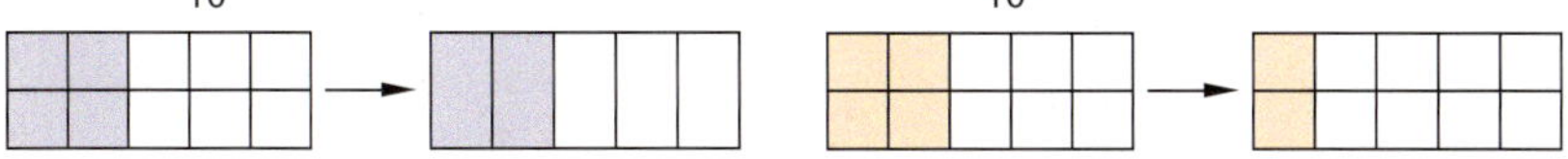

● **7.** a) Ein halber Liter Saft wird gerecht auf 3 Gläser verteilt. Wie viel Liter sind in jedem Glas?

b) Berechne den dritten Teil von $\frac{9}{10}$ Sekunden.

c) Von einer Pizza fehlt ein Viertel. Den Rest teilen sich Emil und Tom. Wie viel erhält jeder?

● **8. Ausblick:**

a) Erläutere die Rechnung: $\frac{3}{4}$ von 400 m = 400 m : 4 · 3 = 100 m · 3 = 300 m.

b) Wandle die Größenangaben in die nächstkleinere Einheit um. Berechne dann wie in a).

① $\frac{1}{3}$ von $\frac{3}{4}$ h ② $\frac{2}{3}$ von $\frac{3}{5}$ cm ③ $\frac{1}{10}$ von $\frac{1}{5}$ km ④ $\frac{5}{6}$ von $\frac{9}{10}$ kg

c) Berechne die Anteile in b), ohne die Größenangaben vorher umzurechnen. Überprüfe, ob die Ergebnisse mit denen aus b) übereinstimmen.

Beispiel: $\frac{3}{4}$ von $\frac{2}{5}$ km = $\frac{2}{5}$ km : 4 · 3 = $\frac{1}{10}$ km · 3 = $\frac{3}{10}$ km

4.3 Brüche multiplizieren

■ Eine Dreiviertel-Liter-Flasche wird gerecht auf drei Gläser aufgeteilt. Paul trinkt zwei Gläser mit Wasser aus und behauptet: „Jetzt habe ich $\frac{2}{3}$ von $\frac{3}{4}$ ℓ getrunken, das sind mehr als ein halber Liter Wasser." Stimmt das? ■

Wie viel ist $\frac{2}{3}$ von $\frac{3}{4}$? Stelle dazu beide Anteile in einem Quadrat dar.

Für den Anteil $\frac{3}{4}$ teilt man das Quadrat in 4 gleich breite Streifen und schraffiert 3 davon.

Für $\frac{2}{3}$ teilt man das Quadrat in der anderen Richtung in 3 gleich breite Streifen und schraffiert 2 davon.

Die doppelt schraffierte Fläche ist genau der Anteil $\frac{2}{3}$ von $\frac{3}{4}$, also $\frac{6}{12}$.

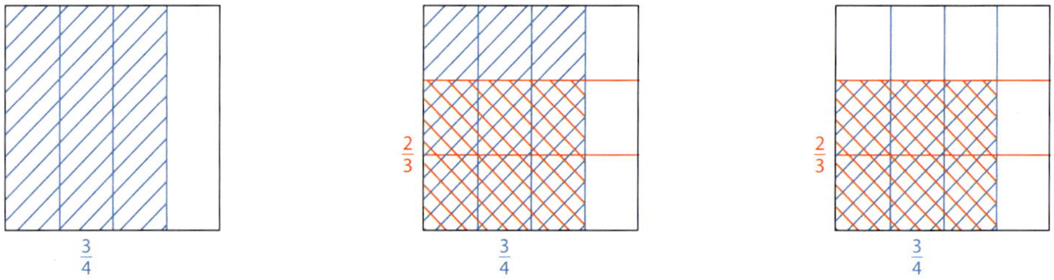

Wie viel ist $\frac{2}{3} \cdot \frac{3}{4}$? Stelle dir das Quadrat als Einheitsquadrat vor (Quadrat mit der Seitenlänge 1). Die doppelt schraffierte Fläche ist ein Rechteck mit den Seitenlängen $\frac{2}{3}$ und $\frac{3}{4}$. Der Flächeninhalt des Rechtecks ist „Länge mal Breite". $\frac{2}{3} \cdot \frac{3}{4}$ sind also $\frac{6}{12}$.

Das Ergebnis berechnet man in beiden Fällen so:

Das Quadrat wurde in $3 \cdot 4 = 12$ gleich große Teile unterteilt. Davon sind $2 \cdot 3 = 6$ schraffiert.

$\frac{2}{3}$ von $\frac{3}{4}$ sind also $\frac{2 \cdot 3}{3 \cdot 4} = \frac{6}{12}$ $\qquad$ $\frac{2}{3} \cdot \frac{3}{4} = \frac{2 \cdot 3}{3 \cdot 4} = \frac{6}{12}$

Wissen: Anteile von Brüchen bestimmen und Brüche multiplizieren

$\frac{3}{4}$ von $\frac{5}{8}$ ist gleich dem Produkt $\frac{3}{4} \cdot \frac{5}{8}$.

Man multipliziert zwei Brüche, indem man Zähler mit Zähler und Nenner mit Nenner multipliziert:

$$\frac{3}{4} \cdot \frac{5}{8} = \frac{3 \cdot 5}{4 \cdot 8}$$

Anteile von Brüchen bestimmen

Beispiel 1: Berechne $\frac{3}{8}$ von $\frac{5}{7}$.

Lösung:

Schreibe $\frac{3}{8}$ von $\frac{5}{7}$ als Produkt.

Dann multiplizierst du Zähler mit Zähler und Nenner mit Nenner.

$\frac{3}{8}$ von $\frac{5}{7}$ sind $\frac{3}{8} \cdot \frac{5}{7} = \frac{3 \cdot 5}{8 \cdot 7} = \frac{15}{56}$.

Basisaufgaben

1. Berechne.

a) $\frac{1}{2}$ von $\frac{3}{5}$ b) $\frac{3}{4}$ von $\frac{1}{5}$ c) $\frac{1}{7}$ von $\frac{3}{8}$ d) $\frac{3}{7}$ von $\frac{12}{20}$ e) $\frac{7}{8}$ von $\frac{11}{25}$

2. a) In den Bildern ist ein Anteil von einem Anteil dargestellt. Notiere mit Brüchen. Gib auch das Ergebnis an.

b) Stelle $\frac{3}{4}$ von $\frac{5}{8}$ bildlich dar wie in a) und gib das Ergebnis an.

①
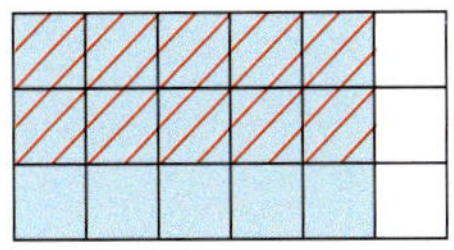

②
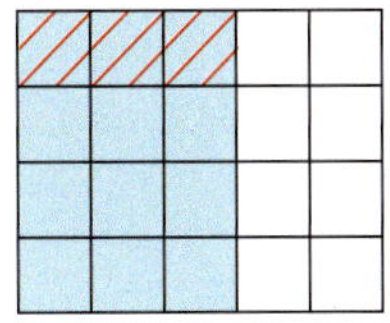

3. Zeichne zwei Quadrate mit jeweils 6 cm Seitenlänge. Stelle in dem einem Quadrat $\frac{1}{2}$ von $\frac{2}{3}$ dar und in dem anderen Quadrat $\frac{2}{3}$ von $\frac{1}{2}$. Was fällt dir auf?

Brüche multiplizieren

Beispiel 2: Berechne.

a) $\frac{2}{3}\cdot\frac{4}{5}$ b) $\frac{5}{8}\cdot\frac{7}{15}$ c) $\frac{49}{27}\cdot\frac{18}{35}$

Lösung:

Zähler mal Zähler, Nenner mal Nenner.

a) $\frac{2}{3}\cdot\frac{4}{5}=\frac{2\cdot 4}{3\cdot 5}=\frac{8}{15}$

b) Hier kannst du vor dem Multiplizieren kürzen.

Zähler mal Zähler, Nenner mal Nenner.

Kürze mit 5.
5 : 5 = 1 und 15 : 5 = 3

$\frac{5}{8}\cdot\frac{7}{15}=\frac{5\cdot 7}{8\cdot 15}=\frac{{}^{1}\cancel{5}\cdot 7}{8\cdot\cancel{15}_{3}}=\frac{1\cdot 7}{8\cdot 3}=\frac{7}{24}$

c) Hier kannst du mehrfach kürzen.

Zähler mal Zähler, Nenner mal Nenner.

Kürze mit 7.
49 : 7 = 7 und 35 : 7 = 5

Kürze mit 9.
18 : 9 = 2 und 27 : 9 = 3

$\frac{49}{27}\cdot\frac{18}{35}=\frac{49\cdot 18}{27\cdot 35}=\frac{{}^{7}\cancel{49}\cdot\cancel{18}^{2}}{{}_{3}\cancel{27}\cdot\cancel{35}_{5}}=\frac{7\cdot 2}{3\cdot 5}=\frac{14}{15}$

Hinweis:
Kürze zuerst, so werden deine Rechnung und das Ergebnis einfacher.

Basisaufgaben

4. Multipliziere die Brüche.

a) $\frac{1}{2}\cdot\frac{3}{4}$ b) $\frac{3}{5}\cdot\frac{3}{4}$ c) $\frac{3}{5}\cdot\frac{2}{7}$ d) $\frac{5}{8}\cdot\frac{4}{7}$ e) $\frac{7}{12}\cdot\frac{5}{8}$

5. Berechne. Kürze vor dem Multiplizieren.

a) $\frac{3}{8}\cdot\frac{4}{9}$ b) $\frac{4}{9}\cdot\frac{3}{16}$ c) $\frac{9}{11}\cdot\frac{33}{45}$ d) $\frac{7}{8}\cdot\frac{24}{35}$ e) $\frac{14}{15}\cdot\frac{5}{7}$

f) $\frac{3}{8}\cdot\frac{4}{27}$ g) $\frac{6}{5}\cdot\frac{35}{48}$ h) $\frac{5}{7}\cdot\frac{14}{25}$ i) $\frac{5}{8}\cdot\frac{24}{25}$ j) $\frac{16}{21}\cdot\frac{35}{36}$

k) $\frac{11}{12}\cdot\frac{18}{33}$ l) $\frac{7}{63}\cdot\frac{18}{19}$ m) $\frac{4}{12}\cdot\frac{36}{44}$ n) $\frac{14}{75}\cdot\frac{25}{28}$ o) $\frac{45}{56}\cdot\frac{42}{81}$

Hinweis zu 5:
Hier findest du die Lösungen zu a) bis j).

6. Vergleiche und erkläre die Rechenwege.

① Georg wendet die Regel aus Kapitel 4.1 an: $4 \cdot \frac{3}{5} = \frac{4 \cdot 3}{5} = \frac{12}{5}$

② Selina rechnet mit der Regel zur Multiplikation von Brüchen: $4 \cdot \frac{3}{5} = \frac{4}{1} \cdot \frac{3}{5} = \frac{12}{5}$

7. Berechne.

a) $\frac{2}{7} \cdot 3$ b) $2 \cdot \frac{5}{8}$ c) $\frac{17}{20} \cdot 5$ d) $110 \cdot \frac{9}{10}$ e) $24 \cdot \frac{11}{36}$

8. a) Berechne und vergleiche die Ergebnisse in jeder Aufgabenserie. Erkläre.

① $\frac{3}{16} \cdot \frac{2}{3}$; $\frac{3}{8} \cdot \frac{2}{3}$; $\frac{3}{4} \cdot \frac{2}{3}$; $\frac{3}{2} \cdot \frac{2}{3}$; $3 \cdot \frac{3}{4}$; $6 \cdot \frac{2}{3}$

② $\frac{100}{5} \cdot \frac{1}{2}$; $\frac{10}{5} \cdot \frac{1}{2}$; $\frac{1}{5} \cdot \frac{1}{2}$; $\frac{1}{50} \cdot \frac{1}{2}$; $\frac{1}{500} \cdot \frac{1}{2}$; $\frac{1}{5000} \cdot \frac{1}{2}$

b) Bilde eigene Aufgabenserien und lass sie von deinem Nachbarn berechnen.

Weiterführende Aufgaben

9. Übertrage ins Heft und setze für $\square$ die richtige Zahl ein. Schreibe deine Zwischenschritte auf und erläutere dein Vorgehen.

a) $\frac{3}{4} \cdot \frac{5}{7} = \frac{15}{\square}$ b) $\frac{4}{7} \cdot \frac{21}{8} = \frac{\square}{2}$ c) $\frac{16}{3} \cdot \frac{1}{40} = \frac{\square}{15}$ d) $\frac{3}{55} \cdot \frac{33}{6} = \frac{\square}{10}$

e) $\frac{3}{\square} \cdot \frac{4}{5} = \frac{12}{35}$ f) $\frac{5}{2} \cdot \frac{\square}{10} = \frac{1}{4}$ g) $\frac{\square}{3} \cdot \frac{2}{9} = \frac{2}{3}$ h) $\frac{6}{25} \cdot \frac{5}{\square} = \frac{3}{10}$

10. Berechne. Wandle die gemischten Zahlen zuerst in unechte Brüche um.

Beispiel: $2\frac{1}{3} \cdot 1\frac{1}{4} = \frac{7}{3} \cdot \frac{5}{4} = \frac{7 \cdot 5}{3 \cdot 4} = \frac{35}{12} = 2\frac{11}{12}$

a) $\frac{1}{4} \cdot 3\frac{1}{5}$ b) $\frac{1}{8} \cdot 5\frac{1}{3}$ c) $3\frac{3}{5} \cdot \frac{1}{9}$ d) $3 \cdot 1\frac{1}{2}$ e) $4 \cdot 2\frac{1}{12}$

f) $4\frac{1}{5} \cdot \frac{5}{28}$ g) $\frac{4}{45} \cdot 4\frac{1}{2}$ h) $6\frac{3}{4} \cdot 10$ i) $1\frac{3}{8} \cdot 1\frac{3}{5}$ j) $2\frac{1}{2} \cdot 3\frac{2}{3}$

11. Stolperstelle: Beschreibe Michaels Fehler und rechne dann korrekt.

a) $\frac{3}{7} \cdot \frac{4}{7} = \frac{3 \cdot 4}{7} = \frac{12}{7}$ b) $\frac{3}{8} \cdot \frac{5}{8} = \frac{8}{16}$ c) $5 \cdot \frac{1}{2} = \frac{5 \cdot 1}{5 \cdot 2} = \frac{5}{10}$ d) $2\frac{1}{3} \cdot 4\frac{1}{3} = 8\frac{1}{9}$

12. Bei diesen Rechenmauern steht über zwei Zahlen immer der Wert des Produkts.

a) Übertrage die Rechenmauern in dein Heft und vervollständige sie.

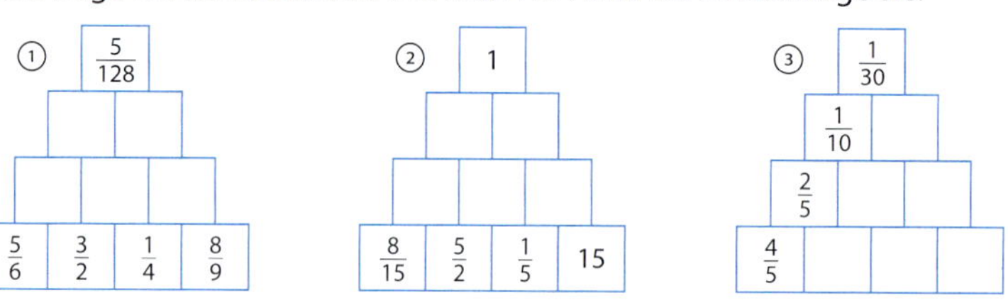

b) Finde eine eigene Rechenmauer, deren Ergebnis im oberen Kästchen 1 ist.

13. Wie viel ist

a) die Hälfte von einer halben Stunde,

b) ein Viertel von einem halben Kilometer,

c) ein Drittel von einem Dreiviertelliter,

d) zwei Drittel von einer Dreiviertelstunde?

14. Berechne die Anteile von Größen.

a) $\frac{1}{4}$ von $\frac{1}{2}$ kg b) $\frac{1}{3}$ von $\frac{3}{4}$ h c) $\frac{5}{6}$ von $\frac{3}{10}$ ℓ d) $\frac{1}{6}$ von $\frac{3}{10}$ dm

e) $\frac{1}{5}$ von $1\frac{1}{4}$ m f) $\frac{2}{3}$ von $1\frac{1}{2}$ ℓ g) $\frac{1}{3}$ von $2\frac{3}{4}$ h h) $\frac{3}{8}$ von $2\frac{1}{3}$ g

15. In der Klasse 6b haben $\frac{2}{5}$ der Schüler Haustiere, die Hälfte davon hat Hunde.
a) Wie groß ist der Anteil aller Schüler, die Hunde haben?
b) In die Klasse 6b gehen 25 Schüler. Wie viele haben Haustiere, wie viele haben Hunde?

16. Das Wort „von“ kommt in verschiedenen Zusammenhängen vor. Gib zu jeder Aufgabe eine passende Rechnung an und löse sie.
a) $\frac{2}{5}$ von 600 Schülern haben Max als Schülersprecher gewählt. Wie viele Schüler haben Max gewählt?
b) 5 von 6 Losen sind Nieten. Welcher Anteil ist das?
c) Von 30 Äpfeln verschenkt Frau Maier 17 Äpfel. Wie viele Äpfel sind übrig?
d) $\frac{2}{3}$ aller Kinder der Klasse machen in ihrer Freizeit Sport. Von diesen spielt $\frac{1}{5}$ Handball. Welcher Anteil an der gesamten Klasse ist das?

● **17.** Die Klasse 6c gestaltet den $40\,m^2$ großen Schulgarten neu. Auf $\frac{2}{5}$ der Fläche pflanzen die Schüler verschiedene Gemüsesorten an, davon auf $\frac{3}{4}$ dieser Gemüseanbaufläche Möhren.
a) Welcher Anteil am Schulgarten wird für Möhren genutzt?
b) Der Rest der Gemüseanbaufläche wird zur Hälfte mit Kohlrabi, zu einem Drittel mit Feldsalat und einem Sechstel mit Schnittlauch bepflanzt. Bestimme jeweils den Anteil am Schulgarten und den Inhalt der Fläche in Quadratmeter.

● **18.** Marius' Vater hat in seinem Zoogeschäft ein quaderförmiges Aquarium. Heute soll das Wasser eingefüllt werden und Marius darf helfen.
a) Wie viel Kubikmeter Wasser passen maximal in das Aquarium?
b) Sein Vater sagt, dass man das Aquarium für Wasserschildkröten zu $\frac{3}{4}$ mit Wasser füllen soll. Wie viel Liter Wasser muss Marius einfüllen?

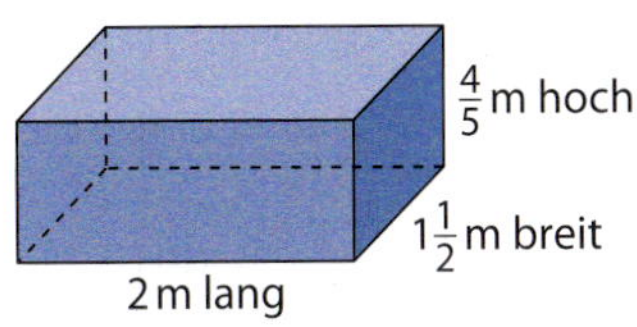

Erinnere dich:
Formel für das Volumen eines Quaders mit der Länge a, der Breite b und der Höhe c:
$A = a \cdot b \cdot c$

● **19.** Schreibe auf einen gemeinsamen Bruchstrich und kürze. Berechne anschließend.

Beispiel: $\frac{5}{8}\cdot\frac{2}{3}\cdot\frac{4}{5} = \frac{{}^1\cancel{5}\cdot{}^1\cancel{2}\cdot{}^1\cancel{4}}{{}_1\cancel{8}\cdot 3\cdot\cancel{5}_1} = \frac{1\cdot1\cdot1}{1\cdot3\cdot1} = \frac{1}{3}$

a) $\frac{20}{21}\cdot\frac{7}{8}\cdot\frac{3}{5}$ b) $\frac{2}{3}\cdot\frac{5}{16}\cdot\frac{18}{25}$ c) $\frac{11}{17}\cdot\frac{9}{21}\cdot\frac{34}{44}\cdot\frac{7}{18}$ d) $\frac{144}{5}\cdot\frac{7}{2}\cdot\frac{10}{9}\cdot\frac{1}{16}$

● **20.** Achte auf die Rechenart und berechne. Erkläre bei a), b) und c) den Rechenweg.

a) $\frac{2}{3}\cdot\frac{4}{5}$ b) $\frac{2}{3}+\frac{4}{5}$ c) $\frac{4}{5}-\frac{2}{3}$ d) $\frac{4}{9}+\frac{1}{3}$ e) $\frac{7}{11}\cdot\frac{33}{14}$
f) $\frac{7}{8}-\frac{1}{4}$ g) $\frac{13}{15}+\frac{7}{20}$ h) $1\frac{1}{5}+2\frac{3}{10}$ i) $\frac{5}{7}\cdot\frac{14}{45}$ j) $2\frac{4}{9}-1\frac{5}{6}$
k) $7-3\frac{5}{11}$ l) $\frac{17}{63}+\frac{2}{9}$ m) $\frac{7}{24}\cdot 3$ n) $\frac{19}{24}-\frac{5}{16}$ o) $1\frac{3}{8}\cdot 1\frac{4}{11}$

Hinweis zu 20:
Hier findest du die Lösungen zu a) bis j).

● **21. Ausblick:** Wie ändert sich das Ergebnis eines Produkts aus zwei Brüchen, wenn
a) der Zähler des einen Bruchs verdoppelt wird,
b) der Nenner des einen Bruchs verdoppelt wird,
c) der Zähler des ersten Bruchs und der Nenner des zweiten Bruchs verdoppelt werden?
Notiere zu jeder Aufgabe ein Beispiel.

4.4 Brüche dividieren

■ Kais Eltern sind Obstbauern. Da er bei der Apfelernte geholfen hat, darf Kai 12 Liter Apfelsaft aus eigener Produktion an Freunde und Verwandte verschenken.

a) Wie viele $\frac{1}{2}$-ℓ-Flaschen braucht er, um die ganzen 12 Liter gleichmäßig zu verteilen?

b) Überlege entsprechend, wie viele $\frac{1}{4}$-ℓ-Flaschen oder $\frac{3}{4}$-ℓ-Flaschen er benötigt. ■

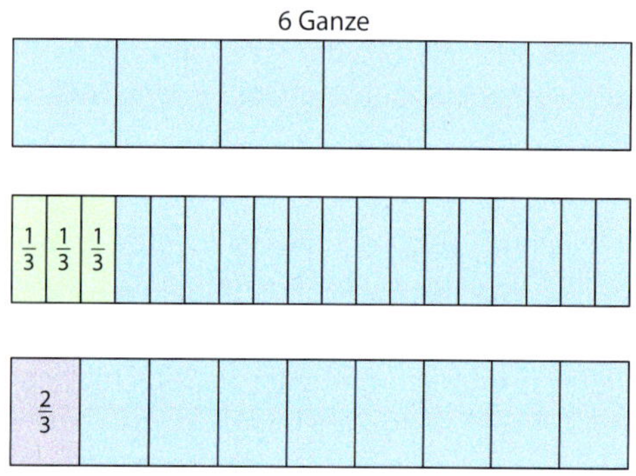

Für die Lösung der Division $6 : \frac{2}{3}$ kann man überlegen, wie oft $\frac{2}{3}$ in 6 Ganze hineinpassen.

1. Schritt: $\frac{1}{3}$ passt in 1 Ganzes 3-mal.
$\frac{1}{3}$ passt in 6 Ganze $6 \cdot 3 = 18$-mal.

2. Schritt: $\frac{2}{3}$ ist doppelt so groß wie $\frac{1}{3}$.
$\frac{2}{3}$ passt daher nur halb so oft in 6 Ganze wie $\frac{1}{3}$, also $18 : 2 = 9$-mal.

Erinnere dich:
3 geteilt durch 2 ergibt $\frac{3}{2}$.

Im 1. Schritt rechnet man „mal 3", im 2. Schritt rechnet man „durch 2".

Als Rechnung erhält man insgesamt $6 \cdot 3 : 2 = 6 \cdot \frac{3}{2} = 9$.

Es gilt also $6 : \frac{2}{3} = 6 \cdot \frac{3}{2}$. Die Division durch $\frac{2}{3}$ lässt sich durch die Multiplikation mit $\frac{3}{2}$ ersetzen.

Wissen: Brüche dividieren

Zwei Brüche werden dividiert, indem man den ersten Bruch mit dem **Kehrwert** des zweiten Bruchs multipliziert.
Den Kehrwert eines Bruches erhält man durch Vertauschen von Zähler und Nenner.

$$\frac{3}{4} : \frac{2}{5} = \frac{3}{4} \cdot \frac{5}{2}$$

Beispiel 1: Berechne.

a) $\frac{7}{5} : \frac{3}{8}$

b) $\frac{7}{12} : \frac{3}{16}$

Lösung:

a) Statt durch $\frac{3}{8}$ zu dividieren, multipliziert du mit dem Kehrwert $\frac{8}{3}$.

$\frac{7}{5} : \frac{3}{8} = \frac{7}{5} \cdot \frac{8}{3} = \frac{7 \cdot 8}{5 \cdot 3} = \frac{56}{15}$

Multipliziere mit dem Kehrwert.

Kürze, bevor du das Ergebnis berechnest.

b) $\frac{7}{12} : \frac{3}{16} = \frac{7}{12} \cdot \frac{16}{3} = \frac{7 \cdot \cancel{16}^{4}}{{}_{3}\cancel{12} \cdot 3} = \frac{28}{9}$

Basisaufgaben

1. Gib den Kehrwert an.

a) $\frac{3}{5}$ b) $\frac{3}{4}$ c) $\frac{3}{2}$ d) $\frac{11}{10}$ e) $\frac{1}{4}$ f) $\frac{1}{12}$ g) 2 h) 13 i) $2\frac{1}{2}$ j) 1

Hinweis:
Der Kehrwert von 3 ist $\frac{1}{3}$, da man 3 als $\frac{3}{1}$ schreiben kann.

2. Berechne.

a) $\frac{3}{4}:\frac{5}{7}$ b) $\frac{1}{2}:\frac{2}{3}$ c) $\frac{3}{5}:\frac{1}{4}$ d) $\frac{5}{6}:\frac{1}{5}$ e) $\frac{1}{3}:\frac{1}{2}$

f) $\frac{7}{8}:\frac{2}{3}$ g) $\frac{2}{5}:\frac{9}{7}$ h) $\frac{1}{6}:\frac{1}{5}$ i) $\frac{11}{10}:\frac{5}{3}$ j) $\frac{12}{17}:\frac{1}{2}$

3. Berechne und kürze möglichst geschickt.

a) $\frac{3}{2}:\frac{1}{4}$ b) $\frac{5}{6}:\frac{1}{2}$ c) $\frac{7}{8}:\frac{3}{4}$ d) $\frac{9}{10}:\frac{3}{7}$ e) $\frac{8}{15}:\frac{3}{5}$

f) $\frac{3}{4}:\frac{3}{2}$ g) $\frac{7}{10}:\frac{14}{15}$ h) $\frac{22}{3}:\frac{44}{27}$ i) $\frac{9}{40}:\frac{81}{10}$ j) $\frac{100}{7}:\frac{25}{21}$

Hinweis zu 3:
Hier findest du die Lösungen.

4. Vergleiche und erkläre die Rechenwege.

① Georg wendet die Regel aus Kapitel 4.2 an: $\frac{3}{5} : 2 = \frac{3}{5 \cdot 2} = \frac{3}{10}$

② Selina rechnet mit dem Kehrwert: $\frac{3}{5} : 2 = \frac{3}{5} : \frac{2}{1} = \frac{3}{5} \cdot \frac{1}{2} = \frac{3}{10}$

5. Berechne.

a) $\frac{3}{4}:2$ b) $3:\frac{1}{2}$ c) $8:\frac{2}{5}$ d) $\frac{15}{17}:3$ e) $10:\frac{100}{99}$

6. a) Berechne und vergleiche die Ergebnisse in jeder Aufgabenserie. Erkläre.

① $6:\frac{3}{4}$; $3:\frac{3}{4}$; $\frac{3}{2}:\frac{3}{4}$; $\frac{3}{4}:\frac{3}{4}$; $\frac{3}{8}:\frac{3}{4}$; $\frac{3}{16}:\frac{3}{4}$ ② $\frac{4}{5}:10$; $\frac{4}{5}:5$; $\frac{4}{5}:\frac{5}{2}$; $\frac{4}{5}:\frac{5}{4}$; $\frac{4}{5}:\frac{5}{8}$; $\frac{4}{5}:\frac{5}{16}$

b) Bilde eine eigene Aufgabenserie und lass sie von deinem Nachbarn berechnen.

Weiterführende Aufgaben

7. Berechne. Welche Aufgaben kannst du im Kopf ganz leicht ohne die Regel zur Division von Brüchen berechnen? Begründe.

a) $\frac{1}{3}:\frac{1}{3}$ b) $\frac{1}{2}:\frac{1}{4}$ c) $\frac{3}{5}:\frac{1}{4}$ d) $\frac{5}{6}:\frac{1}{5}$ e) $3:\frac{3}{2}$

f) $20:\frac{6}{3}$ g) $\frac{2}{5}:\frac{9}{7}$ h) $\frac{1}{6}:\frac{1}{5}$ i) $\frac{11}{10}:\frac{12}{12}$ j) $\frac{12}{17}:\frac{1}{2}$

8. Berechne. Wandle die gemischten Zahlen zuerst in einen unechten Bruch um.

Beispiel: $2\frac{1}{4}:1\frac{2}{3}=\frac{9}{4}:\frac{5}{3}=\frac{9}{4}\cdot\frac{3}{5}=\frac{27}{20}=1\frac{7}{20}$

a) $3\frac{1}{4}:\frac{1}{2}$ b) $2\frac{3}{8}:\frac{1}{4}$ c) $7\frac{2}{3}:\frac{2}{3}$ d) $2\frac{1}{2}:5$ e) $4\frac{1}{2}:3$

f) $4\frac{1}{3}:2\frac{3}{5}$ g) $1\frac{5}{7}:2\frac{5}{14}$ h) $4\frac{1}{3}:10$ i) $31:1\frac{5}{26}$ j) $2\frac{99}{100}:\frac{99}{100}$

9. Stolperstelle:

a) Laura soll rechts das richtige Ergebnis ankreuzen. Sie sagt: „32 kann es nicht sein, denn das ist ja größer als 8". Erkläre, warum Laura falsch gedacht hat.

Wie lautet das Ergebnis zu $8:\frac{1}{4}$?

☐ $\frac{1}{32}$ ☐ 1 ☐ 32

b) Korrigiere Evas Aufgaben. Formuliere jeweils, worauf Eva achten muss.

① $7 : \frac{7}{8} = \frac{1}{8}$ ② $\frac{3}{5} : \frac{1}{4} = \frac{5}{3} \cdot \frac{1}{4} = \frac{5}{12}$ ③ $5\frac{1}{6} : \frac{1}{3} = 5\frac{1}{2}$

10. Überprüfe dein Ergebnis zeichnerisch. Wie oft passt

a) $\frac{1}{2}$ cm in 10 cm, b) $\frac{1}{4}$ cm in $9\frac{1}{2}$ cm, c) $\frac{2}{5}$ cm in 6 cm, d) $\frac{1}{5}$ dm in $1\frac{1}{2}$ dm?

11. Wie oft passt

a) $\frac{1}{6}$ in $\frac{1}{2}$, b) $\frac{2}{3}$ in 12, c) $\frac{3}{4}$ in 48, d) $\frac{2}{9}$ in $\frac{8}{9}$, e) $\frac{3}{5}$ in $\frac{11}{25}$?

● **12.** In dem Quadrat sind sechs Rechnungen versteckt. In je drei aufeinanderfolgenden Felder von oben nach unten oder von links nach rechts steht eine Divisionsaufgabe und das Ergebnis.

Beispiel: $\frac{1}{8} : \frac{4}{5} = \frac{5}{32}$

a) Finde ein weitere Divisionsaufgabe.

b) Findest du auch alle sechs Divisionsaufgaben, die in dem Quadrat versteckt sind?

c) Stellt selber ein Quadrat zusammen, in dem Divisionsaufgaben versteckt sind.

$\frac{3}{7}$	$\frac{3}{7}$	2	$\frac{5}{4}$	$\frac{5}{2}$
1	$\frac{1}{8}$	$\frac{4}{5}$	$\frac{5}{32}$	9
$\frac{1}{4}$	$\frac{3}{2}$	$\frac{1}{6}$	8	$\frac{11}{4}$
$\frac{17}{2}$	$\frac{9}{8}$	$\frac{12}{3}$	$\frac{11}{17}$	$\frac{11}{102}$
$\frac{1}{34}$	$\frac{13}{17}$	$\frac{17}{3}$	$\frac{2}{9}$	$\frac{51}{2}$

● **13.** Bilde jeweils mit vier Ziffern von 1 bis 9 eine Divisionsaufgabe mit zwei Brüchen: $\frac{\square}{\square} : \frac{\square}{\square}$
Jede Ziffer darf nur einmal vorkommen. Das Ergebnis soll

a) möglichst groß sein, b) möglichst klein sein,

c) genau 1 sein, d) genau 2 sein.

Hinweis zu 14:
Die Division ist die Umkehroperation zur Multiplikation.

14. Ergänze die Lücke im Heft. Verwende die Umkehroperation.

a) $\square \cdot \frac{1}{2} = \frac{3}{4}$ b) $\frac{2}{3} \cdot \square = \frac{5}{6}$ c) $\frac{1}{4} \cdot \square = 2$ d) $\square \cdot \frac{11}{24} = \frac{10}{9}$

● **15.** Ergänze die Lücken im Heft, sodass die Rechnung stimmt.

a) $\frac{8}{\square} : \frac{1}{2} = \frac{16}{3}$ b) $\frac{\square}{3} : \frac{4}{5} = \frac{5}{6}$ c) $\frac{2}{5} : \frac{2}{\square} = 1$ d) $\frac{7}{3} : \frac{\square}{4} = \frac{28}{9}$

e) $\frac{1}{2} : \frac{\square}{\square} = \frac{1}{4}$ f) $\frac{\square}{\square} : \frac{1}{2} = 3$ g) $1\frac{\square}{3} : \frac{2}{5} = \frac{25}{6}$ h) $\frac{7}{8} : \frac{\square}{\square} = 5$

16. Rolf und Julia haben Äpfel ausgepresst und so $4\frac{1}{2}$ Liter Apfelsaft gewonnen. Diesen wollen sie auf Flaschen aufteilen, die jeweils einen $\frac{3}{4}$ Liter fassen. Wie viele Flaschen können sie füllen?

17. Ein Obsthändler hat 200 kg Äpfel und 120 kg Orangen bestellt.

a) Die Äpfel werden in Beutel zu je $1\frac{1}{2}$ kg verpackt. Wie viele Beutel ergibt dies?

b) Die Orangen werden in Beutel zu je $2\frac{1}{2}$ kg verpackt. Wie viele Beutel ergibt dies?

c) Von den Mandarinen hat der Obsthändler das $1\frac{1}{2}$ fache der Orangenmenge bestellt. Die Mandarinen werden in $\frac{3}{4}$-kg-Beutel verpackt. Wie viele Beutel erhält er?

18. Bei einem Rechteck ist der Flächeninhalt A und eine Seitenlänge a gegeben. Berechne die fehlende Seitenlänge b.

a) $A = \frac{3}{4}\,m^2$, $a = \frac{1}{2}\,m$ b) $A = \frac{1}{2}\,m^2$, $a = \frac{1}{5}\,m$ c) $A = 2\frac{2}{5}\,cm^2$, $a = 1\frac{1}{4}\,cm$

Erinnere dich:
Für den Flächeninhalt eines Rechtecks gilt $A = a \cdot b$.

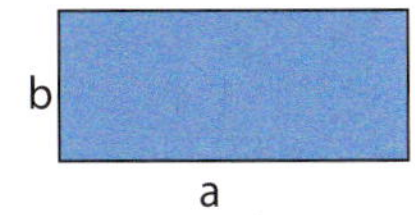

19. Ein rechteckiges Grundstück ist $225\frac{1}{2}\,m^2$ groß und 11 m breit. Wie lang ist das Grundstück?

20. Der Eifelturm hat eine Höhe von 324 Metern. Ungewöhnliche Vergleiche helfen, sich die Höhe vorzustellen. Wie viele der folgenden Gegenstände müsste man aufeinanderstapeln, um auf dieselbe Höhe zu kommen?

a) Wasserkisten mit einer Höhe von $\frac{2}{5}$ m
b) Citroens 2CV – genannt Ente – mit einer Höhe von $1\frac{3}{5}$ m
c) Camembertkäse mit einer Höhe von $2\frac{1}{2}$ cm
d) Finde selbst weitere ungewöhnliche Vergleiche.

● **21.** Johannes hat festgestellt, dass bei der Division durch einen Bruch das Ergebnis manchmal größer und manchmal kleiner ist als der Dividend. Finde eigene Beispiele und untersuche, wann das Ergebnis größer und wann kleiner ist. Präsentiere deine Ergebnisse.

● **22.** Pia hat eine andere Regel zur Division von Brüchen aufgestellt: Sie erweitert den ersten Bruch und dividiert dann Zähler durch Zähler und Nenner durch Nenner.

Beispiel: $\frac{5}{6} : \frac{2}{3} = \frac{10}{12} : \frac{2}{3} = \frac{10:2}{12:3} = \frac{5}{4}$

a) Rechne wie Pia. Überprüfe die Ergebnisse durch Multiplikation mit dem Kehrwert.

① $\frac{4}{9} : \frac{2}{3}$ ② $\frac{8}{15} : \frac{4}{5}$ ③ $\frac{4}{5} : \frac{1}{4}$ ④ $\frac{2}{3} : \frac{4}{3}$ ⑤ $\frac{7}{8} : \frac{5}{6}$

b) Begründe, warum diese Regel ebenfalls gilt.

23. Berechne. Pass auf, dass du die Regeln nicht verwechselst.

a) $\frac{2}{3} + \frac{5}{6}$	b) $\frac{7}{15} \cdot \frac{9}{14}$	c) $\frac{7}{8} : \frac{2}{3}$	d) $\frac{8}{5} - \frac{2}{15}$	e) $1\frac{5}{12} + \frac{8}{15}$
f) $8 : \frac{4}{5}$	g) $\frac{9}{22} - \frac{5}{33}$	h) $\frac{13}{27} \cdot 9$	i) $\frac{16}{15} : \frac{20}{39}$	j) $\frac{3}{8} + \frac{9}{10}$
k) $3\frac{1}{6} - \frac{2}{3}$	l) $\frac{15}{11} : 6$	m) $1\frac{2}{5} \cdot \frac{5}{14}$	n) $\frac{4}{5} + \frac{7}{9}$	o) $\frac{4}{5} : \frac{7}{9}$

Hinweis zu 23:
Du kannst dir eine Übersicht zu den Rechenregeln für die vier Grundrechenarten erstellen.

Hinweis zu 23:
Hier findest du die Lösungen zu a) bis j).

● **24. Ausblick:** Samuel findet in einem alten Mathematikbuch einen Doppelbruch: $\frac{\frac{2}{3}}{\frac{4}{5}}$.

Er überlegt: „Wenn $\frac{2}{3}$ dasselbe ist wie 2 : 3, dann muss doch $\frac{\frac{2}{3}}{\frac{4}{5}}$ dasselbe sein wie …"

a) Welche Idee hat Samuel? Berechne den Doppelbruch, indem du dividierst.

b) Berechne die Doppelbrüche $\frac{\frac{3}{4}}{\frac{1}{3}}$, $\frac{\frac{7}{8}}{\frac{5}{6}}$ und $\frac{\frac{11}{15}}{\frac{22}{35}}$.

c) Gib einen Doppelbruch an, der den Wert 1 (10; $\frac{1}{2}$; $\frac{3}{10}$; $1\frac{1}{2}$) hat.

Basisaufgaben

6. Berechne die Aufgabenserie.

a) 1324,6 : 10	b) 278,2 : 10	c) 17,3 : 10	d) 1,2 : 100
1324,6 : 100	278,2 : 100	17,3 : 100	1,2 : 1000
1324,6 : 1000	278,2 : 1000	17,3 : 1000	1,2 : 10 000

7. Berechne.

a) 878,31 : 10	b) 91 : 10	c) 4,1 : 10 000	d) 0,7 : 100
e) 1,03 : 1000	f) 0,0102 : 10	g) 56 : 1000	h) 0,209 : 100

8. **Größenangaben in größere Einheiten umrechnen:** Schreibe in der angegebenen Einheit.
Beispiel: 4219 m in km 4219 m = 4219 km : 1000 = 4,219 km
a) 1949 m in km b) 57,3 cm in m c) 419,2 mm in cm d) 30 m in km

Weiterführende Aufgaben

9. Rechne im Kopf.

a) 13 : 10	b) 2,5 · 10	c) 14,4 : 100	d) 1,11 · 100
e) 14,3 : 10	f) 10 · 1,54	g) 7,3 : 100	h) 38,7 · 100

10. **Stolperstelle:** Finde die Fehler und korrigiere sie.
a) 41,31 · 10 = 4,131 b) 2 : 1000 = 0,0002

Hinweis zu 11:
Hier findest du die fehlenden Zahlen.

11. Übertrage die Aufgaben ins Heft und ergänze die fehlenden Zahlen.
a) 19,31 · ■ = 1 931 b) 523,1 : ■ = 0,5231 c) ■ · 100 = 421,93
d) ■ : 100 = 0,003 e) 0,003 · 100 = ■ f) 412,9 : ■ = 4,129

12. Wie ändert sich der Stellenwert der Ziffer 3, wenn man die Zahl 30,14
a) mit 10, (mit 100; mit 1000) multipliziert, b) durch 10 (durch 100; durch 1000) dividiert?

13. Rechne in die angegebene Einheit um.

a) 81 593 g in kg	b) 3,28 € in ct	c) 4,23 t in kg	d) 250 mℓ in ℓ
e) 45 mg in g	f) 643 ct in €	g) 18,21 kg in g	h) 0,625 cm^2 in mm^2

14. Ein Stapel von 1000 DIN-A4-Blättern ist 11 cm hoch und wiegt 4 989,6 g. Wie dick und wie schwer ist ein einzelnes Blatt?

Erinnere dich:
Der Maßstab 1 : 100 bedeutet, dass 1 cm auf der Karte 100 cm (also 1 m) in der Wirklichkeit sind.

● **15.** a) Auf einer Wanderkarte im Maßstab 1 : 100 000 misst Jan auf der Karte 5,5 cm für seine Tour zur Berghütte. Wie weit ist sein Weg in Wirklichkeit?
b) Seine Freundin Maike erzählt ihm von einer 12,75 km langen Tour. Wie lang ist dieser Weg in Jans Karte?

● **16.** **Ausblick:** Peter multipliziert schrittweise: 8,91 · 1000 = 891 · 10 = 8910
a) Erkläre Peters Rechnung.
b) Rechne ebenso. ① 193,41 · 10 000 ② 0,4 · 1000 ③ 49,73 : 10 000
c) Formuliere eine Regel.
d) Finde für die Multiplikation und Division jeweils drei eigene Beispiele.

4.6 Dezimalzahlen multiplizieren

■ Simon möchte ein neues Handy kaufen.
Er überlegt, ob ihm ein 4-Zoll-Display reicht.
Wie groß ist ein 4-Zoll-Display in Zentimeter?
1 Zoll sind 2,54 cm. ■

Dezimalzahlen kannst du schon multiplizieren, wenn du mit Zehnerbrüchen rechnest.

Dezimalzahlen multiplizieren: $1{,}3 \cdot 2{,}5 = 3{,}25$ ←

Zehnerbrüche multiplizieren: $\frac{13}{10} \cdot \frac{25}{10} = \frac{325}{100} = 3{,}25$

Zehntel mal Zehntel sind Hundertstel und damit erhält man zwei Nachkommastellen im Ergebnis.

Wissen: Dezimalzahlen multiplizieren
Multipliziere zuerst die Zahlen, ohne das Komma zu beachten. Setze dann das Komma so, dass das Ergebnis genauso viele Nachkommastellen hat wie die Faktoren zusammen.

Beispiel 1: Berechne $3{,}75 \cdot 2{,}3$.

Lösung:
Multipliziere wie bei natürlichen Zahlen, ohne das Komma zu berücksichtigen.

Nebenrechnung:

```
375 · 23
 750
 1125
 8625
```

3,75 hat zwei Nachkommastellen.
2,3 hat eine Nachkommastelle.
Also sind es drei Nachkommastellen im Ergebnis. Setze das Komma nach der 8.

$3{,}\underline{75} \cdot 2{,}\underline{3} = 8{,}\underline{625}$

2 1 3 Nachkommastellen

Basisaufgaben

1. Berechne im Kopf.
   a) $0{,}5 \cdot 3$ b) $1{,}1 \cdot 4$ c) $0{,}7 \cdot 8$ d) $0{,}9 \cdot 3$ e) $0{,}1 \cdot 4$
   f) $4{,}2 \cdot 3$ g) $2 \cdot 1{,}3$ h) $4 \cdot 1{,}2$ i) $3{,}5 \cdot 3$ j) $5 \cdot 2{,}5$

Hinweis zu 2:
Hier findest du die Lösungen.

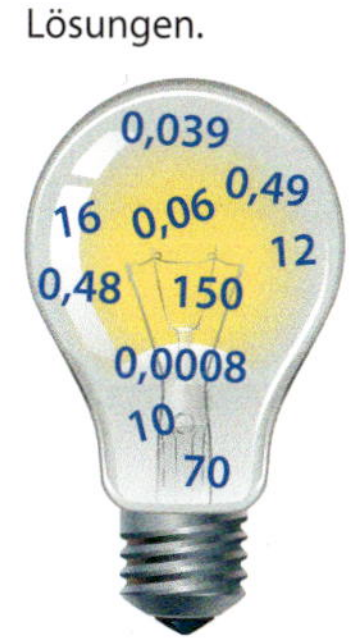

2. Berechne im Kopf. Achte auf die Anzahl der Nachkommastellen.
   a) $0{,}7 \cdot 0{,}7$ b) $2 \cdot 0{,}03$ c) $1{,}2 \cdot 0{,}4$ d) $0{,}13 \cdot 0{,}3$ e) $2{,}5 \cdot 4$
   f) $20 \cdot 0{,}6$ g) $0{,}1 \cdot 700$ h) $300 \cdot 0{,}5$ i) $400 \cdot 0{,}04$ j) $0{,}08 \cdot 0{,}01$

3. **Überschlag:** Mache eine Überschlagsrechnung, indem du beide Faktoren auf Einer rundest. Multipliziere dann schriftlich.
   Beispiel: $6{,}2 \cdot 2{,}5$ Überschlag: $6 \cdot 3 = 18$ Exaktes Ergebnis: 15,5
   a) $2{,}7 \cdot 5$ b) $10{,}6 \cdot 7$ c) $1{,}73 \cdot 6$ d) $7{,}84 \cdot 8$ e) $5 \cdot 1{,}93$
   f) $2{,}35 \cdot 2{,}7$ g) $1{,}34 \cdot 19{,}1$ h) $5{,}2 \cdot 2{,}4$ i) $2{,}34 \cdot 7{,}85$ j) $1{,}83 \cdot 9{,}75$

Hinweis zu 4:
Manchmal ist es nicht sinnvoll, beim Überschlag auf Einer zu runden.
Beispiel: 500 · 0,11
ungünstig: 500 · 0 = 0
besser: 500 · 0,1 = 50
Runde so, dass es einfach ist zu rechnen.

4. Überschlage, indem du die Aufgabe geeignet vereinfachst.
Multipliziere dann schriftlich.
Beispiel: 8,7 · 0,23 Überschlag: 9 · 0,2 = 1,8 Exaktes Ergebnis: 2,001
a) 0,81 · 7,9 b) 12,8 · 0,467 c) 134 · 0,111 d) 19,8 · 9,02 e) 0,38 · 0,408
f) 3,73 · 4,2 g) 5,4 · 17,2 h) 2,43 · 6,04 i) 0,39 · 0,12 j) 2,75 · 0,072

5. Überschlage und wähle aus ① bis ④ das richtige Ergebnis aus.
a) 0,23 · 301,7 ① 0,69391 ② 693,91 ③ 69,391 ④ 6,9391
b) 2,5 · 56,4 ① 1,41 ② 14,10 ③ 0,141 ④ 141
c) 0,062 · 1,25 ① 0,775 ② 0,0775 ③ 7,75 ④ 0,00775

6. Setze im Ergebnis das Komma an die richtige Stelle. Füge – falls nötig – noch Nullen ein.
a) 3,4 · 2,3 = 782 b) 0,1 · 0,343 = 343 c) 19 · 0,02 = 38 d) 5 · 13,5 = 675

7. a) Berechne und vergleiche in jeder Aufgabenserie die Ergebnisse. Stelle Regeln auf.
① 50 · 7 5 · 7 0,5 · 7 0,05 · 7 0,005 · 7
② 1,2 · 0,009 1,2 · 0,09 1,2 · 0,9 1,2 · 9 1,2 · 90
③ 12 · 0,8 1,2 · 8 0,12 · 80 0,012 · 800 0,0012 · 8000
b) Erstelle zu jeder Regel eine Aufgabenserie. Tauscht die Serien untereinander und berechnet die Ergebnisse.

Weiterführende Aufgaben

8. Berechne. Begründe, warum du nur einmal eine schriftliche Multiplikation durchführen musst.
a) 123 · 27 b) 12,3 · 2,7 c) 1,23 · 0,27 d) 123 · 2,7 e) 123 · 0,027

9. Alexandra meint: „Die Rechnungen können nicht stimmen. Das Ergebnis hat ja weniger Nachkommastellen als die Faktoren zusammen."
① 0,5 · 0,8 = 0,4 ② 2 · 1,5 = 3 ③ 0,25 · 0,4 = 0,1 ④ 0,01 · 900 = 9
a) Berechne die Aufgaben und überprüfe, ob alle Ergebnisse richtig sind.
b) Erkläre, was Alexandra nicht bedacht hat.

10. Stolperstelle: Korrigiere Tinas Rechnungen. Wo liegen ihre Denkfehler?
a) 0,3 · 0,3 = 0,9 b) 2,3 · 2,7 = 4,21 c) 40 · 0,2 = 0,8 d) 0,6 · 0,5 = 0,03

11. Gib jeweils zwei verschiedene Multiplikationsaufgaben an, deren Ergebnis
a) 1,2; b) 0,04; c) 0,5; d) 1,44 ist.

12. Übertrage ■,■ · ■,■ dreimal in dein Heft. Trage die Ziffern 0, 1, 2, 3 so ein, dass
a) ein möglichst großes Ergebnis entsteht,
b) ein möglichst kleines Ergebnis entsteht,
c) das Produkt genau 0,63 ergibt.
Vergleicht eure Ergebnisse untereinander.

13. Überprüfe die Aussage. Ist sie richtig oder falsch? Begründe.
a) Das Produkt zweier Dezimalzahlen ist immer größer als 1.
b) Das Produkt zweier Dezimalzahlen ist stets größer als jeder der beiden Faktoren.
c) Das Produkt einer Dezimalzahl mit der Zahl 10 kann kleiner als 1 sein.

14. Übertrage ins Heft und setze das richtige Zeichen <, > oder = ein.

a) 1,7 · 1,3 ■ 1 b) 0,7 · 0,3 ■ 1 c) 1,2 · 1,2 ■ 1,2 d) 0,9 · 0,9 ■ 0,9
e) 0,7 · 1,3 ■ 0,7 f) 0,7 · 1,3 ■ 1,3 g) 0,9 · 1,1 ■ 1 h) 0 · 1,7 ■ 0

15. Übertrage ins Heft und setze das richtige Zeichen <, > oder = ein. Achte bei jeder Zahl auf die Position des Kommas.

a) 8,5 · 1,2 ■ 85 · 1,2 b) 8,5 · 1,2 ■ 0,85 · 1,2 c) 8,5 · 1,2 ■ 0,85 · 12
d) 8,5 · 1,2 ■ 850 · 0,12 e) 8,5 · 1,2 ■ 850 · 0,012 f) 8,5 · 1,2 ■ 0,0085 · 120

Hinweis zu 15:
Du musst die Ergebnisse nicht ausrechnen.

● **16.** Setze bei den Faktoren das Komma an der richtigen Stelle. Finde verschiedene Möglichkeiten. Streiche jeweils die Anfangs- und Endnullen, die nicht benötigt werden.

a) 0050 · 0040 = 2,0 b) 00210 · 0030 = 0,063 c) 001030 · 0020 = 2,06
d) 0060 · 0050 = 0,03 e) 0070 · 0080 = 0,056 f) 00190 · 0040 = 0,076

17. 1 kg kernlose griechische Weintrauben kosten 1,90 €. Ermittle den Preis für

a) 0,8 kg; b) 1,3 kg; c) 2,4 kg; d) 1,540 kg.

● **18.** Vincent soll für seine Mutter Lebensmittel einkaufen. Berechne, wie viel er bezahlen muss.

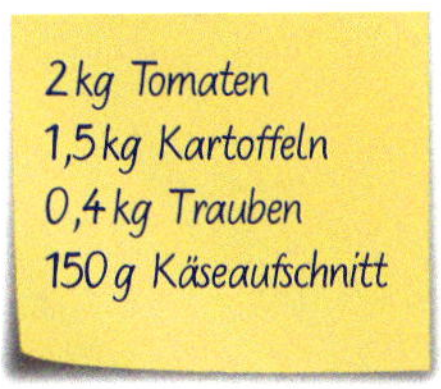

1,95 € pro kg

1,45 € pro kg

2,85 € pro kg

14,40 € pro kg

19. Eine Ameise (Länge 0,5 cm) wird durch eine Lupe mit 4,75-facher Vergrößerung betrachtet. Gib die Länge der Ameise in der Vergrößerung an.

● **20.** Ein Kreuzfahrtschiff bewegt sich mit einer durchschnittlichen Geschwindigkeit von 21 Seemeilen je Stunde von Hamburg nach Amsterdam. 1 Seemeile entspricht 1,852 km.
Wie viele Kilometer legt das Schiff in fünf Stunden zurück? Runde auf Ganze.

21. Berechne den Flächeninhalt des Rechtecks mit den Seiten a und b. Achte auf die Einheiten.

a) a = 3,5 cm; b = 2,7 cm b) a = 0,8 cm; b = 5,7 cm c) a = 4,23 cm; b = 1,9 cm
d) a = 1,25 m; b = 3,7 cm e) a = 0,47 m; b = 47 cm f) 1,25 cm; b = 6,4 mm

Erinnere dich:
Formel für den Flächeninhalt eines Rechtecks mit den Seiten a und b:
A = a · b

● **22.** **Ausblick:** Vervollständige die Multiplikationsmauer im Heft. Die Zahl auf einem Stein ergibt sich aus dem Produkt der beiden direkt darunterliegenden Steine.

a)
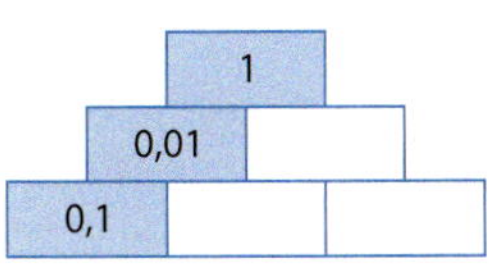

b)
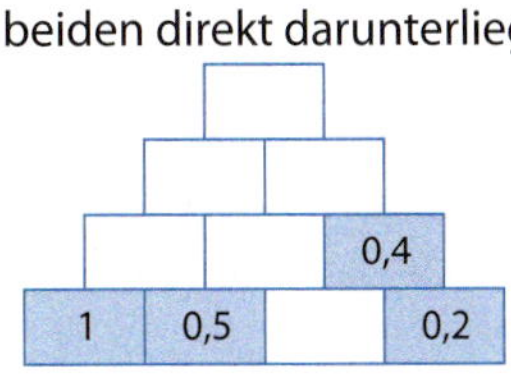

c)
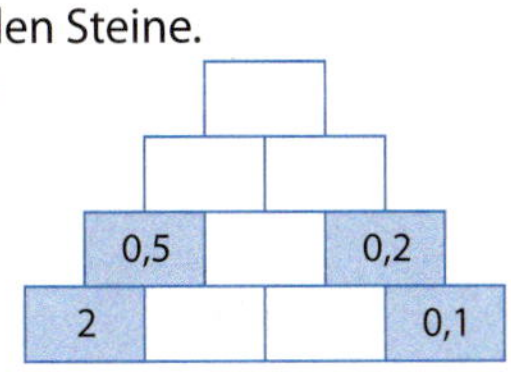

4.7 Dezimalzahlen dividieren

■ Die Geschwister Robin, Jonas und Sandra holen am Sonntagmorgen für die ganze Familie Brötchen. Als Belohnung dürfen sie das Wechselgeld behalten. Die Bäckerin gibt ihnen insgesamt 3,42 € zurück.
Wie viel Geld bekommt jeder der Drei, wenn sie gerecht teilen? ■

Dezimalzahlen durch natürliche Zahlen dividieren

Hinweis:
Man kann auch die Zahlen ohne Komma dividieren, also 48 : 3 = 16.
Im Ergebnis muss man dann das Komma an der richtigen Stelle setzen.

Dezimalzahlen kann man durch eine natürliche Zahl dividieren, wenn man die Dezimalzahl als Zehnerbruch schreibt.

Dezimalzahl dividieren: $4{,}8 : 3 = 1{,}6$

Zehnerbruch dividieren: $\frac{48}{10} : 3 = \frac{48 : 3}{10} = \frac{16}{10} = 1{,}6$

Beispiel 1: Dividiere schriftlich.
a) 5,85 : 5
b) 3,48 : 8

Lösung:

a) Rechne nach dem Verfahren der schriftlichen Division wie bei natürlichen Zahlen.
Setze im Ergebnis ein Komma, wenn du bei 5,85 die erste Ziffer nach dem Komma herunterziehst.

```
5, 8 5 : 5 = 1, 1 7
5  ←——— · 5
0 8
  5  ←——— · 5
  3 5
  3 5 ← · 5
    0
```

Hinweis:
Geht die Division nicht auf, musst du beim Dividenden nach dem Komma Endnullen ergänzen, um weiterzurechnen.

b) Ergänze im letzten Schritt hinter der 3,48 eine 0, damit die Rechnung aufgeht.

```
3, 4 8 0 : 8 = 0, 4 3 5
0
3 4
3 2
  2 8
  2 4
    4 0
    4 0
      0
```

Wissen: Dezimalzahlen durch eine natürliche Zahl dividieren
Man rechnet nach dem Verfahren der schriftlichen Division. Überschreitet man bei der Dezimalzahl das Komma, muss man auch im Ergebnis ein Komma setzen.

Basisaufgaben

1. Berechne im Kopf.

a) 1,5 : 3	b) 2,5 : 5	c) 2,4 : 2	d) 1,6 : 4	e) 10,6 : 2
f) 1,2 : 12	g) 0,09 : 3	h) 0,36 : 6	i) 0,01 : 2	j) 6,4 : 20

2. **Überschlag:** Mache eine Überschlagsrechnung. Ändere die Zahlen so, dass du einfach im Kopf dividieren kannst. Dividiere anschließend schriftlich.
Beispiel: 30,2 : 8   Überschlag: 32 : 8 = 4   Exaktes Ergebnis: 3,775

a) 16,8 : 2	b) 7,4 : 5	c) 23,7 : 6	d) 38,6 : 4	e) 69,2 : 8
f) 31,2 : 12	g) 4,61 : 2	h) 14,35 : 7	i) 16,42 : 4	j) 240,8 : 80

Hinweis:
Runde beim Überschlag so, dass du gut rechnen kannst.

3. Berechne schriftlich. Überprüfe dein Ergebnis durch eine Multiplikation.
Beispiel: 2,7 : 5 = 0,54   Probe: 0,54 · 5 = 2,7

a) 1,3 : 4	b) 6,3 : 3	c) 4,5 : 6	d) 22,8 : 4	e) 0,9 : 5
f) 6,318 : 2	g) 897,6 : 4	h) 0,1 : 8	i) 1,005 : 5	j) 0,09 : 40

Hinweis zu 3:
Du kannst dir die Probe auch am Pfeilmodell verdeutlichen.
2,7 → : 5 → 0,54
0,54 → · 5 → 2,7

4. Dividiere. Gib das Ergebnis als natürliche Zahl mit Rest und als Dezimalzahl an.
Beispiel: 11 : 4 = 2 Rest 3 und 11 : 4 = 2,75

a) 14 : 5	b) 37 : 4	c) 51 : 6	d) 100 : 8	e) 9 : 12

5. Berechne und vergleiche in jeder Aufgabenserie die Ergebnisse. Stelle Regeln auf.

a) 0,015 : 5	0,15 : 5	1,5 : 5	15 : 5
b) 90 : 4	90 : 40	90 : 400	90 : 4000
c) 0,04 : 2	0,4 : 20	4 : 200	40 : 2000

Dezimalzahlen dividieren

Ein 4,5 m langer Flur soll mit Holzdielen der Breite 0,15 m ausgelegt werden. Die Anzahl der benötigten Holzdielen kann man wie folgt berechnen:

4,5 m : 0,15 m oder
45 dm : 1,5 dm oder
450 cm : 15 cm = 30

Das Ergebnis muss jeweils gleich sein, nämlich 30 (Holzdielen).

Das Beispiel zeigt, dass der Quotient von zwei Zahlen sich nicht ändert, wenn man das Komma bei beiden Zahlen um gleich viele Stellen in die gleiche Richtung verschiebt:
4,5 : 0,15 = 45,0 : 1,5 = 450 : 15

Beispiel 2: Berechne.
a) 0,36 : 0,3   b) 1,7 : 0,25

Lösung:

a) Verschiebe das Komma bei beiden Zahlen um eine Stelle nach rechts, damit du durch eine natürliche Zahl teilen kannst.
3,6 : 3 kannst du im Kopf rechnen.

0,36 : 0,3 = 3,6 : 3 = 1,2

b) Verschiebe das Komma bei beiden Zahlen um zwei Stellen nach rechts. Schreibe dazu 1,7 als 1,70.
Nun kannst du schriftlich durch eine natürliche Zahl teilen.

1,70 : 0,25 = 170 : 25 = 170,0 : 25 = 6,8
150
 200
 200
   0

Wissen: Dezimalzahlen dividieren
1. Verschiebe das Komma bei Dividend und Divisor um gleich viele Stellen nach rechts, sodass der Divisor eine natürliche Zahl wird.
2. Dividiere dann durch die natürliche Zahl. Achte auf die Kommaüberschreitung.

Basisaufgaben

Hinweis zu 7:
Hier findest du die Lösungen.

6. Verschiebe das Komma so, dass der Divisor eine natürliche Zahl wird, und berechne.
a) 5,7 : 1,9 b) 0,35 : 0,5 c) 0,4 : 0,02 d) 8,123 : 0,01 e) 45 : 0,003

7. Berechne im Kopf.
a) 1,2 : 0,4 b) 2,8 : 1,4 c) 3,6 : 0,6 d) 10 : 0,5 e) 6 : 1,2
f) 0,15 : 0,3 g) 0,47 : 0,01 h) 9 : 0,09 i) 0,4 : 0,08 j) 0,75 : 0,001

Hinweis:
Runde beim Überschlag so, dass du gut rechnen kannst.

8. Überschlag: Mache einen geeigneten Überschlag. Dividiere anschließend schriftlich.
Beispiel: 2,7 : 0,4 Überschlag: 2,8 : 0,4 = 28 : 4 = 7 Exaktes Ergebnis: 6,75
a) 3,1 : 0,5 b) 7,83 : 0,9 c) 2,1 : 0,12 d) 8,32 : 0,2 e) 33 : 0,8
f) 2,156 : 1,1 g) 1,9 : 0,02 h) 4,32 : 36 i) 8,67 : 1,7 j) 770,52 : 1,2

Hinweis zu 9:
Du kannst dir die Probe auch am Pfeilmodell verdeutlichen.
: 0,5
0,2 ⇄ 0,4
· 0,5

9. Berechne. Überprüfe dein Ergebnis durch eine Multiplikation.
Beispiel: 0,2 : 0,5 = 0,4 Probe: 0,4 · 0,5 = 0,2
a) 0,1 : 0,4 b) 51 : 0,02 c) 6,4 : 0,05 d) 2,7 : 0,15 e) 3,2 : 0,16
f) 19,8 : 1,5 g) 22,22 : 2,2 h) 8,16 : 4,8 i) 0,102 : 0,03 j) 0,36 : 0,016

10. Berechne jeweils den Preis pro Kilogramm Kartoffeln und vergleiche.
a) 1,5 kg für 1,95 €
b) 5,5 kg für 6,60 €

Weiterführende Aufgaben

11. Wähle aus den Aufgaben ① bis ④ jeweils die einfachste Aufgabe aus und berechne sie.
Bestimme dann die Ergebnisse der anderen Aufgaben.
Überlege, nach welcher Regelmäßigkeit die Serie aufgebaut ist.
a) ① 917,2 : 40 ② 91,72 : 4 ③ 9,172 : 0,4 ④ 0,9172 : 0,04
b) ① 738 : 0,3 ② 73,8 : 0,3 ③ 7,38 : 0,3 ④ 0,738 : 0,3
c) ① 1,6 : 0,0005 ② 1,6 : 0,005 ③ 1,6 : 0,05 ④ 1,6 : 0,5

12. Stolperstelle: Beschreibe Nicos Fehler und korrigiere sie.
a) 15,25 : 5 = 3,5 b) 8,24 : 0,02 = 8,24 : 2 = 4,12
c) 0,35 : 0,7 = 5 d) 17,804 : 0,2 = 89,2

13. Lisa rechnet die Aufgaben 4 : 2; 4 : 1; 4 : 0,5; 4 : 0,2; 4 : 0,1 …
a) Berechne die Aufgaben. Was passiert, wenn der Divisor immer kleiner wird?
b) Finde Divisionsaufgaben, deren Ergebnis größer ist als 100.

14. Die Schüler der 6d vergleichen für die Division 6,832 : 0,61 ihre Überschlagsrechnungen.

Finn: *6,6 : 0,6* Alicja: *7 : 1* Magdalena: *6 : 0,6*

Liam: *7 : 0,5* Mohammed: *6,832 : 0,61 = 68,32 : 6,1 ≈ 66 : 6*

a) Wie gut findest du einzelnen Überschläge? Begründe ohne zu rechnen.
b) Berechne die Überschläge und das exakte Ergebnis.
c) Welche Überschläge sind am besten, welche am schlechtesten? Vergleiche mit deiner Beurteilung in a).

15. Prüfe durch Überschlag und Rechnung, ob ein Komma fehlt. Falls ja, ergänze es.

a) 172 : 0,4 = 43 b) 198,1 : 20 = 99,05 c) 375 : 0,2 = 187,5 d) 89,2 : 20 = 44 600
e) 0,735 : 0,5 = 147 f) 219,81 : 3 = 73,27 g) 549,5 : 7 = 785 h) 789,8 : 1,1 = 71 800

16. a) Dividiere schriftlich.
① 1,56 cm : 1,2 cm ② 0,336 km : 0,105 km ③ 0,9 kg : 0,002 kg ④ 0,2 ℓ : 0,25 ℓ
b) Rechne die Größenangaben aus a) in die nächstkleinere Einheit um und dividiere anschließend. Vergleiche die Rechnungen mit denen in a). Was fällt dir auf?

17. Ein Lkw kann pro Fahrt 3,5 t Erde transportieren. Wie viele Fahrten muss er machen, bis er 73,5 t Erde abtransportiert hat?

18. Wie dick ist eigentlich Alu-Folie? 120 Schichten Folie sind 1,2 cm dick. Berechne die Dicke eines Streifens Alu-Folie.

19. Dividiere schriftlich. Runde das Ergebnis auf Hundertstel.
Beispiel: 8,6 : 7 = 1,228..., also 8,6 : 7 ≈ 1,23

a) 8 : 3 b) 7,4 : 6 c) 0,2 : 7 d) 53,47 : 30 e) 46,83 : 9
f) 10 : 1,1 g) 0,2 : 1,2 h) 0,4 : 0,09 i) 2,18 : 0,15 j) 15,08 : 7,5

Hinweis:
Das Ergebnis einer Division kann sehr viele Nachkommastellen haben. Dann ist es sinnvoll, die schriftliche Division abzubrechen und das Ergebnis zu runden.

● **20.** Laras Schuhe sind 8,5 cm breit. Ein Fach im Schuhregal ist innen 119,4 cm breit. Wie viele Paar Schuhe kann sie dort hineinstellen? Runde sinnvoll.

● **21.** Ein Klippspringer – das ist eine afrikanische Antilope – mit einer Schulterhöhe von 58 cm springt 7,98 m hoch, eine 6 mm große Wiesenschaumzikade 0,696 m. Berechne jeweils, wie viele Tiere derselben Art aufeinander stehend übersprungen werden könnten.

● **22.** **Ausblick:** Sophie steht mit ihren Eltern im Stau. Sie liest in der Bedienungsanleitung, dass das Auto 4397 mm lang ist.
a) Wie oft könnte ihr Auto auf einer Strecke von 3,8 km hintereinander stehen? Runde vor dem Rechnen die Autolänge auf dm.
b) Schätze ungefähr, wie viele Autos bei einem 3,8 km langen Stau auf einer dreispurigen Straße stehen. Berücksichtige auch Lkws und andere Fahrzeuge.

4.8 Rationale Zahlen multiplizieren und dividieren

Rationale Zahlen werden nach denselben Regeln multipliziert oder dividiert wie ganze Zahlen.

Beispiel 1: Berechne.

a) $2{,}5 \cdot (-3)$ b) $-\frac{3}{5} \cdot \left(-\frac{2}{3}\right)$ c) $-4{,}8 : (-1{,}2)$ d) $-\frac{3}{10} : \frac{2}{5}$

Lösung:

Bestimme vor dem Rechnen das Vorzeichen des Ergebnisses.

- Bei Zahlen mit unterschiedlichen Vorzeichen ist das Ergebnis negativ.
- Bei Zahlen mit gleichen Vorzeichen ist das Ergebnis positiv.

a) $2{,}5 \cdot (-3)$
$= -(2{,}5 \cdot 3)$
$= -7{,}5$

b) $-\frac{3}{5} \cdot \left(-\frac{2}{3}\right)$
$= \frac{3}{5} \cdot \frac{2}{3}$
$= \frac{3 \cdot 2}{5 \cdot 3} = \frac{2}{5}$

c) $-4{,}8 : (-1{,}2)$
$= 4{,}8 : 1{,}2$
$= 4$

d) $-\frac{3}{10} : \frac{2}{5}$
$= \left(-\frac{3}{10}\right) \cdot \frac{5}{2}$
$= -\frac{3 \cdot 5}{10 \cdot 2} = -\frac{3}{4}$

Basisaufgaben

1. Multipliziere.

a) $-2{,}5 \cdot 2$ b) $1{,}5 \cdot (-2)$ c) $-2{,}5 \cdot (-4)$ d) $-0{,}25 \cdot (-2)$
e) $-\frac{5}{8} \cdot 4$ f) $\frac{5}{8} \cdot (-2)$ g) $-\frac{5}{12} \cdot (-4)$ h) $-\frac{5}{8} \cdot \left(-\frac{4}{2}\right)$

2. Dividiere.

a) $-8{,}4 : 4$ b) $8{,}4 : (-2)$ c) $-8{,}4 : (-8)$ d) $-8{,}4 : 0{,}4$
e) $\frac{6}{7} : (-3)$ f) $-\frac{6}{7} : 2$ g) $-\frac{6}{7} : (-6)$ h) $-\frac{6}{7} : \left(-\frac{1}{6}\right)$

3. Berechne. Achte auf Rechenart und Vorzeichen.

a) $-5{,}5 : 1{,}1$ b) $-0{,}2 \cdot \left(-\frac{8}{5}\right)$ c) $-\frac{3}{2} \cdot 1{,}6$ d) $\frac{12}{11} : \left(-\frac{24}{11}\right)$
e) $6{,}4 : (-0{,}8)$ f) $\left(-\frac{5}{7}\right) \cdot \left(-\frac{14}{3}\right)$ g) $-\frac{6}{7} : 0{,}3$ h) $2\frac{1}{5} \cdot (-0{,}1)$
i) $-1{,}25 : \left(-\frac{1}{2}\right)$ j) $-6{,}25 \cdot \frac{2}{5}$ k) $\frac{3}{4} \cdot \left(-\frac{10}{3}\right)$ l) $\left(2\frac{1}{7}\right) \cdot \left(-\frac{6}{7}\right)$

Weiterführende Aufgaben

4. Das Produkt aus zwei Faktoren (drei, vier, fünf, sechs Faktoren) ist negativ.

a) Gib jeweils eine mögliche Aufgabe an und berechne die Lösung.
b) Wie viele Faktoren sind mindestens (sind höchstens) negativ?

5. **Stolperstelle:** Berechne und erkläre für jede Rechenart den Rechenweg.

$\frac{1}{8} + \left(-\frac{3}{4}\right)$ $\frac{1}{8} \cdot \left(-\frac{3}{4}\right)$ $\frac{1}{8} : \left(-\frac{3}{4}\right)$ $\frac{1}{8} - \left(-\frac{3}{4}\right)$

6. **Ausblick:** Berechne die Rechenschlange, indem du von links nach rechts rechnest.

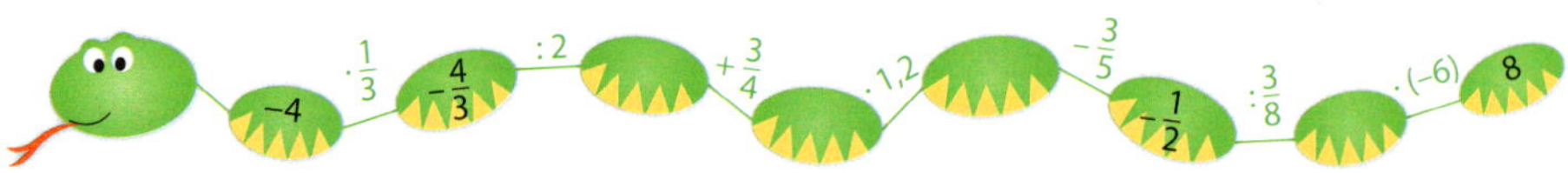

4.9 Rechnen mit allen Grundrechenarten

■ Achte auf die Reihenfolge der Rechenschritte.

a) Berechne. Gib an, nach welchen Rechenregeln du rechnest.
① $2 \cdot (9 - 5)$ ② $7 - 3 \cdot 8$

b) Rechne nach den gleichen Regeln wie in a).
① $\frac{1}{3} \cdot \left(\frac{7}{8} - \frac{3}{8}\right)$ ② $-2{,}1 + 4 \cdot 0{,}5$ ■

Wiederholung der Vorrangregeln

1. Ausdrücke in Klammern werden zuerst berechnet. — $28 - (6 + 14) = 28 - 20 = 8$
2. Wo keine Klammern sind, geht Punktrechnung vor Strichrechnung. — $12 + 8 \cdot 11 = 12 + 88 = 100$
3. In allen anderen Fällen rechnet man von links nach rechts. — $36 - 16 - 6 = 20 - 6 = 14$

Diese Vorrangregeln gelten allgemein beim Rechnen mit rationalen Zahlen, also auch bei positiven und negativen Brüchen und Dezimalzahlen.

Basisaufgaben

1. Rechne von links nach rechts.
a) $\frac{3}{4} - \frac{1}{2} + \frac{1}{4}$ b) $\frac{27}{10} - 2 - \frac{12}{5}$ c) $8 \cdot \frac{2}{9} : \frac{4}{9}$ d) $-\frac{5}{7} : \frac{1}{3} \cdot \frac{2}{5}$
e) $1{,}2 - 0{,}2 - 3{,}5$ f) $6{,}2 + 2 - 1{,}1 + 4$ g) $0{,}4 : 2 \cdot (-0{,}9)$ h) $-5 \cdot 0{,}3 : 0{,}01$

2. Berechne. Beachte die Regel „Punktrechnung geht vor Strichrechnung".
a) $5 \cdot \frac{5}{6} - \frac{1}{6}$ b) $\frac{3}{2} - \frac{2}{5} \cdot \frac{1}{2}$ c) $\frac{7}{9} + \frac{14}{3} : (-7)$ d) $\frac{1}{4} \cdot \frac{1}{3} - \frac{2}{3} \cdot \frac{3}{4}$
e) $-10 - 3 \cdot 1{,}2$ f) $0{,}6 + 0{,}8 \cdot 0{,}5$ g) $-7{,}2 - 1{,}6 : 0{,}4$ h) $3 \cdot 0{,}3 - 0{,}1 \cdot 90$

3. Berechne zuerst die Klammer und dann das Endergebnis.
a) $5 - \left(1 - \frac{1}{2}\right)$ b) $\left(\frac{1}{8} - \frac{2}{8}\right) \cdot \frac{2}{3}$ c) $\frac{2}{7} : \left(\frac{3}{14} : \frac{15}{21}\right)$ d) $\left(\frac{1}{2} - 2\right) \cdot \left(\frac{13}{10} - 1\right)$
e) $(0{,}5 - 0{,}7) : 2$ f) $(4{,}4 - 5{,}6) \cdot 3{,}03$ g) $-19 - (11{,}8 + 7)$ h) $(8 - 75) \cdot (4 - 2{,}8)$

Wiederholung der Rechengesetze

Bei der **Addition** dürfen
1. Summanden beliebig vertauscht werden **(Kommutativgesetz)**, — $12 + 35 = 35 + 12$
2. Klammern beliebig gesetzt oder weggelassen werden (**Assoziativgesetz**). — $(6 + 12) + 8 = 6 + (12 + 8) = 6 + 12 + 8$

Bei der **Multiplikation** dürfen
1. Faktoren beliebig vertauscht werden **(Kommutativgesetz)**, — $3 \cdot 12 = 12 \cdot 3$
2. Klammern beliebig gesetzt oder weggelassen werden (**Assoziativgesetz**). — $(7 \cdot 4) \cdot 5 = 7 \cdot (4 \cdot 5) = 7 \cdot 4 \cdot 5$

Basisaufgaben

4. Setze geschickt ein oder mehrere Klammerpaare und berechne.

Beispiel: $\frac{1}{16} + \frac{3}{20} - \frac{7}{20} = \frac{1}{16} + \left(\frac{3}{20} - \frac{7}{20}\right) = \frac{1}{16} - \frac{1}{5} = -\frac{11}{80}$

a) $\frac{3}{5} + \frac{5}{12} + \frac{7}{12}$ b) $-2 + \frac{1}{3} + \frac{29}{40} + \frac{11}{40}$ c) $\frac{3}{13} \cdot \frac{7}{12} \cdot \frac{24}{7}$

d) $-0{,}9 + 3{,}82 + 0{,}18$ e) $2{,}5 - 1{,}73 - 1{,}27 + 4$ f) $0{,}25 \cdot (-8) \cdot 4{,}1$

Hinweis zu 5 und 6:
Beim Addieren, Subtrahieren und Multiplizieren dürfen Zahlen in vereinfachter Schreibweise beliebig vertauscht werden, wenn man Plus- und Minuszeichen vor der Zahl dabei mitnimmt.

5. Vertausche geschickt Summanden und berechne vorteilhaft.

Beispiel: $-\frac{3}{4} + 1\frac{1}{6} - \frac{1}{4} = -\frac{3}{4} - \frac{1}{4} + 1\frac{1}{6} = -1 + 1\frac{1}{6} = \frac{1}{6}$

a) $\frac{3}{16} + \frac{2}{9} + \frac{5}{16}$ b) $\frac{10}{17} + \frac{5}{8} + \frac{7}{17} - \frac{7}{8}$ c) $\frac{3}{50} + 1 + \frac{1}{15} - \frac{7}{50}$

d) $2{,}49 + 9{,}6 + 0{,}51$ e) $0{,}19 - 2{,}87 + 0{,}1 + 0{,}81$ f) $3{,}12 - 0{,}999 + 5 - 0{,}001$

6. Vertausche geschickt Faktoren und berechne vorteilhaft.

Beispiel: $\frac{5}{16} \cdot \frac{7}{9} \cdot \left(-\frac{8}{5}\right) = \frac{5}{16} \cdot \left(-\frac{8}{5}\right) \cdot \frac{7}{9} = -\frac{1}{2} \cdot \frac{7}{9} = -\frac{7}{18}$

a) $-\frac{20}{3} \cdot \frac{1}{17} \cdot \frac{3}{10}$ b) $-\frac{3}{4} \cdot \frac{14}{9} \cdot (-4) \cdot \frac{9}{14}$ c) $-\frac{22}{21} \cdot \frac{5}{9} \cdot 9 \cdot \frac{7}{11}$

d) $0{,}01 \cdot 0{,}057 \cdot (-100)$ e) $0{,}2 \cdot 7 \cdot 50 \cdot 1{,}1$ f) $1{,}25 \cdot 4 \cdot 0{,}2 \cdot (-8)$

Weiterführende Aufgaben

Hinweis zu 7:
Hier findest du die Lösungen.

7. Berechne. Beachte die Vorrangregeln.

a) $\frac{9}{40} - \frac{1}{20} + \frac{2}{5} \cdot \frac{3}{4}$ b) $2\frac{1}{4} + 3 \cdot \left(3\frac{1}{2} - 2\right)$ c) $\left(1 - 1\frac{1}{3}\right) \cdot \left(-12 - 1\frac{2}{9} \cdot 9\right)$

d) $3{,}5 - 25 : 10 + 0{,}05$ e) $(0{,}1 - 1) \cdot 6 - 1{,}9$ f) $(0{,}3 + 0{,}2 \cdot 4) - (0{,}6 + 0{,}4)$

8. Stolperstelle: Erläutere, welche Fehler Tanja gemacht hat, und korrigiere.

a) $\frac{1}{2} + \frac{1}{2} \cdot 3 = 1 \cdot 3 = 3$ b) $\frac{7}{8} - \left(\frac{3}{8} + \frac{1}{4}\right) = \frac{4}{8} + \frac{1}{4} = \frac{3}{4}$

c) $-9 - 5{,}7 - 1{,}7 = -9 - 4 = -13$ d) $5 : 2 : 0{,}2 = 5 : (2 : 0{,}2) = 5 : 10 = 0{,}5$

9. Der Pilotfilm einer Fernsehserie dauert eineinhalb Stunden. Jede der anschließenden 30 Folgen dauert eine Dreiviertelstunde. Wie lang ist die Serie insgesamt? Schreibe einen passenden Rechenausdruck auf und berechne.

10. a) Berechne auf zwei Arten. Wandle in Brüche oder in Dezimalzahlen um.

Beispiel: $-\frac{1}{2} \cdot 0{,}2 = -\frac{1}{2} \cdot \frac{1}{5} = -\frac{1}{10}$ oder $-\frac{1}{2} \cdot 0{,}2 = -0{,}5 \cdot 0{,}2 = -0{,}1$

① $\frac{3}{8} + 0{,}25$ ② $-5{,}73 - \frac{11}{2}$ ③ $1{,}2 \cdot \frac{6}{5}$ ④ $\frac{1}{8} : 0{,}1$ ⑤ $2\frac{1}{2} - 8{,}5$

b) Berechne. Entscheide, ob du mit Brüchen oder Dezimalzahlen rechnest, und begründe.

① $-6{,}6 + \frac{7}{2}$ ② $0{,}4 - \frac{1}{16}$ ③ $0{,}01 \cdot \left(-\frac{27}{40}\right)$ ④ $2{,}5 : \frac{1}{4}$ ⑤ $2{,}6 - 3\frac{1}{4}$

11. Ausblick: Wähle für das blaue Kästchen $-0{,}7$ und für das grüne Kästchen $\frac{3}{4}$. Löse dann die vier Aufgaben. Welche Besonderheiten haben die gefundenen Zahlen in den roten Kästchen? Überprüfe deine Vermutung an weiteren Beispielen.

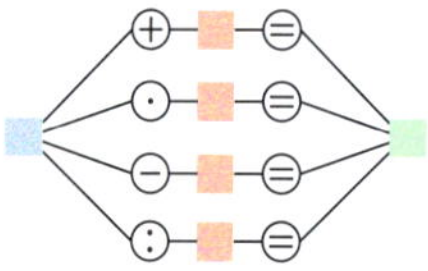

4.10 Ausmultiplizieren und Ausklammern

■ Vervollständige die Rechnungen im Heft. Multipliziere bei b) und c) aus wie in a). ■

a) $3 \cdot (10 + 2) = 3 \cdot 10 + 3 \cdot 2 = \ldots$

b) $30 \cdot \left(\frac{1}{6} + \frac{2}{5}\right) = \ldots$

c) $0{,}7 \cdot (20 - 1) = \ldots$

Beim **Ausmultiplizieren** wendet man das Distributivgesetz an.

$4 \cdot (3 + 2) = 4 \cdot 3 + 4 \cdot 2$ $\qquad$ $6 \cdot (8 - 5) = 6 \cdot 8 - 6 \cdot 5$

Beim **Ausklammern** wendet man das Distributivgesetz in umgekehrter Richtung an.

$4 \cdot 3 + 4 \cdot 2 = 4 \cdot (3 + 2)$ $\qquad$ $6 \cdot 8 - 6 \cdot 5 = 6 \cdot (8 - 5)$

Das Distributivgesetz gilt auch beim Rechnen mit Brüchen und Dezimalzahlen sowie allgemein mit rationalen Zahlen.

Basisaufgaben

1. Multipliziere aus und berechne.

a) $\frac{1}{2} \cdot (66 + 88)$ b) $\frac{1}{10} \cdot (360 - 190)$ c) $28 \cdot \left(\frac{1}{14} - \frac{3}{7}\right)$ d) $\left(\frac{5}{3} + \frac{1}{2}\right) \cdot \frac{6}{5}$

e) $0{,}2 \cdot (-70 + 8)$ f) $(9 - 0{,}4) \cdot (-5)$ g) $1{,}1 \cdot (300 - 5)$ h) $(10 + 0{,}3) \cdot 0{,}3$

2. Führe beide Rechnungen im Heft zu Ende und vergleiche die Rechenwege. Welchen Rechenweg findest du besser? Begründe.

a) $\frac{2}{7} \cdot \left(\frac{5}{8} - \frac{1}{8}\right) = \frac{2}{7} \cdot \frac{5}{8} - \frac{2}{7} \cdot \frac{1}{8} = \ldots$ $\qquad$ $\frac{2}{7} \cdot \left(\frac{5}{8} - \frac{1}{8}\right) = \frac{2}{7} \cdot \frac{4}{8} = \ldots$

b) $24 \cdot \left(\frac{1}{3} + \frac{1}{4}\right) = 24 \cdot \frac{1}{3} + 24 \cdot \frac{1}{4} = \ldots$ $\qquad$ $24 \cdot \left(\frac{1}{3} + \frac{1}{4}\right) = 24 \cdot \left(\frac{4}{12} + \frac{3}{12}\right) = \ldots$

c) $1{,}9 \cdot (10 - 1) = 1{,}9 \cdot 10 - 1{,}9 \cdot 1 = \ldots$ $\qquad$ $1{,}9 \cdot (10 - 1) = 1{,}9 \cdot 9 = \ldots$

d) $4 \cdot (1{,}3 - 1{,}7) = 4 \cdot 1{,}3 - 4 \cdot 1{,}7 = \ldots$ $\qquad$ $4 \cdot (1{,}3 - 1{,}7) = 4 \cdot (-0{,}4) = \ldots$

3. Entscheide, ob Ausmultiplizieren vorteilhaft ist, und berechne.

a) $11 \cdot \left(\frac{17}{20} + \frac{13}{20}\right)$ b) $\frac{1}{9} \cdot \left(\frac{9}{4} - \frac{9}{2}\right)$ c) $2{,}8 \cdot (6 + 4)$ d) $-100 \cdot (0{,}8 - 0{,}23)$

4. Klammere aus und berechne.

a) $7 \cdot \frac{1}{4} - 7 \cdot \frac{11}{4}$ b) $\frac{8}{7} \cdot 19 - \frac{1}{7} \cdot 19$ c) $\frac{2}{5} \cdot 33 - \frac{2}{5} \cdot 13$ d) $\frac{3}{4} \cdot \frac{7}{6} + \frac{3}{4} \cdot \frac{5}{6}$

e) $9 \cdot 1{,}4 + 9 \cdot 1{,}6$ f) $7 \cdot 2{,}3 - 7 \cdot 0{,}3$ g) $48 \cdot 0{,}6 - 8 \cdot 0{,}6$ h) $-0{,}7 \cdot 0{,}8 - 0{,}7 \cdot 0{,}2$

Hinweis zu 4:
Hier findest du die Lösungen.

5. Führe beide Rechnungen im Heft zu Ende und vergleiche die Rechenwege. Welchen Rechenweg findest du besser? Begründe.

a) $30 \cdot \frac{1}{20} - 30 \cdot \frac{1}{6} = 30 \cdot \left(\frac{1}{20} - \frac{1}{6}\right) = \ldots$ $\qquad$ $30 \cdot \frac{1}{20} - 30 \cdot \frac{1}{6} = \frac{30}{20} - \frac{30}{6} = \ldots$

b) $\frac{7}{9} \cdot \frac{14}{3} - \frac{7}{9} \cdot \frac{11}{3} = \frac{7}{9} \cdot \left(\frac{14}{3} - \frac{11}{3}\right) = \ldots$ $\qquad$ $\frac{7}{9} \cdot \frac{14}{3} - \frac{7}{9} \cdot \frac{11}{3} = \frac{98}{27} - \frac{77}{27} = \ldots$

c) $0{,}4 \cdot 20 + 0{,}4 \cdot 8 = 0{,}4 \cdot (20 + 8) = \ldots$ $\qquad$ $0{,}4 \cdot 20 + 0{,}4 \cdot 8 = 8 + 3{,}2 = \ldots$

d) $1{,}2 \cdot 13 - 1{,}2 \cdot 3 = 1{,}2 \cdot (13 - 3) = \ldots$ $\qquad$ $1{,}2 \cdot 13 - 1{,}2 \cdot 3 = 15{,}6 - 3{,}6 = \ldots$

6. Entscheide, ob Ausklammern vorteilhaft ist, und berechne.

a) $\frac{1}{4} \cdot 136 - \frac{1}{4} \cdot 96$ b) $\frac{3}{2} \cdot \frac{2}{3} + \frac{3}{2} \cdot \frac{1}{6}$ c) $15 \cdot 4 - 15 \cdot 0{,}2$ d) $-3 \cdot 1{,}15 - 3 \cdot 0{,}85$

Weiterführende Aufgaben

7. Berechne geschickt. Ist es sinnvoll, das Distributivgesetz anzuwenden?

a) $\frac{5}{6} \cdot 90 - \frac{5}{6} \cdot 84$ b) $\frac{4}{3} \cdot \left(\frac{9}{20} + \frac{11}{20}\right)$ c) $-\frac{19}{40} \cdot 18 - \frac{21}{40} \cdot 18$ d) $100 \cdot \left(\frac{7}{100} + 0{,}9\right)$

e) $4 \cdot (5{,}3 - 1{,}3)$ f) $3 \cdot 0{,}75 + 7 \cdot 0{,}75$ g) $(-40 - 2) \cdot 0{,}8$ h) $7 \cdot 1{,}1 + 7 \cdot 1{,}1$

8. Berechne, indem du das Distributivgesetz für die Division anwendest.

Beispiel: $\left(\frac{9}{2} - \frac{9}{4}\right) : 9 = \frac{9}{2} : 9 - \frac{9}{4} : 9 = \frac{1}{2} - \frac{1}{4} = \frac{1}{4}$

a) $\left(\frac{5}{3} + \frac{25}{6}\right) : 5$ b) $\left(8 - \frac{47}{10}\right) : \frac{1}{10}$ c) $(120 - 2{,}4) : 12$ d) $(0{,}8 - 16) : 0{,}8$

9. **Stolperstelle:** Sina behauptet: „Bei der Division gilt das Distributivgesetz, wenn man die Klammer durch die Zahl teilt, aber nicht, wenn man die Zahl durch die Klammer teilt."
Hat Sina recht? Überprüfe, indem du folgende Rechenausdrücke berechnest:

① $(2 - 2{,}5) : 10$ und $2 : 10 - 2{,}5 : 10$ ② $10 : (2 - 2{,}5)$ und $10 : 2 - 10 : 2{,}5$

10. Übertrage die Rechenbäume in dein Heft.

①
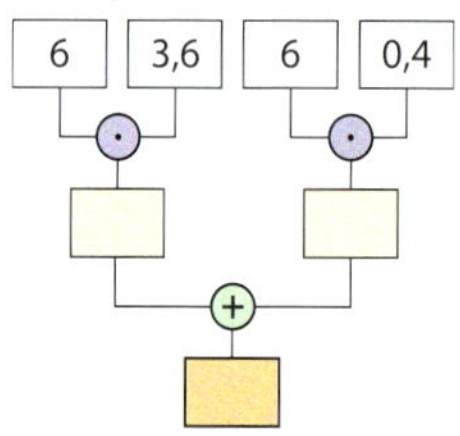

②
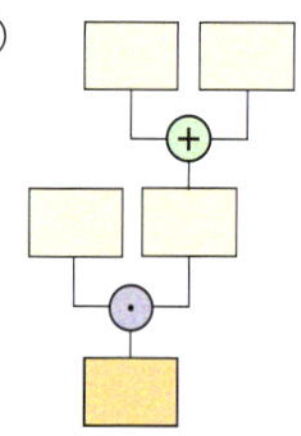

a) Vervollständige den Rechenbaum ①. Notiere die zugehörige Aufgabe.

b) Forme die Aufgabe nach dem Distributivgesetz um. Trage sie dann in den Rechenbaum ② ein und vervollständige ihn.

11. Welche Rechenausdrücke haben das gleiche Ergebnis wie $9 \cdot (4 - 5{,}9)$?
Entscheide ohne zu rechnen.

$9 \cdot 4 - 5{,}9$	$5{,}9 \cdot 9 - 4 \cdot 9$	$(4 - 5{,}9) \cdot 9$	$9 \cdot 4 - 9 \cdot 5{,}9$
$(5{,}9 - 4) \cdot 9$	$(9 - 4) \cdot (9 - 5{,}9)$	$9 \cdot 5{,}9 - 4 \cdot 5{,}9$	$9 \cdot 5{,}9 - 4 \cdot 9$

12. In einem Zirkus gibt es 300 Plätze zum Preis von 8,50 € und 300 Plätze zum Preis von 6,50 €. Wie viel Euro nimmt der Zirkus ein, wenn eine Vorstellung ausverkauft ist? Schreibe einen passenden Rechenausdruck auf und berechne ihn vorteilhaft.

13. Ben erhält jeden Monat von seinen Eltern 20 € und von seinem Opa 2,50 € Taschengeld.

a) Mit welchen der Rechenausdrücke kann Ben sein jährliches Taschengeld berechnen?
① $12 \cdot (20 + 2{,}5)$ ② $20 + 2{,}50 \cdot 12$ ③ $12 \cdot 20 + 12 \cdot 2{,}5$ ④ $(2{,}50 + 20) \cdot 12$

b) Wie viel Taschengeld bekommt Ben im Jahr? Wie würdest du rechnen?

14. **Ausblick:** Zerlege einen Faktor geschickt in eine Summe oder Differenz und berechne.

Beispiel: $22 \cdot 3{,}1 = 22 \cdot (3 + 0{,}1) = 22 \cdot 3 + 22 \cdot 0{,}1 = 66 + 2{,}2 = 68{,}2$

a) $40 \cdot 7{,}2$ b) $0{,}9 \cdot 67$ c) $29 \cdot 2{,}5$ d) $0{,}27 \cdot 2{,}1$ e) $0{,}11 \cdot 245$

4.11 Vermischte Aufgaben

1. Übertrage ins Heft und setze für ■ das Zeichen < oder > ein.

a) $\frac{1}{3}-\frac{5}{6}$ ■ $\frac{1}{2}\cdot\frac{3}{4}$ b) $\frac{2}{6}\cdot\frac{9}{5}$ ■ $\frac{7}{8}+\frac{2}{4}$ c) $\frac{8}{5}:\frac{7}{9}$ ■ $\frac{8}{15}-\frac{2}{5}$ d) $\frac{13}{17}\cdot\frac{34}{49}$ ■ $\frac{8}{5}-\frac{9}{25}$

2. Berechne.

a) 4,132 · 10 b) 19,312 · 100 c) 42,723 · 1000 d) 0,312 · 10
e) 942,31 : 10 f) 9,112 : 100 g) 0,125 : 1000 h) 100 : 10 000

3. Berechne zunächst die Aufgaben in der linken Spalte schriftlich. Ordne dann, ohne zu rechnen, jeder Aufgabe in der linken Spalte die Aufgabe in der rechten Spalte zu, die das gleiche Ergebnis hat.

a) 1,5 · 30	58,7 · 1,04	b) 800 : 3,2	8,7 : 3
2,7 · 1,9	0,34 · 93	81 : 2,7	80 : 0,32
3,4 · 9,3	19 · 0,27	870 : 300	910 : 260
5,87 · 10,4	132,3 · 0,36	54 : 2,4	810 : 27
13,23 · 3,6	0,3 · 150	91 : 26	5,4 : 0,24

4. Übertrage ins Heft und setze im Dividenden das Komma so, dass das Ergebnis stimmt.

a) 342 : 12 = 2,85 b) 441 : 7 = 6,3 c) 132 : 1,1 = 12 d) 2912 : 3,2 = 9,1

5. Bestimme die fehlende Zahl.

a) Der Quotient aus einer Zahl und 1,4 ergibt 1,6.
b) Der Dividend ist 1,3 und der Wert des Quotienten ist – 1,6.
c) Der Divisor ist 2,7 und der Dividend ist 17,55.
d) Der Quotient aus einer Zahl und 2,7 ist gleich dem Produkt der Zahlen 3 und 3,24.
e) Entwickle selbst drei verschiedene Aufgaben. Tausche mit deinem Nachbarn und überprüfe dann die Lösung.

6. Ist die Aussage beim Rechnen mit Dezimalzahlen richtig oder falsch? Begründe.

a) Wenn der Dividend verdoppelt wird, so verdoppelt sich der Wert des Quotienten.
b) Wenn das Komma beim Dividenden um eine Stelle nach rechts und beim Divisor um eine Stelle nach links verschoben wird, so vergrößert sich das Ergebnis um den Faktor 100.
c) Wenn beide Faktoren verdoppelt werden, so verdoppelt sich der Wert des Produkts.
d) Wenn bei einem Faktor das Komma um eine Stelle nach links verschoben wird, dann wird das Komma im Ergebnis ebenfalls um eine Stelle nach links verschoben.
e) Wenn ein Faktor halbiert und der andere verdoppelt wird, so ändert sich der Wert des Produkts nicht.

Tipp zu 6:
Bei falschen Aussagen genügt ein Gegenbeispiel, bei richtigen Aussagen musst du argumentieren.

7. Übertrage in dein Heft. Ersetze die Leerstellen ■ durch eine Ziffer und setze im zweiten Faktor ein Komma, damit die Rechnung stimmt.

a)

2, 3 4 · ■ 4	
1 1 7 0	
9 3 6	
■ ■, ■ 3 6	

b)

6 8, 9 · ■ ■ 7	
■ ■ 9	
4 8 2 3	
1 1, 7 1 3	

c)

1 7 6 · 0 ■ 2 ■	
3 5 ■	
5 ■ ■	
4, 0 4 8	

8. Die Schüler der Klasse 6b sollen die Längen 1,18 m und 5 dm addieren und das Ergebnis auf eine Nachkommastelle runden". Es gibt folgende Ergebnisse.

Sven: *16,8 dm* Nina: *1,7 m* Sandra: *168,0 cm*

Erläutere, wie die Schüler gerechnet haben könnten. Wer hat deiner Meinung nach das richtige Ergebnis?

9. Janas Schulweg ist 1,5 km lang. Lukas muss $\frac{7}{5}$-mal so weit fahren wie Jana und Sebastian wohnt 750 m weiter weg als Lukas. Anna hat den weitesten Weg, sie muss das $\frac{4}{3}$fache von Sebastians Weg zurücklegen. Wie lang sind die Schulwege von Lukas, Sebastian und Anna?

10. Lisa möchte ihrer Mutter einen Blumenstrauß für ungefähr 7 € schenken. Eine Rose kostet 0,80 €, eine Tulpe 0,50 € und eine Nelke 0,40 €. Der Blumenstrauß sollte zu $\frac{1}{3}$ aus Rosen und zu $\frac{1}{4}$ aus Nelken bestehen. Der Rest wird mit Tulpen aufgefüllt. Wie viele Rosen, Tulpen und Nelken kauft Lisa?

11. Leon und Lucas haben sich $\frac{1}{3}$ der Familienpizza genommen. Die Mutter der Zwillinge, beide Großelternpaare und eine Uroma wollen den Rest gleichmäßig untereinander aufteilen.
a) Welchen Anteil erhält jeder der anderen? Erstelle eine zeichnerische Lösung.
b) Gib einen rechnerischen Lösungsweg an.
c) Haben Leon und Lucas jeweils mehr als die anderen Familienmitglieder gegessen?
d) Wie viel von der ganzen Pizza hätten die Zwillinge essen dürfen, damit eine gerechte Teilung möglich gewesen wäre?

12. Eine $\frac{3}{4}$-ℓ-Flasche ist halb mit Apfelsaft gefüllt. In einer 2-ℓ-Kanne sind $\frac{5}{4}$ ℓ Apfelsaft mit $\frac{1}{4}$ ℓ Wasser gemischt. In die Kanne wird der Saft aus der Flasche gegossen und mit Wasser aufgefüllt. Wie hoch ist der Wasseranteil?

13. Bei einem Sponsorenlauf startet Julia mit drei Sponsoren. Pro gelaufener Runde erhält sie vom ersten Sponsor 1,50 €, vom zweiten Sponsor 0,80 € und vom dritten Sponsor 3,50 €. Sie läuft insgesamt 10 Runden. Welchen Betrag erhält sie insgesamt von ihren Sponsoren?

14. Timo möchte einen Obstsalat für die ganze Familie zubereiten. Im Supermarkt sind alle Preise pro kg angegeben. Überschlage, wie viel der Obstsalat insgesamt kostet. Berechne dann den Gesamtpreis und den Preis pro Portion.

Obstsalat (4 Portionen)
2 Bananen (150 g)
2 Orangen (ca. 300 g)
300 g Weintrauben
200 g Erdbeeren
etwas Vanillezucker

Preise:	
Bananen	1,59 €/kg
Orangen	2,29 €/kg
Weintrauben	1,99 €/kg
Erdbeeren	5,99 €/kg
Päckchen Vanillezucker	0,95 €

15. Berechne für jede Wurstsorte den Preis pro 100 g.

Name	Packungsgröße	Preis
Edelsalami	200 g	1,29 €
Salami extra frisch	75 g	1,59 €
geräucherte Salami	150 g	1,49 €
Mortadella	125 g	1,69 €
Schinkenwurst extra fein	80 g	1,19 €
Schinkenwurst extra fein Vorratspackung	200 g	2,95 €

16. Auf vielen Nahrungsmitteln sind die Nährwerte pro Portion angegeben.

a) kJ (Kilojoule) ist die Einheit des Energiegehalts. Im Alltag ist auch die Einheit kcal (Kilokalorien) gebräuchlich, es gilt 1 kcal ≈ 4,2 kJ. Wie viel kcal enthalten drei Schokowaffeln? Runde auf Ganze.

b) Berechne den Energiegehalt in kJ und in kcal sowie die Zucker- und Fettmenge von 100 g Schokowaffeln.

17. Jan möchte Himbeereis herstellen. Im Internet findet er ein Rezept.

- Berechne, wie viel eine Portion wiegt. Gib in Kilogramm und Gramm an.
- Berechne die Zutatenmengen für eine Person. Runde auf ganze Gramm.
- Wie teuer sind die 6 Portionen, wenn 1 kg Himbeeren 7,90 €, 1 kg Zucker 0,88 € und 1 kg Joghurt 1,40 € kosten?
- Jans Freund Niko findet die Portionen zu klein. Er schlägt die 1,5-fache Menge pro Portion vor. Wie viele Portionen ergeben dann die Zutaten aus dem Rezept?
- Suche im Internet ein Eisrezept für deine Lieblingssorte. Wie viel würden die Zutaten insgesamt kosten, wenn du dieses Eis für deine ganze Klasse herstellen würdest?

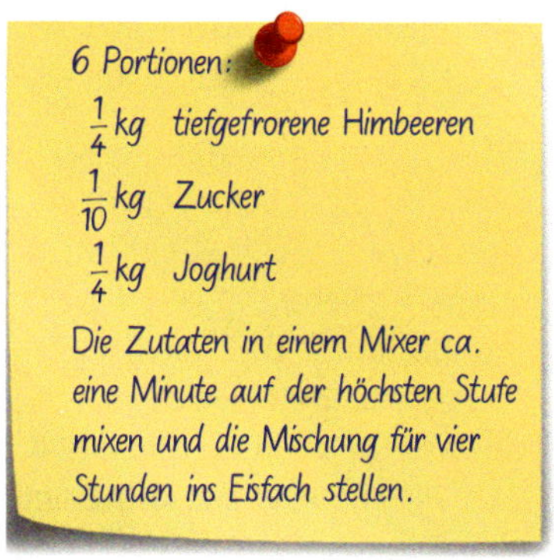

18. Kirsten hat noch 3,85 € im Portemonnaie. Sie kauft für sich und jede ihrer Freundinnen jeweils einen Schokoriegel für 0,60 €. Ihr Geld reicht nicht mehr, um ihrer kleinen Schwester Marie noch einen Schokoriegel mitzubringen. Mit wie vielen Freundinnen ist Kirsten unterwegs?

19. An einem 7,3 m langen Zaunabschnitt soll alle 0,65 m ein Haselnussstrauch eingepflanzt werden. Wie viele Sträucher werden benötigt? Runde sinnvoll.

20. Berechne. Beachte gegebenenfalls die Klammern.

a) $\frac{2}{7} : \frac{3}{14} : \frac{15}{21}$ b) $\frac{2}{7} : \left(\frac{3}{14} : \frac{15}{21}\right)$ c) $-\frac{3}{4} : \frac{12}{5} : \frac{1}{10}$ d) $-\frac{3}{4} : \left(\frac{12}{5} : \frac{1}{10}\right)$

21. Berechne vorteilhaft.

a) $\frac{5}{7} \cdot \left(\frac{1}{3} + \frac{4}{9}\right)$ b) $\frac{8}{3} \cdot \left(\frac{3}{8} + \frac{3}{11}\right)$ c) $\frac{4}{5} \cdot \frac{5}{8} - \frac{4}{5} \cdot \frac{15}{4}$ d) $\frac{2}{5} \cdot \frac{9}{7} - \frac{2}{5} \cdot \frac{2}{7}$

e) $\frac{4}{9} \cdot \left(\frac{2}{5} + \frac{1}{10}\right)$ f) $\frac{63}{11} \cdot \left(\frac{8}{9} - \frac{7}{9}\right)$ g) $\frac{15}{38} \cdot \frac{2}{3} + \frac{15}{38} \cdot \frac{3}{5}$ h) $\frac{9}{16} \cdot \frac{8}{15} - \frac{3}{25} \cdot \frac{5}{12}$

22. Berechne. Nutze Rechenvorteile.

a) $2 \cdot 7{,}8 \cdot 0{,}5$ b) $-0{,}4 \cdot 7{,}93 \cdot (-25)$ c) $0{,}2 \cdot 1{,}98 \cdot 0{,}5$ d) $8 \cdot 23{,}87 \cdot 1{,}25$

23. Überschlage zunächst, berechne dann möglichst geschickt.

a) $0{,}56 \cdot 2{,}37 + 0{,}56 \cdot 4{,}63$ b) $0{,}72 : 0{,}8 + 0{,}08 : 0{,}8$

c) $5 \cdot 2{,}22 \cdot 3{,}6$ d) $9{,}87 + 9{,}87 \cdot 3 + 9{,}87 \cdot 5 + 9{,}87 - 4 \cdot 9{,}87$

e) $73 - 7 \cdot (8{,}7 : 2)$ f) $78{,}345 \cdot 100 - 12{,}7 \cdot 10$

Prüfe dein neues Fundament

Lösungen
↗ S. 247

1. Berechne. Kürze das Ergebnis – falls möglich.

a) $3 \cdot \frac{3}{4}$ b) $\frac{5}{12} \cdot 6$ c) $4 \cdot \frac{3}{8}$ d) $\frac{8}{3} : 2$ e) $-\frac{5}{6} : 6$

2. Berechne.

a) $\frac{1}{10} \cdot \frac{1}{4}$ b) $\frac{5}{8} \cdot \frac{1}{3}$ c) $-\frac{3}{5} \cdot \frac{2}{7}$ d) $\frac{3}{5} : \frac{1}{2}$ e) $\frac{9}{10} : \frac{10}{7}$

3. Berechne und kürze geschickt.

a) $\frac{2}{3} \cdot \frac{9}{8}$ b) $\frac{7}{12} \cdot \frac{24}{7}$ c) $\frac{5}{9} \cdot \frac{36}{55}$ d) $\frac{7}{50} \cdot 75$ e) $\frac{14}{27} \cdot \frac{18}{35}$
f) $\frac{5}{6} : \frac{10}{3}$ g) $\frac{1}{16} : \frac{5}{8}$ h) $\frac{7}{9} : 14$ i) $20 : \frac{10}{21}$ j) $\frac{40}{9} : \frac{25}{6}$

4. Berechne den Anteil.

a) $\frac{1}{3}$ von $\frac{3}{5}$ b) $\frac{3}{7}$ von $\frac{4}{9}$ c) $\frac{1}{2}$ von $\frac{1}{10}$ kg d) $\frac{1}{3}$ von $\frac{3}{4}$ mm e) $\frac{2}{5}$ von $1\frac{1}{2}$ ℓ

5. Die Hälfte der Schüler in der Klasse 6d spielt gerne Fußball, ein Drittel davon sogar im Verein.
a) Bestimme den Anteil der Vereinsspieler in der Klasse.
b) Wie viele Kinder sind das, wenn 24 Schüler in der Klasse sind?

6. Berechne.

a) $5 \cdot 1\frac{2}{3}$ b) $2\frac{3}{4} \cdot 3\frac{1}{2}$ c) $5\frac{1}{2} : 10$ d) $-30 : 1\frac{1}{3}$ e) $2\frac{2}{5} : \frac{4}{5}$

7. Sylvana nimmt jeden Tag eine halbe Tablette. In der Packung sind 20 Tabletten. Wie viele Tage reichen diese Tabletten?

8. Nina, Kathrin und Mathias unterhalten sich darüber, wie lange sie jeweils pro Woche im Internet „surfen". Nina ist pro Woche fünfmal eine halbe Stunde im Internet, Kathrin dreimal eine Dreiviertelstunde und Mathias an jedem Tag der Woche eine Viertelstunde. Wer verbringt in einer Woche die meiste Zeit mit dem „Surfen" im Internet?

9. Rechne in die angegebene Einheit um.

a) 7261 m in km b) 212,3 mm in cm c) 1,75 dm in cm d) 23,92 kg in g

10. Multipliziere die Zahl mit 100 und dividiere sie durch 100.

a) 0,033 b) 1,562 c) 0,862 d) 13,9 e) −440,8

11. Berechne im Kopf.

a) $0{,}2 \cdot 8$ b) $3 \cdot 2{,}3$ c) $0{,}7 \cdot 0{,}9$ d) $1{,}25 \cdot 4$ e) $0{,}8 \cdot 0{,}05$
f) $1{,}8 : 6$ g) $2 : 5$ h) $3{,}3 : 1{,}1$ i) $-0{,}4 : 20$ j) $7 : 0{,}07$

12. Mache eine Überschlagsrechnung. Berechne anschließend schriftlich.

a) $2{,}6 \cdot 1{,}7$ b) $3{,}45 \cdot 2{,}1$ c) $6{,}2 \cdot 0{,}17$ d) $9{,}5 \cdot 5{,}12$ e) $15{,}15 \cdot 10{,}51$
f) $23{,}2 : 4$ g) $45{,}95 : 5$ h) $13{,}2 : 1{,}1$ i) $-43 : 0{,}8$ j) $27{,}12 : 1{,}2$

13. Übertrage ins Heft und setze für ■ die fehlende Zahl ein.

a) $0{,}35 \cdot ■ = 350$ b) $■ \cdot 100 = 0{,}6$ c) $5 \cdot ■ = 0{,}5$ d) $■ \cdot 7 = -2{,}1$

e) $1{,}2 : ■ = 0{,}12$ f) $■ : 1000 = 27{,}2$ g) $-8 : ■ = -80$ h) $■ : 2 = 0{,}3$

14. Ein Euro entspricht im Mittel etwa 1,26 US-Dollar. Wie viel Dollar sind 200 €?

15. Bei einem Marathon müssen Läufer etwa 42,2 km laufen. Ein sehr guter Läufer schafft die Strecke in zweieinhalb Stunden. Wie hoch ist seine durchschnittliche Geschwindigkeit? Runde auf ganze Kilometer pro Stunde.

16. Schreibe als Rechenausdruck und berechne.

a) Dividiere 9 durch die Summe aus $\frac{3}{5}$ und $\frac{3}{10}$.

b) Multipliziere die Summe von 0,1 und 0,05 mit der Differenz von 2 und $-1{,}6$.

17. Berechne. Beachte die Vorrangregeln.

a) $\frac{1}{6} + 5 \cdot \frac{2}{3}$ b) $\left(\frac{2}{5} + \frac{1}{5}\right) : \frac{1}{5}$ c) $14 - 3{,}6 - 6{,}4$ d) $1{,}2 + (2 - 0{,}2) \cdot 0{,}1$

18. Berechne vorteilhaft. Nutze Rechengesetze.

a) $\frac{5}{27} + \frac{1}{12} + \frac{4}{27}$ b) $1{,}91 + 8{,}7 + 2{,}09$ c) $\frac{5}{4} \cdot \frac{3}{13} \cdot \frac{4}{5}$ d) $25 \cdot 3{,}3 \cdot 0{,}4$

e) $\frac{1}{3} \cdot (66 + 93)$ f) $0{,}4 \cdot (70 - 4)$ g) $9 \cdot \frac{17}{40} - 9 \cdot \frac{13}{40}$ h) $-25 \cdot 4{,}4 - 25 \cdot 0{,}6$

Wiederholungsaufgaben

1. Bei welchen Figuren handelt es sich tatsächlich um Quadernetze?

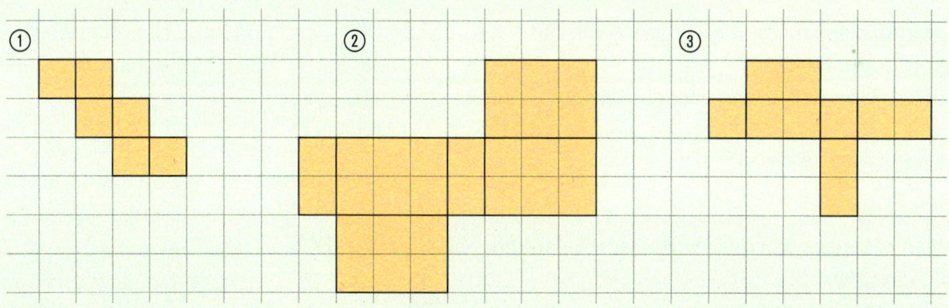

2. Eine Karte hat den Maßstab 1 : 50 000. Anna misst mit dem Lineal eine Entfernung. Wie viel Meter in der Wirklichkeit entsprechen 12 cm auf der Karte?

3. Ein LKW-Fahrer hat sein Fahrzeug so eingestellt, dass er konstant $80 \frac{km}{h}$ fährt.

a) Wie weit ist der LKW nach einer halben Stunde gekommen?

b) Wie lange braucht der LKW im Idealfall für 200 km?

4. a) Wie viele Kästchen des Quadrates müsste man schraffieren, um 75 % darzustellen?

b) Welcher Anteil wäre dargestellt, wenn 6 Kästchen schraffiert würden?

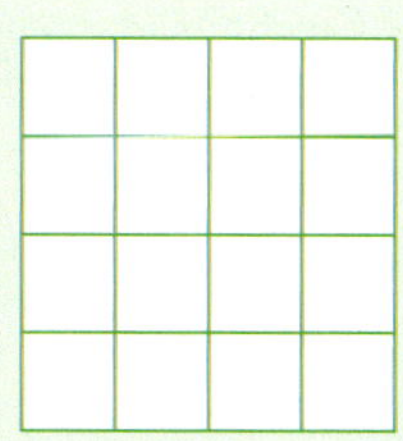

Zusammenfassung

Brüche vervielfachen und teilen

Multipliziere den **Zähler mit der natürlichen Zahl**. Lasse den Nenner unverändert.

$\frac{3}{7} \cdot 2 = \frac{3 \cdot 2}{7} = \frac{6}{7}$

Multipliziere den **Nenner mit der natürlichen Zahl**. Lasse den Zähler unverändert.

$\frac{4}{5} : 3 = \frac{4}{5 \cdot 3} = \frac{4}{15}$

Brüche multiplizieren

Zwei Brüche werden dividiert, indem man **Zähler mit Zähler** und **Nenner mit Nenner** multipliziert.

$\frac{3}{4} \cdot \frac{5}{7} = \frac{3 \cdot 5}{4 \cdot 7} = \frac{15}{28}$

Brüche dividieren

Zwei Brüche werden dividiert, indem man den **ersten Bruch mit dem Kehrwert des zweiten Bruchs** multipliziert.

$\frac{3}{5} : \frac{2}{3} = \frac{3}{5} \cdot \frac{3}{2} = \frac{3 \cdot 3}{5 \cdot 2} = \frac{9}{10}$

Dezimalzahlen mit Zehnerpotenzen multiplizieren und dividieren

Beim Multiplizieren einer Dezimalzahl mit 10, 100, 1000, … wird das **Komma** um eine, um zwei, um drei, … Stellen **nach rechts** verschoben.

Fehlende Nachkommastellen werden durch Nullen ergänzt.

$2{,}53 \cdot 10 = 25{,}3$

$2{,}53 \cdot 100 = 253$

$2{,}53 \cdot 1000 = 2530$

Beim Dividieren einer Dezimalzahl durch 10, 100, 1000, … wird das **Komma** um eine, um zwei, um drei, … Stellen **nach links** verschoben.

Stehen vor dem Komma nicht genügend Ziffern, werden Nullen ergänzt.

$17{,}53 : 10 = 1{,}753$

$17{,}53 : 100 = 0{,}1753$

$17{,}53 : 1000 = 0{,}01753$

Dezimalzahlen multiplizieren

Multipliziere zuerst die Zahlen, ohne das Komma zu beachten.
Setze dann das Komma so, dass das Ergebnis genauso viele Nachkommastellen hat wie die Faktoren zusammen.

$$\begin{array}{r} \underline{2{,}34 \cdot 7{,}3} \\ 1638 \\ \underline{702} \\ 17{,}082 \end{array}$$

2,34 hat 2 Nachkommastellen.
7,3 hat 1 Nachkommastelle.

Das Ergebnis hat 2 + 1 = 3 Nachkommastellen.

Dezimalzahlen durch eine natürliche Zahl dividieren

Man rechnet nach dem Verfahren der schriftlichen Division.
Überschreitet man bei der Dezimalzahl das Komma, muss man auch im Ergebnis ein Komma setzen.

$$\begin{array}{l} 69{,}2 : 4 = 17{,}3 \\ \underline{4} \\ 29 \\ \underline{28} \\ \;\;12 \\ \;\;\underline{12} \\ \;\;\;\;0 \end{array}$$

Dezimalzahlen dividieren

1. Verschiebe das Komma bei Dividend und Divisor um gleich viele Stellen nach rechts, sodass der Divisor eine natürliche Zahl wird.
2. Dividiere dann durch die natürliche Zahl.

$15{,}72 : 1{,}2$

$$\begin{array}{l} 157{,}2 : 12 = 13{,}1 \\ \underline{12} \\ \;\;37 \\ \;\;\underline{36} \\ \;\;\;\;12 \\ \;\;\;\;\underline{12} \\ \;\;\;\;\;\;0 \end{array}$$

5. Flächen

Im Bild sind verschiedenfarbige Dreiecke zu erkennen.
Aus ihnen kann man auch Trapeze und Parallelogramme zusammensetzen.

Nach diesem Kapitel kannst du …

- Flächeninhalte von Dreiecken, Parallelogrammen und Trapezen berechnen,
- Umfang und Flächeninhalt von Kreisen berechnen.

Lösungen ↗ S. 248

Rund um den Kreis

1. Ermittle Radius und Durchmesser des gezeichneten Kreises.

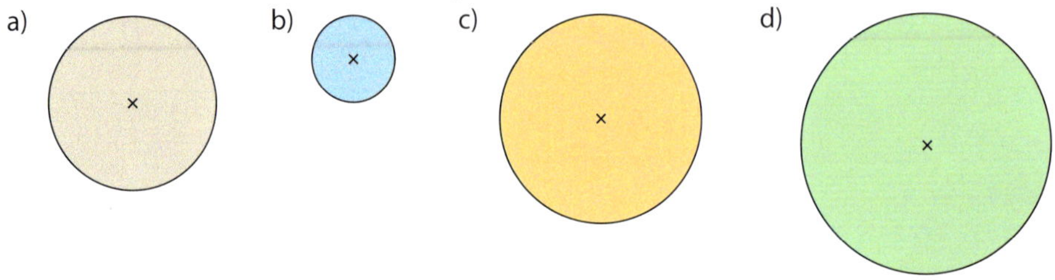

2. Zeichne zwei Kreise mit den Radien $r_1 = 2\,cm$ und $r_2 = 4\,cm$,
   a) die keinen Punkt gemeinsam haben,
   b) die genau einen Punkt gemeinsam haben,
   c) die zwei Punkte gemeinsam haben,
   d) die einen gemeinsamen Mittelpunkt M haben.

3. Zeichne ein Quadrat mit der Seitenlänge $a = 4\,cm$. Zeichne in das Quadrat einen Kreis, der die Seitenmittelpunkte des Quadrates berührt. Gib die Länge des Radius an.

4. Zeichne ein Rechteck mit den Seitenlängen $a = 4\,cm$ und $b = 3\,cm$. Zeichne einen Kreis, der durch alle vier Eckpunkte des Rechtecks verläuft.
   a) Beschreibe die Lage des Kreismittelpunktes.
   b) Gib die Länge des Durchmessers an.

5. Gegeben sind zwei Geraden g und h, die genau einen Punkt gemeinsam haben.
   a) Zeichne mehrere Kreise, die die Geraden g und h berühren.
   b) Beschreibe die Lage der Mittelpunkte dieser Kreise.

Einheiten des Flächeninhalts

6. Entscheide, ob eine Einheit des Flächeninhalts angegeben ist.
   a) cm b) cm^2 c) ℓ d) ha e) cm^3 f) a g) km^2 h) hℓ

7. Rechne in die Einheit um, die in Klammern steht.
   a) $5\,cm^2$ (mm^2) b) $3{,}2\,m^2$ (cm^2) c) 1 ha (m^2) d) 2,3 a (m^2)

8. Ordne den Flächen die gerundeten Größen zu.
   a) Fläche einer Seite dieses Mathematikbuches
   b) Fläche von Deutschland
   c) Sitzfläche eines Stuhles
   d) Handfläche
   e) Fläche von Baden-Württemberg

   ① $357\,000\,km^2$ ② $1\,dm^2$ ③ 3 600 000 ha ④ $1600\,cm^2$ ⑤ $48\,000\,mm^2$

9. Wie oft ist die erste Fläche in der zweiten Fläche mit den angegebenen Flächeninhalten enthalten?
   a) $4\,mm^2$ in $16\,cm^2$ b) $25\,dm^2$ in $1\,m^2$ c) $4\,cm^2$ in $80\,cm^2$ d) $10\,m^2$ in 1 a

Vierecksarten erkennen und zeichnen

10. Welche der Figuren sind
a) Rechtecke; b) Parallelogramme; c) Rauten?

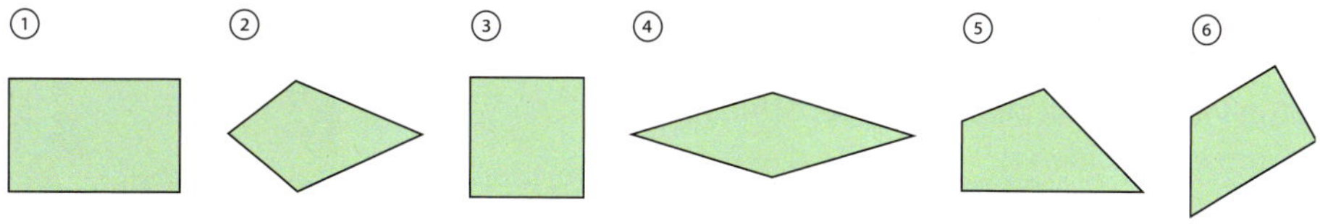

11. Zeichne
a) ein Rechteck mit den Seitenlängen a = 4,0 cm und b = 2,5 cm;
b) ein Quadrat mit einer Seitenlänge von 3,0 cm;
c) ein Viereck mit zwei zueinander parallelen Seiten.

Umfang und Flächeninhalt von Figuren

12. Berechne Umfang und Flächeninhalt der Figur.
a) Rechteck mit den Seitenlängen a = 3 cm und b = 2,5 cm
b) Quadrat mit der Seitenlänge a = 1,1 cm

13. Ermittle
a) den Umfang eines Quadrates, das einen Flächeninhalt von $144\,dm^2$ hat,
b) drei mögliche Seitenlängen a und b eines Rechtecks, das einen Flächeninhalt von $30\,cm^2$ hat.

14. Eine Seite eines Rechtecks mit einem Flächeninhalt von $58\,m^2$ ist 4 m lang. Wie groß ist der Umfang des Rechtecks?

15. Berechne den Flächeninhalt der gefärbten Fläche, wenn die Seitenlängen der Quadrate 1,5 cm und 2,5 cm betragen. (Zeichnung nicht maßgenau)

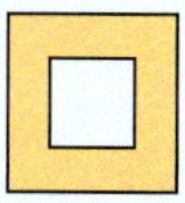

Vermischtes

16. Berechne im Kopf.
a) 9^2 b) 11^2 c) $0{,}1^2$ d) $1{,}1^2$ e) 12^2 f) $0{,}7^2$ g) $1{,}2^2$ h) $\left(\frac{2}{3}\right)^2$

17. Welcher Zusammenhang besteht zwischen Durchmesser und Radius eines Kreises?

18. Gib den Anteil des gefärbten Kreisausschnitts als Bruch und die jeweils zugehörige Weite des Winkels α an.

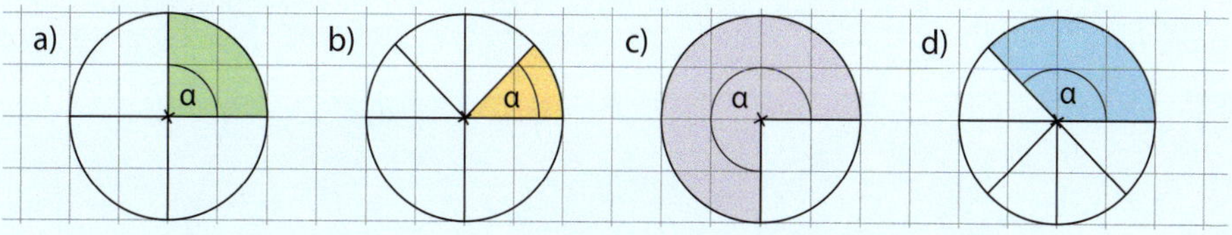

5.1 Höhen im Dreieck

■ Ein Schreiner möchte eine große, dreieckige Tischplatte nach dem Sägen an allen drei Kanten hobeln. Dazu muss er sie aufrecht über die Hobelmaschine schieben. Zwischen der Maschine und der Decke sind 2,50 m Platz. Welche Maße muss der Schreiner messen, um entscheiden zu können, ob dies in seiner Werkstatt möglich ist? ■

Höhen im Dreieck

Der Abstand eines Punktes P zu einer Geraden g ist die Länge der kürzesten Verbindung von dem Punkt zu der Geraden. Die kürzeste Verbindung ist immer die **Strecke, die senkrecht von der Geraden bis zu dem Punkt** verläuft.

Man nennt sie das **Lot** von P auf g.

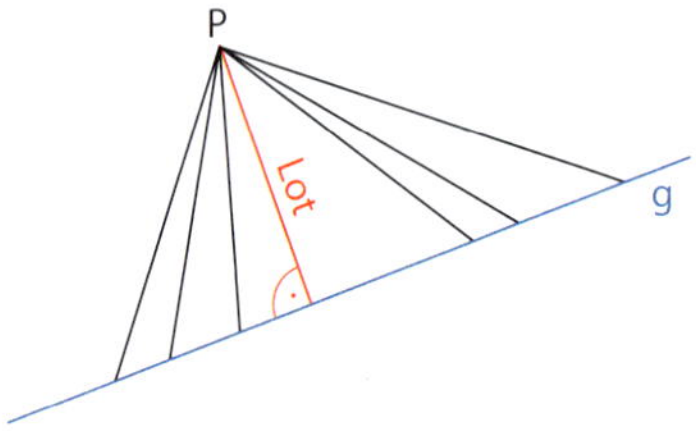

Hinweis:
Manchmal wird auch die Länge der Höhe kurz als Höhe bezeichnet.

Wissen: Höhen im Dreieck
In einem Dreieck nennt man das Lot von einem Eckpunkt auf die gegenüberliegende Seite (Grundseite) die **Höhe** auf der Grundseite.

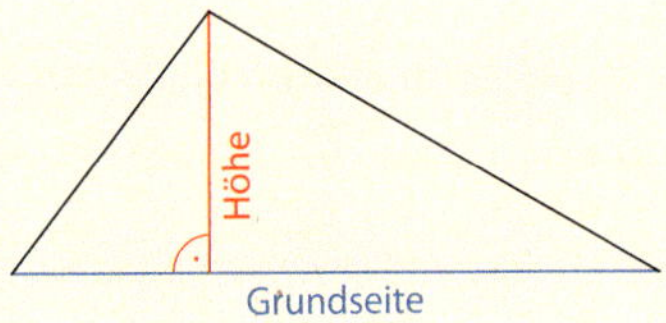

Hinweis:
Beim Bezeichnen geht man immer entgegen dem Uhrzeigersinn vor.

In einem Dreieck bezeichnet man die Eckpunkte mit den Großbuchstaben A, B und C und die jeweils gegenüberliegende Seite mit dem entsprechenden Kleinbuchstaben a, b und c.

Zu jeder Seite gibt es eine zugehörige Höhe, die man mit h_a, h_b und h_c bezeichnet.

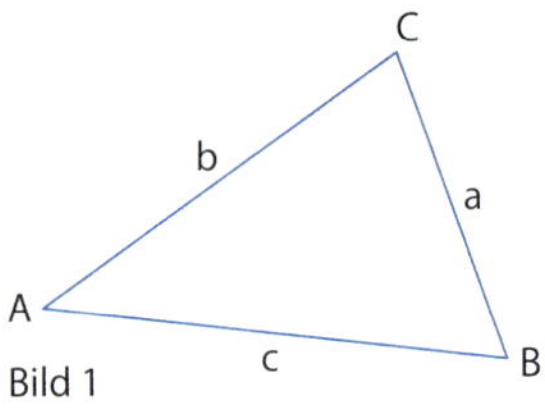

Bild 1

Beispiel 1: Zeichne für das Dreieck aus Bild 1 zu jeder Seite die zugehörige Höhe ein.

Lösung:

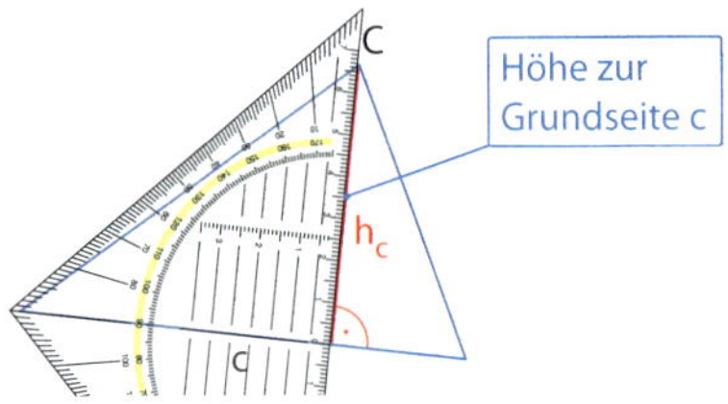

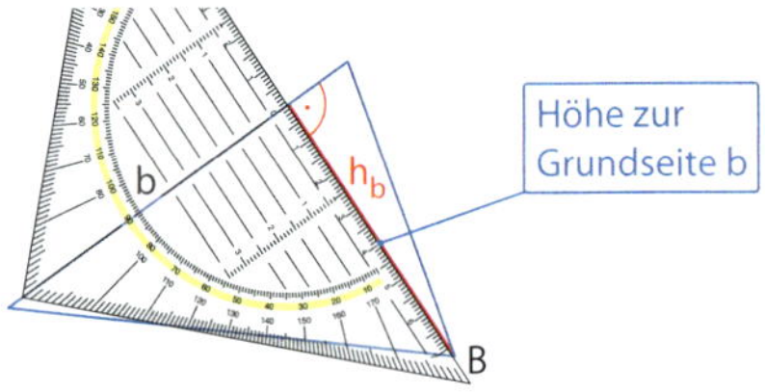

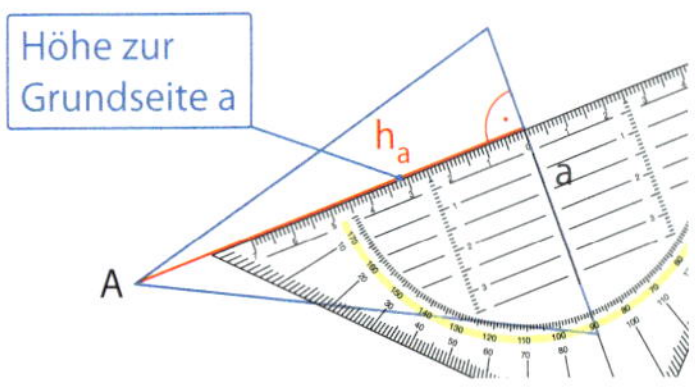

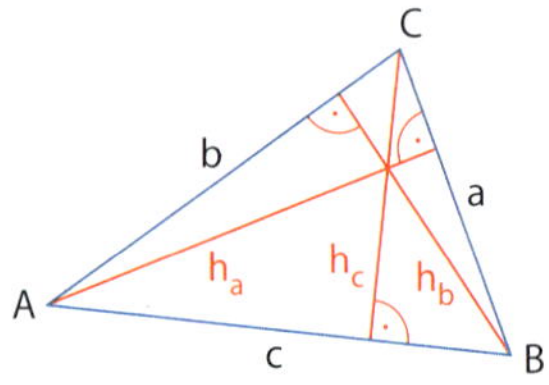

Es gibt auch Dreiecke, bei denen nicht alle Höhen innerhalb des Dreiecks liegen.
Man kann sie nur einzeichnen, wenn man die Grundseite verlängert.

Beispiel 2:
Zeichne in das Dreieck die Höhe h_c ein.

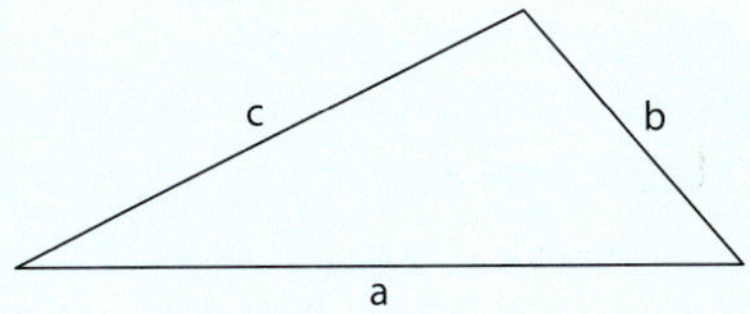

Lösung:
Verlängere zunächst die Grundseite c.

Zeichne anschließend das Lot von C auf die verlängerte Grundseite ein.

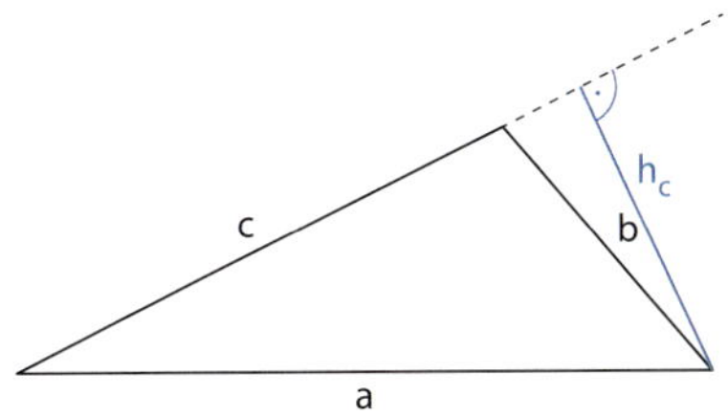

Basisaufgaben

1. Übertrage das Dreieck in dein Heft. Zeichne die Höhe h_a ein und miss ihre Länge.

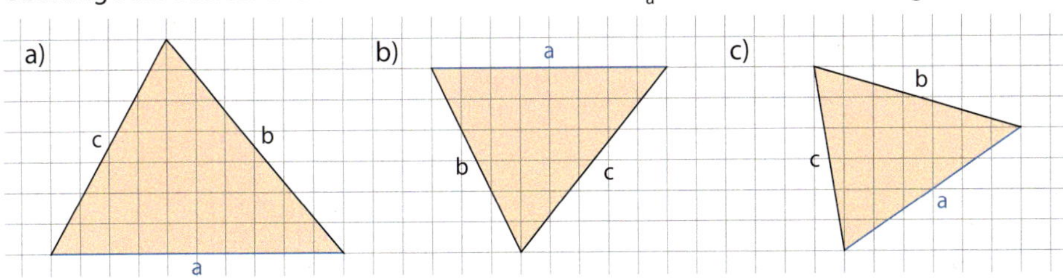

2. Übertrage das Dreieck in dein Heft. Zeichne alle drei Höhen ein und beschrifte sie. Beachte, dass einige Höhen außerhalb des Dreiecks liegen.

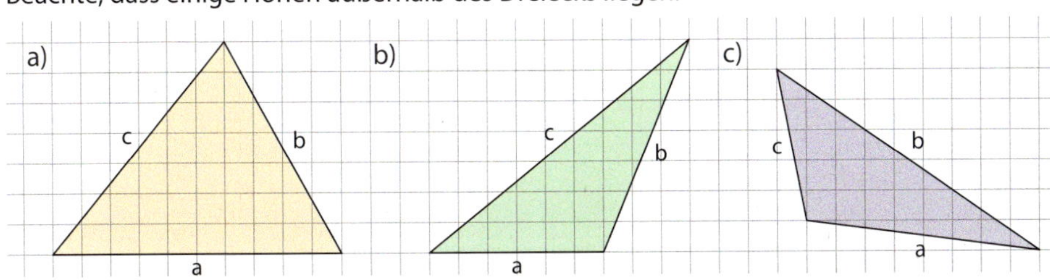

3. Miss in jedem Dreieck die Längen der Höhen h_a und h_b.

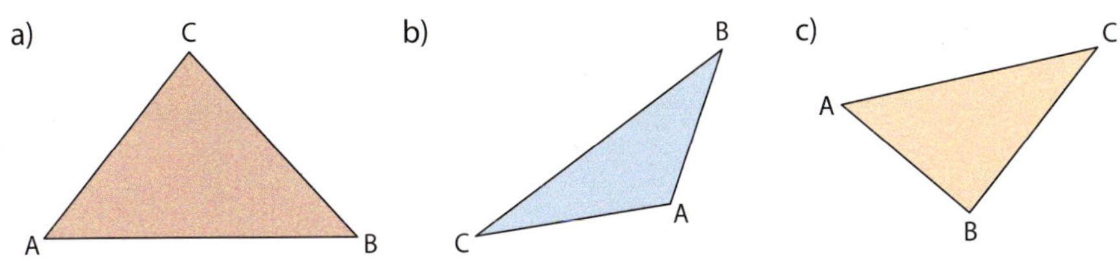

Hinweis zu 3:
Lege das Geodreieck mit der Mittellinie auf die Grundseite und miss dann im rechten Winkel entlang der Zeichenkante die Höhe, ohne sie einzuzeichnen.

4. Zeichne das Dreieck ABC in ein Koordinatensystem. Trage anschließend alle drei Höhen ein und gib ihre Länge an. Wähle als Achseneinteilung 2 Kästchen = 1 Einheit.
a) A(6|1), B(12|1), C(10|6) b) A(8|3), B(1|5), C(4|0) c) A(3|1), B(12|8), C(5|9)

Besondere Dreiecke

Dreiecke kann man aufgrund der Seitenlängen oder der Winkelweiten einteilen.

Wissen: Dreiecksarten

Unterscheidung nach Seitenlängen:

Unterscheidung nach Winkelweiten:

Basisaufgaben

5. Welche Karten passen zu welchem Dreieck? Ordne zu.

gleichseitig | gleichschenklig | spitzwinklig | rechtwinklig | stumpfwinklig

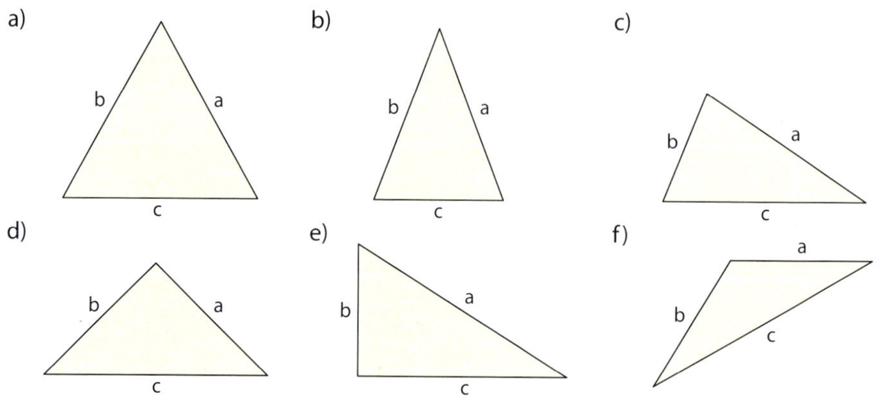

6. Übertrage das besondere Dreieck in dein Heft. Zeichne alle drei Höhen ein und gib ihre Längen an. Was stellst du fest?

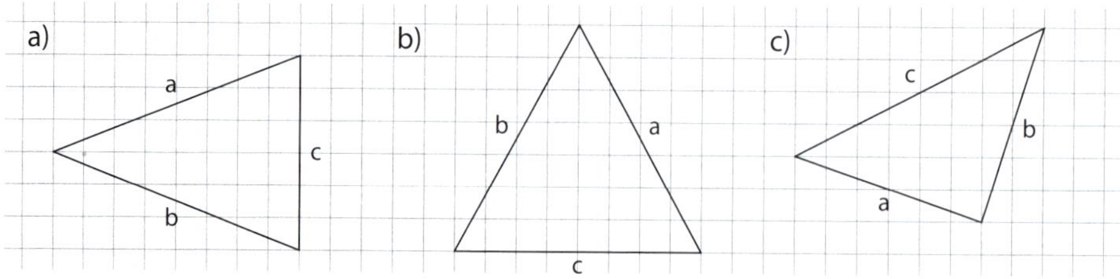

Weiterführende Aufgaben

7. a) Zeichne drei verschiedene Dreiecke, die alle eine Grundseite der Länge 4 cm und eine zugehörige Höhe von 2,5 cm haben.
b) Zeichne ein stumpfwinkliges gleichschenkliges Dreieck. Trage alle drei Höhen ein.

8. **Stolperstelle:** Überprüfe, ob es sich bei der blauen Linie um eine Höhe des Dreiecks handelt.

a)
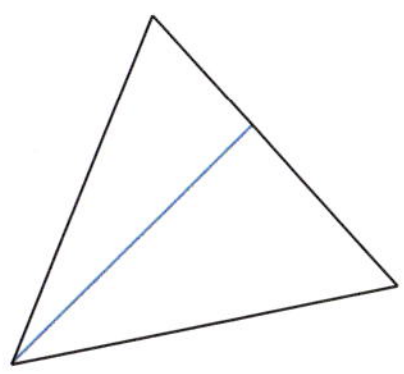
b)
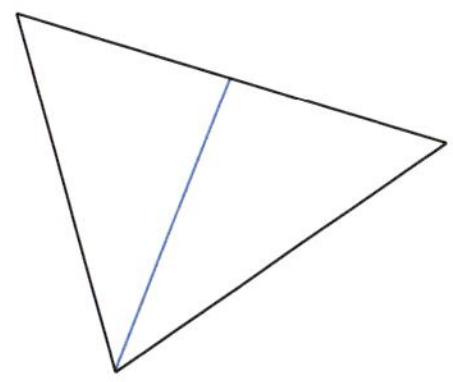
c)
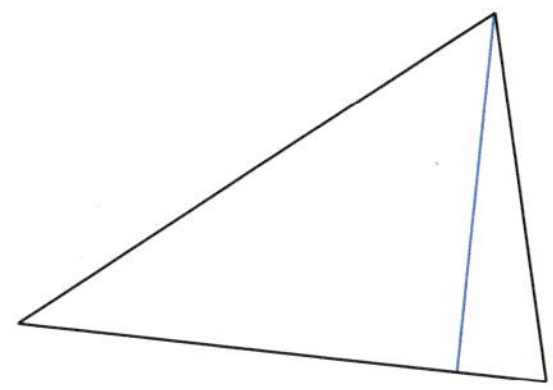

● **9.** Ein Dreieck hat bei A einen rechten Winkel und die Seitenlängen a = 5 cm, b = 3 cm und c = 4 cm. Gib zwei Höhen dieses Dreiecks an, ohne es zu zeichnen.
Zeichne anschließend und ermittle die dritte Höhe.

10. **Höhen im Viereck:** Im Trapez und im Parallelogramm versteht man unter der Höhe den Abstand von gegenüberliegenden, zueinander parallelen Seiten. Übertrage die Figuren in dein Heft, zeichne alle Höhen ein und gib ihre Längen an.

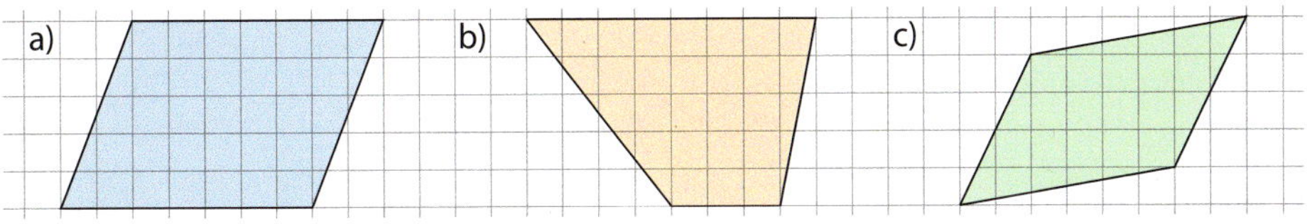

11. Zeige mit einem Gegenbeispiel, dass die Aussage falsch ist.
a) In einem rechtwinkligen Dreieck sind immer zwei Höhen gleich lang.
b) In jedem Dreieck sind die Höhen immer kürzer als die zugehörigen Grundseiten.
c) Zur kürzesten Dreiecksseite gehört auch die kürzeste Höhe.

● **12.** Prüfe, ob die Aussage richtig oder falsch ist. Du kannst dazu eine dynamische Geometriesoftware nutzen. Verschiebe in der Konstruktion wie im Bild einen Eckpunkt des Dreiecks und beobachte die Veränderung.
a) Die Höhen schneiden sich in einem gemeinsamen Schnittpunkt.
b) Es gibt keine Dreiecke, bei denen nur eine oder alle drei Höhen außerhalb liegen.
c) Die Höhen sind immer kürzer als die längste Dreiecksseite.

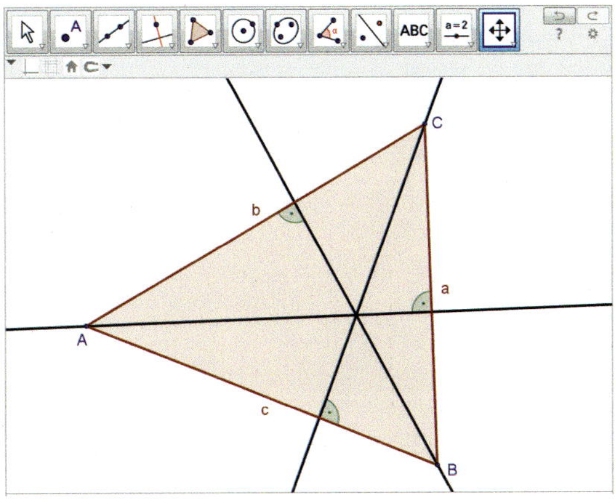

Tipp zu 12:
Konstruiere eine Gerade, die senkrecht auf einer Dreiecksseite steht und durch den gegenüberliegenden Eckpunkt verläuft.

Tipp zu 13:
Zeichne zuerst ein solches Kärtchen. Beginne mit einer Seite des Dreiecks und ermittle den gegenüberliegenden Punkt mithilfe des Zirkels.

● **13.** **Ausblick:** Passen dreieckige Kärtchen mit den Seitenlängen 5 cm, 7 cm und 8 cm in eine rechteckige Schachtel, die 9 cm lang und 4 cm breit ist?

5.2 Flächeninhalt eines Dreiecks

■ Falte ein rechteckiges Blatt Papier, sodass ein großes und zwei kleinere Dreiecke entstehen.

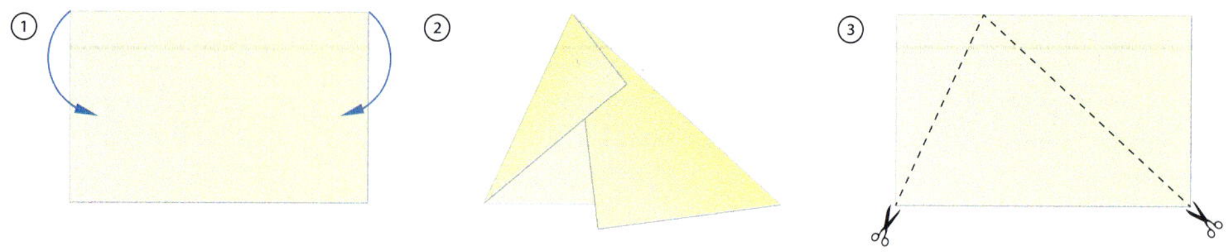

Schneide die beiden kleinen Dreiecke ab und lege sie zu einem großen Dreieck zusammen. Was fällt dir auf? Erkläre. ■

Stell dir vor, man zerlegt das Dreieck entlang der roten Linie in zwei Dreiecke und klappt diese Dreiecke nach hinten. Es entsteht ein Rechteck mit dem doppelten Flächeninhalt des ursprünglichen Dreiecks.

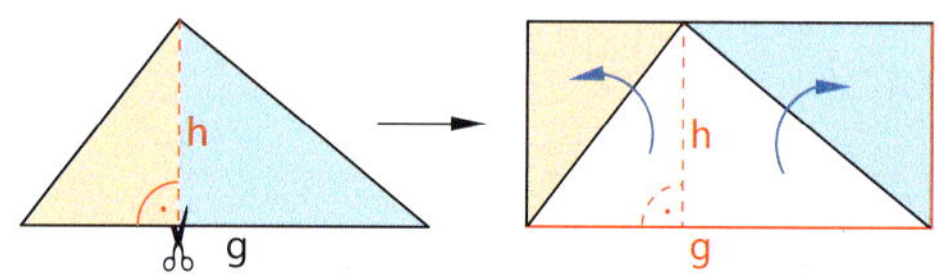

Wissen: Flächeninhalt eines Dreiecks

Der Flächeninhalt eines Dreiecks lässt sich berechnen, indem das Produkt aus der Länge einer Grundseite und der Länge der zugehörigen Höhe durch 2 dividiert wird.

Flächeninhalt = Grundseite · Höhe : 2

$A = \frac{g \cdot h}{2}$

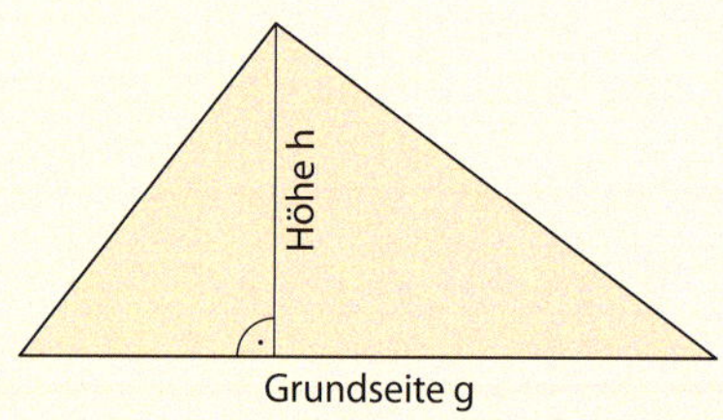

Flächeninhalt berechnen

Beispiel 1:

Übertrage das Dreieck in dein Heft.
Bestimme den Flächeninhalt des Dreiecks.
Miss benötigte Größen mit dem Geodreieck.

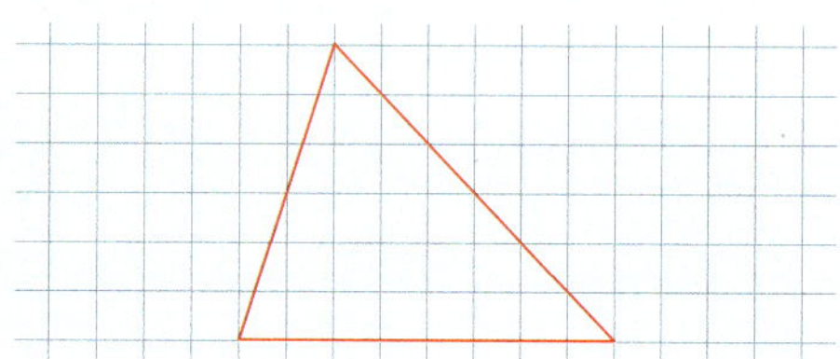

Lösung:

Miss mit deinem Geodreieck die Grundseite und die Höhe des Dreiecks.

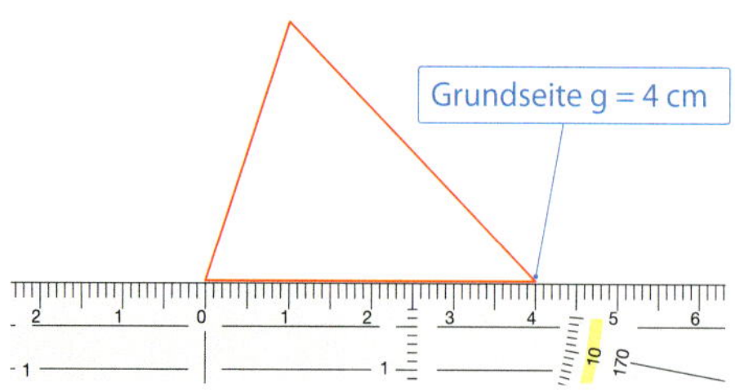

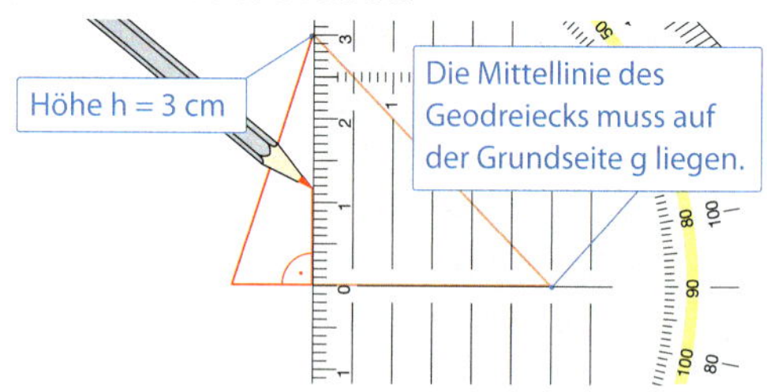

Berechne den Flächeninhalt mit der Formel Grundseite · Höhe : 2.

$A = \frac{4\,cm \cdot 3\,cm}{2} = \frac{12\,cm^2}{2} = 6\,cm^2$

Basisaufgaben

1. Berechne den Flächeninhalt des Dreiecks (alle Angaben in cm).

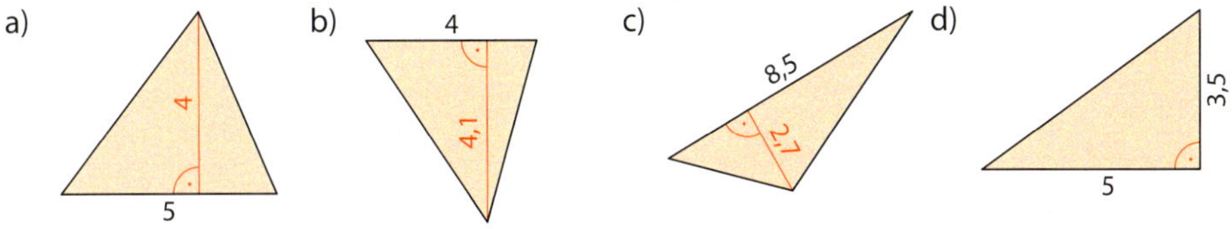

Hinweis zu 1:
Hier findest du die Lösungen im cm^2.

2. Übertrage das Dreieck in dein Heft. Miss die Grundseite und die Höhe mit dem Geodreieck. Berechne dann den Flächeninhalt.

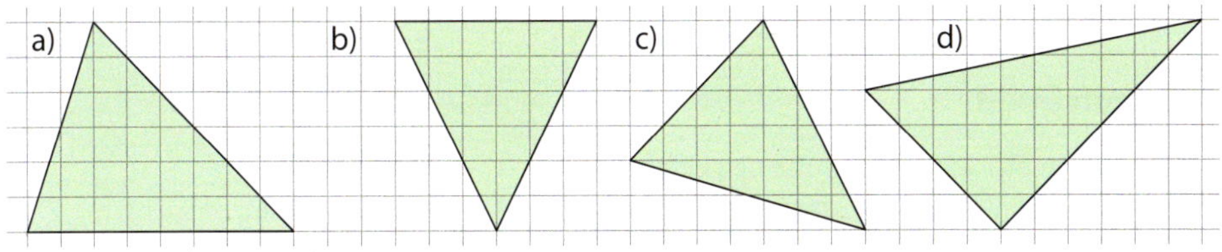

3. Berechne den Flächeninhalt des Dreiecks.

a) $g = 6\,cm$; $h = 12\,cm$
b) $g = 40\,m$; $h = 22\,m$
c) $g = 70\,mm$; $h = 90\,mm$
d) $g = 0{,}4\,m$; $h = 0{,}8\,m$
e) $g = 2{,}6\,km$; $h = 1{,}8\,km$
f) $g = 26\,cm$; $h = 1{,}2\,m$

4. a) Bestimme den Flächeninhalt des Dreiecks mit drei unterschiedlichen Rechnungen. Miss die benötigten Größen im Bild.

Grundseite	Höhe	Flächeninhalt
Seite a = … mm	h_a = … mm	A = … mm^2
Seite b = … mm	h_b = … mm	A = … mm^2
Seite c = … mm	h_c = … mm	A = … mm^2

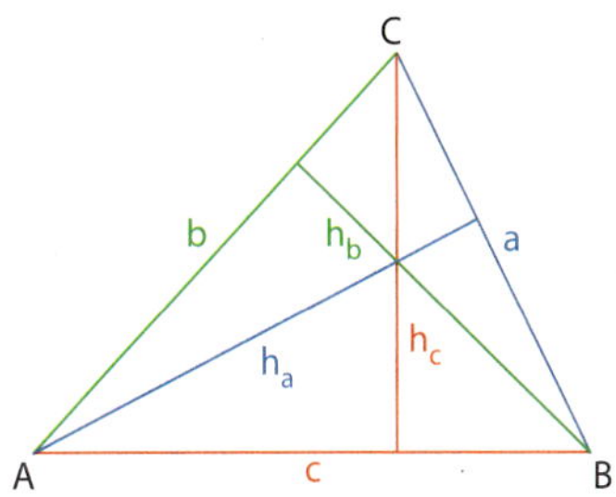

b) Was stellst du fest, wenn du die Ergebnisse vergleichst?
c) Begründe, welcher der drei Lösungswege am besten geeignet ist.

5. Berechne den Flächeninhalt des Dreiecks. Wähle dafür passende Größen aus.

a) $a = 5\,cm$ | $b = 4\,cm$ | $h_a = 2{,}4\,cm$ | $h_b = 3\,cm$
b) $b = 8\,m$ | $c = 6\,m$ | $h_b = 3{,}75\,m$ | $h_c = 5\,m$
c) $b = 4\,cm$ | $c = 5\,cm$ | $h_a = 2\,cm$ | $h_b = 3{,}1\,cm$

6. Herr Tschorn möchte über seiner Terrasse ein Sonnensegel aufspannen. An der Hauswand soll das Segel eine Länge von 6 m haben. Die Ecke, die am Baum abgespannt wird, soll 3 m Abstand zur Hauswand haben.

a) Berechne den Flächeninhalt des Sonnensegels.
b) Ein Quadratmeter Stoff für das Sonnensegel kostet 7 €. Berechne, wie viel das Sonnensegel mindestens kosten wird.

Grundseite oder Höhe berechnen

Beispiel 2: Ein Dreieck hat einen Flächeninhalt von $24\,cm^2$. Die Grundseite ist 8 cm lang. Berechne die zugehörige Höhe.

Lösung:

Setze in die Formel $A = \frac{g \cdot h}{2}$ für g 8 cm und für A $24\,cm^2$ ein. $\quad A = \frac{8\,cm \cdot h}{2} = 24\,cm^2$

Du erhältst den Flächeninhalt A durch Rückwärtsrechnen: Die Hälfte des Produkts von $8\,cm \cdot h$ ist $24\,cm^2$, also musst du mit 2 multiplizieren, um $8\,cm \cdot h$ zu erhalten. Die Höhe h erhältst du, indem du $48\,cm^2$ durch 8 cm dividierst.

$8\,cm \cdot h = 24\,cm^2 \cdot 2$

$8\,cm \cdot h = 48\,cm^2$

$h = 48\,cm^2 : 8\,cm = 6\,cm$

Basisaufgaben

7. Berechne die gesuchte Größe des Dreiecks.
   a) $A = 20\,cm^2$; $g = 5\,cm$; gesucht: h
   b) $A = 36\,cm^2$; $h = 6\,cm$; gesucht: g

8. Berechne die fehlende Größe des Dreiecks.

	a)	b)	c)	d)	e)	f)
Grundseite g	6 cm	4 m	2,4 km		3,2 km	
Höhe h	4,2 cm		8,4 km	8 cm		125 cm
Flächeninhalt A		$32\,m^2$		$20\,cm^2$	$8{,}64\,km^2$	$2\,m^2$

Weiterführende Aufgaben

9. a) Übertrage das Dreieck in dein Heft. Zeichne die Höhe h_c ein.
   b) Gilt die Formel für den Flächeninhalt eines Dreiecks auch dann, wenn die Höhe außerhalb des Dreiecks liegt? Prüfe, indem du den Flächeninhalt mit verschiedenen Grundseiten berechnest.

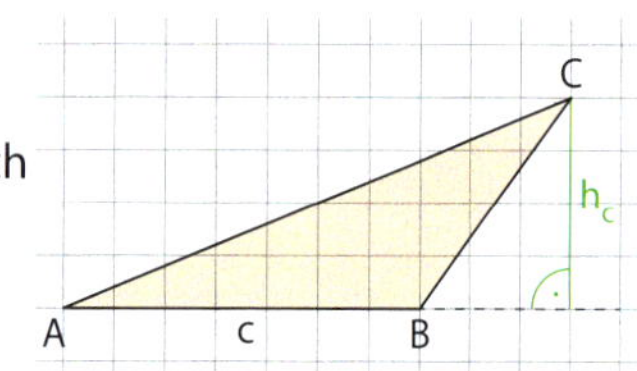

10. Zeichne das Dreieck in ein Koordinatensystem und ermittle den Flächeninhalt. Wähle als Achseneinteilung 2 Kästchen = 1 Einheit.
    a) A(0|1), B(6|1), C(0|4)
    b) A(3|0), B(8|0), C(6|5)
    c) A(1|3), B(5|7), C(1|8)
    d) A(9|1), B(7|9), C(5|5)

11. **Stolperstelle:** Welche Fehler wurden hier gemacht? Erkläre und ermittle die richtige Lösung.

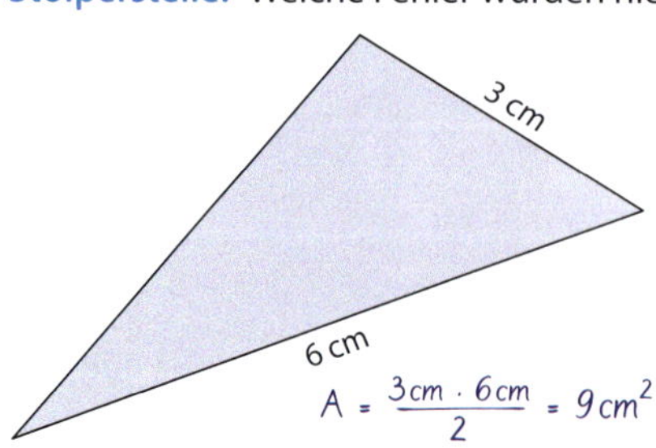

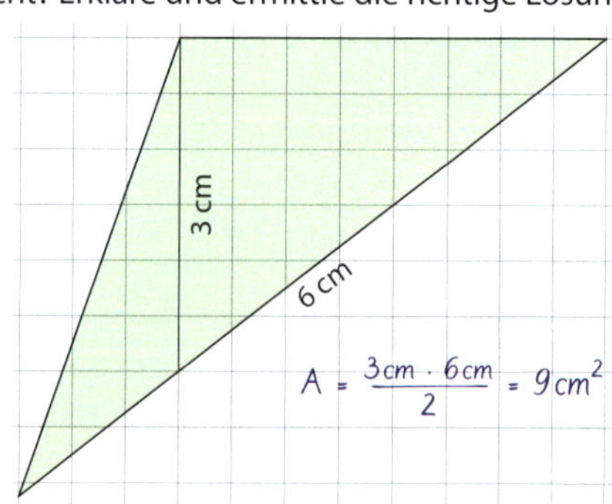

DGS **12.** a) Zeichne mit einem Geometrieprogramm ein Dreieck ABC und eine Gerade g, die durch den Punkt C verläuft und zu $\overline{AB}$ parallel ist. Zeichne auf g zwei weitere Punkte D und E.

b) Miss mit dem Programm die Flächeninhalte der Dreiecke ABC, ABD und ABE. Was stellst du fest? Erkläre.

c) Konstruiere drei unterschiedliche Dreiecke mit dem Flächeninhalt $12\,cm^2$.

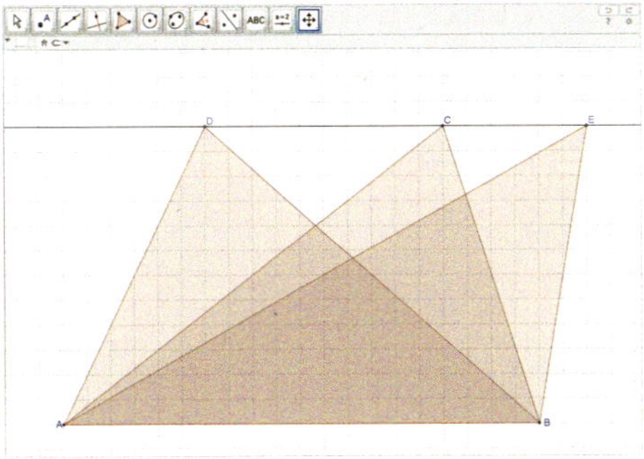

13. Ermittle die Flächeninhalte aller Dreiecke, die durch die Diagonalen entstehen. Erkläre deine Lösung.

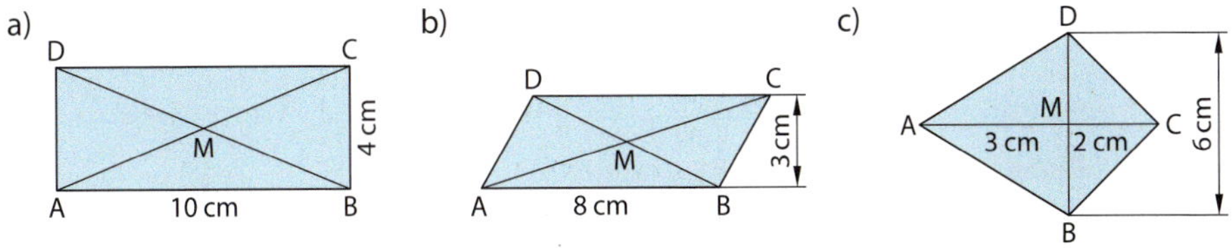

14. Die Jolle Laser I hat folgende Bootsmaße:

Länge:	4,23 m
Breite:	1,37 m
Tiefgang:	0,80 m
Masthöhe:	5,37 m
Gewicht:	65 kg

Überschlage anhand der Maße und der Abbildung die Größe der Segelfläche und gib sie in m^2 an.

15. Berechne die Größe der Giebelfläche. Ermittle die Höhe mithilfe einer maßstäblichen Zeichnung.

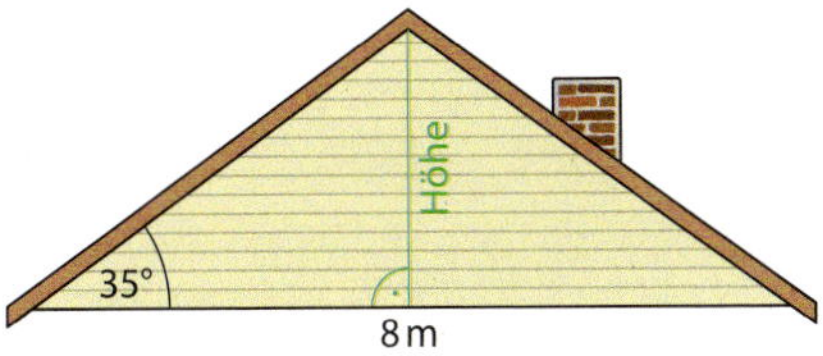

16. Ausblick: Das linke Dach soll neu gedeckt werden.

a) Berechne, wie groß die vier dreieckigen Dachflächen zusammen sind.

b) Ermittle die Gesamtkosten, wenn $1\,m^2$ 60 € zzgl. 19 % Mehrwertsteuer kostet.

c) Wiederhole die Berechnungen für das rechte Dach.

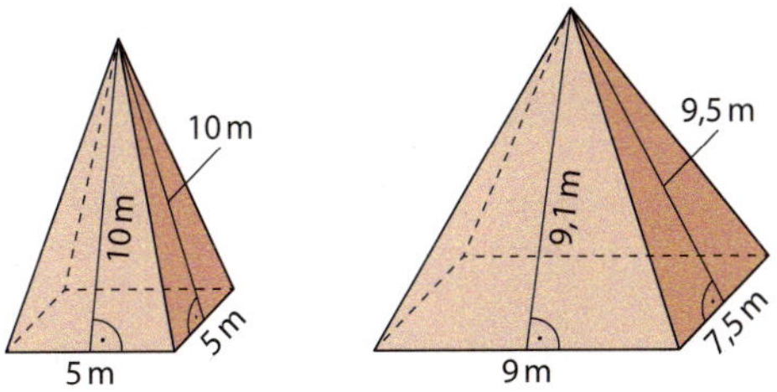

5.3 Flächeninhalt eines Parallelogramms

■ Stelle eine Vermutung auf, welches Parallelogramm den größten Flächeninhalt hat.

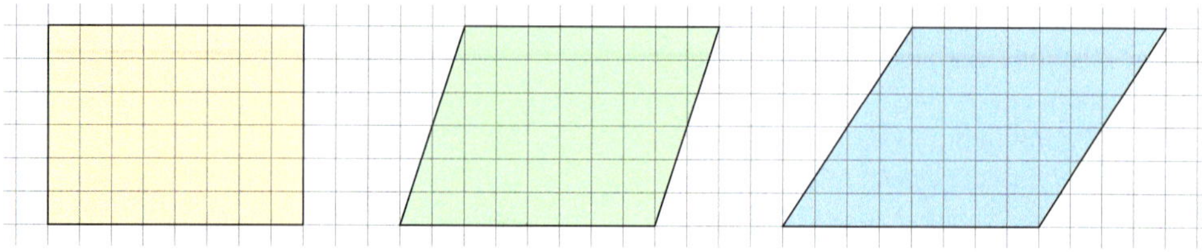

Prüfe deine Vermutung, indem du die Anzahl der Kästchen der Figuren vergleichst. ■

Stelle dir vor, man schneidet das rote Dreieck ab und legt es links an das Parallelogramm an. Es entsteht ein Rechteck mit demselben Flächeninhalt wie das Parallelogramm.

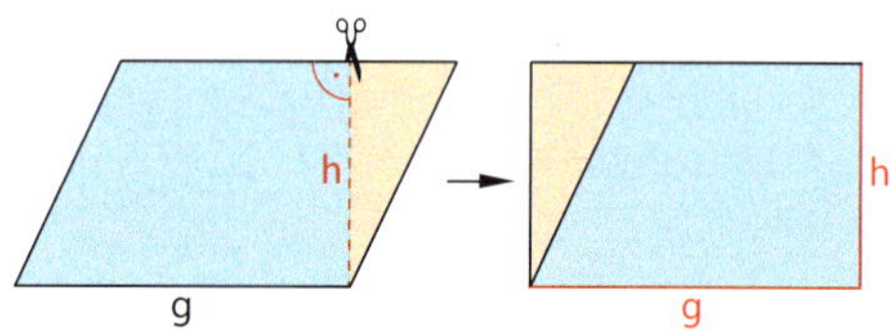

Wissen: Flächeninhalt eines Parallelogramms

Der Flächeninhalt eines Parallelogramms ist das Produkt aus der Länge einer Grundseite g und der zugehörigen Höhe h.

Flächeninhalt = Grundseite · Höhe

$A = g \cdot h$

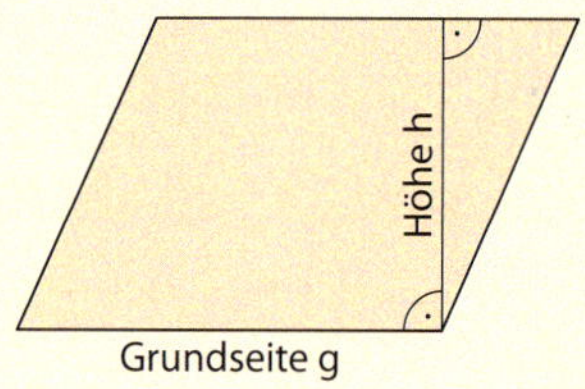

Flächeninhalt berechnen

Beispiel 1:

Übertrage das Parallelogramm in dein Heft. Bestimme den Flächeninhalt des Parallelogramms. Miss benötigte Größen mit dem Geodreieck.

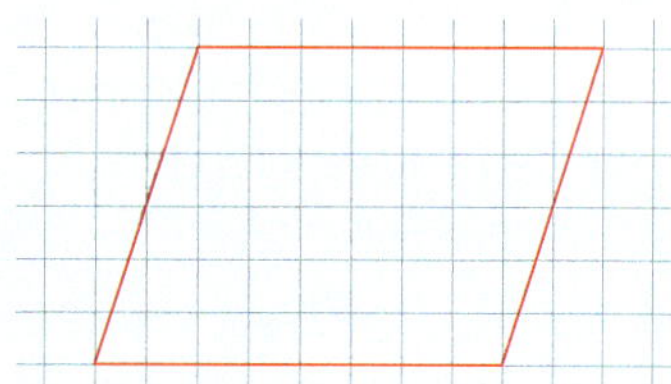

Lösung:

Miss mit dem Geodreieck die Grundseite und die Höhe des Parallelogramms.

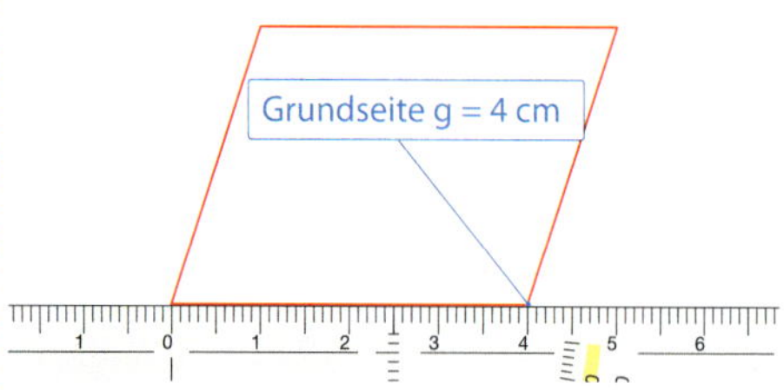

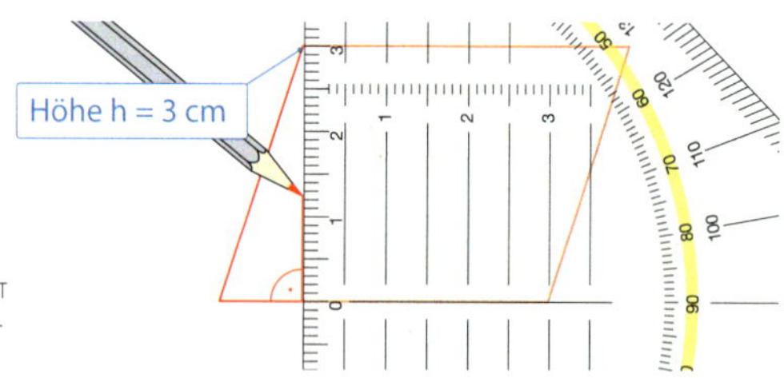

Berechne den Flächeninhalt mit der Formel „Grundseite mal Höhe":

$A = 4\,\text{cm} \cdot 3\,\text{cm} = 12\,\text{cm}^2$

Basisaufgaben

1. Berechne den Flächeninhalt des Parallelogramms (alle Angaben in cm).

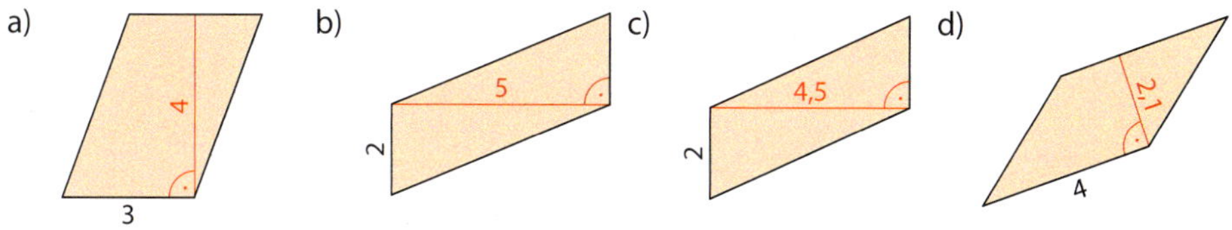

Hinweis zu 1:
Hier findest du die Lösungen im cm^2.

2. Übertrage das Parallelogramm in dein Heft. Miss die Grundseite und die Höhe mit dem Geodreieck. Berechne dann den Flächeninhalt.

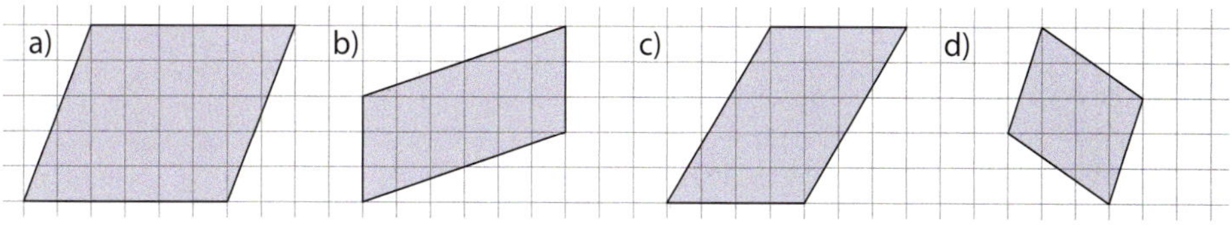

3. Berechne den Flächeninhalt des Parallelogramms aus der Grundseite und der zugehörigen Höhe.

a) g = 14 cm; h = 5 cm
b) g = 25 dm; h = 40 dm
c) g = 20 m; h = 15 m
d) g = 35 cm; h = 9 cm
e) g = 2,5 m; h = 55 cm
f) g = 125 cm; h = 95 mm

4. Übertrage die Zeichnung in dein Heft. Berechne den Flächeninhalt des Parallelogramms ABCD auf zwei verschiedenen Wegen. Wähle im ersten Fall als Grundseite die Seite a und im zweiten Fall die Seite b.

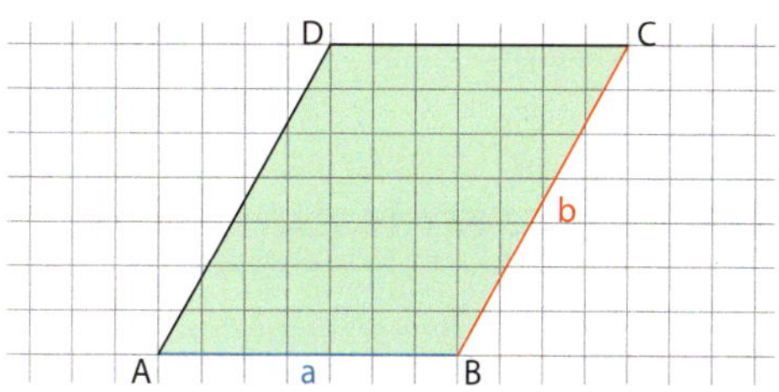

5. Ein Parallelogramm hat vier gleich lange Seiten von je 5 cm Länge. Seine Höhe beträgt 4 cm. Berechne den Flächeninhalt des Parallelogramms.

6. Die Seitenfläche des Bürogebäudes Dockland in Hamburg hat die Form eines Parallelogramms. Das Gebäude ist 25 m hoch und 130 m lang. Davon ragen 40 m wie ein Schiffsbug über das Wasser.
a) Berechne den Flächeninhalt einer Seitenfläche.
b) Schätze ab, wie viel Quadratmeter Fenster auf einer Seitenfläche verbaut wurden.

7. Zwei einander schneidende Straßen sind jeweils 20 m breit. Um auf einer der beiden Straßen auf kürzestem Weg vom Punkt A zum Punkt B zu gelangen, muss man 25 m laufen. Wie groß ist der Flächeninhalt der Fläche, die zu beiden Straßen gehört?

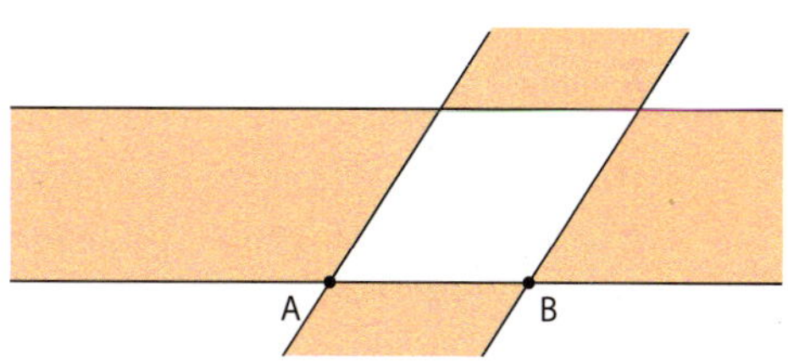

Grundseite oder Höhe berechnen

Beispiel 2: Ein Parallelogramm hat einen Flächeninhalt von $32\,cm^2$. Seine Grundseite ist 8 cm lang. Berechne die zugehörige Höhe h.

Lösung:

Verwende die Formel $A = g \cdot h$ und setze $A = 32\,cm^2$ sowie $g = 8\,cm$ ein.

$A = 8\,cm \cdot h = 32\,cm^2$

Du erhältst den Flächeninhalt A durch Rückwärtsrechnen: Dividiere $32\,cm^2$ durch 8 cm, um h zu erhalten.

$h = 32\,cm^2 : 8\,cm = 4\,cm$

Basisaufgaben

8. Berechne die gesuchte Größe des Parallelogramms.
   a) $A = 36\,cm^2$; $g = 9\,cm$; gesucht: h
   b) $A = 26\,cm^2$; $h = 4\,cm$; gesucht: g

9. Berechne die fehlenden Größen im Parallelogramm.

	a)	b)	c)	d)	e)	f)
Grundseite g	3 cm	9 mm		5,3 cm		625 mm
Höhe h	2,3 cm		3,2 cm	8 mm	8,5 m	
Flächeninhalt A		$108\,mm^2$	$22{,}4\,cm^2$		$131{,}75\,m^2$	$0{,}09\,m^2$

Weiterführende Aufgaben

10. a) Übertrage die Parallelogramme WIND, BERG und MAUS in dein Heft.
    b) Bestimme jeweils die Länge einer Grundseite und der zugehörigen Höhe. Berechne dann den Flächeninhalt des Parallelogramms.
    c) Zeichne zu jedem Parallelogramm ein anderes Parallelogramm mit dem gleichen Flächeninhalt, aber anderer Grundseitenlänge und Höhe.

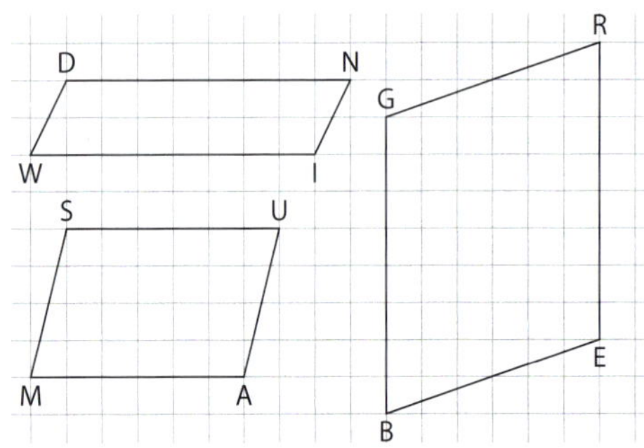

11. a) Ein Parallelogramm hat einen Flächeninhalt von $35\,cm^2$ und eine Höhe von 5 cm. Wie lang ist die Grundseite?
    b) Zeichne ein Parallelogramm mit den Eigenschaften aus a) in dein Heft. Vergleiche das Ergebnis mit deinen Mitschülern.
    c) Vergleiche die Flächeninhalte der folgenden Parallelogramme. Was stellst du fest? Erkläre.

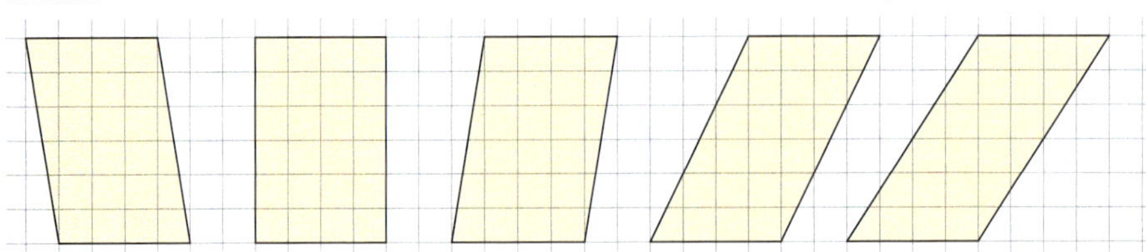

12. Stolperstelle: Michael behauptet, dass beide Parallelogramme denselben Flächeninhalt haben. Stimmt das? Begründe deine Antwort.

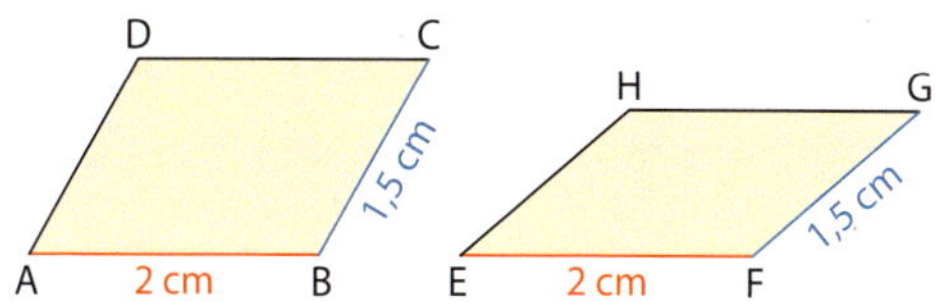

13. Zeichne das Viereck in ein Koordinatensystem und ermittle dann den Flächeninhalt. Wähle als Achseneinteilung 2 Kästchen = 1 Einheit.

a) A(0|0), B(6|0), C(7|4), D(1|4)
b) A(8|1), B(12|1), C(8|5), D(4|5)
c) A(2|3), B(5|6), C(3|10), D(0|7)
d) A(8|4), B(10|7), C(8|10), D(6|7)

14. Ein Rechteck und ein Parallelogramm haben die gleiche Grundseite.

a) Der Flächeninhalt des Rechtecks ist doppelt so groß wie der des Parallelogramms. Was kannst du über das Parallelogramm aussagen?
b) Der Flächeninhalt des Rechtecks ist halb so groß wie der des Parallelogramms. Was kannst du über das Parallelogramm aussagen?

15. a) Berechne den Flächeninhalt des Mosaikrings aus Quadraten und Parallelogrammen.
b) Ermittle die Größe der weißen Fläche im Inneren des Rings. Erläutere deine Lösung.

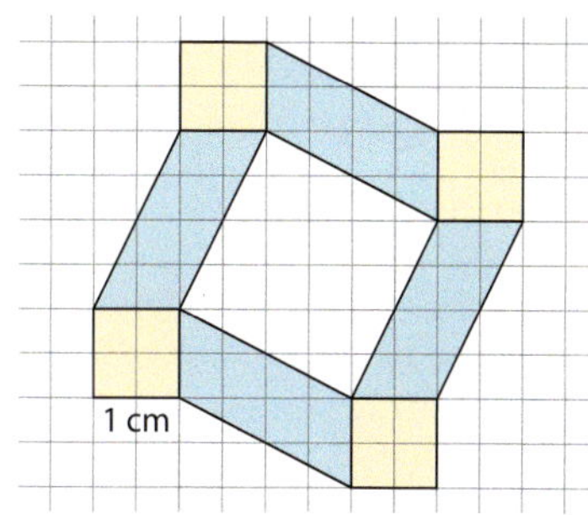

16. a) Vergleiche den Flächenbedarf der beiden Parkplatztypen ① (gerade) und ② (schräg).

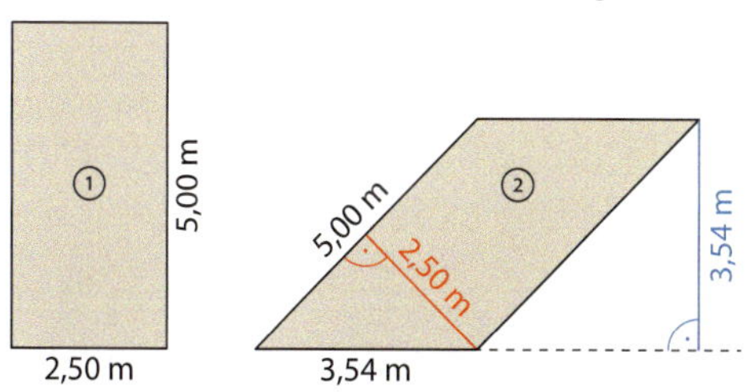

b) Auf einem rechteckigen Gelände sollen Parkplätze entstehen. Das Gelände ist 40 m lang und 13 m breit. Der Zufahrtsweg liegt parallel zur längeren Seite. Beim Typ ① muss der Zufahrtsweg 5,50 m breit sein, beim Typ ② 3,50 m.
Wie viele Parkplätze des Typs ① oder ② lassen sich anlegen? Finde eine näherungsweise Lösung.

17. Ausblick: Lukas will zeigen, dass das blaue Parallelogramm denselben Flächeninhalt hat wie das rote Rechteck. Dazu zeichnet er das Parallelogramm auf kariertes Papier, zerschneidet es und setzt die Teile zu dem roten Rechteck zusammen. Wie könnte Lukas das Parallelogramm zerschneiden?

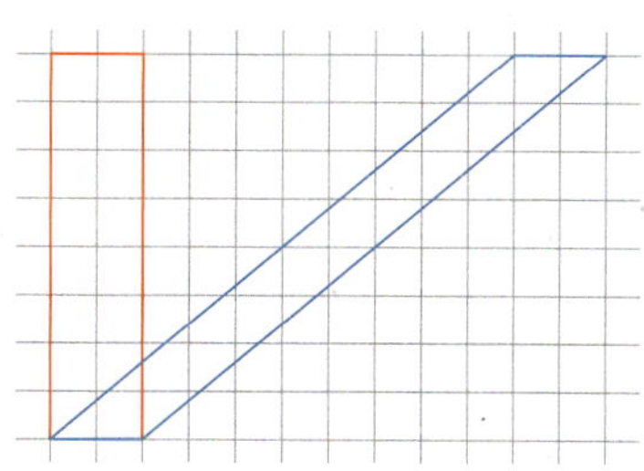

Tipp zu 17:
Skizziere das Parallelogramm in deinem Heft und markiere Schnittlinien in der Skizze.

5.4 Flächeninhalt eines Trapezes

■ Zeichne das Trapez zweimal auf Karopapier und schneide beide Trapeze aus. Lege dann aus ihnen ein Parallelogramm. Wie groß ist der Flächeninhalt des Parallelogramms? Wie groß ist dann der Flächeninhalt des Trapezes? ■

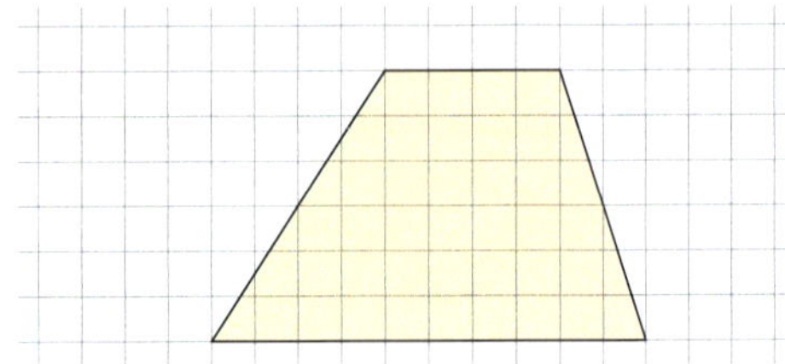

Man kann zwei gleiche Trapeze so legen, dass ein Parallelogramm entsteht. Die Grundseite des Parallelogramms ist die Summe (a + c) der zueinander parallelen Trapezseiten.

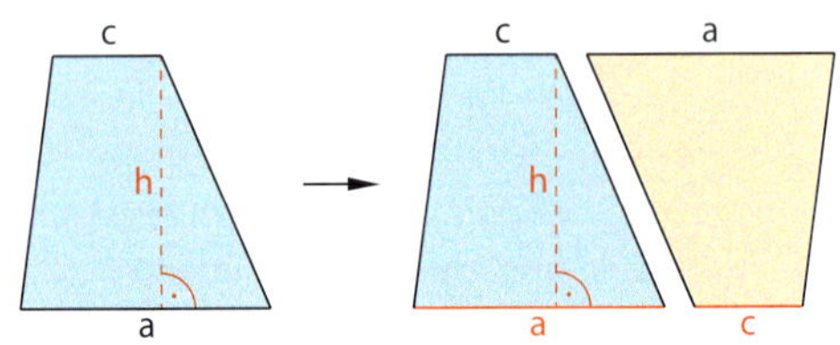

Erinnere dich:
Den Flächeninhalt eines Parallelogramms berechnet man mit „Grundseite mal Höhe".

Der Flächeninhalt des Parallelogramms ist:

$A_{\text{Parallelogramm}} = (a + c) \cdot h$

Da das Trapez genau halb so groß ist, gilt für seinen Flächeninhalt: $A_{\text{Trapez}} = \frac{(a + c) \cdot h}{2}$

Die **Höhe h im Trapez** ist der Abstand der zueinander parallelen Seiten.

Wissen: Flächeninhalt eines Trapezes

Für den Flächeninhalt eines Trapezes mit den **zueinander parallelen Seiten a und c** und der **Höhe h** gilt:

$$A = \frac{(a + c) \cdot h}{2}$$

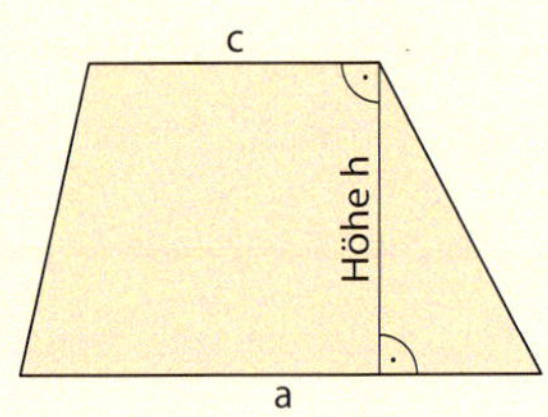

Beispiel 1:

Übertrage das Trapez in dein Heft. Bestimme den Flächeninhalt des Trapezes. Miss benötigte Größen mit dem Geodreieck.

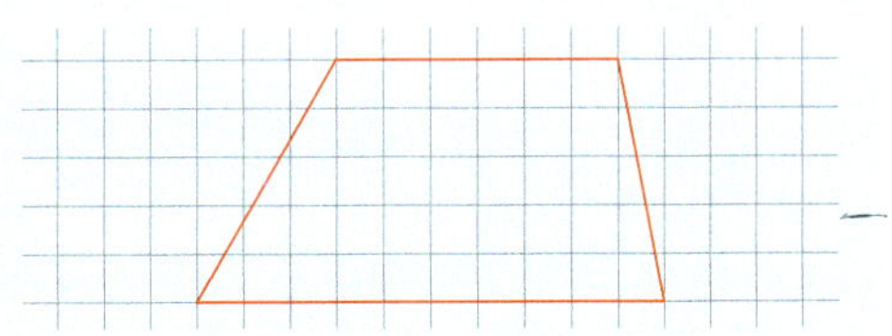

Lösung:

Miss mit dem Geodreieck die Längen der zueinander parallelen Seiten und der Höhe des Trapezes.

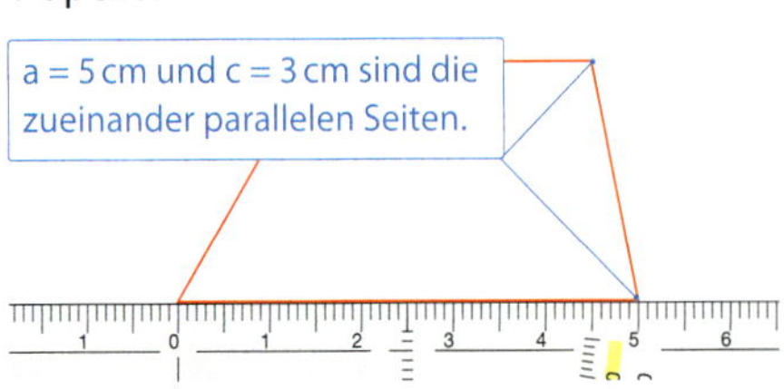

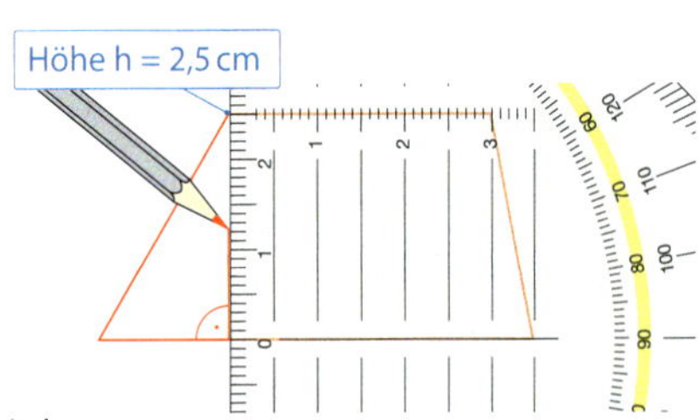

Berechne den Flächeninhalt mit der Formel $A = \frac{(a + c) \cdot h}{2}$:

$$A = \frac{(5\,\text{cm} + 3\,\text{cm}) \cdot 2{,}5\,\text{cm}}{2} = \frac{8\,\text{cm} \cdot 2{,}5\,\text{cm}}{2} = \frac{20\,\text{cm}^2}{2} = 10\,\text{cm}^2$$

Basisaufgaben

1. Berechne den Flächeninhalt des Trapezes.

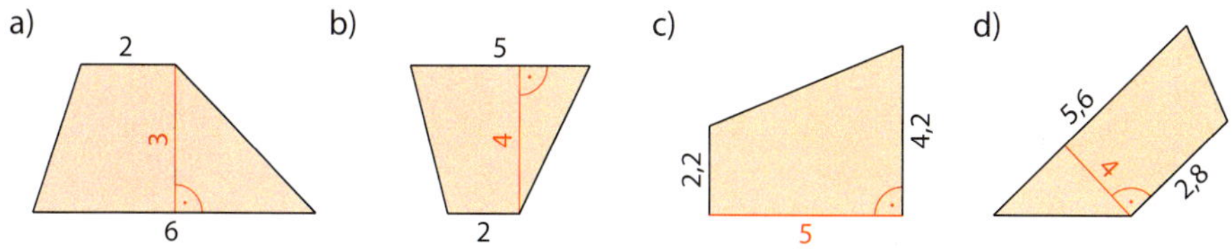

2. Übertrage das Trapez in dein Heft. Miss die Längen der zueinander parallelen Seiten und der Höhe mit dem Geodreieck. Berechne dann den Flächeninhalt.

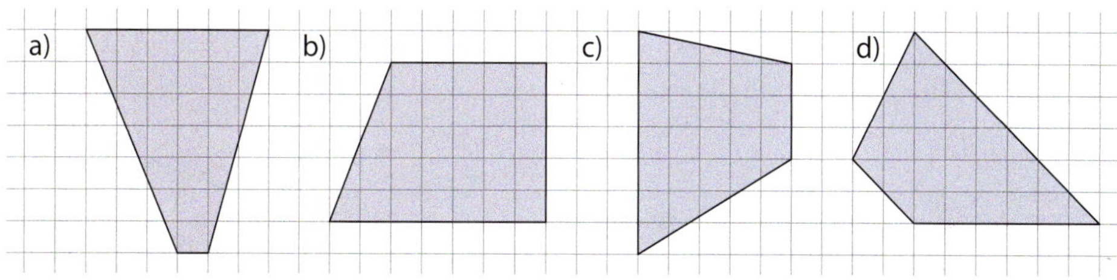

3. Berechne den Flächeninhalt des Trapezes. Rechne die Angaben gegebenenfalls in die gleichen Einheiten um.
   a) a = 1 m, c = 3 m, h = 2 m
   b) a = 5 cm, c = 7 cm, h = 2,5 cm
   c) a = 3 km, c = 2 km, h = 1,2 km
   d) a = 20,4 cm, c = 5,8 cm, h = 10 cm
   e) a = 700 m, c = 1,7 km, h = 400 m
   f) a = 2,2 m, c = 4,6 m, h = 80 cm

Hinweis zu 3:
Hier findest du die Maßzahlen der Lösungen zu a) bis d).

4. Ordne die vier Trapeze der Größe nach, ohne den Flächeninhalt zu berechnen.

① a = 6 cm; c = 4 cm; h = 2 cm

② a = 2 cm; c = 8 cm; h = 5 cm

③ a = 6 cm; c = 4 cm; h = 3 cm

④ a = 2 cm; c = 8 cm; h = 10 cm

Weiterführende Aufgaben

5. Zeichne ein Koordinatensystem (2 Kästchen = 1 Einheit). Zeichne das Trapez in das Koordinatensystem und ermittle dann den Flächeninhalt.
   a) A (2|0), B (4|0), C (5|3), D (1|3)
   b) A (0|4), B (3|4), C (1|8), D (0|8)
   c) A (6|0), B (10|4), C (8|5), D (6|3)
   d) A (4|4), B (7|6), C (9|10), D (3|6)

6. Die Zeichnung zeigt einen Dachgiebel mit einem Giebelfenster.
   a) Berechne den Flächeninhalt des gesamten Giebelfensters.
   b) Isolierglas mit der passenden Stärke kostet pro Quadratmeter etwa 80 €. Berechne die Kosten, wenn man die Scheibe durch Isolierglas ersetzen möchte.

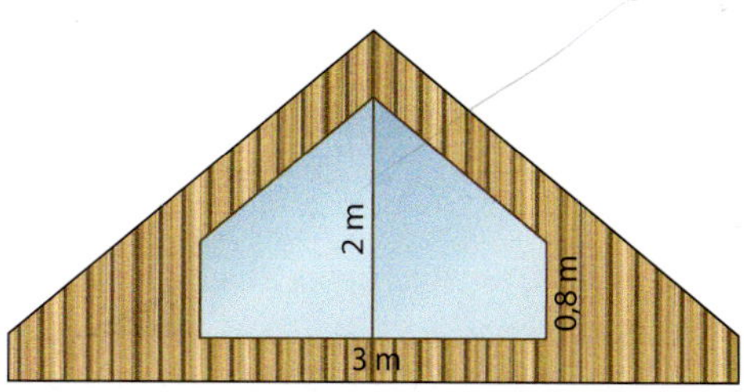

7. Große Besprechungsräume sind häufig mit trapezförmigen Tischen ausgestattet.
   a) Berechne die Tischfläche in m^2.
   b) Skizziere verschiedene Möglichkeiten, wie die Tische gestellt werden können. Wieso wurden genau diese Maße gewählt?

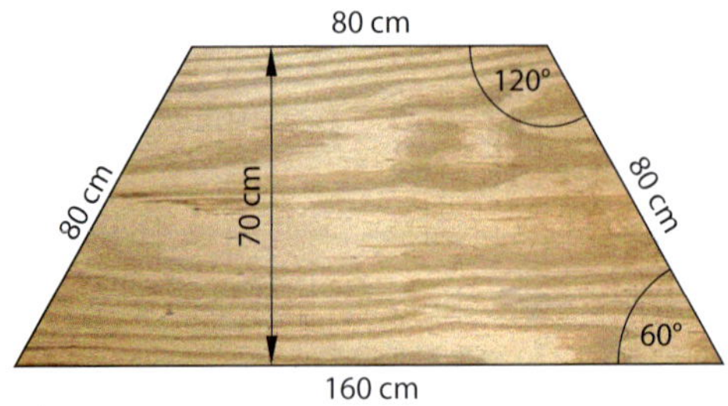

8. **Stolperstelle:** Tom hat den Flächeninhalt eines Trapezes mit a = 6 cm, c = 4 cm und h = 3 cm berechnet.
Überprüfe seine Rechnung und korrigiere.

$A = 6\,cm + 4\,cm$
$= 10\,cm \cdot 3\,cm$
$= 30\,cm^2 : 2$
$= 15\,cm^2$

9. Das Bild zeigt den Querschnitt eines Deichs an der Nordseeküste im Jahr 1610 und heute.

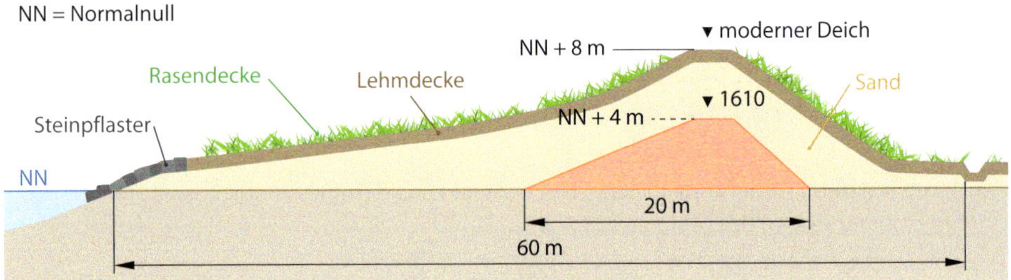

   a) Berechne die Größe (in m^2) des Deichquerschnitts im Jahr 1610.
   b) Berechne näherungsweise die Größe (in m^2) des Deichquerschnitts heute.
   c) Vergleiche die Deichquerschnitte 1610 und heute. Verwende dabei auch Prozentangaben.

10. a) Ein Trapez hat einen Flächeninhalt von 12 cm^2. Die zueinander parallelen Seiten sind 4 cm und 2 cm lang. Wie lang ist die Höhe?
   b) Zeichne ein Trapez mit den Maßen aus a) in dein Heft. Vergleiche deine Zeichnung mit denen der Mitschüler.
   c) Vergleiche die Flächeninhalte der folgenden Trapeze.

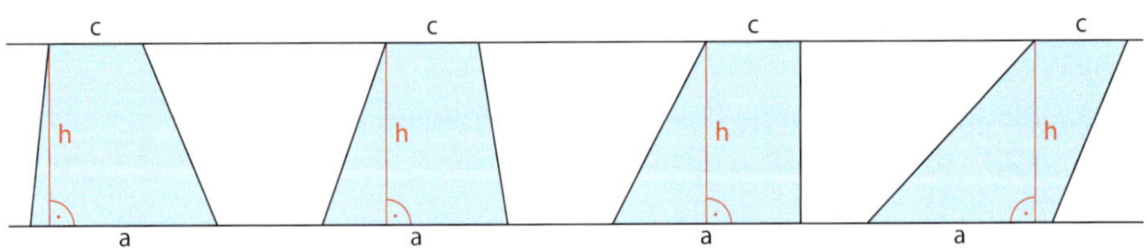

11. Leon soll in den Hausaufgaben Umfang und Flächeninhalt eines Trapezes berechnen. Die zueinander parallelen Seiten des Trapezes haben die Längen 6 cm und 4 cm, ihr Abstand beträgt 3 cm.
Ist es möglich Flächeninhalt und Umfang mit diesen Angaben zu bestimmen? Gib falls möglich Lösungen an und vergleiche sie mit den Mitschülern.

12. **Ausblick:** Im Bild siehst du einen Quader, der aus drei Bausteinen zusammengesetzt ist.
   a) Wie kann man die Steine so umlegen, dass der Querschnitt die Form eines Trapezes hat? Zeichne das Trapez in dein Heft.
   b) Welches Volumen hat dein Körper aus a)?

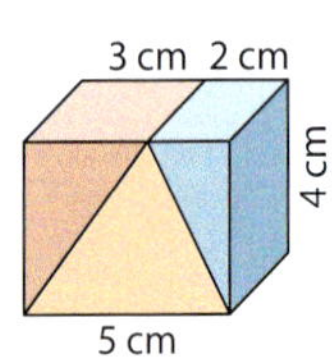

Flächeninhalt beliebiger Figuren

Flächeninhalte zusammengesetzter Figuren bestimmen

In der Begründung der Flächeninhaltsformeln für Dreieck, Parallelogramm und Trapez wurden die Strategien Zerlegen, Ergänzen und Umsortieren angewendet.

- Ein Dreieck wurde zu einem Rechteck ergänzt.
- Ein Parallelogramm wurde zerlegt und zu einem Rechteck umsortiert.
- Ein Trapez wurde verdoppelt und zu einem Parallelogramm zusammengesetzt.

Diese Strategien kann man bei vielen Figuren anwenden, um den Flächeninhalt zu ermitteln.

Beispiel 1: Berechne den Flächeninhalt des regelmäßigen Sechsecks. Alle Seiten des Sechsecks sind gleich lang.

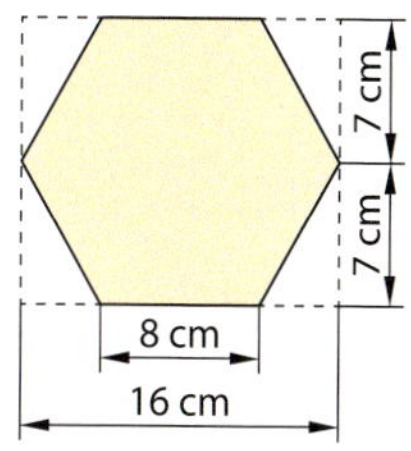

Lösungsmöglichkeit 1:
Zerlege das Sechseck in sechs gleiche Dreiecke.

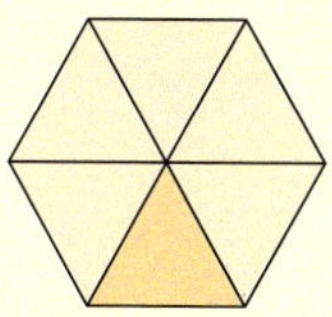

$A = 6 \cdot A_{Dreieck}$
$= 6 \cdot \frac{8\,cm \cdot 7\,cm}{2}$
$= 6 \cdot 28\,cm^2 = 168\,cm^2$

Lösungsmöglichkeit 2:
Zerlege das Sechseck in zwei gleiche Trapeze.

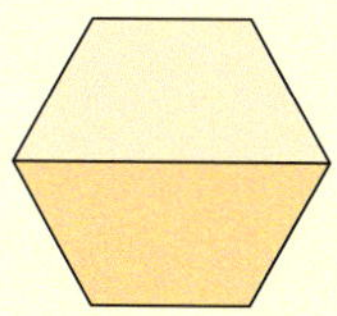

$A = 2 \cdot A_{Trapez}$
$= 2 \cdot \frac{(16\,cm + 8\,cm) \cdot 7\,cm}{2}$
$= 2 \cdot 84\,cm^2 = 168\,cm^2$

Lösungsmöglichkeit 3:
Ergänze das Sechseck zu einem Rechteck.

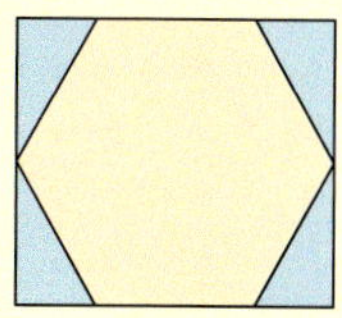

$A = A_{Rechteck} - 4 \cdot A_{Dreieck}$
$= 224\,cm^2 - 4 \cdot \frac{4\,cm \cdot 7\,cm}{2}$
$= 224\,cm^2 - 56\,cm^2 = 168\,cm^2$

Aufgaben

1. Berechne den Flächeninhalt der Figur.

a)

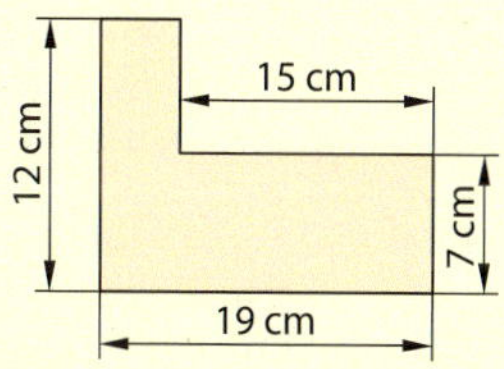

b)

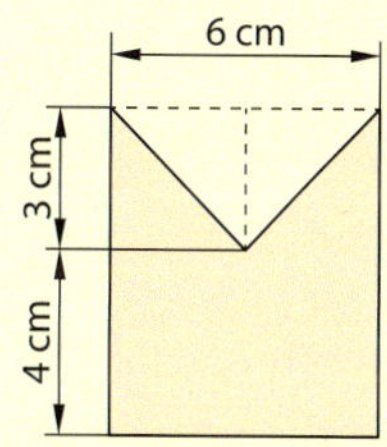

c)

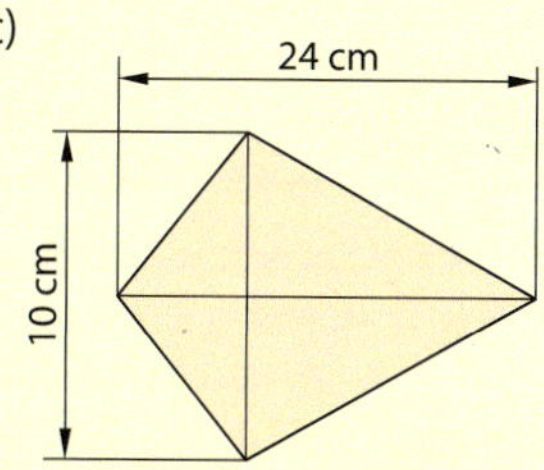

2. Das Bild zeigt den Grundriss einer 2-Zimmer-Wohnung. Alle Längenangaben sind in m.

a) Ermittle die Größe der gesamten Wohnung inklusive der Balkonfläche.

b) Berechne den Flächeninhalt der einzelnen Zimmer.

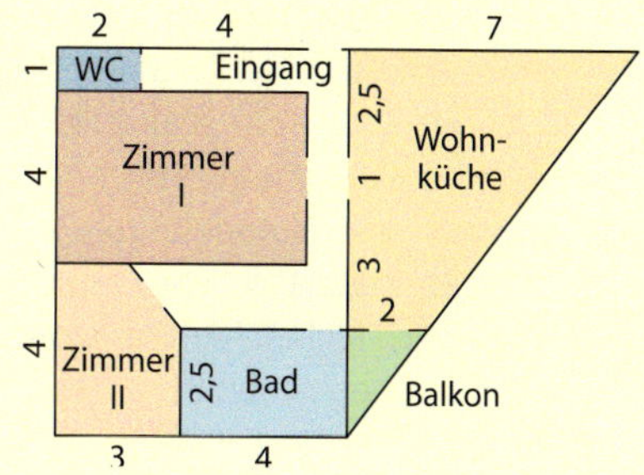

Flächeninhalte krummlinig begrenzter Figuren mit Modellen ermitteln

Bei einer krummlinig begrenzten Figur kann man den Flächeninhalt bestimmen, indem man die Figur zunächst vereinfacht. Man nähert die krummlinig begrenzte Figur mit bekannten Figuren (wie Dreieck, Rechteck, Parallelogramm oder Trapez) an.

Mithilfe dieser **Vereinfachung** kann man dann ein **Modell** bilden. Die bekannten Teilfiguren sind das Modell für die krummlinig begrenzte Figur. Die Summe ihrer Flächeninhalte ergeben einen **Näherungswert** für den realen Flächeninhalt. Die **Genauigkeit des Näherungswerts** ist abhängig von der Anzahl, der Art und der Anordnung der Teilfiguren.

Beispiel 2: Ermittle näherungsweise den Flächeninhalt der Insel Kreta. Nutze den Maßstab.

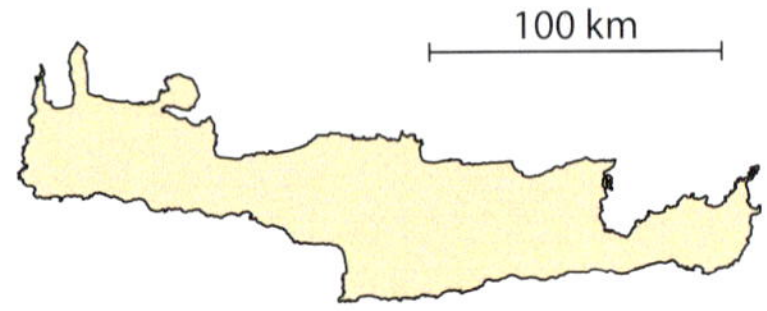

Lösung:

Modell bilden:
Wähle die Figuren so, dass das „Begradigen" der Küste den realen Flächeninhalt möglichst wenig verfälscht. Zerlege zum Beispiel in zwei Rechtecke und zwei Trapeze. Damit wird auch der Rechenaufwand nicht zu hoch.

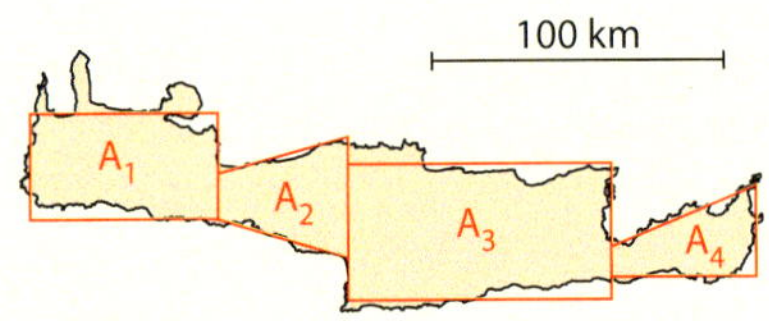

Lösung im Modell bestimmen:
Miss die Längen im Bild und gib sie im Maßstab an: 1 mm im Bild entspricht 5 km in Wirklichkeit. Berechne damit den Flächeninhalt der Rechtecke und Trapeze (Flächeninhalt des Modells).

$A_1 = 65\,\text{km} \cdot 35\,\text{km} = 2275\,\text{km}^2$

$A_2 = \frac{40\,\text{km} + 15\,\text{km}}{2} \cdot 45\,\text{km} \approx 1238\,\text{km}^2$

$A_3 = 90\,\text{km} \cdot 45\,\text{km} = 4050\,\text{km}^2$

$A_4 = \frac{30\,\text{km} + 10\,\text{km}}{2} \cdot 50\,\text{km} = 1000\,\text{km}^2$

$A_{\text{Gesamt}} = 8563\,\text{km}^2$

Lösung überprüfen:
Kreta ist $8260\,\text{km}^2$ groß. Die ermittelte Lösung $8563\,\text{km}^2$ weicht um rund $300\,\text{km}^2$ vom genauen Wert ab (also um weniger als $\frac{4}{100} = 4\,\%$). Dies ist als Näherungslösung gut.

Aufgaben

Hinweis zu 3 b:
Ermittle einen zu großen und auch einen zu kleinen Näherungswert. Welcher Wert liegt näher am realen Flächeninhalt?

1. Die Karte zeigt den Umriss unseres Nachbarlandes Österreich.
   a) Ermittle die Fläche von Österreich mithilfe der eingezeichneten Kästchen.
   b) Übertrage die Karte von Österreich auf Transparentpapier. Zeichne bekannte Figuren ein, die den realen Flächeninhalt gut annähern. Berechne eine Lösung in dem Modell. Prüfe, nachdem du die tatsächliche Fläche von Österreich recherchiert hast, ob das gefundene Modell einen genaueren Näherungswert liefert als das Ergebnis in a).

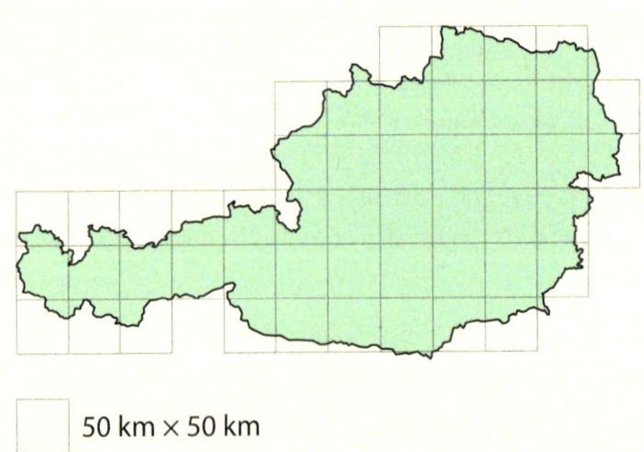

2. Bestimme die Fläche der Kontinente und der Insel, indem du die Flächeninhalte der rot eingezeichneten Modelle berechnest.

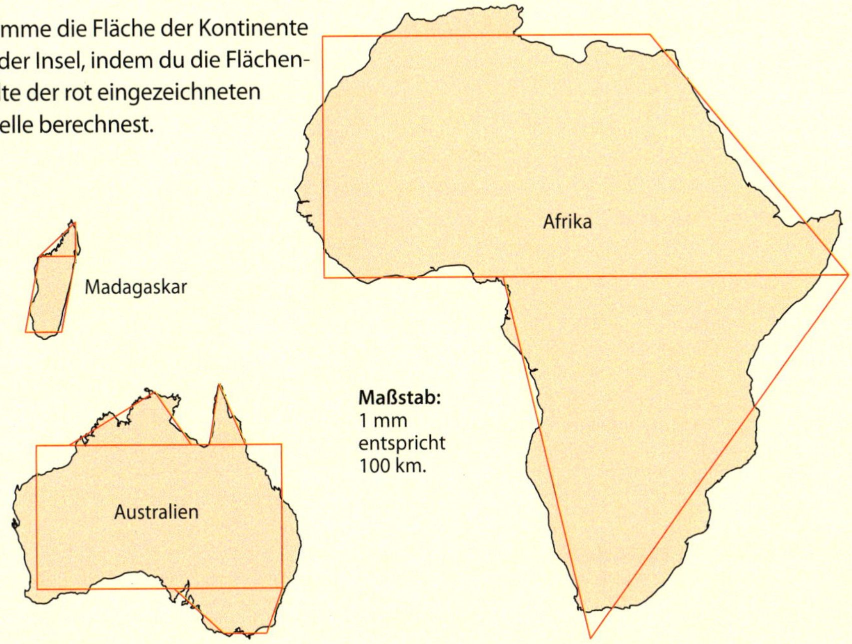

3. Die Fläche der zwei Länder sollte näherungsweise bestimmt werden.

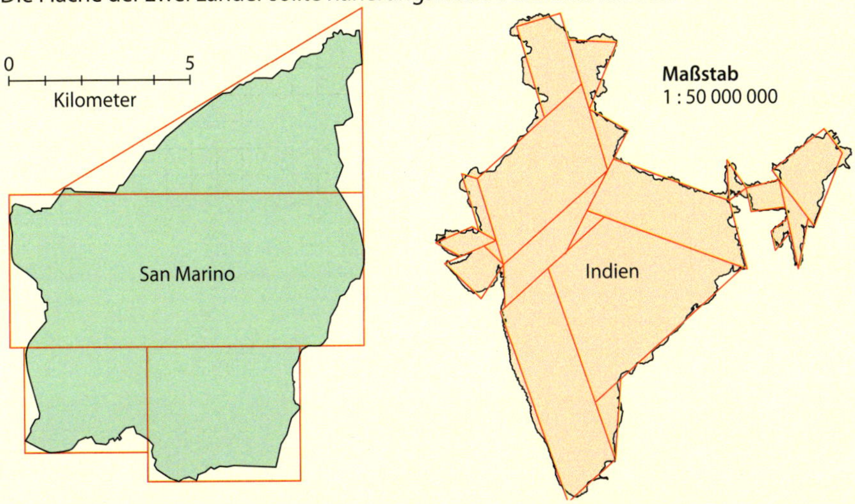

a) Beurteile die beiden Modelle zur Annäherung der Fläche von San Marino und Indien.
b) Übertrage die Umrisse von San Marino und Indien auf Transparentpapier und zeichne ein eigenes Modell ein. Nutze zur Bestimmung des Flächeninhalts im Modell den angegebenen Maßstab.
c) Beurteile ohne zu rechnen, ob die Lösung in deinem Modell genauer ist als eine Lösung im oben eingezeichneten Modell.

4. Forschungsauftrag: Arbeitet bei dieser Aufgabe in mehreren Gruppen und verteilt die Arbeit.
a) Zeichne auf weißes Papier einen Kreis mit dem Radius 4 cm (5 cm, 6 cm, 7 cm, 8 cm).
b) Zeichne für jeden Kreis ein Modell ein, das den Flächeninhalt gut annähert. Berechne den Flächeninhalt im Modell.
c) Dividiere für jeden Kreis den berechneten Näherungwert für den Flächeninhalt durch den Radius und durch die Zahl 3,14. Was stellst du fest?
d) Recherchiere zum Flächeninhalt eines Kreises. Erkläre den Zusammenhang aus c).

5.5 Umfang eines Kreises

■ Jan und Linus messen den Durchmesser und den Umfang der Räder des Traktors. Das Vorderrad hat einen Durchmesser von 1,24 m und einen Umfang von 3,90 m. Beim Hinterrad messen sie beim Durchmesser 1,68 m und beim Umfang 5,28 m. Miss selbst Durchmesser und Umfang von verschiedenen Kreisen. Dividiere jeweils den Umfang durch den Durchmesser. Was kannst du feststellen? ■

Hinweis:
π ist eine Zahl mit unendlich vielen Nachkommastellen. Näherungswerte für π sind 3,141592653589… oder $\frac{22}{7}$.

Dividiert man den Umfang eines Kreises durch seinen Durchmesser, so erhält man bei gleichen Maßeinheiten immer den gleichen Wert, nämlich ungefähr 3,14. Man nennt diese Zahl π.

Wissen: Umfang eines Kreises
Für den **Umfang u eines Kreises** mit dem Durchmesser d und dem Radius r gilt:
$u = \pi \cdot d$
$u = 2 \cdot \pi \cdot r$

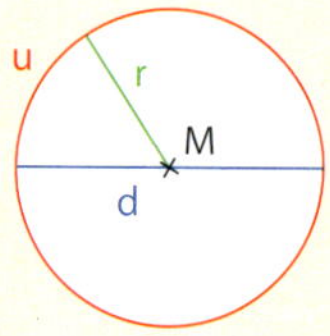

Umfang berechnen

Beispiel 1:
Berechne den Umfang des Kreises. Gib das Ergebnis auf Millimeter genau an.
a) Durchmesser des Kreises: d = 22 cm
b) Radius des Kreises: r = 38 cm

Lösung:
a) Setze d = 22 cm in die Formel $u = \pi \cdot d$ ein und rechne aus. Für die angegebene Genauigkeit in mm musst du auf eine Nachkommastelle runden.
$u = \pi \cdot d$
$u = \pi \cdot 22\,\text{cm}$
$u \approx 69{,}1\,\text{cm}$

Hinweis:
Nutze bei der Berechnung die Taste [π] auf dem Taschenrechner.

b) Setze r = 38 cm in die Formel $u = 2 \cdot \pi \cdot r$ ein und berechne. Runde das Ergebnis wieder auf eine Nachkommastelle.
$u = 2 \cdot \pi \cdot r$
$u = 2 \cdot \pi \cdot 38\,\text{cm}$
$u \approx 238{,}8\,\text{cm}$

Basisaufgaben

1. Berechne den Umfang des Kreises. Runde das Ergebnis auf eine Nachkommastelle.
a) d = 25 mm b) r = 8 cm c) r = 1,3 km d) d = 1,74 m

2. Berechne den Umfang des Kreises zuerst näherungsweise im Kopf. Rechne danach schriftlich und verwende dabei 3,14 für π.
a) d = 30 cm b) r = 8 mm c) r = 1,35 m d) d = 1,6 km

Hinweis zu 2:
Beim Überschlag kannst du für π mit 3 rechnen.

3. Berechne den Umfang des Gegenstandes. Überschlage zunächst im Kopf, bevor du die Aufgabe mit dem Taschenrechner löst.

a) 2-Euro-Münze $d = 25{,}75\,mm$

b) Verkehrsschild $d = 420\,mm$

c) Autoreifen $d = 0{,}64\,m$

d) CD $d = 12\,cm$

4. Berechne den Umfang des runden Gegenstands.
   a) Die Länge der Tischkante eines kreisrunden Tisches mit dem Radius $r = 70\,cm$.
   b) Die Länge des Randes einer Pizza mit dem Radius $r = 9\,cm$.
   c) Die Länge einer Hecke zur Begrenzung eines kreisrunden Blumenbeetes mit dem Durchmesser $d = 9\,m$.

Durchmesser oder Radius bei gegebenem Umfang berechnen

Beispiel 2: Berechne für einen Kreis mit dem Umfang $u = 730\,mm$

a) den Durchmesser d, b) den Radius r.

Lösung:

a) Verwende die Formel $u = \pi \cdot d$ und setze $u = 730$ mm ein. Du erhältst den Durchmesser d durch Rückwärtsrechnen. Teile durch π und verwende dazu den Taschenrechner. Runde das Ergebnis.

$u = \pi \cdot d = 730\,mm$
$d = 730\,mm : \pi$
$d \approx 232\,mm$

b) Der Durchmesser ist doppelt so groß wie der Radius. Daher kannst du den mit dem Taschenrechner berechneten Durchmesser aus a) halbieren.

$d = 2 \cdot r$
$r = d : 2$
$r \approx 116\,mm$

Basisaufgaben

5. Ein Kreis hat den Umfang u. Berechne den Durchmesser d und den Radius r des Kreises.
   a) $u = 60\,cm$ b) $u = 960\,mm$ c) $u = 1{,}6\,m$ d) $u = 3{,}7\,km$

6. Berechne den Durchmesser und den Radius des kreisförmigen Gegenstands.
   a) Teller: $u = 720\,mm$ b) DfB-Meisterschale: $u = 167\,cm$
   c) Fahrradreifen: $u = 208\,cm$ d) Klärbecken: $u = 113\,m$

Weiterführende Aufgaben

7. Berechne ohne Taschenrechner den Durchmesser und den Radius des Kreises mit dem gegebenen Umfang u. Rechne dabei mit 3,14 als Näherungswert für π.
   a) $u = 314\,cm$ b) $u = 628\,m$ c) $u = 9{,}42\,m$ d) $u = 785\,mm$

8. Der Abstoßkreis beim Kugelstoßen hat einen Durchmesser von 2,135 m. Er wird ringsherum von einem Blechstreifen begrenzt. Wie lang ist dieser Blechstreifen? Berechne.

Hinweis zu 9:
Hier findest du die Lösungen (in cm):

9. a) Von jedem Kreis wurde eine der Größen gemessen. Berechne die fehlenden Größen.

	Durchmesser d	Radius r	Umfang u
1. Kreis	3,5 cm		
2. Kreis		2,5 cm	
3. Kreis			44 cm

b) Welche Regelmäßigkeit kannst du in der Tabelle feststellen?

10. Beim Voltigieren verwendet der Trainer eine 8 m lange Longierleine, um das Pferd im Kreis zu führen.
a) Berechne, wie lang eine Laufbahn des Pferdes ist.
b) Wie lang ist die Strecke, die das Pferd nach 25 Runden zurückgelegt hat?

● **11.** Der blaue Kreis hat einen Durchmesser von 24 cm. Berechne die Länge der roten Linie.

a)

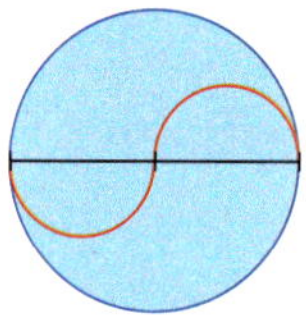

b)

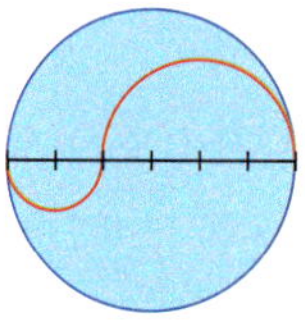

12. Stolperstelle: Überprüfe die Behauptungen. Korrigiere sie, wenn nötig.
a) Paul erklärt: „Ich kann auch schon bei den Großen ins Fußballtor. Der Radius eines Fußballs beträgt ungefähr 11 cm. Mit meinen Händen kann ich also bequem den ganzen Ball mit einem Umfang von 2 · 11 cm = 22 cm umfangen.
b) Svea ruft aufgebracht bei „Flying Pizza" an: „In Ihrem Prospekt werben Sie damit, dass Ihre Familienpizza einen Umfang von einem Meter hat. Die Pizzastücke sind aber alle nur 16 cm lang. Der Umfang der Pizza ist also nur halb so groß."

● **13.** Ein Förster möchte wissen, wie alt die zwei größten Bäume des Waldes sind. Für den Umfang des Eichenstammes misst er 530 cm, der Umfang des Fichtenstammes beträgt 610 cm.
a) Berechne die Radien der beiden Baumstämme.
b) Das Alter lässt sich an den Jahresringen erkennen. Bei Eichen beträgt die Dicke eines Jahresrings im Durchschnitt 3 mm, bei Fichten sind es 5 mm. Entscheide, welcher der beiden Bäume älter ist.

Hinweis zu 14:
Bei dieser Aufgabe wird vereinfachend davon ausgegangen, dass die Erde eine Kugel ist.

● **14. Ausblick:** Der Äquator ist der längste Breitenkreis der Erde. Er unterteilt sie in eine Nord- und eine Südhalbkugel.
a) Die Länge des Äquators beträgt ungefähr 40 000 km. Berechne damit den Radius der Erde.
b) Wie weit sind Nord- und Südpol voneinander entfernt, wenn man die kürzeste Strecke auf der Erdoberfläche zurücklegt?
Wie groß ist ihr Abstand durch das Erdinnere?
c) Stell dir vor: Es wird ein 40 000 km langes Seil um den Äquator gespannt. Dann wird das Seil um einen Meter verlängert und so gestrafft, dass der Abstand zwischen dem Seil und der Erde überall gleich groß ist. Kannst du unter dem Seil hindurchkriechen? Schätze zunächst ab und rechne danach.
d) Wie ändert sich der Abstand, wenn man das Seil um weitere 1 m, 2 m und 3 m verlängert? Um welche Länge müsste man das Seil verlängern, damit du aufrecht darunter hindurchgehen könntest?

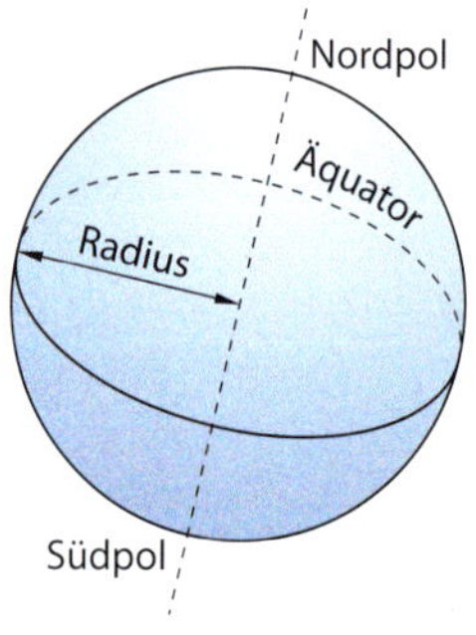

5.6 Flächeninhalt eines Kreises

■ Zeichne mit Zirkel und Lineal einen Kreis mit dem Radius r = 3 cm auf Karopapier. Bestimme dann durch Abzählen der Kästchen näherungsweise den Flächeninhalt des Kreises.
Wiederhole das Zeichnen und Kästchenzählen für Kreise mit den Radien r = 2 cm und r = 5 cm. ■

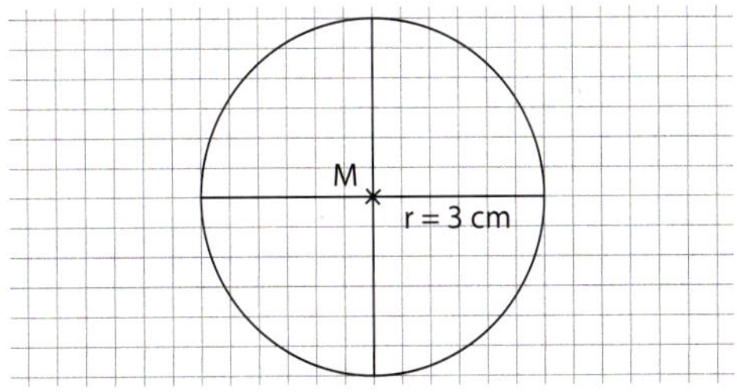

Mit der Formel für den Kreisumfang $u = 2 \cdot \pi \cdot r$ kann man eine Formel für den Flächeninhalt eines Kreises herleiten. Dazu teilt man einen Kreis in gleich große Tortenstücke. Eines der Tortenstücke wird zusätzlich halbiert. Dann setzt man die Tortenstücke neu zusammen, sodass näherungsweise ein Rechteck entsteht. Die eine Seite des Rechtecks entspricht dem Kreisradius, die andere Seite ungefähr dem halben Kreisumfang.
Je schmaler die Tortenstücke werden, desto genauer wird die Annäherung an ein Rechteck.

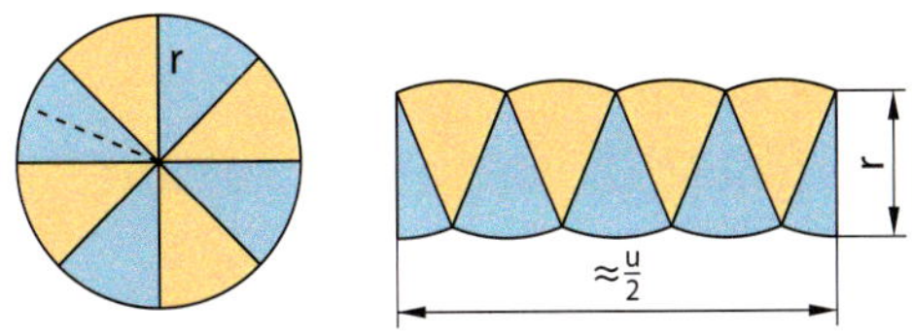

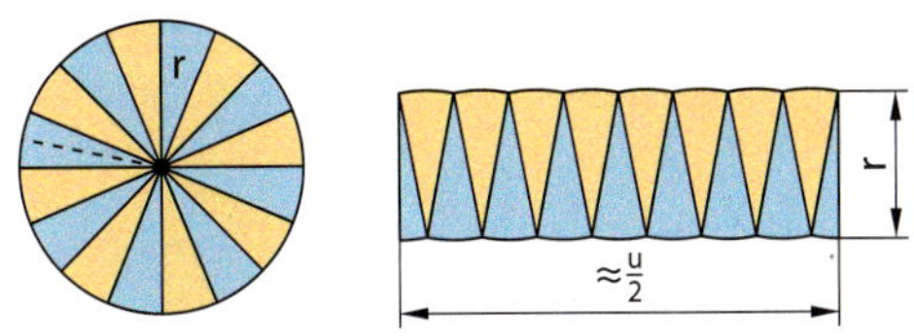

Für den Flächeninhalt des Rechtecks gilt: $A = (u : 2) \cdot r$

Setzt man für den Umfang $u = 2 \cdot \pi \cdot r$ ein, folgt: $A = (2 \cdot \pi \cdot r : 2) \cdot r = \pi \cdot r^2$

Da Kreis und Rechteck den gleichen Flächeninhalt besitzen, gilt: $A = \pi \cdot r^2$

Wissen: Flächeninhalt eines Kreises
Für den **Flächeninhalt A eines Kreises** mit dem Radius r gilt:

$A = \pi \cdot r^2$

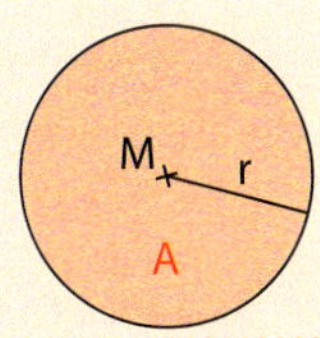

Beispiel 1: Berechne den Flächeninhalt des Kreises.
Runde das Ergebnis auf eine Nachkommastelle.
a) Kreis mit dem Radius r = 4 cm
b) Kreis mit dem Durchmesser d = 6 cm

Lösung:
a) Setze r = 4 cm in die Formel $A = \pi \cdot r^2$ ein und rechne aus. Für die angegebene Genauigkeit musst du auf eine Nachkommastelle runden.

$$\begin{aligned} A &= \pi \cdot r^2 \\ &= \pi \cdot (4\,\text{cm})^2 \\ &= \pi \cdot 16\,\text{cm}^2 \\ &\approx 50{,}3\,\text{cm}^2 \end{aligned}$$

b) Berechne zunächst den Radius, indem du den Durchmesser durch 2 teilst. Setze dann r = 3 cm in die Formel $A = \pi \cdot r^2$ ein und berechne. Runde das Ergebnis wieder auf eine Nachkommastelle.

$$\begin{aligned} A &= \pi \cdot r^2 \\ &= \pi \cdot (3\,\text{cm})^2 \\ &= \pi \cdot 9\,\text{cm}^2 \\ &\approx 28{,}3\,\text{cm}^2 \end{aligned}$$

Hinweis:
Nutze bei der Berechnung die Taste [π] auf dem Taschenrechner.

Basisaufgaben

1. Berechne den Flächeninhalt des Kreises. Runde das Ergebnis auf eine Nachkommastelle.
   a) $r = 6\,\text{cm}$ b) $r = 1{,}5\,\text{m}$ c) $d = 90\,\text{mm}$ d) $d = 3{,}2\,\text{m}$
   e) $r = 20\,\text{cm}$ f) $d = 40\,\text{m}$
2. Berechne den Flächeninhalt der Kreisfläche.
   a) Abstellfläche eines runden Tabletts mit dem Radius 25 cm.
   b) Oberfläche eines Bierdeckels mit 12 cm Durchmesser.
   c) Sticker mit dem Wappen des FC Bayern München mit dem Durchmesser 5 cm.

3. Ein Mobilfunksender hat eine Reichweite von 7 km. Berechne, wie groß das Gebiet ist, in dem der Sender empfangen werden kann.

Weiterführende Aufgaben

4. Ein kreisförmiges Beet hat einen Radius von 2,5 m.
   a) Wie groß ist die Fläche des Beetes?
   b) Wie viele Rosen können eingepflanzt werden, wenn eine Rose eine Fläche von $1000\,\text{cm}^2$ benötigt?

5. Unter einen kreisförmigen Swimmingpool mit einem Durchmesser von 4 m soll eine Plane gelegt werden, die überall 30 cm hervorragt.
   a) Berechne den Flächeninhalt der Plane.
   b) Ein Quadratmeter der Plane kostet 12 €. Berechne ihren Preis.

6. a) Berechne den Flächeninhalt der Kreise mit den Radien 2 cm, 4 cm, 5 cm, 8 cm und 10 cm.
   b) Clemens meint: „Wenn ich den Radius verdopple, dann vervierfacht sich der Flächeninhalt." Kann das stimmen? Überprüfe mit deinen Ergebnissen aus a) und begründe deine Antwort.
   c) Überlege: Wie ändert sich der Flächeninhalt, wenn man den Radius verdreifacht? Wie verändert er sich, wenn man den Radius halbiert?

7. Berechne den Flächeninhalt der gefärbten Fläche.

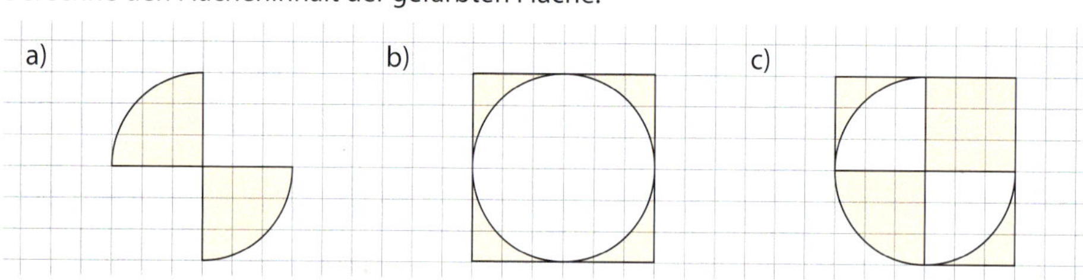

8. **Stolperstelle:** Entscheide, ob Tina und Jakob recht haben. Begründe.
   Tina: „Bei doppelt so großem Flächeninhalt hat ein Kreis auch einen doppelt so großen Durchmesser."
   Jakob: „Ein Kreis mit einem Radius von 5 m hat grob geschätzt einen Flächeninhalt von 10 mal 3,1 Quadratmetern, also ungefähr $31\,\text{m}^2$."

9. Der Anstoßkreis auf einem Fußballfeld hat einen Radius von 9,15 m. Wie groß ist sein Anteil an der Rasenfläche eines Fußballfeldes, das 105 m lang und 70 m breit ist?

10. Bei einem Spiel muss man versuchen, aus fünf Metern Entfernung kleine, mit Sand gefüllte Säckchen auf ein kreisrundes Zielfeld zu werfen, das auf dem Boden liegt.
Trifft man in den roten Kreis in der Mitte, so erhält man fünf Punkte. Beim grünen Ring bekommt man drei Punkte, beim blauen Ring einen Punkt. Das Zielfeld hat einen Durchmesser von 60 cm. Die beiden Ringe sind jeweils 10 cm breit.

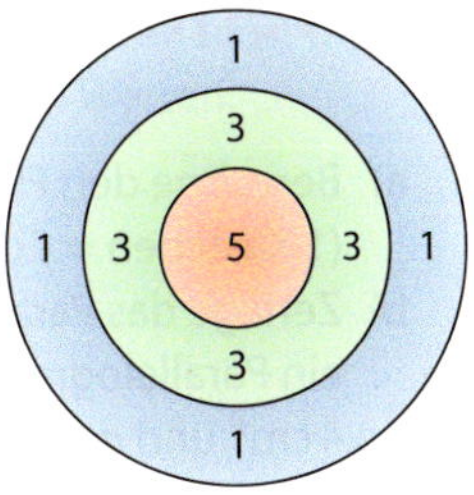

a) Berechne den Flächeninhalt der beiden Ringe sowie des roten Kreises.
b) Hältst du die Punkteverteilung für sinnvoll? Begründe deine Entscheidung.

11. Julia und Luisa möchten zum gemeinsamen Filmabend Pizza bestellen. Im Prospekt der Pizzeria „Diabolo" sehen sie sich die Angebote an.

a) Eine kleine Pizza „Salami" mit einem Durchmesser von 20 cm kostet 3,60 €. Die Maxi-Ausführung der Pizza „Salami" kostet 6,10 €. Sie hat einen Durchmesser von 28 cm. Berechne jeweils die Größe der Fläche.
b) Die Pizzeria bietet auch eine Familienpizza an, die einen Durchmesser von 40 cm hat und 12,90 € kostet. Berechne, bei welcher der drei Pizzas man am meisten Pizza pro Euro bekommt.

● **12.** Für eine kreisförmige Tischplatte mit 1,20 m Durchmesser soll eine Tischdecke genäht und anschließend gefärbt werden. Die Decke soll 15 cm über die Tischkante hängen.
a) Pro Quadratmeter Stoff werden 30 ml Textilfarbe verwendet. Wie viel Milliliter der Farbe benötigt man? Berechne.
b) Um die Decke herum soll eine Spitzenbordüre befestigt werden. Berechne, wie viel Meter Bordüre benötigt werden.

● **13.** Reicht ein rechteckiger Hof mit einer Fläche von $500\,m^2$ aus, um darauf einen Kreis mit einem Radius von 12 m zu zeichnen? Berechne, wie groß der Hof mindestens sein muss, damit dies möglich ist.

14. Mit einem Seil der Länge 22 m soll ein großer Kreis gelegt werden. Berechne, wie groß die Kreisfläche ist, die von dem Seil begrenzt wird.

● **15.** **Ausblick:** Lotta und Mattis zeichnen auf ein DIN-A4-Blatt ein großes Rechteck. Es hat die Seitenlängen 21 cm und 15 cm. Sie wollen einen Kreis mit demselben Flächeninhalt zeichnen.
Mattis meint: „Bei gegebenem Kreisumfang kann man ja leicht durch Rückwärtsrechnen den passenden Radius herausfinden: Man dividiert erst durch 3,14 und dann durch 2. Leider geht das beim Flächeninhalt nicht."
Lotta widerspricht: „Eigentlich geht das schon. Wenn du z. B. einen Flächeninhalt von $80\,cm^2$ hast, teilst du durch 3,14 und erhältst ca. $25\,cm^2$. Jetzt musst du eine Zahl finden, die quadriert 25 ergibt. Der gesuchte Radius beträgt also etwa 5 cm."
a) Finde ebenso die passenden Radien zu Kreisflächen der Größe $12{,}5\,cm^2$, $154\,cm^2$ und $50\,m^2$ heraus.
b) Wie groß müssen Lotta und Mattis den Radius wählen, damit ihr Kreis annähernd denselben Flächeninhalt hat wie ihr Rechteck?

Lösungen ↗ S. 249

1. Ermittle die fehlende Größe des Dreiecks ABC.

	a)	b)	c)	d)
Grundseite g des Dreiecks ABC	3 cm	4 m	2 cm	
Höhe h_g des Dreiecks ABC	6 cm	2,5 m		30 mm
Flächeninhalt A			12 cm²	24 cm²

2. Berechne den Umfang und den Flächeninhalt der Figuren:

a) Dreieck ABC mit den Seitenlängen a = b = 5 cm und c = 8 cm und h_c = 3 cm.

b) Parallelogramm ABCD mit den Seitenlängen a = c = 3 cm und b = d = 2,5 cm und der Höhe h_a = 2 cm.

c) Trapez ABCD mit den Seitenlängen a = 5 cm, c = 3 cm (a ∥ c) und der Höhe h = 4 cm.

3. Ein Dreieck ABC hat eine Grundseite g mit g = 4 cm und eine zugehörige Höhe h_g mit h_g = 6 cm.

a) Gib die Breite b eines flächengleichen Rechtecks ABCD an, dessen Länge a = 4 cm beträgt.

b) Gib die Höhe h_a eines flächengleichen Parallelogramms EFGH an, dessen Seitenlänge a = 4 cm beträgt.

4. Die Rückwand des Hauses von Familie Schulz soll einen neuen Anstrich erhalten. Wie viele Eimer Farbe muss Frau Schulz im Baumarkt kaufen, wenn ein Eimer Farbe für 35 m² reicht und der Anstrich zweimal erfolgen soll?

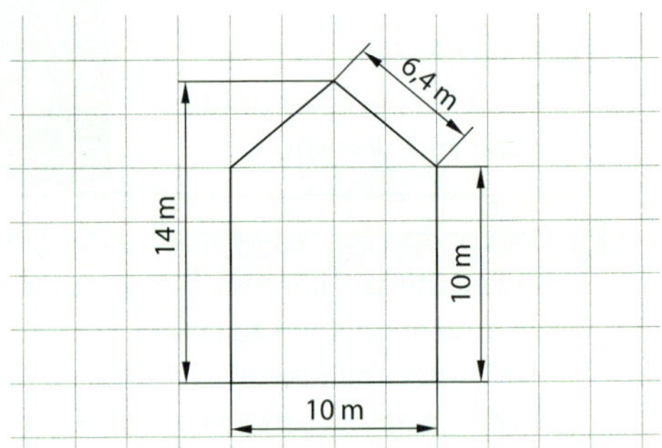

5. Berechne den Umfang des Kreises, wenn der Radius r oder der Durchmesser d gegeben ist. Runde sinnvoll.

a) r = 25 cm b) r = 14 mm c) d = 14 km d) r = 2,8 km e) r = 0,23 dm
f) d = 4,65 m g) r = 0,045 km h) d = 0,405 mm i) d = 2π m j) $r = \frac{1}{2\pi}$ km

6. Der Kreis hat den Umfang u. Berechne den Radius r und den Durchmesser d. Runde sinnvoll.

a) u = 44 cm b) u = 2,5 m c) u = 0,002 mm d) u = 0,708 km e) u = 2π m

7. Berechne den Umfang des Gegenstandes. Überschlage zunächst im Kopf.

a) 1-Cent-Münze d = 16,25 mm
b) Anstoßkreis d = 18,30 m
c) Traktorreifen d = 1662 mm
d) Schallplatte d = 30 cm

8. Berechne die Länge der Äquatorkreise der acht Planeten unseres Sonnensystems aus ihren Durchmessern unter der Annahme, dass die Planeten perfekte Kugeln wären.

Merkur: 4878 km *Venus:* 12104 km *Erde:* 12756 km
Mars: 6790 km *Jupiter:* 142984 km *Saturn:* 120536 km
Uranus: 51118 km *Neptun:* 49528 km

9. Berechne den Flächeninhalt des Kreises mit dem Radius r bzw. mit dem Durchmesser d. Runde sinnvoll.

a) r = 4 cm b) r = 7,8 m c) d = 2 cm d) r = 23,75 dm e) d = 10,34 km

10. Die Sendereichweite eines Sprechfunkgeräts beträgt 5 km. Berechne, wie groß das Gebiet ist, in dem man das Funkgerät empfangen kann.

11. Übertrage die Tabelle in dein Heft und ergänze die fehlenden Angaben. Runde sinnvoll.

Radius	Durchmesser	Umfang	Flächeninhalt
5 cm			
	12,6 m		
		20,23 km	
			153,9 m^2
		92 km	
			380,1 cm^2

12. Berechne Flächeninhalt und Umfang der rechts abgebildeten Figur (1 Kästchen = 1 cm).

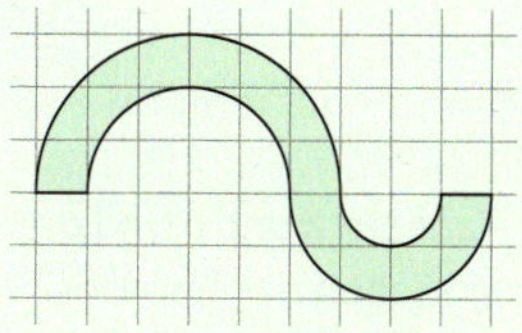

Wiederholungsaufgaben

1. Der Rhein hatte im Mai 2013 beim Pegel Köln folgende Wasserstände:

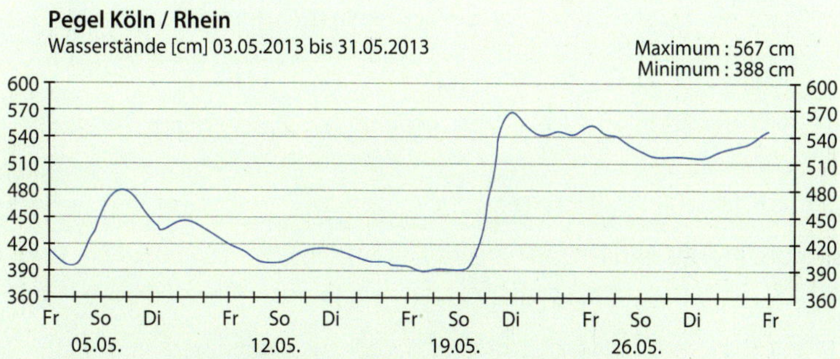

a) Lies den Wasserstand am 6. Mai und am 20. Mai ab.

b) Wann hatte der Rhein im Mai den höchsten Pegelstand?

2. Nutze zur Berechnung Rechenvorteile.

a) $15 \cdot 8 + 85 \cdot 8$ b) $\frac{1}{7} \cdot (700 + 63)$ c) $\frac{2}{5} \cdot 9 \cdot 2 \cdot \frac{15}{2} \cdot 5$

3. Berechne.

a) 7 % von 200 € b) 20 % von 20 kg c) 110 % von 50 m

Flächeninhalt eines Dreiecks

Flächeninhalt A eines Dreiecks:

$$\mathbf{A = \frac{g \cdot h}{2}}$$

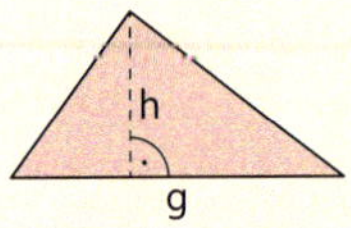

g ist eine Dreiecksseite, h die zugehörige Höhe.

Berechne den Flächeninhalt eines Dreiecks mit g = 5 m, h = 2,4 m.

$$A = \frac{g \cdot h}{2}$$
$$= \frac{5\,m \cdot 2{,}4\,m}{2} = 6\,m^2$$

Flächeninhalt eines Parallelogramms

Flächeninhalt A eines Parallelogramms:

$$\mathbf{A = g \cdot h}$$

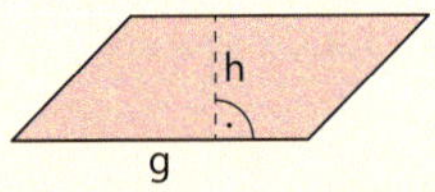

g ist eine Seite des Parallelogramms, h die zugehörige Höhe.

Berechne den Flächeninhalt eines Parallelogramms mit g = 5 m und h = 4 m.

$$A = g \cdot h$$
$$= 5\,m \cdot 4\,m = 20\,m^2$$

Flächeninhalt eines Trapezes

Flächeninhalt A eines Trapezes:

$$\mathbf{A = \frac{(a + c) \cdot h}{2}}$$

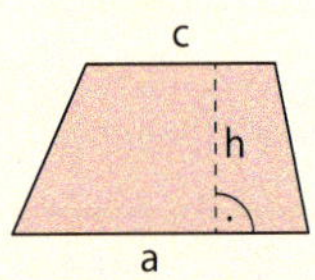

h ist die Höhe des Trapezes, a und c sind die zueinander parallelen Seiten des Trapezes.

Berechne den Flächeninhalt eines Trapezes mit a = 3 m, c = 1 m und h = 1,5 m.

$$A = \frac{(a + c) \cdot h}{2}$$
$$= \frac{(3\,m + 1\,m) \cdot 1{,}5\,m}{2} = 3\,m^2$$

Umfang eines Kreises

Umfang u eines Kreises:

$\mathbf{u = \pi \cdot d}$

$\mathbf{u = 2 \cdot \pi \cdot r}$

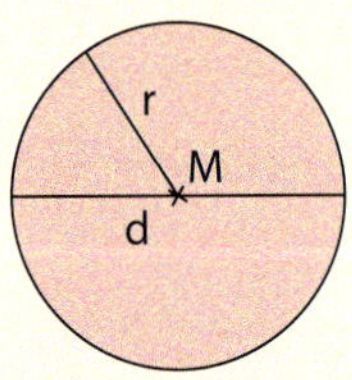

d ist der Durchmesser des Kreises und r der Radius.

Als Näherungswert für π kann man 3,14 oder $\frac{22}{7}$ nutzen.

Ermittle den Umfang u eines Kreises, dessen Durchmesser 24 cm beträgt.

$$u = \pi \cdot d$$
$$= \pi \cdot 24\,cm \approx 75{,}4\,cm$$

Flächeninhalt eines Kreises

Für den **Flächeninhalt A eines Kreises** mit dem Radius r gilt:

$$A = \pi \cdot r^2$$

Ermittle den Flächeninhalt A eines Kreises, dessen Radius 3 cm beträgt.

$$A = \pi \cdot r^2$$
$$= \pi \cdot (3\,cm)^2$$
$$= \pi \cdot 9\,cm^2 \approx 28{,}3\,cm^2$$

6. Daten

Wie viele rote, grüne und gelbe Gummibärchen gibt es in einer Tüte? Diese Frage kann man mit einer absoluten Zahl, aber auch mit einer Prozentzahl beantworten.

Nach diesem Kapitel kannst du …

- relative Häufigkeiten berechnen,
- mit Kreisdiagrammen umgehen,
- das arithmetische Mittel berechnen,
- Minimum, Maximum und Modalwert angeben.

Lösungen ↗ S. 250

Daten in Tabellen erfassen

1. Die Tabelle zeigt die Altersverteilung aller Schüler der Klasse 6 a.

a) Wie viele Schüler sind 13 Jahre alt?

b) Wie viele Schüler sind jünger als 13 Jahre?

c) Wie viele Schüler gehen in die Klasse 6 a?

Alter	Strichliste	Häufigkeit
11	II	2
12	𝍸 𝍸	10
13	𝍸 𝍸 I	11
14	I	1

2. Ines fragte ihre Freundinnen nach ihrer Augenfarbe. Sie erhält folgende Antworten:

Anja	Anna	Sofie	Maja	Nele	Laura	Sara	Hanna	Lena
braun	grün	blau	braun	grün	grau	braun	blau	braun

Fertige eine Strichliste und eine Häufigkeitstabelle an.

3. Die Tabelle zeigt einige Ergebnisse der Klassensprecherwahl der Klasse 6 b. Alle abgegebenen Stimmen von 25 Schülern waren gültig. Auf jedem Stimmzettel stand genau ein Name.

Name	Strichliste	Häufigkeit
Katja		5
Nele	𝍸 IIII	
Aron	𝍸 II	
Gustav		

a) Übertrage die Tabelle in dein Heft und fülle sie aus.

b) Wer wurde zum Klassensprecher gewählt?

c) Am Wahltag fehlten drei Schüler. Hätte ein anderer Klassensprecher werden können, wenn sie da gewesen wären?

d) Wie viele Schüler gehören zur Klasse 6 b?

Daten in Säulendiagrammen darstellen

4. In dem Diagramm hat Tobias die Länge von Flüssen veranschaulicht. Lies die Länge der Flüsse aus dem Diagramm ab. Runde auf Hunderter.

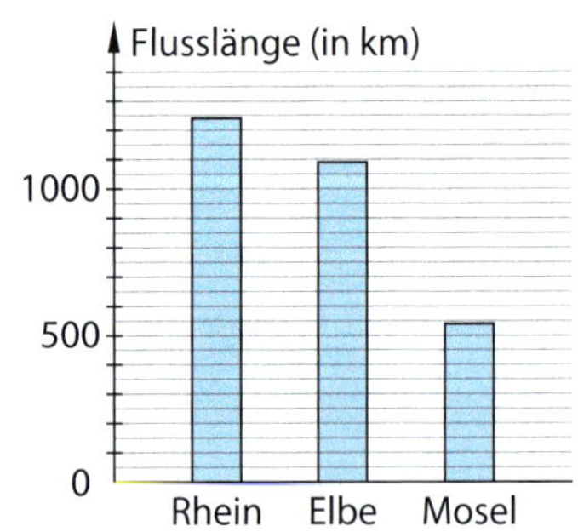

5. So lange brauchen Schüler für ihren Schulweg. Stelle die Daten in einem Säulendiagramm dar.
Schulwegzeiten:
20 min, 15 min, 25 min, 20 min, 15 min, 30 min, 30 min, 15 min, 15 min, 20 min, 30 min, 25 min, 30 min, 40 min, 30 min, 20 min, 15 min, 15 min, 35 min, 40 min

6. Hundert Kinder wurden befragt, für welchen Zweck sie einen großen Teil ihres Taschengeldes ausgeben. Jedes Kind durfte maximal drei Dinge nennen. Das Befragungsergebnis ist im Diagramm dargestellt. Die Zahlen geben an, wie häufig der Zweck der Ausgaben genannt wurde.

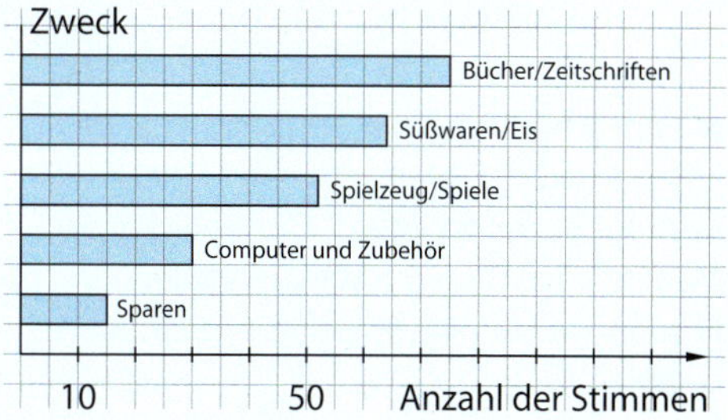

a) Wie viele Kinder gaben an, dass sie einen großen Teil ihres Taschengeldes für Computer und Zubehör ausgaben?

b) Wie viele Kinder gaben nicht an, dass sie einen großen Teil ihres Taschengeldes sparen?

c) Insgesamt wurden 236 Antworten gegeben. 64-mal wurde die Antwort „Süßwaren/Eis" gegeben. Wie oft wurde „Spielzeug und Spiele" genannt?

Brüche, Dezimalzahlen und Prozente

7. Übertrage die Tabelle in dein Heft und ergänze sie.

(gekürzter) Bruch	$\frac{1}{2}$	$\frac{3}{4}$					
Bruch mit Nenner 100	$\frac{50}{100}$			$\frac{25}{100}$			$\frac{180}{100}$
Dezimalzahl	0,5		0,2			0,05	
Prozentangabe	50 %				80 %		

8. Gib den Anteil als Bruch und in Prozent an.

a) 3 von 12 Schülern b) 7 von 14 Büchern c) 8 von 16 Stück Kuchen

9. Wie groß ist der farbig dargestellte Anteil? Gib als Bruch, als Dezimalzahl und in Prozent an.

a) b) c) d) e) f)

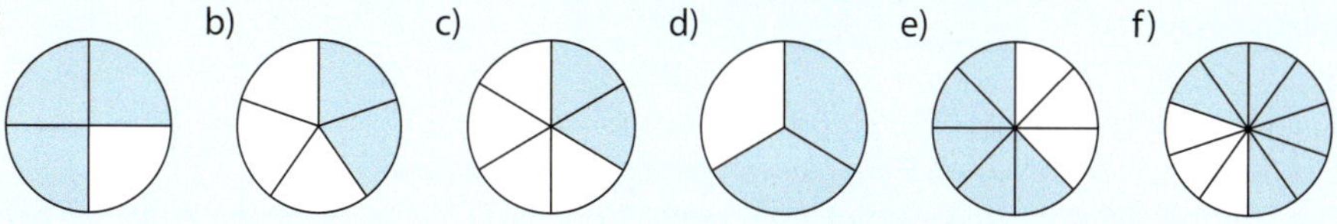

Kurz und knapp

10. Berechne.

a) $(2 + 2 + 3 + 4 + 2) : 5$ b) $(3{,}4 + 6{,}9 + 7{,}7) : 3$ c) $(13 + 10 + 14 + 13) : 4$

11. Zeichne den Winkel.

a) 20° b) 45° c) 80° d) 120° e) 135° f) 240°

12. Gib den farbigen Anteil des Kreises als Bruch und die Weite des Winkels α in Grad an.

a) b) c) d)

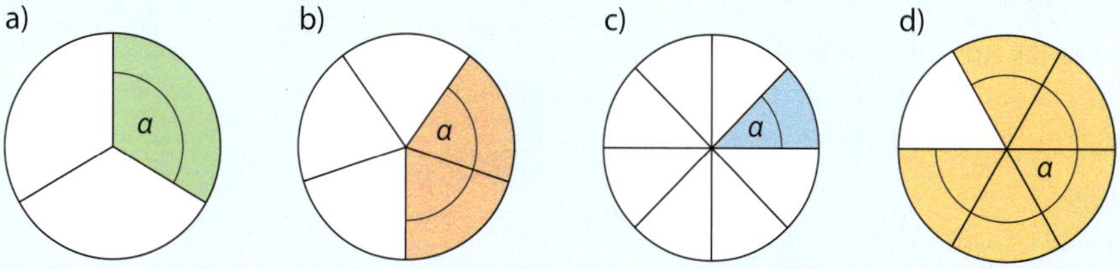

6.1 Absolute und relative Häufigkeit

■ Paul schreibt für die Schülerzeitschrift einen Artikel: „Gibt es typische Mädchen- oder Jungensportarten?“ Dazu befragt er Mädchen und Jungen seiner Schule. Die Ergebnisse hat er in einer Tabelle zusammengefasst.
Paul schreibt: „Schwimmen ist bei Jungen und Mädchen gleich beliebt. Jungen mögen Fußball lieber als Mädchen.“
Stimmt das? Begründe deine Meinung. ■

Mädchen (insgesamt 30)

Fußball	15
Reiten	10
Schwimmen	5

Jungen (insgesamt 40)

Fußball	30
Reiten	5
Schwimmen	5

Mark und Jonas sind sehr gute Basketballspieler. Nach dem letzten Training möchten sie wissen, wer von beiden die bessere Freiwurfquote hat.

Mark (40 Würfe)	Jonas (50 Würfe)
16 Körbe	18 Körbe

Jonas hat 18 Körbe geworfen, Mark nur 16 Körbe. Wenn man nur die **absoluten Häufigkeiten** – also die Anzahl der Körbe – vergleicht, dann ist Jonas besser. Um aber fair zu vergleichen, muss man berücksichtigen, wie oft jeder geworfen hat. Dazu teilt man die Treffer durch die Gesamtzahl der Würfe. Diese Anteile nennt man **relative Häufigkeiten**.

Mark: $\frac{16}{40} = 0{,}4 = 40\,\%$ Jonas: $\frac{18}{50} = 0{,}36 = 36\,\%$

Bezogen auf die Anzahl der Würfe ist Mark besser.

Erinnere dich:
$0{,}4 = 40\,\%$
$0{,}36 = 36\,\%$
$1 = 100\,\%$

Wissen: Relative Häufigkeiten

Relative Häufigkeiten geben an, wie groß der Anteil an der Gesamtzahl ist. Man berechnet sie, indem man die absolute Häufigkeit durch die Gesamtzahl teilt.

$$\text{relative Häufigkeit} = \frac{\text{absolute Häufigkeit}}{\text{Gesamtzahl}}$$

Relative Häufigkeiten werden als **Bruch**, **Dezimalzahl** oder in **Prozent** angegeben.
Die Summe aller absoluten Häufigkeiten ergibt die Gesamtzahl.
Die Summe aller relativen Häufigkeiten ergibt 1 oder 100 %. Dies kann zur Kontrolle genutzt werden.

Relative Häufigkeiten berechnen

Beispiel 1: In eine Klasse gehen 9 Mädchen und 16 Jungen.
Gib die absoluten und die relativen Häufigkeiten in einer Tabelle an.

Lösung:
Ermittle die Gesamtzahl: 9 + 16 = 25

Teile erst die Anzahl der Mädchen und dann die Anzahl der Jungen durch die Gesamtzahl, um die relativen Häufigkeiten zu bestimmen.

	absolute Häufigkeit	relative Häufigkeit
Mädchen	9	$\frac{9}{25} = 0{,}36 = 36\,\%$
Jungen	16	$\frac{16}{25} = 0{,}64 = 64\,\%$

Kontrolle:
36 % + 64 % = 100 %

Basisaufgaben

1. Michael hat 80-mal gewürfelt. In die Tabelle hat er geschrieben, wie oft die Augenzahlen vorkamen.
   a) Berechne die relativen Häufigkeiten der Augenzahlen 1 bis 6. Trage die absoluten und die relativen Häufigkeiten in eine Tabelle im Heft ein.
   b) Überprüfe, ob die Summe der relativen Häufigkeiten 100 % ergibt.

Augenzahl	absolute Häufigkeit	relative Häufigkeit
1	10	
2	8	
3	10	
4	20	
5	16	
6	16	

2. Die Tabelle zeigt das Ergebnis einer Umfrage zu Lieblingstieren.
   a) Berechne die relativen Häufigkeiten bei den Mädchen und bei den Jungen.
   b) Überprüfe, ob die Summe der relativen Häufigkeiten jeweils 100 % ist.

Tier	Mädchen	Jungen
Hunde	15	15
Katzen	24	20
Pferde	21	15
insgesamt	60	50

Vergleichen mit relativen Häufigkeiten

Beispiel 2: Eva und Janno nehmen an einem Tischtennisturnier teil. Eva hat bis jetzt 7 von 10 Spielen gewonnen, Janno 6 von 8 Spielen. Wer war besser?
Vergleiche die relativen Häufigkeiten.

Lösung:

Berechne jeweils die relative Häufigkeit der gewonnenen Spiele. Gib sie in Prozent an.

Eva: $\frac{7}{10} = 0{,}7 = 70\,\%$ Janno: $\frac{6}{8} = 0{,}75 = 75\,\%$

Vergleiche dann die Prozente.

75 % ist größer als 70 %. Janno ist besser. Er hat relativ gesehen mehr Spiele gewonnen.

Basisaufgaben

3. Sara würfelt 28-mal und hat dabei 4 Einsen. Marek würfelt 12-mal und hat 3 Einsen.
Berechne erst für Sara und dann für Marek die relative Häufigkeit der Einsen.
Wer hatte den höheren Anteil an Einsen?

4. Beim Torwandschießen treten Dennis und Felix gegeneinander an. Beide haben jeweils 3 min Zeit, auf die Löcher zu schießen. Ihre Ergebnisse sind in der Tabelle dargestellt.

Dennis	absolute Häufigkeit
unten, Treffer	10
unten, kein Treffer	15
oben, Treffer	9
oben, kein Treffer	16
Schüsse gesamt	

Felix	absolute Häufigkeit
unten, Treffer	12
unten, kein Treffer	18
oben, Treffer	8
oben, kein Treffer	12
Schüsse gesamt	

a) Berechne die relative Häufigkeiten.
b) Felix behauptet, dass er unten und oben besser war als Dennis. Überprüfe dies mit den absoluten und den relativen Häufigkeiten.

5. Dies sind die Ergebnisse der 6. Klassen bei den Bundesjugendspielen:
Klasse 6 a (30 Schüler): 6 Ehrenurkunden, 15 Siegerurkunden
Klasse 6 b (24 Schüler): 6 Ehrenurkunden, 12 Siegerurkunden
Klasse 6 c (25 Schüler): 7 Ehrenurkunden, 15 Siegerurkunden
Vergleiche die relativen Häufigkeiten für Ehrenurkunden (für Siegerurkunden). Entscheide damit, welche Klasse am besten war.

Weiterführende Aufgaben

6. a) „Ich fand die Hausaufgaben relativ einfach." Erkläre hier die Bedeutung von „relativ".
b) Bilde einen weiteren Satz mit „relativ" und erkläre die Bedeutung in diesem Satz.

7. **Stolperstelle:**
a) In Karls Klasse können von 26 Schülern 4 Schüler deutsch und türkisch sprechen. Erkläre, was er bei der Berechnung der relativen Häufigkeit falsch gemacht hat:
$\frac{26}{4} = 6{,}5 = 65\,\%$
b) Bei einer Umfrage wurden Passanten gefragt, wie viele Fremdsprachen sie gut sprechen. Die Antworten wurden zusammengefasst und mit relativen Häufigkeiten in einer Tabelle dargestellt. Ronny behauptet: „Das kann nicht stimmen. Das sieht man doch sofort." Was meinst du dazu?

Anzahl der Fremdsprachen	relative Häufigkeit
keine	30 %
eine	50 %
zwei	20 %
drei oder mehr	10 %

8. Die Schülervertretung befragte Sechstklässler und Zehntklässler, welche Brötchen sie im Bistro am liebsten essen. Die Ergebnisse zeigt die Tabelle.

Brötchen	6. Klassen	10. Klassen
Käsebrötchen	16	42
Milchbrötchen	32	36
Schokobrötchen	20	24
Wurstbrötchen	12	18
insgesamt		

a) Sind Wurstbrötchen in den 6. Klassen beliebter als in den 10. Klassen? Erkläre, warum du zunächst die Gesamtzahl und die relativen Häufigkeiten berechnen musst, um diese Frage zu beantworten.
b) Berechne die relativen Häufigkeiten.
c) Entscheide für jede Brötchenart, ob sie in den 6. oder 10. Klassen beliebter ist.
d) Erkläre, warum für das Bistro auch die absoluten Häufigkeiten wichtig sind.

Hinweis zu 9a:
Hier findest du die fehlenden Einträge.

9. a) Bestimme die fehlenden Einträge in der Tabelle.

	Klasse 6 a		Jahrgang 6	
	absolute Häufigkeit	relative Häufigkeit	absolute Häufigkeit	relative Häufigkeit
Nichtschwimmer	3			15 %
Freischwimmer	18			50 %
Fahrtenschwimmer	9			35 %
insgesamt			80	

b) Vergleiche die Klasse 6 a mit dem gesamten Jahrgang.
c) Führt eine solche Umfrage in eurer Klasse durch. Vergleicht die Ergebnisse mit denen der Klasse 6 a.

10. Auf die Frage „Wie kommst du zur Schule?" antworteten
65 Schüler „zu Fuß",
38 Schüler „mit dem Fahrrad",
84 Schüler „mit dem Bus",
16 Schüler „Ich werde mit dem Auto gefahren."
Stelle eine Tabelle mit den absoluten und den relativen Häufigkeiten auf.

● **11.** Die Einwohnerstatistik von Stuttgart enthält viele Daten. Die Tabelle zeigt einen Auszug.

Einwohner insgesamt	604 000
Frauen	306 000
Männer	298 000
unter 18 Jahre	92 000
60 Jahre oder älter	141 000

a) Die relativen Häufigkeiten sind durcheinandergeraten. Ordne sie den passenden Einträgen in der Tabelle zu. Eine Angabe bleibt übrig.

50,7 % 15,2 % 49,3 % 100 % 61,4 % 23,3 %

b) In Aufgabe a) bleibt eine relative Häufigkeit übrig. Finde dazu ein passendes Merkmal, das nicht in der Tabelle auftaucht. Bestimme auch die zugehörige absolute Häufigkeit.
c) In Deutschland leben 2015 rund 80 Millionen Menschen. Davon sind etwa 12 Millionen unter 18 Jahre und etwa 22 Millionen 60 Jahre oder älter.
Vergleiche diese Zahlen mit den Daten zu Stuttgart.

● **12.** Untersuche, wie sich die relative Häufigkeit verändert.
a) Die Gesamtzahl ist 50 und bleibt unverändert. Die absolute Häufigkeit verändert sich von 15 auf 30.
b) Die absolute Häufigkeit ist 40 und bleibt unverändert. Die Gesamtzahl verändert sich von 80 auf 160.
c) Die absolute Häufigkeit ist 40. Die Gesamtzahl ist 100. Beide Anzahlen steigen um 20.
d) Die absolute Häufigkeit ist 30. Die Gesamtzahl ist 120. Beide Anzahlen verdoppeln sich.

● **13. Ausblick:** In deutschen Texten treten die Buchstaben A bis Z nicht gleich häufig auf.
a) Überlege, welche drei Buchstaben deiner Meinung nach am häufigsten vorkommen.
b) Überprüfe deine Vermutung, indem du die Buchstaben des Textes auf Seite 176 auszählst. Berechne für die drei häufigsten Buchstaben die relativen Häufigkeiten.
c) Recherchiere im Internet mit dem Suchwort „Buchstabenhäufigkeit". Vergleiche deine Ergebnisse aus b) mit den Ergebnissen, die du im Internet gefunden hast.
d) Text kann man recht einfach verschlüsseln, wenn man die Buchstaben im Alphabet immer um eine bestimmte Zahl verschiebt. Nach Z wird wieder vorne begonnen.
Beispiel: Eine Verschiebung um 3 macht aus A → D oder aus X → A.
Verschlüssele das Wort „Mathematik" mit einer Verschiebung um 3.
e) Entschlüssele den folgenden Text, indem du herausfindest, um wie viele Buchstaben verschoben wurde.

Vgn Vgzs ivxc yzh Nxcrdhhzi rdzyzm vpa ydz Gdzbzrdznz fvh, rvmzi nzdiz Amzpiyz qzmnxcrpiyzi. Ipm zdi kvvm Mznoz qjh Znnzi gvbzi ijxc czmph. Nzdi Avcmmvy rvm vpxc rzb. Dh Nviy aviy Vgzs Nkpmzi. Vggz Amzpiyz rvmzi nxczdiwvm czfodnxc vpabzwmjxczi.

6.2 Diagramme

■ In der Schulmensa wird eine Umfrage zum Lieblingsessen der Schüler durchgeführt. In der Tabelle und den Diagrammen sind die Ergebnisse dargestellt. Ordne zu, welches Diagramm zu den Jungen und welches zu den Mädchen passt. ■

	Jungen	Mädchen
Pizza	20	15
Burger	15	24
Pasta	5	12
Sonstiges	10	9
gesamt	50	60

①

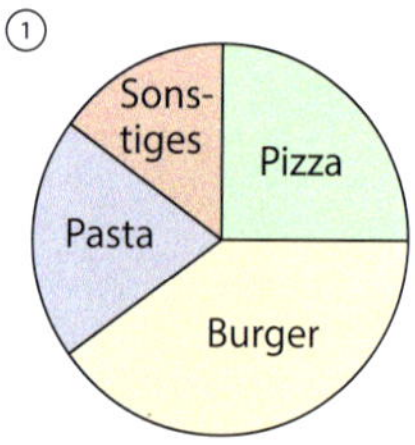

②

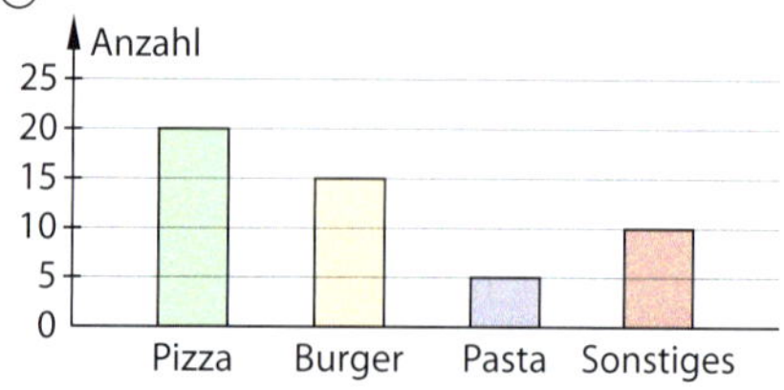

In Tabellen kann man schnell die exakten Werte einer Umfrage nachlesen.

In **Diagrammen** werden Ergebnisse übersichtlicher und meist anschaulicher dargestellt.

Die Anzahlen der Stimmen (absolute Häufigkeiten) lassen sich gut im **Säulendiagramm** veranschaulichen.

Leonie: 15 Stimmen
Lukas: 9 Stimmen
Sophie: 6 Stimmen

Im Säulendiagramm sieht man direkt, dass Leonie die höchste und Lukas die zweithöchste Stimmenzahl erhielt.

Die prozentualen Ergebnisse (Anteile) lassen sich gut im **Kreisdiagramm** veranschaulichen.

Leonie: $\frac{15\text{ Stimmen}}{30\text{ Stimmen}} = \frac{1}{2} = 50\,\%$

Lukas: $\frac{9\text{ Stimmen}}{30\text{ Stimmen}} = \frac{3}{10} = 30\,\%$

Sophie: $\frac{6\text{ Stimmen}}{30\text{ Stimmen}} = \frac{1}{5} = 20\,\%$

Im Kreisdiagramm sieht man direkt, dass Leonie die Hälfte aller Stimmen bekommen hat.

Ergebnis einer Klassensprecherwahl:

	Leonie	Lukas	Sophie
Stimmen	15	9	6

Darstellung im Säulendiagramm:

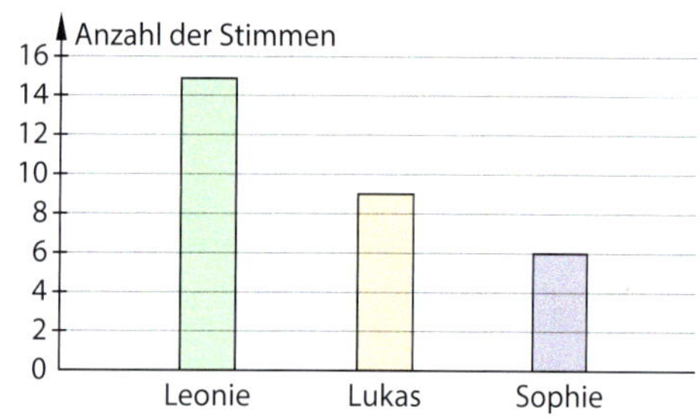

Darstellung im Kreisdiagramm:

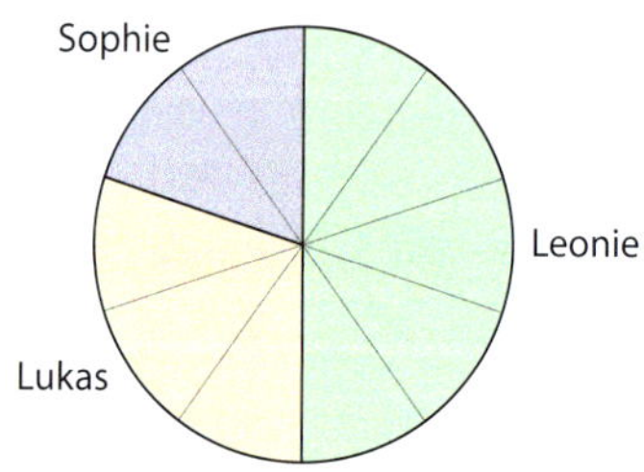

Wissen: Kreisdiagramme

In einem **Kreisdiagramm** werden die Anteile eines Ganzen als Teile eines Kreises dargestellt. Der Vollkreis (360°) entspricht dem Ganzen (100 %).

Kreisdiagramme eignen sich zur Darstellung von relativen Häufigkeiten.

Beispiel 1: Das Kreisdiagramm zeigt das Ergebnis einer Umfrage. Bestimme die prozentualen Anteile der Antworten.

Umfrage:
Reist du lieber ans Meer oder in die Berge?

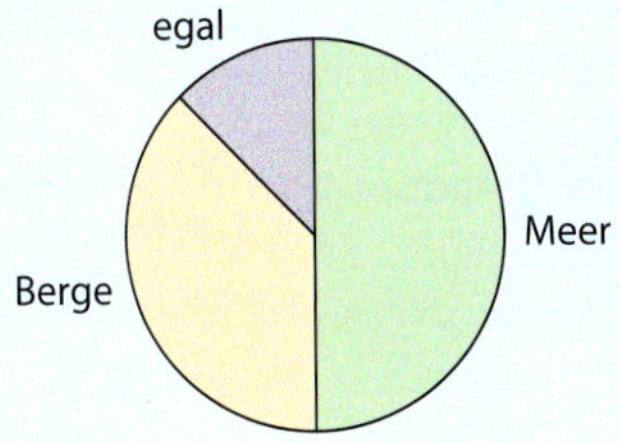

Lösung:
Miss bei jedem Kreisteil die Winkelweite und teile sie durch 360°. Rechne das Ergebnis in Prozent um.

$\frac{45°}{360°} = \frac{1}{8} = 12{,}5\,\%$

$\frac{135°}{360°} = \frac{3}{8} = 37{,}5\,\%$

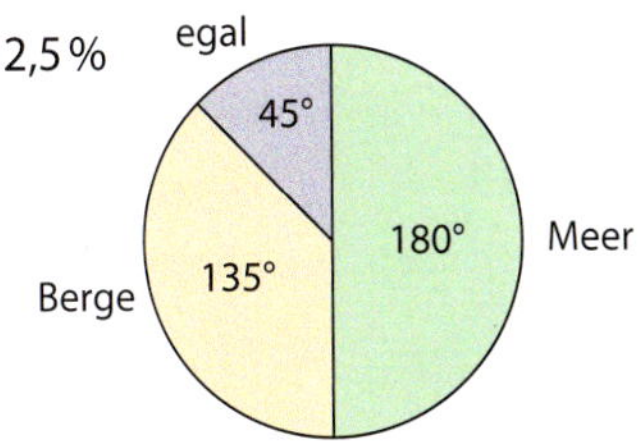

$\frac{180°}{360°} = \frac{1}{2} = 50\,\%$

Basisaufgaben

1. Ordne den Anteilen in den Kreisdiagrammen die Prozentangaben passend zu:

60 % | 10 % | 50 % | 25 % | 30 % | 25 %

① 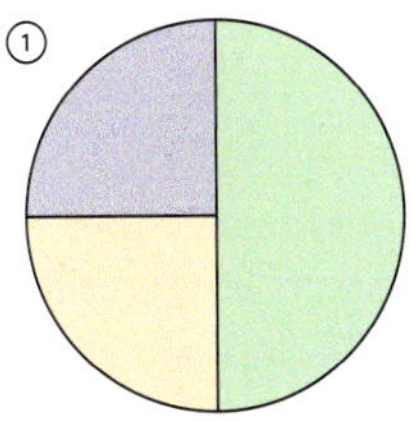

② 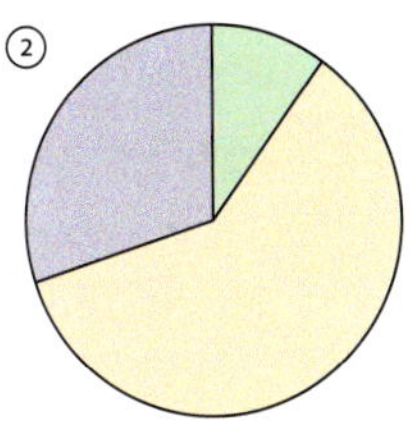

2. In den Klassen 6 a, 6 b und 6 c wurde gefragt: „Möchtest du später ein berühmter Musiker werden?" Berechne die Anteile der Antworten in Prozent.

6a: 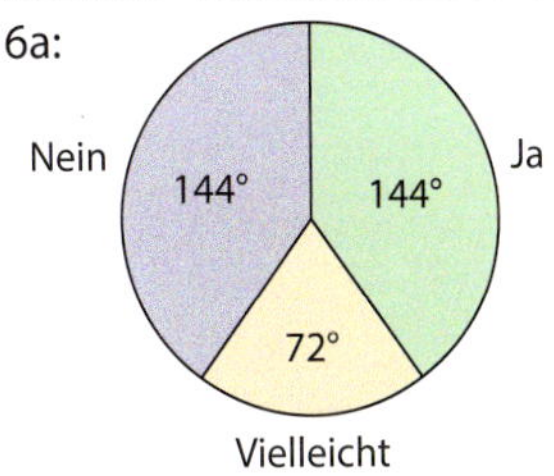

6b: 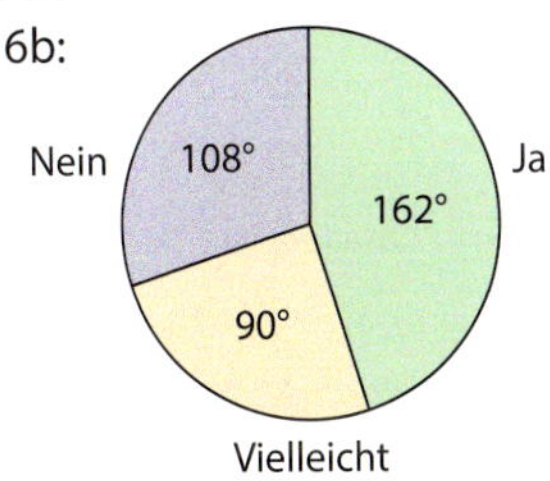

6c: 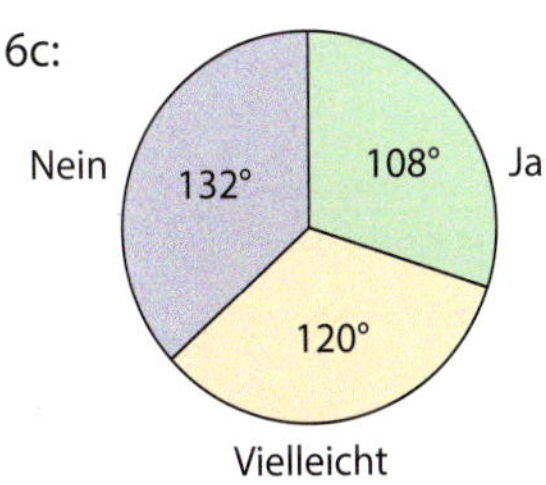

3. Gib die Anteile des Kreisdiagramms in Prozent an. Beachte die grauen Hilfslinien.

a) 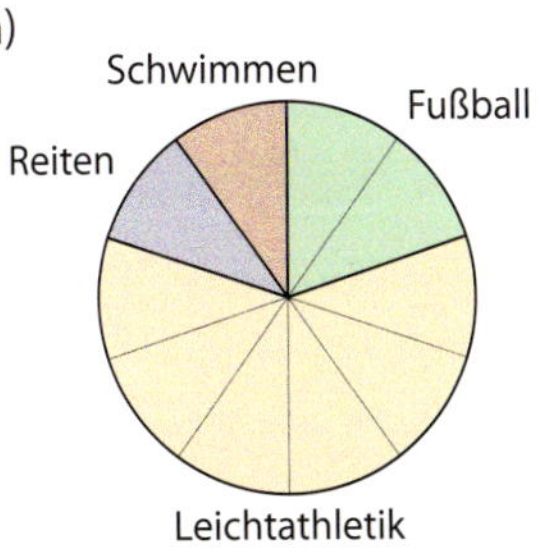

b) 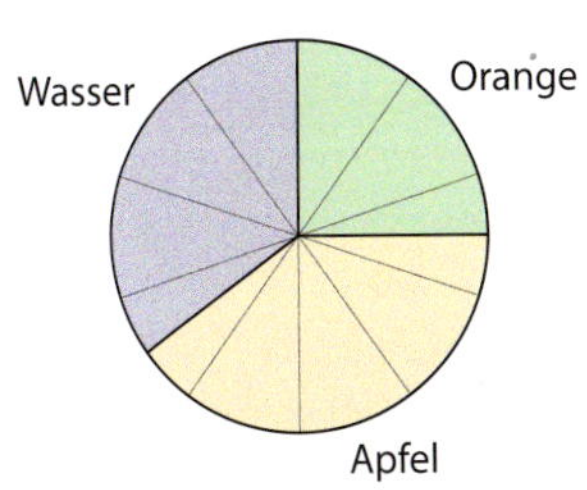

c) 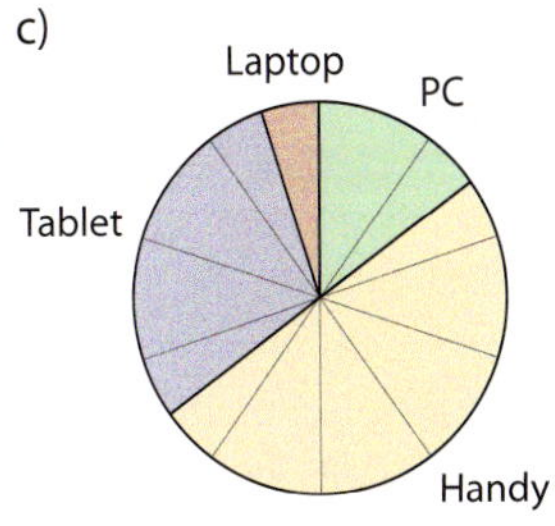

Hinweis zu 3:
Hier findest du die Lösungen.

4. Prüfe, welche der Aussagen zum Kreisdiagramm richtig sind. Begründe.
a) Die häufigste Antwort war „1".
b) „0" und „2" kamen gleich häufig vor.
c) Weniger als die Hälfte der Befragten hat zwei oder mehr Geschwister.
d) Aus dem Diagramm kann man ablesen, wie viele Personen befragt wurden.

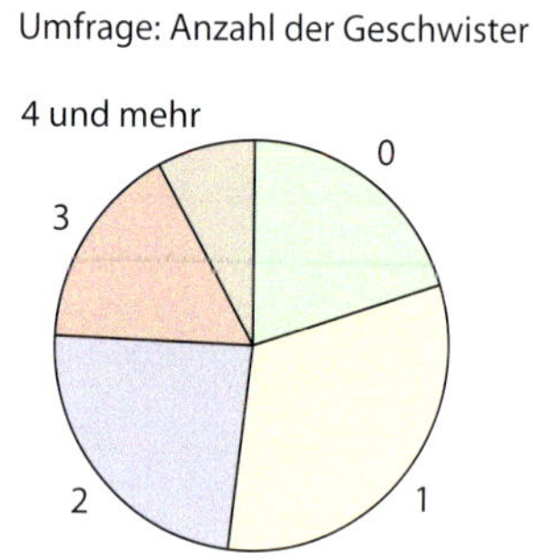

Weiterführende Aufgaben

5. In einem Kreisdiagramm gehört zu jeder Winkelweite eines Kreisteils ein Anteil in Prozent. Vervollständige die Tabelle im Heft.

Winkelweite	3,6°	18°	36°	54°	72°	90°	180°	270°	360°
Anteil									100 %

Welche Haustiere habt ihr?
Kreuzt an!
( ) Katzen
( ) Hunde
( ) Vögel
( ) Fische
( ) Kaninchen

6. **Stolperstelle:** Kim hat in einer Umfrage in ihrem Jahrgang 120 Schüler gefragt, welche Haustiere in ihren Familien leben. Das Ergebnis hat sie in einer Tabelle zusammengefasst.

	Katzen	Hunde	Vögel	Fische	Kaninchen
Anzahl der Familien	30	60	18	12	12
relative Häufigkeit	25 %	50 %	15 %	10 %	10 %

Kim hat das abgebildete Kreisdiagramm mit dem Computer erstellt. Sie wundert sich, dass der Kreisteil für Hunde nicht den halben Kreis ausfüllt.
a) Finde Kims Fehler.
b) Erkläre, warum ein Kreisdiagramm hier keine sinnvolle Darstellung ist.
c) Stelle das Ergebnis der Umfrage in einem Säulendiagramm dar.

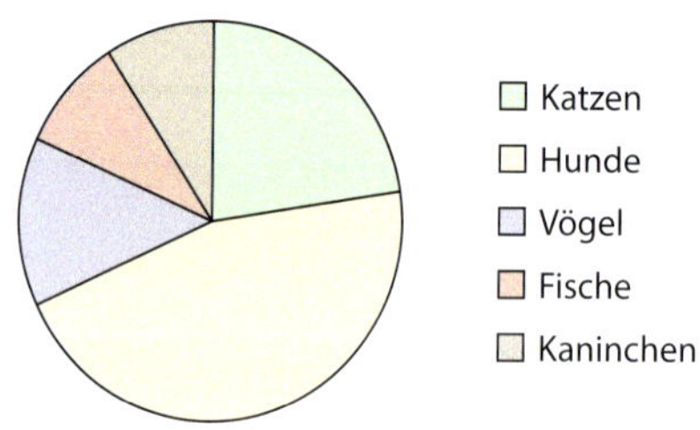

7. Das Kreis- und das Säulendiagramm zeigen die Verteilung der Stimmen bei einer Wahl.

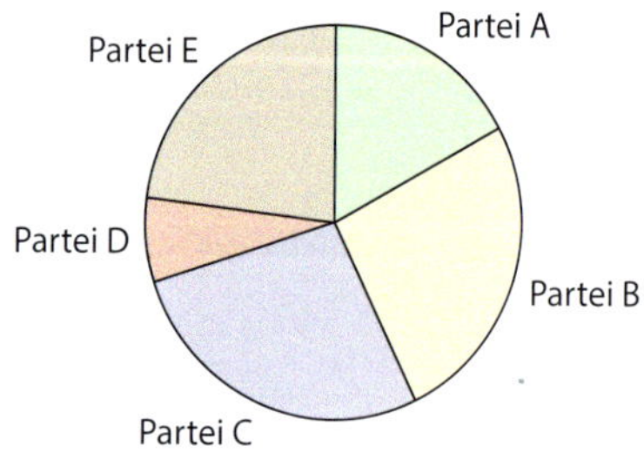

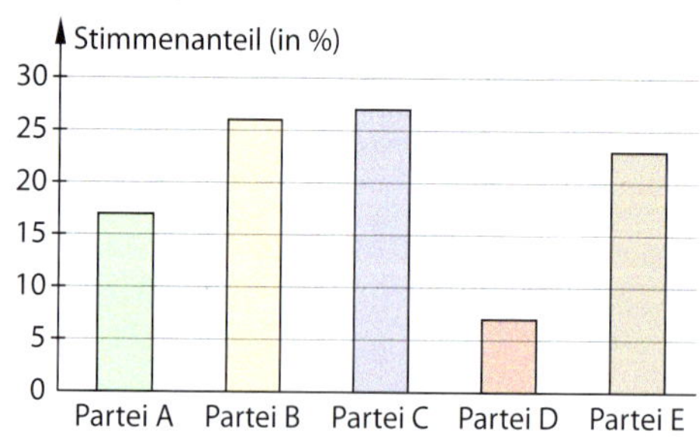

Entscheide, ob die Aussagen richtig sind. Kannst du dies schneller im Kreis- oder im Säulendiagramm überprüfen. Begründe.
a) Partei B erhielt die meisten Stimmen.
b) Mehr als ein Viertel der Stimmen gab es für Partei E.
c) Partei B und C haben zusammen mehr als die Hälfte der Stimmen.
d) Die wenigsten Stimmen erhielt Partei D.

8. Kreisdiagramm zeichnen: 80 Personen haben an einer Prüfung teilgenommen. In der Tabelle ist die Verteilung der Noten dargestellt.

Note	1	2	3	4	5
Anzahl der Personen	10	22	24	16	8

a) Diego überlegt, wie man aus diesen Angaben ein Kreisdiagramm zeichnen kann:
10 Personen von 80 Personen haben eine 1 erhalten, also $\frac{10}{80} = \frac{1}{8}$ aller Personen. Der Anteil im Kreisdiagramm muss dann auch $\frac{1}{8}$ von 360° sein, also 48°.

Berechne die restlichen Winkelweiten und zeichne das Kreisdiagramm.

b) Berechne die relative Häufigkeit jeder Note. Kann auch aus der relativen Häufigkeit die zugehörige Winkelweite berechnet werden?

Hinweis:
Kontrolle: Die Summe aller berechneten Winkelweiten muss 360° ergeben.

9. Streifendiagramm: Anteile eines Ganzen lassen sich auch als Abschnitte in einem rechteckigen Streifen veranschaulichen. Leni hat das folgende Streifendiagramm zur Verteilung der Blutgruppen 0, A, B und AB in Deutschland entdeckt.

a) Leni berechnet den prozentualen Anteil der Blutgruppe 0: $\frac{33\,\text{mm}}{80\,\text{mm}} = 41{,}25\,\% \approx 41\,\%$
Erläutere das Vorgehen von Leni.

b) Berechne die prozentualen Anteile der anderen Blutgruppen. Miss die benötigten Streifenbreiten.

c) Ordne den Anteilen in den Streifendiagrammen die Prozentangaben passend zu.

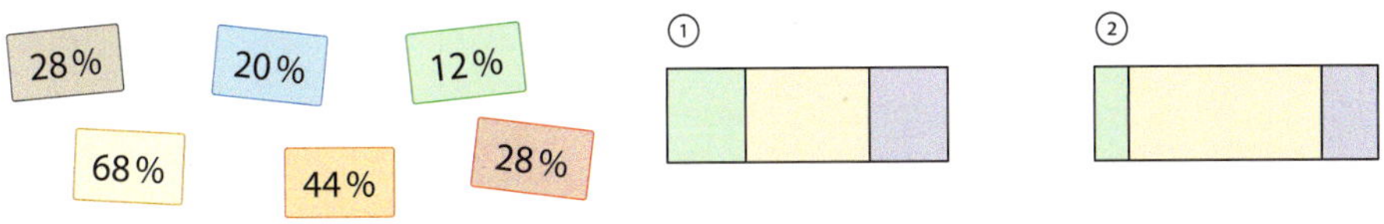

d) Erläutere Unterschiede und Gemeinsamkeiten zwischen einem Streifen- und einem Kreisdiagramm.

10. Ausblick: 140 Jungen und Mädchen der 6. Klassen wurden gefragt, wofür sie Computer am häufigsten nutzen. Zur Auswertung wurde das Säulendiagramm erstellt.

a) Wie viele Jungen und wie viele Mädchen wurden befragt?

b) Mit den Daten aus dem Säulendiagramm wurden die Kreisdiagramme ① und ② erstellt. Erkläre, was darin dargestellt ist. Finde jeweils eine passende Überschrift und Beschriftungen für die Kreisteile.

c) Berechne in den Kreisdiagrammen die Anteile in Prozent. Verwende die Zahlen aus dem Säulendiagramm.

d) Berechne in den Kreisdiagrammen die Winkel der Kreisteile. (Nicht messen!)

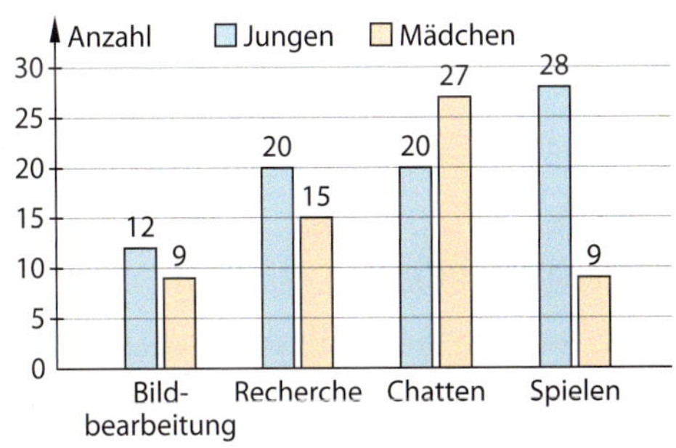

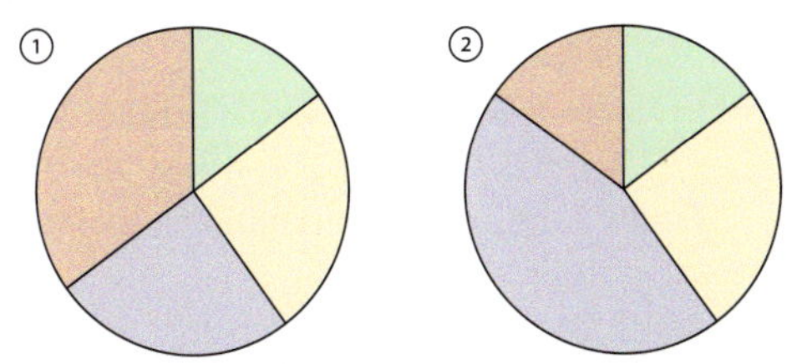

6.3 Klasseneinteilung

■ Bei einer Marktforschung wurden die Preise für USB-Sticks mit gleicher Speicherkapazität erfasst (in Euro, gerundet auf Ganze):
31, 34, 36, 36, 28, 35, 24, 28, 24, 24, 27, 27, 25, 20, 18, 25, 28, 23, 17, 36, 22
Zur Auswertung sollen die Preise eingeteilt werden.

a) Wie viele Angebote waren günstiger als 20 €?
b) Wie viele Angebote waren teurer als 29 €?
c) Wie viele Angebote kosteten mindestens 20 €, aber höchstens 29 €? ■

Beim Erfassen von Daten erhält man häufig sehr viele Daten. Es entstehen unübersichtliche Listen. Für die Auswertung werden deshalb ähnliche Werte zusammengefasst. Welche Werte zusammengefasst werden, wird durch die **Klasseneinteilung** bestimmt.

Hinweis:
Die **Klassenbreite** ergibt sich aus der Differenz der Ober- und Untergrenze der Klasse. Häufig werden gleich breite Klassen gewählt. Dies muss aber nicht so sein.

Wissen: Klasseneinteilung
Wenn eine große Menge an Daten vorliegt, dann kann man benachbarte Werte zu einer **Klasse** zusammenfassen. Die Einteilung der Klassen hängt von der Situation ab.

Beispiel 1:
Bei einer Geschwindigkeitskontrolle wurden folgende Werte gemessen (in km/h): 41, 58, 47, 34, 49, 52, 63, 49, 50, 37, 55, 46, 56, 43, 52, 39, 50, 70, 49, 53, 40, 47, 64, 52, 53
Erstelle eine Häufigkeitstabelle mit Klasseneinteilung.

Lösung:
Bilde Klassen, die den Bereich der gemessenen Werte gleichmäßig abdecken.

Zähle die Werte, die zu den einzelnen Klassen gehören. Nutze eine Strichliste.

Geschwindigkeit (in km/h)	31 bis 40	41 bis 50	51 bis 60	61 bis 70
Strichliste	IIII	~~IIII~~ ~~IIII~~	~~IIII~~ III	III
Häufigkeit	4	10	8	3

Basisaufgaben

Hinweis zu 1:
Hier findest du die absoluten Häufigkeiten.

1. Eine Sportlehrerin möchte für den 50-m-Sprint Trainingsgruppen bilden. Dazu erstellt sie die folgende Klasseneinteilung.

Gruppe	A: sehr schnell	B: schnell	C: mittelmäßig	D: langsam
Laufzeit	weniger als 8,5 s	8,5 s bis 9,2 s	9,3 s bis 10,2 s	mehr als 10,2 s

In einem Testlauf erzielen die Schüler die folgenden Zeiten (in Sekunden):
9,3; 8,4; 8,0; 11,2; 10,0; 7,9; 8,8; 9,0; 7,8; 10,3; 8,7; 9,4; 9,6; 10,5; 8,7; 9,5; 9,9; 8,0
Ermittle die absoluten Häufigkeiten der einzelnen Klassen. Trage sie in eine Tabelle ein.

2. Bei einer Umfrage soll untersucht werden, wie lange die Schüler am Tag chatten. Erkläre, warum für die Darstellung der Ergebnisse in einer Häufigkeitstabelle eine Klasseneinteilung notwendig ist. Gib einen Vorschlag für eine Einteilung in vier Klassen an.

Weiterführende Aufgaben

3. Bei einer Klassenarbeit gab es maximal 35 Punkte. Die 19 Schüler erreichten die folgenden Punktzahlen: 33, 33, 31, 30, 29, 28, 27, 26, 25, 23, 22, 21, 21, 20, 19, 18, 16, 13, 11.
Erstelle eine Häufigkeitstabelle mit einer geeigneten Klasseneinteilung, welche
a) gleich breite Klassen hat, b) unterschiedlich breite Klassen hat.

4. Ist es sinnvoll, bei den gegebenen Daten eine Klasseneinteilung vorzunehmen? Begründe. Falls ja, erstelle eine Häufigkeitstabelle mit einer geeigneten Klasseneinteilung.
a) Körpergrößen (in m):
1,67; 1,87; 1,89; 1,59; 1,86; 1,57; 1,71; 1,74; 1,78; 1,69; 1,81; 1,60; 1,59; 1,69; 1,57; 1,69
b) Anzahl der Tore bei den Spielen eines Fußballturniers:
0, 2, 3, 1, 5, 1, 4, 3, 5, 1, 0, 2, 6, 3, 3

5. **Stolperstelle:** Linda hat für die Erfassung von Körpergewichten diese Klasseneinteilung gewählt: *unter 30 kg; 30 kg bis 40 kg; 40 kg bis 50 kg; über 50 kg.*
Welches Problem tritt auf, wenn eines der Körpergewichte 40 kg ist? Erkläre.

● 6. Bei einem Quiz, bei dem es maximal 75 Punkte gibt, erreichten die Kandidaten die folgenden Punktzahlen: 73, 71, 65, 62, 60, 57, 54, 54, 50, 48, 48, 46, 43, 40, 36, 27
Zur Darstellung der Ergebnisse wählten Moritz, David und Leonie Klasseneinteilungen:
Moritz: *0-25; 26-50; 51-75* David: *26-35; 36-45; 46-55; 56-65; 66-75*
Leonie: *26-30; 31-35; 36-40; 41-45; 46-50; 51-55; 56-60; 61-65; 66-70; 71-75*
a) Erstelle für jede Klasseneinteilung eine Häufigkeitstabelle.
b) Erstelle für jede Klasseneinteilung ein Säulendiagramm.
c) Vergleiche die Tabellen und die Digramme. Bei welcher Klasseneinteilung werden die Ergebnisse am besten und übersichtlichsten dargestellt. Begründe deine Meinung.

7. Führt in eurer Klasse eine Erhebung der Körpergrößen durch. Erfasst die Daten in der Form einer Urliste: „1,72 m; 1,67 m; …" Arbeitet dann in Gruppen weiter.
a) Wählt eine passende Klasseneinteilung und erstellt eine Tabelle mit den Häufigkeiten.
b) Zeichnet ein Säulendiagramm zur Häufigkeitstabelle aus a).
c) Vergleicht eure Diagramme in der Klasse. Nennt Gemeinsamkeiten und Unterschiede.

● 8. **Ausblick:** An einem Ferienort wurden im August die Sonnenstunden pro Tag erfasst:
8, 8, 8, 7, 6, 4, 6, 6, 7, 8, 8, 9, 10, 11, 11, 11, 10, 9, 8, 7, 6, 5, 3, 2, 2, 1, 2, 6, 7, 8, 8
Zu den Daten entstanden zwei Diagramme.

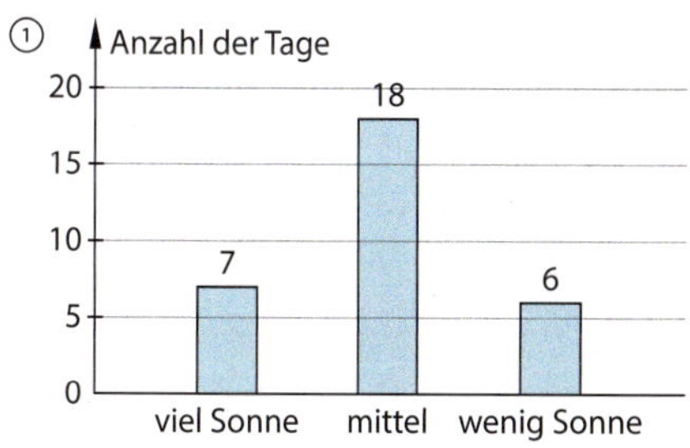

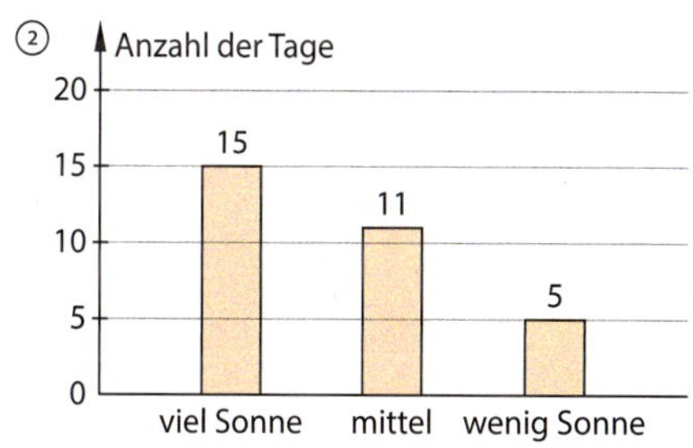

a) Vergleiche die Diagramme. Nenne mögliche Ursachen für die Unterschiede.
b) Ein Diagramm stammt von einem Reiseveranstalter, eines vom Wetterdienst. Ordne zu und begründe.
c) Ermittle zu jedem Diagramm eine passende Klasseneinteilung der Sonnenstunden.

6.4 Kennwerte

■ Annika und Marie trainieren 7-m-Würfe. Sie machen drei Runden mit je 30 Würfen. Der Trainer notiert:
Annika: 14 Treffer, 22 Treffer und 18 Treffer.
Marie: 21 Treffer, 15 Treffer und 21 Treffer.
a) Wer hatte die meisten Treffer in einer Runde?
b) Wer hatte zwischen der besten und der schlechtesten Runde den größten Unterschied?
c) Wer traf im Durchschnitt häufiger? ■

Wissen: Kennwerte von Datenlisten

Das **Maximum** ist der größte Wert einer Datenliste, das **Minimum** ihr kleinster Wert.

Die **Spannweite** ist der Unterschied zwischen dem Maximum und dem Minimum.

Spannweite = Maximum − Minimum

Das **arithmetische Mittel** wird berechnet, indem man die Summe aller Werte durch die Anzahl der Werte dividiert.

$$\text{arithmetisches Mittel} = \frac{\text{Summe aller Werte}}{\text{Anzahl der Werte}}$$

Der **Modalwert** ist der häufigste Wert einer Datenliste.

Hinweis:
Zum arithmetischen Mittel sagt man in der Alltagssprache oft **Durchschnitt**.

Hinweis:
Treten in einer Datenliste mehrere Werte am häufigsten auf, gibt es mehrere Modalwerte.

Kennwerte ermitteln

Beispiel 1: In den letzten Vokabeltests hatte Antonia 6, 9, 4, 2, 5 und 4 Fehler.
a) Bestimme das Maximum, das Minimum und die Spannweite.
b) Bestimme das arithmetische Mittel und den Modalwert.

Lösung:
a) Das schlechteste Ergebnis waren 9 Fehler, das beste 2 Fehler.
Spannweite = Maximum − Minimum

Maximum: 9
Minimum: 2
Spannweite: 9 − 2 = 7

b) Teile die Summe der Fehler durch die Anzahl der Tests.

Summe der Fehler: 6 + 9 + 4 + 2 + 5 + 4 = 30
Anzahl der Tests: 6
Arithmetisches Mittel: $\frac{30}{6} = 30 : 6 = 5$

Die 4 kommt zweimal in der Liste vor, alle anderen Zahlen nur einmal.

Modalwert: 4

Hinweis zu 2:
Hier findest du die Lösungen.

Basisaufgaben

1. Bestimme das Maximum, das Minimum und die Spannweite.
a) 5; 7; 7; 11; 19 b) 36; 0; 119; 70; 85; 187 c) 5,5; 9,2; 9,8; 7,3; 4,7; 8,0

2. Berechne das arithmetische Mittel.
a) 2; 18; 7 b) 33; 0; 127; 12 c) 4; 5; 7; 12; 13
d) 2,3; 13,4; 1,5; 3,2 e) 27; 32; 54; 81; 93 f) 1437; 1297; 1185; 2481

3. Die Kennwerte zu den Temperaturen 3 °C, 6 °C, 6 °C, 6 °C, 7 °C, 8 °C, 8 °C und 12 °C stehen auf den Kärtchen rechts. Ordne sie richtig zu.

3 °C | 6 °C | 9 °C | 12 °C | 7 °C

4. Bestimme für jede Woche Maximum, Minimum, Spannweite und das arithmetische Mittel. Beschreibe, worin sich die Temperaturen in beiden Wochen unterscheiden.

①

Mo.	Di.	Mi.	Do.	Fr.	Sa.	So.
0 °C	4 °C	3 °C	4 °C	4 °C	4 °C	9 °C

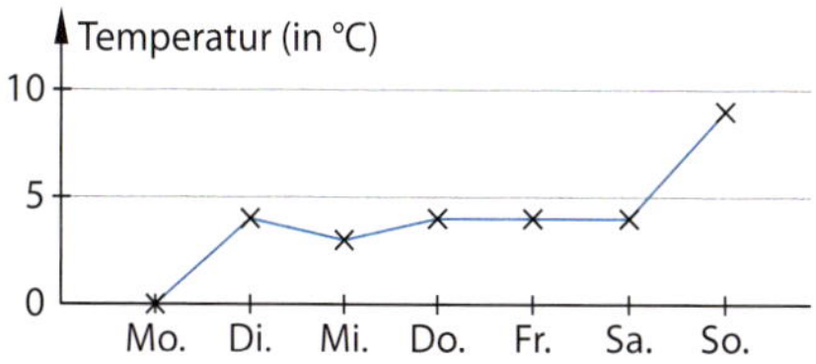

②

Mo.	Di.	Mi.	Do.	Fr.	Sa.	So.
7 °C	0 °C	1 °C	8 °C	1 °C	2 °C	9 °C

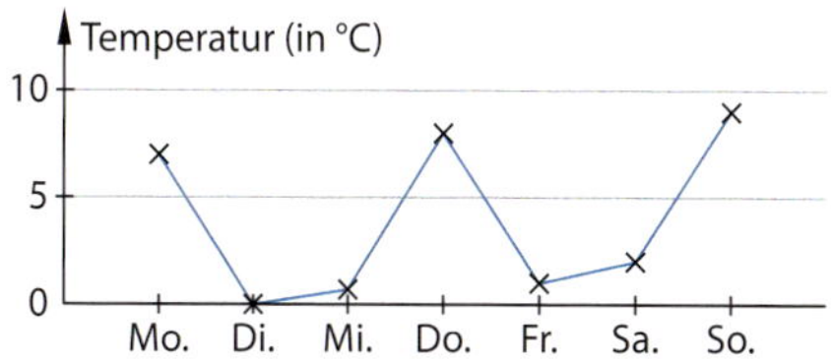

5. Mara und David haben bei einem Schüler-Quiz teilgenommen. In den vier Runden erzielte Mara 8, 9, 4 und 11 richtige Antworten, David hatte 8, 9, 8 und 9 richtige Antworten.
   a) Berechne das durchschnittliche Ergebnis von Mara und das von David.
   b) Wer hat besser abgeschnitten? Begründe deine Meinung.

6. Berechne das arithmetische Mittel und die Spannweite der Datenliste. Beschreibe, wie sich beide Kennwerte durch die Hinzunahme des Wertes in Klammern ändern.
   a) 7; 1; 1; 2; 4 (3)   b) 19; 2; 21 (4)   c) 13; 7; 9; 11 (65)

Das arithmetische Mittel bei Häufigkeitstabellen ermitteln

Beispiel 2: Ein Basketballteam hat Freiwürfe geübt. Die Tabelle zeigt, wie viele der Mitglieder 14, 15, 16, 17 oder 18 Treffer hatten. Berechne das arithmetische Mittel der Trefferzahlen.

Trefferzahl	14	15	16	17	18
Häufigkeit	3	4	5	2	4

Lösung:

Ermittle die Gesamtzahl der Treffer wie folgt: Multipliziere die Trefferzahl mit ihrer Häufigkeit. Addiere die Produkte.

$3 \cdot 14 + 4 \cdot 15 + 5 \cdot 16 + 2 \cdot 17 + 4 \cdot 18 = 288$

Ermittle die Anzahl der Werte.
Teile die Gesamtzahl der Treffer durch die Anzahl der Werte.

Anzahl der Werte: $3 + 4 + 5 + 2 + 4 = 18$

Arithmetisches Mittel: $\frac{288}{18} = 288 : 18 = 16$

Basisaufgaben

7. Berechne das arithmetische Mittel der Noten aus der Klassenarbeit.

Note	1	2	3	4	5	6
Anzahl	3	7	6	4	3	1

8. Der Trainer von zwei Fußballmannschaften möchte vergleichen, wie viele Tore pro Spiel seine Mannschaften schießen. Vergleiche die arithmetischen Mittel für beide Mannschaften.

Mannschaft 1:

Tore pro Spiel	1	2	3
Häufigkeit	4	2	4

Mannschaft 2:

Tore pro Spiel	1	2	3
Häufigkeit	3	2	5

9. Beim Schulfest wurde Dosenwerfen angeboten. Die Tabelle zeigt, wie viele Dosen mit je drei Würfen abgeworfen wurden.

Anzahl abgeworfener Dosen	0	1	2	3	4	5	6	7	8	9	10
Häufigkeit	0	1	1	5	7	13	18	18	21	8	8

a) Bestimme das arithmetische Mittel der Anzahl abgeworfener Dosen.
b) Ermittle, wie viele Teilnehmer besser waren als der Durchschnitt.
c) Gib den Modalwert und die Spannweite der abgeworfenen Dosen an.

Weiterführende Aufgaben

10. Die Ergebnisse einer Klassenarbeit sollen verglichen werden.
a) Ermittle für die Klassen 6a und 6b jeweils die Durchschnittsnote. Beschreibe deinen Rechenweg. Orientiere dich an Beispiel 2.
b) Nina aus der 6b behauptet, dass ihre Klasse auf den ersten Blick besser abgeschnitten hat. Erkläre mit deinem Wissen über Kennwerte, wie Nina wohl darauf kommt.

Klasse 6a:

Note	1	2	3	4	5	6
Anzahl	1	3	8	6	2	0

Klasse 6b:

Note	1	2	3	4	5	6
Anzahl	0	9	5	5	4	2

11. Stolperstelle:
a) Tim will das arithmetische Mittel der Ergebnisse beim Team-Weitsprung berechnen:
2,45 m + 3,05 m + 1,90 m + 220 cm + 2,6 m + 180 cm = 410 m   410 m : 6 ≈ 68,33 m
Erkläre, welchen Fehler Tim gemacht hat. Korrigiere.
b) Bei einer Tombola gibt es unterschiedliche Geldpreise als Gewinne:
100-mal 1 €;   10-mal 4 €;   5-mal 10 €;   3-mal 25 €;   1-mal 100 €
Katharina will den durchschnittlichen Gewinn ermitteln. Sie rechnet:
1 € + 4 € + 10 € + 25 € + 100 € = 140 €   140 € : 5 = 28 €
Das Ergebnis kommt Katharina sehr hoch vor. Korrigiere ihre Rechnung.

12. Bei einem Onlineshop kann man Produkte mit 1 bis 5 Sternen bewerten.
a) Benjamin hat die durchschnittliche Bewertung für ein Smartphone berechnet. Sein Ergebnis ist 5,5 Sterne. Nimm dazu Stellung, ohne zu rechnen.
b) Schätze die durchschnittliche Bewertung. Berechne dann den genauen Wert.
c) Was wäre die schlechteste durchschnittliche Bewertung für ein Produkt? Was wäre die beste?

Smartphone AB 0815 mini	
Bewertung	**Anzahl**
5 Sterne	4
4 Sterne	7
3 Sterne	5
2 Sterne	3
1 Stern	1

13. Die Fahrt des Intercity von Celle nach Uelzen dauerte bei den letzten Fahrten:
20 min, 22 min, 19 min, 51 min, 20 min
a) Berechne das arithmetische Mittel.
b) Beschreibe, was dir an den Zahlen auffällt. Woran könnte das liegen?
c) Schätze, wie lang die Fahrtdauer laut Fahrplan ist. Begründe dein Vorgehen.

14. Schätzt das Gewicht des Fundamente-Buches. Bestimmt das Minimum, das Maximum, die Spannweite und das arithmetische Mittel eurer Schätzung. Messt anschließend das Gewicht und vergleicht den Wert mit der Schätzung.

Tipp zu 14:
Verwendet einen Taschenrechner.

15. Die Lehrerin zeigt einen Faden der Länge 99 cm, ohne die Länge zu nennen. In zwei Schülergruppen schätzt jeder Einzelne die Länge des Fadens in cm.
Gruppe A: 100, 135, 100, 65, 70, 130 Gruppe 2: 105, 95, 110, 108, 90, 95
a) Bestimme für jede Gruppe Modalwert, Spannweite und arithmetisches Mittel.
b) Welche Gruppe hat besser geschätzt? Begründe deine Meinung. Welche Bedeutung haben die Kennwerte bei der Beurteilung der Frage?

16. Gegeben sind die Zahlen 23, 12, 17 und 18.
a) Eine natürliche Zahl soll ergänzt werden, sodass die Spannweite der Datenliste unverändert bleibt. Finde alle möglichen Lösungen.
b) Kann eine Zahl ergänzt werden, sodass sich die Spannweite verringert? Begründe.
c) Ergänze eine fünfte Zahl, sodass die Spannweite den Wert 15 (den Wert 35) hat.
d) Ergänze eine fünfte Zahl, sodass das arithmetische Mittel der Datenliste den Wert 16 (den Wert 15; den Wert 20; den Wert 18) hat.

17. Die Säulendiagramme zeigen für zwei Wochen die Anzahl der Sonnenstunden pro Tag.
1. Woche:

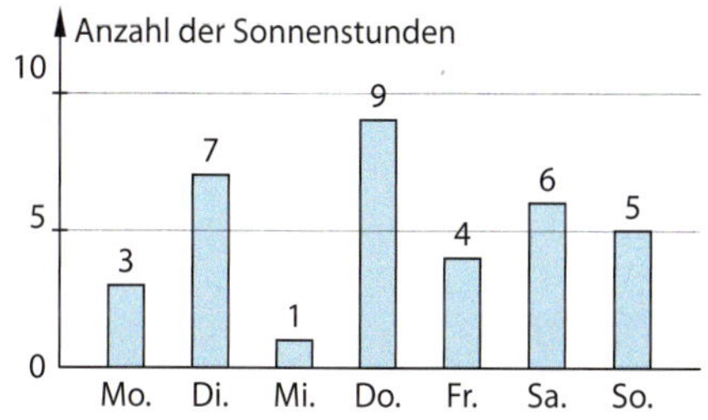

2. Woche:

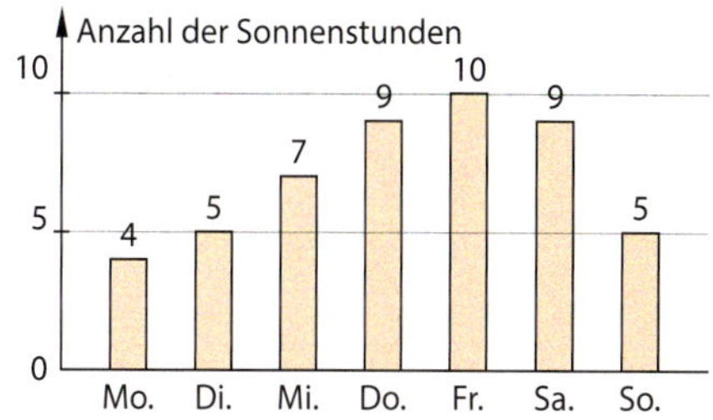

a) Berechne für die 1. Woche das arithmetische Mittel der täglichen Sonnenstunden.
b) Toni behauptet: „Man kann das arithmetische Mittel im Diagramm bereits gut erkennen." Erkläre, was Toni meint. Vergleiche dazu immer zwei Tage.
c) Aaron sagt: „Man sieht sofort, dass in der 2. Woche im Durchschnitt die Sonne pro Tag mehr als 5 Stunden schien. Was meinst du dazu?
d) Schätze anhand der Abbildung für die 2. Woche das arithmetische Mittel der täglichen Sonnenstunden. Überprüfe durch eine Rechnung.
e) Erkläre, wie man die durchschnittliche Anzahl im Diagramm veranschaulichen kann.

18. Ausblick:

Raser erfolgreich gestoppt
Die Polizei hat in einer 70er-Zone auf der B 502 zehn Autofahrer mit zu hoher Geschwindigkeit gestoppt. Sie waren im Durchschnitt 25 km/h zu schnell unterwegs. Zwei Fahrer fielen dabei besonders negativ auf. Sie wurden mit 120 km/h und mit sogar 150 km/h erwischt. Ihnen droht nun eine lange Zeit ohne Führerschein.

Der Artikel nennt nur für zwei Autofahrer die exakte Geschwindigkeit. Bei allen anderen gestoppten Fahrern kann man nur spekulieren.
a) Zunächst wird angenommen, dass die anderen acht Autofahrer alle gleich schnell waren. Bestimme deren Geschwindigkeit.
b) Später kommt heraus, dass drei dieser acht Autofahrer mit 75 km/h gestoppt wurden. Berechne, wie schnell dann die anderen fünf Autofahrer im Durchschnitt gefahren sind.

Mit Tabellenkalkulationen arbeiten

■ Beim Sportfest einer Schule werden verschiedene Sportarten angeboten. Jeder Schüler muss sich für eine Sportart beim Organisationsteam anmelden.
Annika und Jan nehmen die Anmeldungen entgegen. Die beiden verschaffen sich mit der Tabelle einen Überblick.
Welche Angaben und Daten sind von Interesse? Begründe. ■

Klassenstufe	Schüler	Anmeldungen
5	48	31
6	52	40
7	46	35
8	55	41
9	60	40
10	52	36

Mit einer **Tabellenkalkulation** wie z. B. Excel kann man Daten schnell auswerten und darstellen. Im ersten Schritt muss man die Daten in eine Tabelle eintragen. Dann kann man für die Daten Kennwerte berechnen oder Diagramme erstellen.

Wissen: Grundlagen einer Tabellenkalkulation
Jedes Arbeitsblatt ist in Zeilen 1, 2, 3 … und Spalten A, B, C … aufgeteilt.

Die einzelnen Felder in den Zeilen und Spalten bezeichnet man als Zellen. Der Zellname ergibt sich durch die Zeilen- und Spaltenbezeichnung, zum Beispiel B6.

Durch Klick in eine aktive Zelle kann man eine Zelle bearbeiten.

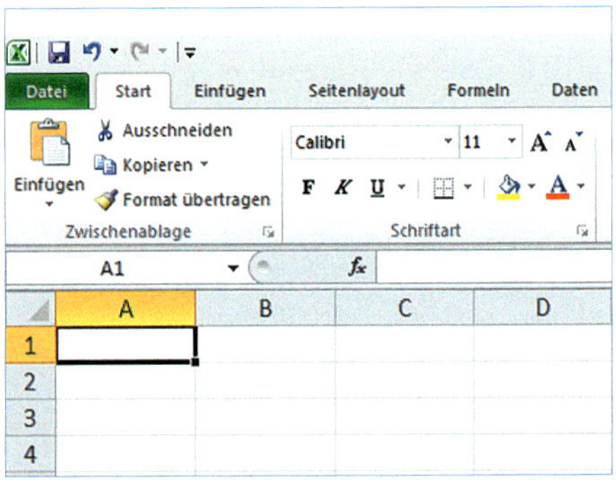

Daten in eine Tabelle eintragen

Beispiel 1: Für ein Sportfest liegen folgende Anmeldungen vor:
Frisbee 14, Fußball 12, Handball 19, Tischtennis 24, Bouldern 18, Slackline 11.
Lege eine Tabelle in einer Tabellenkalkulation an.

Lösung:
1. Benenne die Datei und speichere sie.
2. Gib die Überschrift „Sportfest" ein.
3. Trage die Sportart und Anzahl der Anmeldung in die jeweiligen Zellen ein.

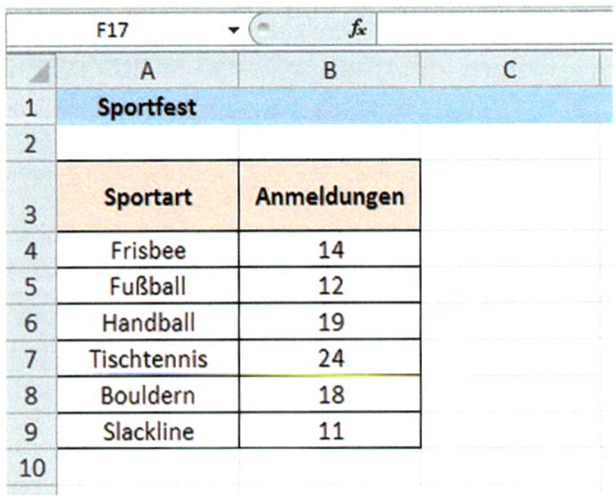

Sportart	Anmeldungen
Frisbee	14
Fußball	12
Handball	19
Tischtennis	24
Bouldern	18
Slackline	11

Hinweis:
Im Register „Start" kann man Schrift und Rahmen verändern.

Formatiere Überschriften FETT. Setze um Tabellen einen Rahmen.

TK **1.** Erstelle mit einer Tabellenkalkulation eine Tabelle für die Besucherzahlen der Vorstellungen eines Zirkus: Dienstag 367, Donnerstag 403, Samstag 650 (ausverkauft), Sonntag: 650 (ausverkauft)

Relative Häufigkeit berechnen

Wissen: Formeln in einer Tabellenkalkulation

Am Anfang einer **Formel** steht immer ein Gleichheitszeichen „=". Dann folgt die Rechenvorschrift (ohne Leerzeichen). Die **Zeichen für Grundrechenarten** sind:

Addition: + Multiplikation: * Subtraktion: – Division: /

Beispiel 2: Berechne für die Anmeldungen aus Beispiel 1 die relativen Häufigkeiten.

Lösung:

1. Bestimme die „Gesamtzahl" der Anmeldung. Gib dazu in **B10** die Formel **=SUMME(B4:B9)** ein. Bestätige die Eingabe mit „Enter". In B10 steht dann das Ergebnis.
2. Gib in die Zelle **C4** die Formel **=B4/B10** ein. Man erhält das Ergebnis 0,14 (gerundet).
   Berechne mit der Formel auch in den anderen Zellen die relativen Häufigkeiten.

C4 | fx =B4/B10

	A	B	C
1	**Sportfest**		
2			
3	**Sportart**	**Anmeldungen**	**Relative Häufigkeit**
4	Frisbee	14	0,14
5	Fußball	12	
6	Handball	19	
7	Tischtennis	24	
8	Bouldern	18	
9	Slackline	11	
10	Gesamtzahl	98	=SUMME(B4:B9)

Hinweis:
„B4:B9" bedeutet von Zelle B4 bis Zelle B9.

3. Du kannst die relativen Häufigkeiten auch in Prozent ausgeben lassen. Markiere die relativen Häufigkeiten und wähle:

   Start | Format ▾ | Zellen formatieren...

   Wähle Prozent aus und gib die Anzahl der gewünschten Nachkommastellen an.

C4 | fx =B4/B10

	A	B	C
1	**Sportfest**		
2			
3	**Sportart**	**Anmeldungen**	**Relative Häufigkeit**
4	Frisbee	14	0,14
5	Fußball	12	
6	Handball	19	
7	Tischtennis	24	
8	Bouldern	18	
9	Slackline	11	
10	Gesamtzahl	98	

Hinweis:
Schreibe in C4 =B4/B10.
Dann kannst du die Formel aus C4 kopieren und in C5 bis C9 einfügen.

TK **2.** a) Erstelle die Tabelle aus Beispiel 2 in einer Tabellenkalkulation.
b) Kontrolliere die relativen Häufigkeiten, indem du die Summe der Felder **C4** bis **C9** berechnest. Das Ergebnis muss 1 bzw. 100 % sein.
c) Ändere die Anmeldungen für Fußball auf 20. Beschreibe, was sich in der Tabelle ändert.

TK **3.** Die Klasse 6a plant einen Ausflug.

Fahrkarten Bus	4,80 €	pro Person
Imbiss	4,90 €	pro Person
Eintritt	5,50 €	pro Person
Führung	20,00 €	einmalig

SUMME | × ✓ fx =B1*B4

	A	B	C
1	**Schüler**	24	
2			
3		**Kosten**	**Gesamtkosten**
4	**Bus**	4,80 €	=B1*B4
5	**Imbiss**		
6	**Eintritt**		
7	**Führung**		

a) Berechne mit einer Tabellenkalkulation die gesamten Kosten für 24 Schüler.
b) Verändere die Anzahl der Schüler auf 20 (auf 26, auf 23). Notiere jeweils die Gesamtkosten.
c) Berechne auch die Kosten pro Schüler. Finde dafür eine passende Formel.

Tipp zu 3:
Eine Tabellenkalkulation „denkt mit", wenn man Zellbezüge nutzt wie in =B1*B4.

Diagramme erstellen

Hinweis:
Weitere wichtige Diagrammarten sind:

Beispiel 3: Erstelle ein Kreisdiagramm zu den Daten aus Beispiel 1.

Lösung:

1. Markiere die Zellen mit den Daten (**A3** bis **B9**).
2. Wähle dann:
   Einfügen → Kreis
3. Um ein Diagramm zu formatieren, zu beschriften oder zu korrigieren, klicke einmal mit der Maus darauf und wähle:

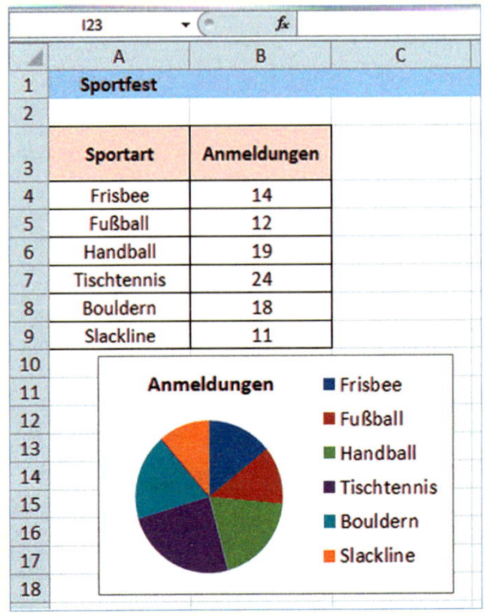

	A	B
1	**Sportfest**	
2		
3	**Sportart**	**Anmeldungen**
4	Frisbee	14
5	Fußball	12
6	Handball	19
7	Tischtennis	24
8	Bouldern	18
9	Slackline	11

TK **4.** Paul hat die Ergebnisse einer Klassenarbeit als Tabelle aufgeschrieben. Erstelle in einer Tabellenkalkulation ein Kreisdiagramm.

Note	1	2	3	4	5	6
Anzahl	5	6	5	4	3	2

Kennwerte ermitteln

Tabellenkalkulationen enthalten bereits einige Funktionen für statistische Kennwerte.

Hinweis:
Du musst dir die Funktionen nicht alle merken. Unter Einfügen Σ kannst du alle Funktionen wählen und einfügen.

Wissen: Funktionen für Kennwert

Arithmetisches Mittel:	MITTELWERT()
Maximum:	MAX()
Minimum:	MIN()
Modalwert:	MODALWERT()

In der Klammer stehen jeweils die Zellen mit den Daten, die ausgewertet werden sollen.

TK **5.** Bei einer Online Auktion wird Sonntag ein Angebot eingestellt. Die Laufzeit der Anzeige ist eine Woche.

a) Berechne für die täglichen Aufrufe der Anzeige mit einer Tabellenkalkulation arithmetisches Mittel, Maximum und Minimum und Modalwert.

b) Wann ist die Berechnung von Kennwerten mit einer Tabellenkalkulation sinnvoll, wann nicht? Diskutiert.

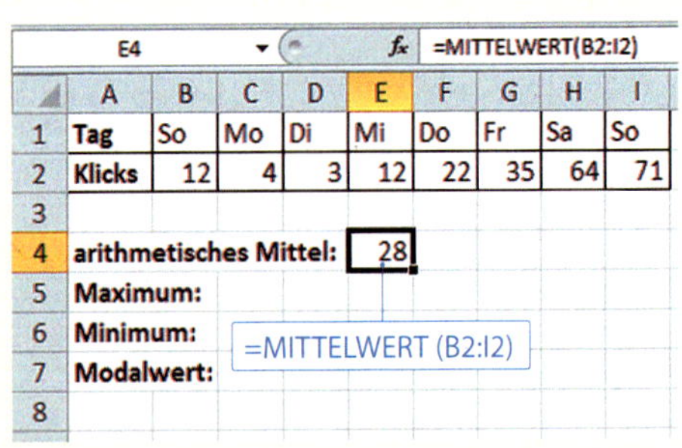

E4 =MITTELWERT(B2:I2)

	A	B	C	D	E	F	G	H	I
1	**Tag**	So	Mo	Di	Mi	Do	Fr	Sa	So
2	**Klicks**	12	4	3	12	22	35	64	71
3									
4	**arithmetisches Mittel:**				28				
5	**Maximum:**								
6	**Minimum:**								
7	**Modalwert:**								
8									

6.5 Vermischte Aufgaben

1. In zwei Umfragen wurden zufällig ausgewählte Leute nach ihrem Urlaubsziel für den Sommer befragt. Die Ergebnisse wurden in zwei verschiedenen Zeitschriften abgedruckt.

Umfrage A: 20 Teilnehmer

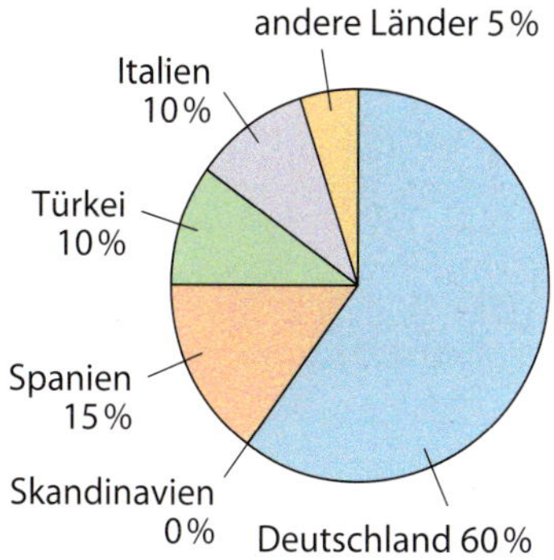

Umfrage B: 400 Teilnehmer

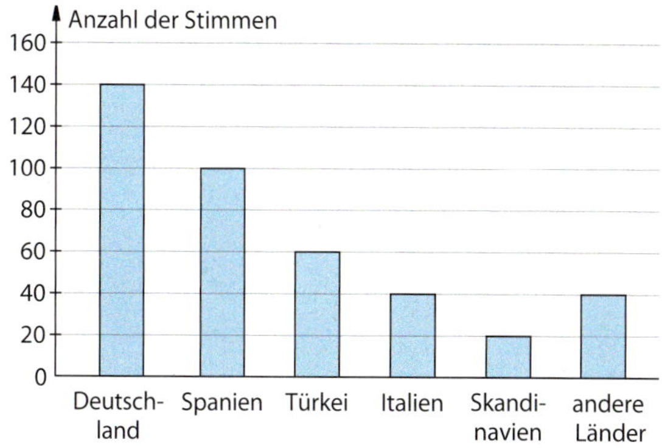

a) Stelle die absoluten und relativen Häufigkeiten für beide Umfragen in einer Tabelle dar.
b) Vergleiche die Ergebnisse und nenne Gemeinsamkeiten und Unterschiede.
c) Welche der beiden Umfragen ist aussagekräftiger? Begründe deine Antwort.
d) Findest du es besser, das Ergebnis der Umfrage in einem Kreisdiagramm oder in einem Säulendiagramm darzustellen? Begründe deine Meinung.

2. Führt in eurer Klasse eine Umfrage zur Anzahl der Geschwister durch. Vervollständigt die Tabelle im Heft und stellt das Ergebnis grafisch dar.

Anzahl der Geschwister	keine	1	2	3	mehr
absolute Häufigkeit					
relative Häufigkeit					

3. Vor einer Schule besteht eine Geschwindigkeitsbegrenzung von 30 km/h. Die Polizei kontrolliert morgens vor der Schule die Geschwindigkeit der Verkehrsteilnehmer:

Geschwindigkeit (in km/h)	bis 15	über 15 bis 20	über 20 bis 25	über 25 bis 30	über 30 bis 35	über 35 bis 40	über 40
Anzahl der Fahrzeuge	30	75	120	150	90	75	60

a) Berechne die relativen Häufigkeiten. Stelle die Ergebnisse der Geschwindigkeitsmessung in einem Säulendiagramm dar. Färbe die Säulen sinnvoll rot oder grün.
b) Erstelle in einer Tabellenkalkulation ein Kreisdiagramm.

4. Beim Werfen werden die Trainingsgruppen „gute Weite", „mittlere Weite" und „geringe Weite" gebildet. Bei einer Proberunde werfen die Schüler die folgenden Weiten (in m):
15, 34, 22, 18, 26, 31, 36, 41, 23, 28, 19, 40, 26, 19, 20, 23, 35, 32, 29, 25, 26
a) Finde eine Klasseneinteilung, bei der die „gute Weite" 9-mal, die „mittlere Weite" 7-mal und die „geringe Weite" 5-mal vorkommt.
b) Untersuche, ob eine Klasseneinteilung möglich ist, bei der in jeder Trainingsgruppe gleich viele Schüler sind.
c) Erstelle eine Klasseneinteilung mit drei Klassen für die Weiten 15 m bis 41 m, bei der jede Klasse die gleiche Klassenbreite hat. In welcher Gruppe sind dann die meisten Schüler?

5. Wie ändern sich die relativen Häufigkeiten?
   a) An einer Straße fuhren gestern 12 von 40 Autofahrern zu schnell und wurden angehalten. Heute sind es 6 von 40 Fahrern.
   b) Marius hatte in seinem Aquarium 50 Fische – davon 5 Welse. Er verschenkt einige seiner Jungtiere und hat nun insgesamt noch 25 Fische – behält aber alle Welse.

6. Bei der letzten Klassenarbeit betrug die Durchschnittsnote 3,2. Die Ergebnisse der neuen Klassenarbeit hat Frau Müller an die Tafel geschrieben.
   a) Finde den Modalwert der Noten.
   b) Beurteile, ob diese Klassenarbeit besser ausgefallen ist als die letzte Klassenarbeit.
   c) Erstelle ein passendes Diagramm.

7. In den Klassen 6a und 6b sind jeweils 30 Kinder, wovon jeweils die Hälfte 11 Jahre alt ist. Die anderen sind alle 10 oder 12 Jahre alt. Maria sagt: „Die Schüler der Klassen 6a und 6b sind im Durchschnitt gleich alt."
   a) Finde ein Beispiel, sodass Marias Aussage stimmt.
   b) Finde ein Beispiel, sodass Marias Aussage nicht stimmt.

8. Finde jeweils ein Beispiel mit natürlichen Zahlen und erkläre allgemein.
   a) Welches ist das arithmetische Mittel von drei (fünf; elf) aufeinanderfolgenden Zahlen?
   b) Welches ist das arithmetische Mittel von 2 (4; 14) aufeinanderfolgenden Zahlen?
   c) Welches ist das arithmetische Mittel einer geraden (ungeraden) Anzahl aufeinanderfolgender gerader Zahlen?

9. Familie Meier aus Mannheim unternimmt in den Ferien eine sechstägige Radtour. Sie starten in Hannoversch Münden und fahren entlang der Weser Richtung Bremen. Am ersten Tag fahren sie 45 km bis nach Bad Karlshafen, wo sie übernachten. In der zweiten Nacht übernachten sie in Bodenwerder, in der dritten in Rinteln, in der vierten in Petershagen und in der fünften Nacht in Nienburg. Der sechste Tag der Radtour steht noch bevor. Die Familie stoppt jeden Tag die Fahrzeit (ohne Pausen).

Tag	1. Tag	2. Tag	3. Tag	4. Tag	5. Tag
Fahrzeit (in h)	3	$4\frac{1}{4}$	$3\frac{3}{4}$	$3\frac{1}{3}$	$3\frac{2}{3}$

- Wie viel Kilometer ist die Familie schon gefahren?
- Gib die durchschnittliche Fahrzeit der ersten fünf Tage an.
- An welchem Tag wurde die höchste Durchschnittsgeschwindigkeit gefahren?
- Welche Strecke müssen sie am letzten Tag noch fahren, damit sie durchschnittlich 50 km pro Tag zurückgelegt haben?
- Wie viele Tage hättest du für die Strecke von Hann. Münden nach Bremen gebraucht? Wo würdest du Pausen einplanen?

Orte	**km**
Hann. Münden	0
Bodenfelde	34
Bad Karlshafen	45
Höxter	69
Holzminden	80
Bodenwerder	111
Hameln	136
Rinteln	165
Minden	204
Petershagen	215
Nienburg	270
Bremen	365

TK **10.** Sarah macht in ihrer Klasse eine anonyme Umfrage dazu, wie viel Taschengeld ihre Mitschüler bekommen.

Taschengeld pro Woche (in €)	5	6	7	8	9	10	12	15
Anzahl der Schüler	5	4	6	4	5	3	1	2

a) Erstelle mit einer Tabellenkalkulation zu den Daten ein Diagramm.
b) Berechne das arithmetische Mittel des Taschengelds pro Woche.
c) Sarah erhält 7 € Taschengeld pro Woche. Vergleiche dies mit ihren Mitschülern. Wie kann sie versuchen, ihre Eltern davon zu überzeugen, dass sie mehr Geld bekommt?
d) Jasmin meint: „Das kann man doch so gar nicht vergleichen – es muss doch jeder etwas anderes selbst kaufen und vom Taschengeld bezahlen."
Beschreibe mit eigenen Worten, worauf die Kritik von Jasmin abzielt.

TK **11.** Die Tabelle zeigt die Umweltbelastung durch unterschiedliche Verkehrsmittel pro gefahrenen Kilometern. Man muss aber auch berücksichtigen, wie viele Personen in dem Verkehrsmittel mitfahren können.

H18 fx

	A	B	C	D
1	**Verkehrs-mittel**	**Treibhausgas in g pro km**	**Anzahl Personen**	**Treibhausgas pro Person**
2	PKW	556	4	139
3	Linienbus	4440	60	
4	S/U-Bahn	37000	500	
5				

a) Berechne mit einer Tabellenkalkulation den Ausstoß von Treibhausgas pro Person. Überlege dazu, welche Formel in D2 steht.
b) Welches Verkehrsmittel ist am umweltfreundlichsten? Berechne dazu den Ausstoß von Treibhausgasen pro Person für unterschiedliche Personenzahlen und vergleiche.
c) Mit wie viel Treibhausgas belastest du die Umwelt auf deinem Schulweg? Berechne.

12. Jonas hat Säulendiagramme zu Statistiken erstellt.

① Tore in der Saison 2013/14

Bayern	Werder	Hannover	Wolfsburg
94	42	46	63

② Einwohner in deutschen Städten

Braunschweig	Aalen	Merzig	Potsdam
250 000	70 000	30 000	160 000

③ Einwohner von Ländern

Deutschland	USA	Frankreich	Polen
80,62 Millionen	316 Millionen	66,2 Millionen	38,53 Millionen

a) Ordne die Tabellen den Diagrammen zu. Begründe.
b) Gib auch an, wie die einzelnen Säulen beschriftet werden müssen.

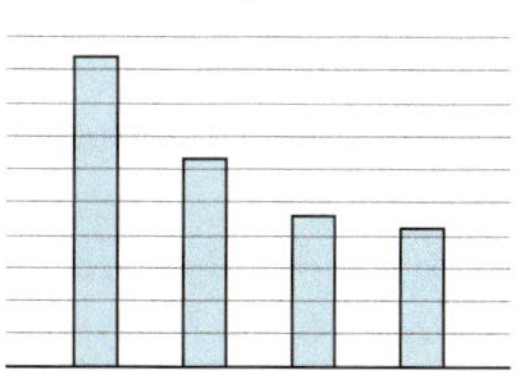

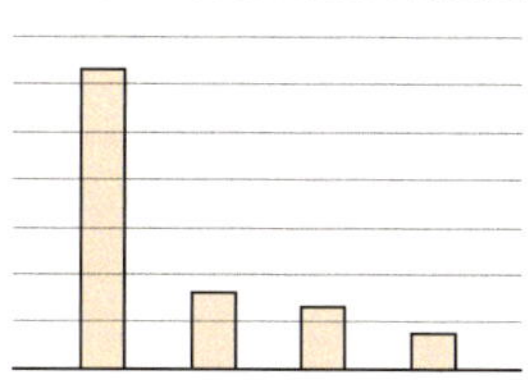

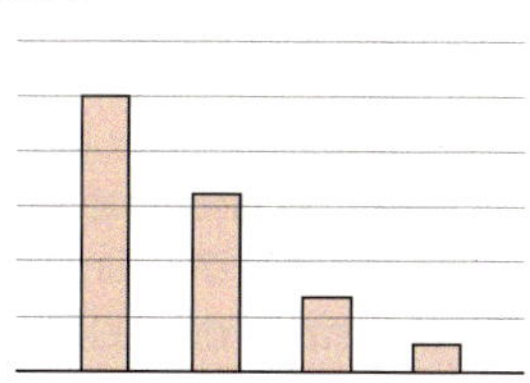

Zusammenfassung

Absolute und relative Häufigkeit

Eine Anzahl wird beim Umgang mit Daten auch **absolute Häufigkeit** genannt.

Die **relative Häufigkeit** gibt an, wie groß der Anteil an der Gesamtzahl ist.

$$\text{relative Häufigkeit} = \frac{\text{absolute Häufigkeit}}{\text{Gesamtzahl}}$$

Die Summe der absoluten Häufigkeiten ergibt die Gesamtzahl, die Summe der relativen Häufigkeiten 1 oder 100 %. Relative Häufigkeiten werden als **Bruch**, **Dezimalzahl** oder **in Prozent** angegeben.

Bei der Klassensprecherwahl kandidierten Inka, Katja und Paul. 25 gültige Stimmen wurden abgegeben.

	absolute Häufigkeit	relative Häufigkeit
Inka	4	$\frac{4}{25} = 0{,}16 = 16\,\%$
Katja	11	$\frac{11}{25} = 0{,}44 = 44\,\%$
Paul	10	$\frac{10}{25} = 0{,}4 = 40\,\%$

Kreisdiagramm

Um **relative Häufigkeiten** grafisch darzustellen, eignen sich **Kreisdiagramme**. Die Anteile eines Ganzen werden als Teile eines Kreises dargestellt.

Der Vollkreis (360°) entspricht dem Ganzen (100 %). Die Kreisteile entsprechen den einzelnen Anteilen, 1 % entspricht dem Winkel 3,6°.

Umfrage bei 20 Schülern: „Welches Musikinstrument würdest du gerne spielen können?“

Instrument	Geige	Posaune	Klavier
Anzahl	6	4	10

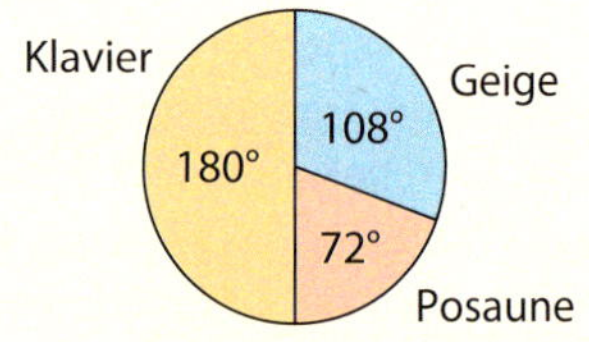

Die Anteile in Prozent lassen sich über die Winkelweiten der Kreisteile berechnen.

Geige: $\frac{108°}{360°} = \frac{3}{10} = 30\,\%$

Posaune: $\frac{72°}{360°} = \frac{1}{5} = 20\,\%$

Klavier: $\frac{180°}{360°} = \frac{1}{2} = 50\,\%$

Klasseneinteilung

Wenn eine große Menge an Daten vorliegt, dann kann man benachbarte Werte zu einer **Klasse** zusammenfassen. Wie viele Klassen gewählt werden, hängt von der Situation ab.

Größen der 24 Mitglieder einer Mannschaft:

unter 1,61 m	1,61 m bis 1,70 m	1,71 m bis 1,80 m	über 1,80 m
4	8	9	3

Kennwerte

Kennwerte werden genutzt, um Daten auszuwerten.

Tageshöchsttemperaturen in °C:

Mo.	Di.	Mi.	Do.	Fr.	Sa.	So.
15	19	18	21	22	24	21

Das **Maximum** ist der größte Wert einer Datenliste, das **Minimum** ihr kleinster Wert. Die **Spannweite** ist der Unterschied zwischen dem Maximum und dem Minimum.

Maximum: 24
Minimum: 15
Spannweite: 24 – 15 = 9

Der **Modalwert** ist der häufigste Wert einer Datenliste.

Modalwert: 21 (kommt zweimal vor)

Das **arithmetische Mittel** wird berechnet, indem man die Summe aller Werte durch die Anzahl der Werte dividiert.

$$\text{arithmetisches Mittel} = \frac{\text{Summe aller Werte}}{\text{Anzahl der Werte}}$$

Arithmetisches Mittel:

$$\frac{15 + 19 + 18 + 21 + 22 + 24 + 21}{7} = \frac{140}{7} = 20$$

7. Zuordnungen

Wenn man mit annähernd konstanter Geschwindigkeit fährt, braucht man für eine doppelt so lange Strecke auch die doppelte Zeit.

Nach diesem Kapitel kannst du …

- Zuordnungen beschreiben und grafisch darstellen,
- proportionale und antiproportionale Zuordnungen erkennen und nutzen,
- mit dem Dreisatz rechnen.

Lösungen ↗ S. 252

Zahlenstrahl

1. Gib die markierten Zahlen an. Achte auf die Einteilung.

a) 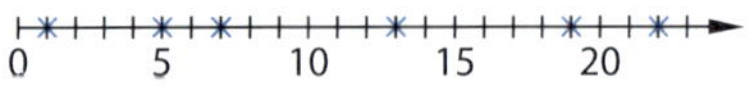

b) 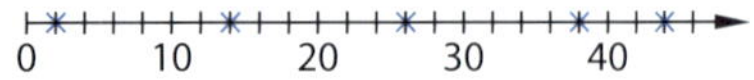

2. Markiere die Zahlen auf einem Zahlenstrahl. Wähle eine geeignete Einteilung.

a) 2, 5, 8, 12, 16, 19

b) 20, 60, 140, 260, 320, 350, 460

Koordinatensystem

3. Stelle die Punkte A(1|1), B(2|0), C(3|1) und D(2|2) in einem Koordinatensystem dar. Zu welcher Vierecksart gehört das Viereck ABCD?

4. Gib die Koordinaten der Eckpunkte des Dreiecks EFG in nebenstehender Darstellung an.

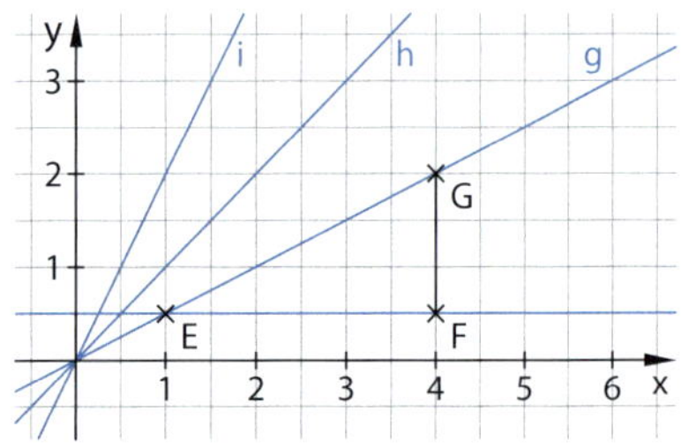

5. Betrachte die Abbildung zu Aufgabe 4. Untersuche, welche der Punkte $P_1(1|1)$, $P_2(2|\frac{1}{2})$, $P_3(3|3)$, $P_4(3|2)$, $P_5(1|\frac{1}{2})$, $P_6(1{,}5|3)$, $P_7(3|1\frac{1}{2})$, $P_8(-1|-1)$ und $P_9(\frac{1}{2}|1)$ auf einer der folgenden Geraden liegen.

a) auf der Geraden g

b) auf der Geraden h

c) auf der Geraden i

d) auf der Geraden EF

Diagramme

6. Das Diagramm zeigt Temperaturen an einem Apriltag am Flughafen Mannheim.

a) Lies die höchste und niedrigste Temperatur ab, die an diesem Tag gemessen wurde.

b) Zeichne die Tabelle in dein Heft und fülle sie aus.

Uhrzeit	6:00	10:00	14:00	18:00
Temperatur (in °C)				

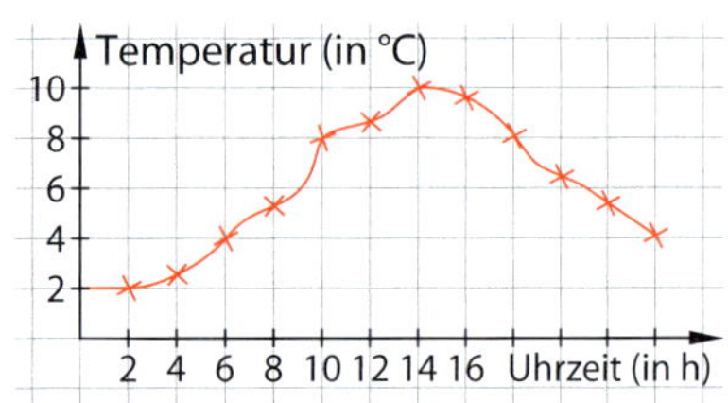

7. Stelle die Einwohnerzahlen in einem Säulendiagramm dar.
Wähle die Einteilung 2 Kästchen = 1 Mill. Einwohner.

Moskau	**Amsterdam**	**Paris**	**Berlin**	**Rom**
10,4 Mill.	0,7 Mill.	2,1 Mill.	3,5 Mill.	2,5 Mill.

8. Stelle die Höhenangaben in einem Diagramm dar. Runde dazu die Werte geeignet.

Montblanc	**Mount Kenia**	**Zugspitze**	**Mount Everest**	**Kilimandscharo**
4810 m	5199 m	2962 m	8848 m	5892 m

9. Zum Sportverein „Rot-Weiß" gehören 135 Erwachsene, 127 Jugendliche und 98 Kinder. Stelle den Sachverhalt in einem geeigneten Diagramm dar.

10. 36 Schüler wurden nach ihrem Lieblingsfach gefragt. Das nebenstehende Diagramm gibt das Befragungsergebnis wieder. Dabei haben $\frac{1}{6}$ der Befragten Mathematik als Lieblingsfach angegeben. Stelle das Befragungsergebnis in einem Säulendiagramm dar.

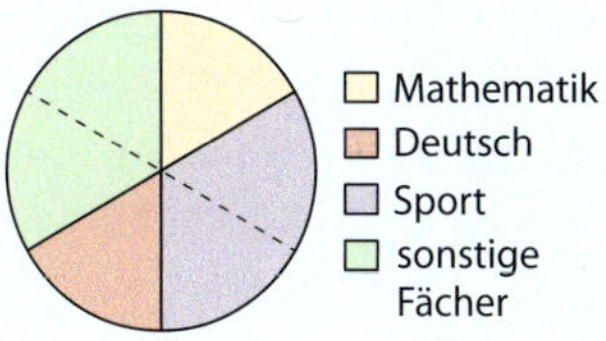

Sachaufgaben lösen

11. a) Gustav kauft 7 Rosinenbrötchen. Er bezahlt insgesamt 3,15 €. Wie viel Euro kostet eins dieser Brötchen?
b) Zwei Stück Apfelkuchen kosten insgesamt 2,50 €. Wie viel Euro kosten 5 Stück von dem Kuchen?

12. Martin kauft sich 5 Schreibblöcke für 1,35 € pro Stück im Schreibwarenladen. Kai kauft seine 5 Schreibblöcke im Internet. Er muss für einen Schreibblock 1,01 € und zusätzlich noch 2,70 € Versandkosten zahlen.
a) Prüfe, wer von beiden günstiger eingekauft hat. Begründe deine Antwort.
b) Berechne, wie viel Euro der Kauf von 10 solcher Schreibblöcke im Internet kostet, wenn die Versandkosten unverändert bleiben.

13. Ines verkauft zur Elternversammlung Kuchen. Ein Stück Napfkuchen soll 0,85 € kosten. Um sich beim Verkauf nicht zu verrechnen, legt sie sich eine Preistabelle an. Erläutere, wie solch eine Preistabelle aussehen könnte.

Kurz und knapp

14. Überprüfe, ob die Aussage immer wahr ist.
a) Je länger eine Elektropumpe betrieben wird, umso höher sind die Stromkosten.
b) Je älter ein Mensch wird, umso schwerer wird er.
c) Je mehr Personen gleichzeitig einen Graben zuschütten, umso schneller ist er gefüllt.

15. Ergänze die Lücken, sodass die Rechnung stimmt.
a) $8 \cdot 25 = ■ \cdot 50$ b) $22 \cdot ■ = 11 \cdot 10$ c) $6 \cdot 8 = 2 \cdot ■$ d) $■ \cdot \frac{1}{2} = 5 \cdot 2$
e) $14 : 7 = 28 : ■$ f) $100 : 25 = ■ : 5$ g) $■ : 6 = 36 : 12$ h) $24 : ■ = 8 : 2$

16. Übertrage ins Heft und rechne in die angegebene Einheit um.
a) 2,3 cm = ■ mm b) 3 t 321 kg = ■ t c) $1\frac{1}{2}$ h = ■ min d) ■ Liter = 1 025 ml

17. Übertrage ins Heft und schreibe eine sinnvolle Einheit dazu.
a) Katrins Schulweg ist ungefähr 1750 … lang.
b) Ein Papierstapel von 15 Blatt ist etwa 2 … hoch.
c) 65 Herzschläge dauern etwa 1 …
d) Dein Mathematikbuch ist leichter als 1 …
e) Eine kleine Flasche Mineralwasser hat ein Volumen von etwa 500 …

7.1 Zuordnungen

■ Beim Verschlüsseln dieser Nachricht wurde jedem Buchstaben ein anderer Buchstabe zugeordnet.
Entschlüssle die Geheimschrift.
Die erste Zeile ist bereits entschlüsselt. ■

Zusammenhänge zwischen zwei Größen können auf verschiedene Arten dargestellt werden:

Hinweis:
Es treten immer Paare auf.

<table>
<tr><th>Wertetabelle</th><th>Diagramm</th><th>Worte</th><th>Pfeile</th></tr>
<tr><td>Zusammenhang:
Uhrzeit → Temperatur</td><td>Zusammenhang:
Zensur → Schüleranzahl</td><td>Zusammenhang:
Anzahl → Preis</td><td>Zusammenhang:
Buchstabe → Buchstabe</td></tr>
<tr><td><table><tr><th>Uhrzeit</th><th>Temperatur</th></tr><tr><td>10:00</td><td>13 °C</td></tr><tr><td>11:00</td><td>16 °C</td></tr><tr><td>12:00</td><td>18 °C</td></tr><tr><td>13:00</td><td>21 °C</td></tr><tr><td>14:00</td><td>23 °C</td></tr></table></td><td>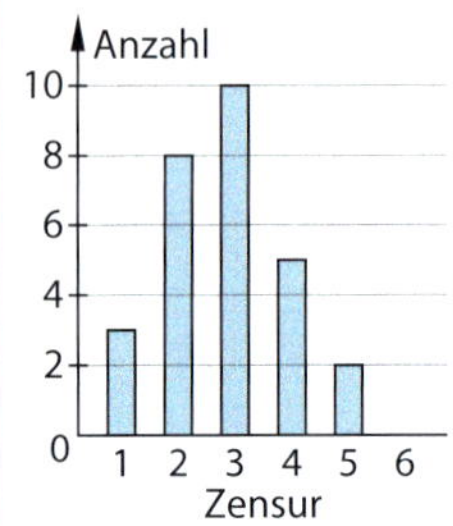
</td><td>Für Fahrten mit dem Riesenrad auf der Kirmes kostet 1 Chip genau 1,50 €, für 4 Chips sind 5,00 € zu zahlen.</td><td>A → E
B → F
C → G
D → …</td></tr>
</table>

In allen Fällen wird einer Ausgangsgröße eine andere Größe zugeordnet. Man spricht daher von einer **Zuordnung**. Die beiden Größen werden auch mit einem Pfeil geschrieben:
Ausgangsgröße → *zugeordnete Größe*

Wissen: Zuordnungen
Bei einer Zuordnung gibt es zu jedem Wert der **Ausgangsgröße** einen zugeordneten Wert.
Zwei Werte, die einander zugeordnet sind, nennt man ein **Wertepaar**.
Eine Zuordnung kann man darstellen mit einer **Wertetabelle**, mit einem **Diagramm** (z. B. Säulendiagramm, Kreisdiagramm …), mit **Worten** oder mit **Pfeilen**.

Beispiel 1: Im Nahverkehr zahlt man für eine Zone 2,10 € und für jede weitere Zone 1,00 € mehr. Ab sieben und mehr Zonen zahlt man 8,00 €.
a) Schreibe die Zuordnung in der Form *Ausgangsgröße* → *zugeordnete Größe*.
b) Stelle die Zuordnung in einer Wertetabelle dar.
c) Wie viel zahlt man für 3 Zonen? Wie viele Zonen kannst du für 6,00 € durchfahren?

Lösung:
a) Es handelt sich um die Zuordnung: *Anzahl der Zonen* → *Fahrpreis (in €)*

b)

Anzahl der Zonen	1	2	3	4	5	6	7 und mehr
Fahrpreis (in €)	2,10	3,10	4,10	5,10	6,10	7,10	8,00

c) Lies die Wertepaare aus der Wertetabelle ab.
Für 3 Zonen bezahlt man 4,10 €. Wertepaar: (3 | 4,10)
Für 6,00 € kann man höchstens 4 Zonen durchfahren. Wertepaar: (4 | 5,10)

Basisaufgaben

1. Schreibe die einander zugeordneten Größen in der Form
Ausgangsgröße → *zugeordnete Größe* und bestimme drei Wertepaare der Zuordnung.

a)

Gewicht (in kg)	0,5	1	1,5	2
Preis (in €)	0,90	1,80	2,70	3,60

b)

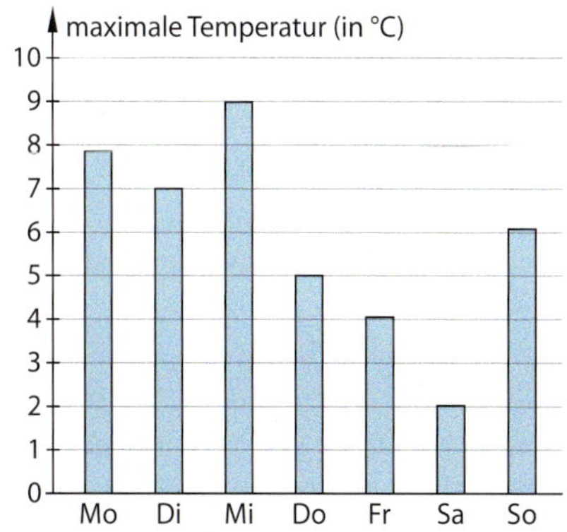

c)

Anzahl der Spielechips	**Höhe des Stapels (in mm)**
1	2
2	4
3	6
4	8
5	10

d) Eintritt ins Schwimmbad:
1 h → 3 €
2 h → 6 €
4 h → 10 €
Tageskarte → 14 €

e) Die Parkgebühren betragen 50 ct für 30 min, maximal aber 3 € pro Tag.

2. Ein Verleih für Tretboote berechnet für jede angefangene halbe Stunde 2,00 €. Vervollständige die Tabelle.

Zeit (in min)	30	45	60	80	120
Preis (in €)					

3. a) Erstelle mit den Angaben im Kreisdiagramm eine Wertetabelle.

Lieblingsfarben der 27 Schüler der Klasse 6a

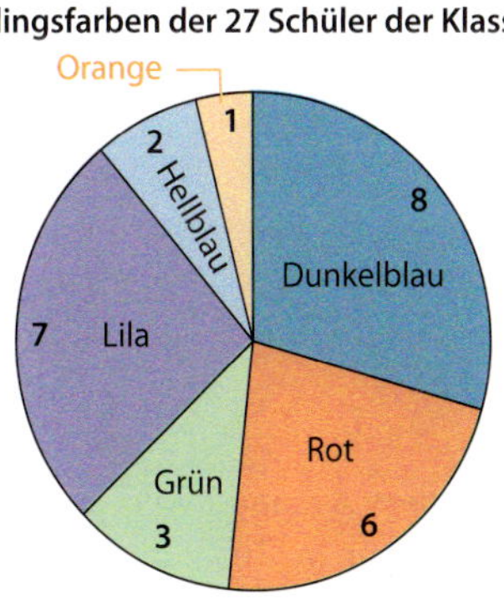

b) Erstelle mit den Angaben im Balkendiagramm eine Wertetabelle.

Lebenserwartung von Haustieren (in Jahren)

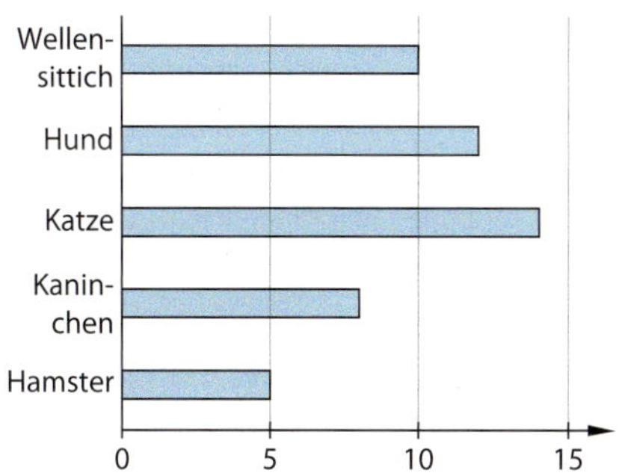

4. Eine Fahrt mit der Achterbahn kostet 3,00 €, drei Fahrten 8,00 €. Erstelle eine Wertetabelle für die günstigsten Preise von einer Fahrt bis sechs Fahrten.

5. Umfrage: Stelle die Zuordnung *Schuhgröße* → *Anzahl der Schüler* für deine Klasse in einer Wertetabelle und in einem Säulendiagramm dar.

6. a) Erstelle eine Wertetabelle mit sechs Wertepaaren für die Zuordnung:
Anzahl der Mathematikbücher → *Höhe des Stapels (in cm)*
b) Beantworte mithilfe der Wertetabelle, wie viele Mathematikbücher für einen 30 cm hohen Stapel benötigt werden.

Weiterführende Aufgaben

7. Die Abbildung zeigt einen Umtauschkurs zwischen Euro und britischen Pfund.

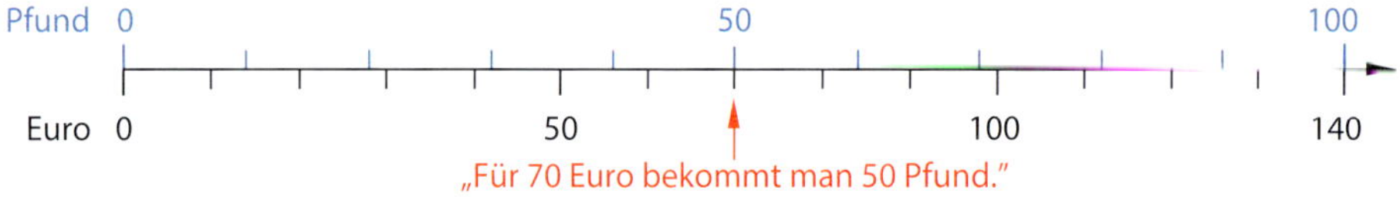

a) Stelle eine Wertetabelle mit sechs Wertepaaren auf.
b) Wie viel Euro bekommt man für 200 Pfund?
c) Wie viel Pfund bekommt man für 1400 Euro?

8. **Stolperstelle:** Martin hat für die Zuordnung *Anzahl der Geschwister* → *Anzahl der Schüler* in seiner Klasse eine Wertetabelle aufgestellt und ein Säulendiagramm gezeichnet. Beurteile die beiden Darstellungen.

Häufigkeit	8	11	8	1
Geschwister	0	1	2	3 und mehr

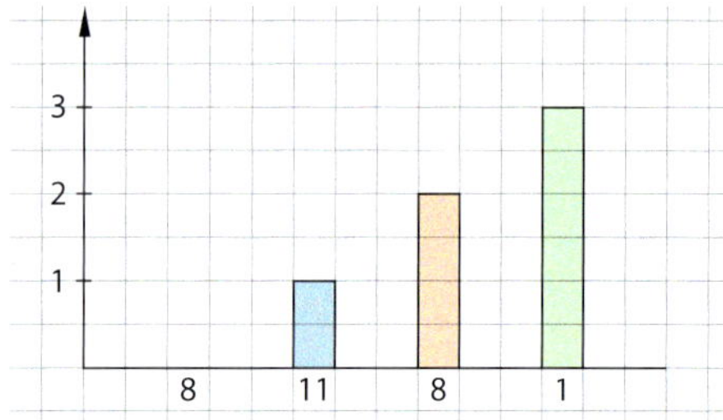

9. Erstelle für die Zuordnung *Länge einer Quadratseite (in cm)* → *Umfang des Quadrats (in cm)* eine Wertetabelle und beschreibe die Zuordnung mit Worten.

10. Vervollständige die Tabelle für die natürlichen Zahlen von 1 bis 10 und ihre Teiler.

Zahl	1	2	3	4	5	6	7	8	9	10
Teiler	1			1; 2; 4						

● 11. Ein Spielwürfel wurde mehrmals geworfen.
a) Beschreibe die dargestellte Zuordnung.
b) Wie oft wurde der Würfel geworfen? Begründe deine Aussage.
c) Erstelle eine Wertetabelle.
d) Welches Ergebnis erwartest du, wenn du den gleichen Versuch durchführst?

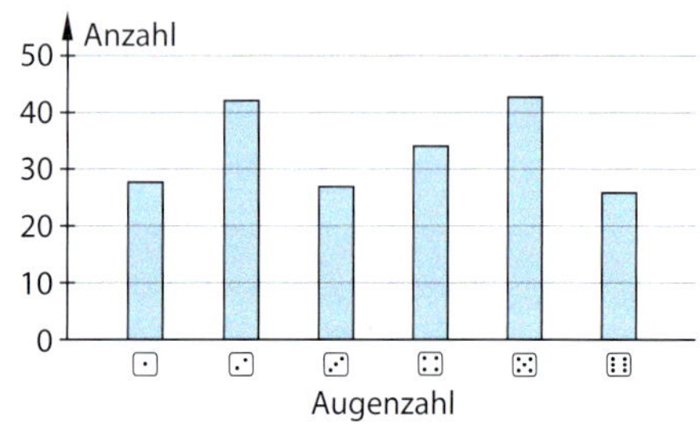

● 12. Eine Zuordnung nennt man eindeutig, wenn es zu jedem Ausgangswert genau einen zugeordneten Wert gibt. Gib je drei eindeutige Zuordnungen im Zusammenhang mit dem angegebenen Beispiel.
a) Tabelle der Fußballbundesliga
b) Busfahrplan
c) Leichtathletikwettkampf

● 13. **Ausblick:** Du brauchst für dieses Experiment eine Dose und eine 1 m lange Schnur, die du um die Dose wickeln kannst.
a) Bestimme die Anzahl der Wicklungen, wenn die Schnur vollständig aufgewickelt ist.
b) Wie viele Wicklungen wären es, wenn die Schnur eine Länge von 1,5 m (2,7 m) hätte?
c) Ermittle, wie viele Wicklungen es bei einer 5 km langen Schnur theoretisch wären.
d) Wie lang sollte die Schnur sein, damit 1000 Wicklungen theoretisch möglich sind?

7.2 Zuordnungen darstellen

■ Beschreibe die Fahrt des Heißluftballons. Welche Höhe hat der Ballon 3 Stunden nach dem Start erreicht?
Wann hat der Ballon seine maximale Höhe erreicht?
Wann setzt er zur Landung an? ■

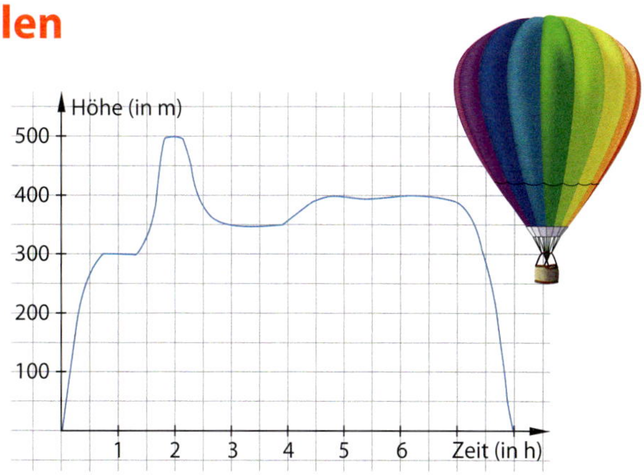

Einen Zusammenhang zwischen zwei Größen kann man in einem Koordinatensystem darstellen. Zu jedem **Wertepaar** der Zuordnung gehört dabei ein **Punkt** im Koordinatensystem.

Uhrzeit	0:00	1:00	2:00	3:00	4:00	5:00
Temperatur (in °C)	5	3	−1	−2	0	2

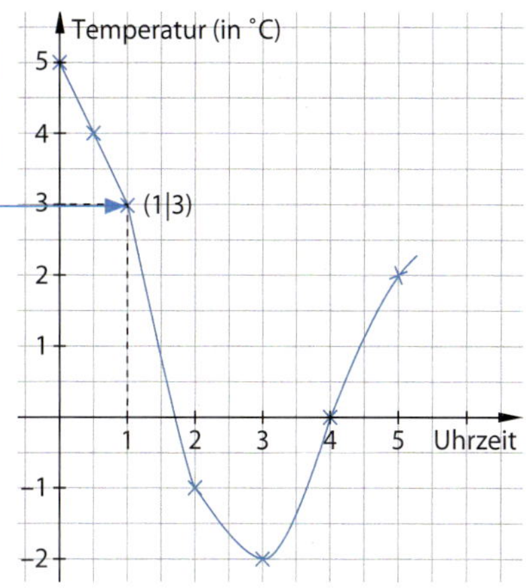

Auf diese Weise kann man den **Graphen der Zuordnung** zeichnen. Der Graph der Zuordnung kann aus einzelnen Punkten oder einer Linie bestehen. Da im Beispiel *Uhrzeit* → *Temperatur* auch jeder beliebigen Uhrzeit eine Temperatur zugeordnet ist, kann man die eingezeichneten Punkte verbinden.

Hinweis:
Beim Verbinden sollte der Kurvenverlauf näherungsweise den realen Verlauf abbilden.

Es lassen sich nun weitere Wertepaare ablesen:
„Um 0:30 Uhr betrug die Temperatur etwa 4 °C."

Am Graphen lässt sich auch der Temperaturverlauf gut beschreiben:
„Die Temperatur nimmt zunächst ab. Um 3 Uhr erreicht sie ihren tiefsten gemessenen Wert (Minimum). Danach steigt sie wieder an. Zwischen kurz vor 2 Uhr und um 4 Uhr liegt sie unter 0 °C."

Wissen: Grafische Darstellung von Zuordnungen

Viele Zuordnungen lassen sich durch einen **Graphen** in einem Koordinatensystem darstellen.
Zu jedem **Wertepaar** der Zuordnung gehört dabei genau ein **Punkt** im Koordinatensystem.

Am Graphen kann man den Verlauf der zugeordneten Werte ablesen:
- **positive** und **negative** Werte
- **höchster Wert (Maximum)**
- **tiefster Wert (Minimum)**
- **fallend** und **steigend**

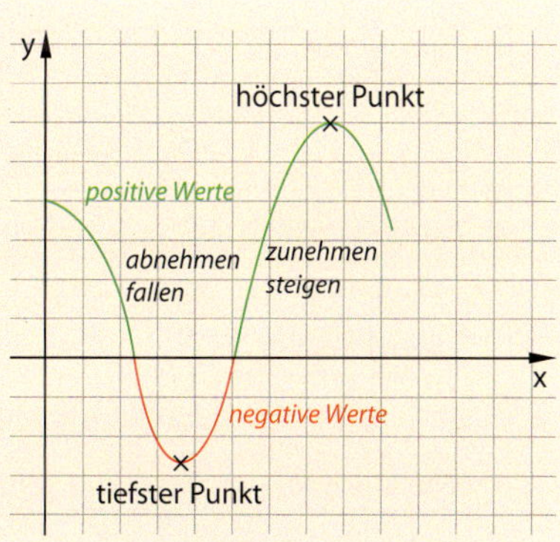

Beispiel 1: Auf dem Feldberg im Schwarzwald wurde während eines Schneesturms alle zwei Stunden die Schneehöhe gemessen:

Uhrzeit	0:00	2:00	4:00	6:00	8:00
Schneehöhe (in cm)	3	6	12	14	11

a) Zeichne einen Graphen der Zuordnung in ein Koordinatensystem.
b) Wie hoch lag der Schnee vermutlich um 3:30 Uhr? Wann lag er 12 cm hoch?

Lösung:

a) **1. Schritt:** Beschrifte die x-Achse mit der Ausgangsgröße (Uhrzeit) und die y-Achse mit der zugeordneten Größe (Schneehöhe).

2. Schritt: Lege auf jeder Achse eine geeignete Achseneinteilung fest:
x-Achse: 2 Kästchen = 1 Stunde
y-Achse: 1 Kästchen = 1 cm Schnee

3. Schritt: Zeichne alle Wertepaare ein.

4. Schritt: Da zu jedem Zeitpunkt der Schnee eine bestimmte Höhe haben muss, ist das Verbinden der Punkte sinnvoll.

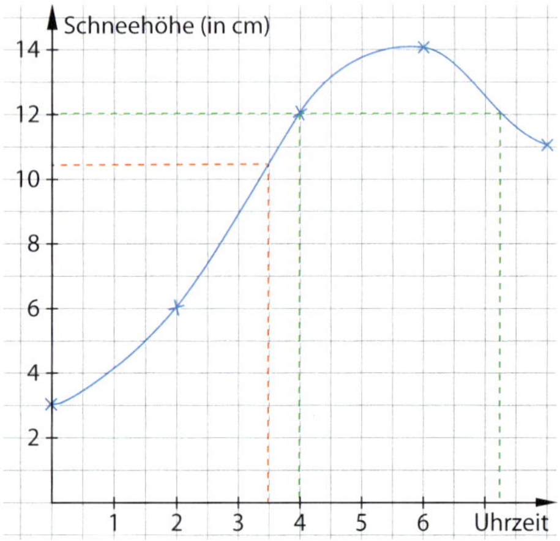

b) Lies an der grafischen Darstellung ab:

Um 3:30 Uhr betrug die Schneehöhe zwischen 10 cm und 11 cm.

Um 4:00 Uhr sowie zwischen 7:00 Uhr und 8:00 Uhr lag der Schnee 12 cm hoch.

Basisaufgaben

1. Daniel hat in einem Diagramm die Werte seiner Radtour dargestellt. Er ist auf einer Höhe von 240 m über NN gestartet.
   a) Auf welcher Höhe war er 20 min nach dem Start?
   b) Nach wie viel Minuten war er erstmals unter 100 m?
   c) Wann hat er die maximale Höhe erreicht?

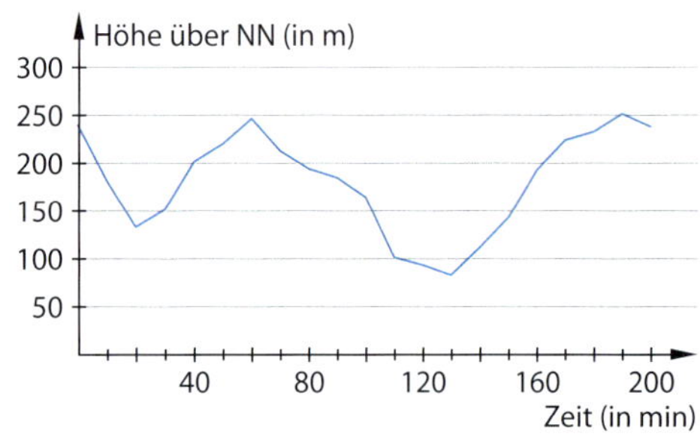

2. Zeichne den Graphen der Zuordnung in ein eigenes Koordinatensystem:
   a) An einer Wetterstation wurde alle zwei Stunden die Temperatur gemessen.

Uhrzeit	0:00	2:00	4:00	6:00	8:00	10:00	12:00
Temperatur (in °C)	−3	−4	−2	0	4	7	10

   b) Mit einem GPS-Gerät wurde bei einer Fahrradtour die Höhe über NN aufgezeichnet.

Zeit (in min)	0	1	2	3	4	5	6	7	8
Höhe über NN (in m)	0	10	25	60	50	55	30	40	15

3. Am 4.6.2013 stieg der Hochwasserpegel in Passau, wo Donau und Inn zusammenfließen, auf eine neue Rekordhöhe von 12,6 Metern. Eine Messstation hat die Pegelstände zehn Stunden lang (ab 0 Uhr) aufgezeichnet.

a) Um wie viel Uhr wurde die kritische Hochwassermarke von 12 m überschritten? Wann kann wieder Entwarnung gegeben werden? Notiere jeweils die zugehörigen Wertepaare.

b) Was ist der höchste Pegelstand während der Messung? Wann wird er erreicht? Notiere das zugehörige Wertepaar.

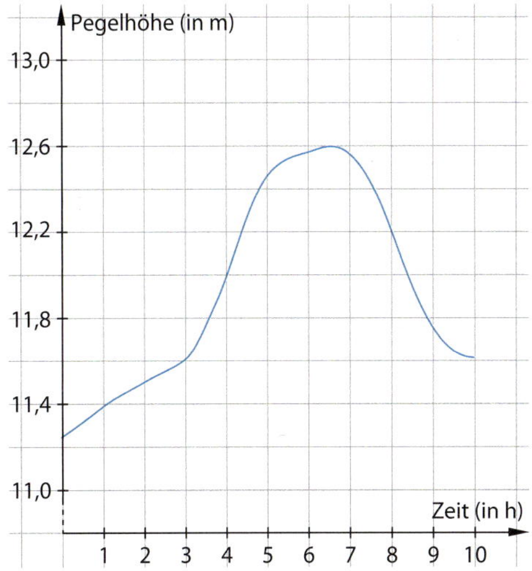

4. Julia, Lea und Darius haben jeweils Graphen zur Wertetabelle gezeichnet.

Anzahl der Kiwi	1	2	4	6	10
Preis (in €)	0,25	0,50	1,00	1,50	2,50

Julia:

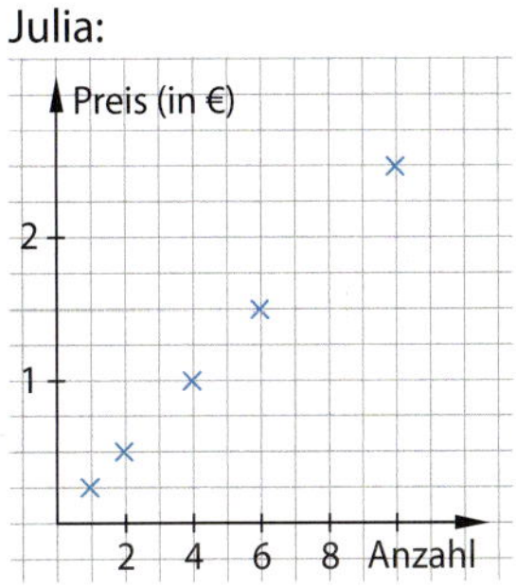

Lea:

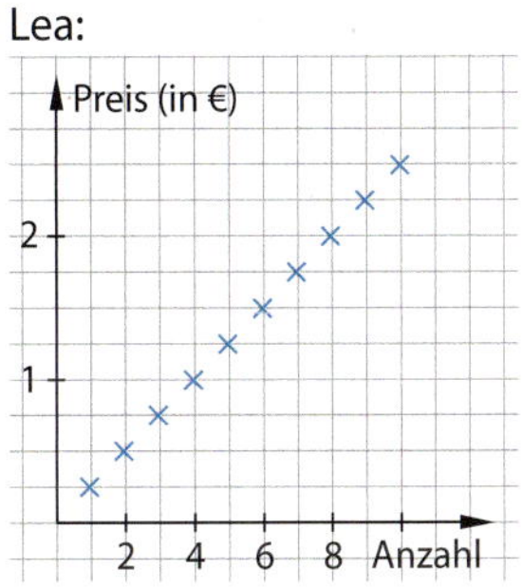

Darius:

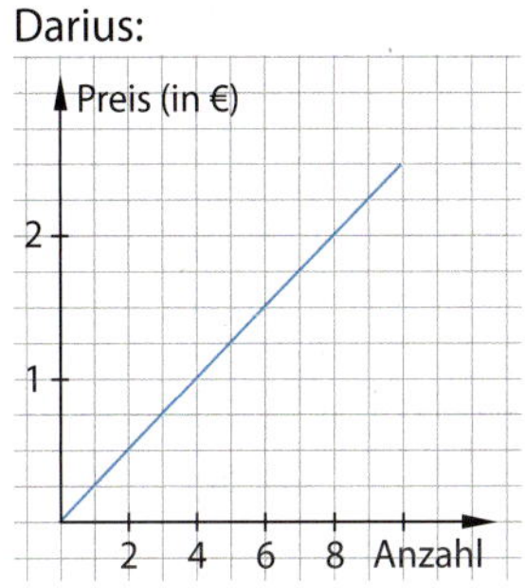

a) Worin unterscheiden sich die Graphen?

b) Welche Graphen sind passend, welche nicht? Begründe deine Antwort.

5. Begründe, ob das Verbinden der Punkte des Graphen sinnvoll ist.

a) *Jahr → Anzahl der Geburten*

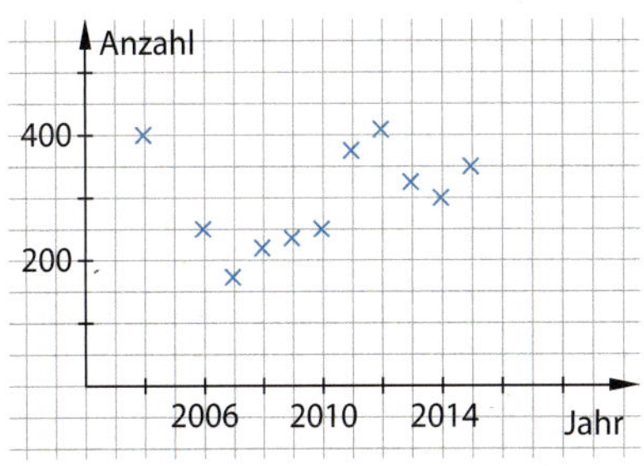

b) *Geschwindigkeit → Bremsweg*

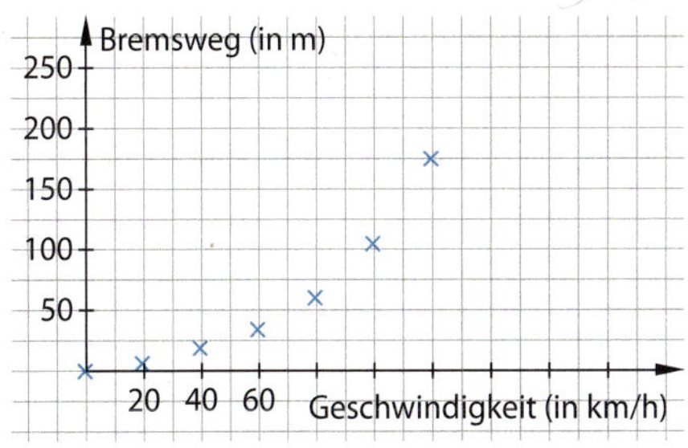

6. Durch die Wertetabelle ist eine Zuordnung gegeben. Entscheide jeweils, ob das Wertepaar (3,5|■) existiert oder nicht. Sollte es existieren, gib den Wert für ■ an.

a)

Anzahl (Stifte)	1	3	5	7
Preis (in €)	1,50	4,50	7,50	10,50

b)

Spargel (in kg)	0,5	1,0	1,5	5
Preis (in €)	4,00	8,00	12,00	40,00

Weiterführende Aufgaben

7. Der Vater von Tobias ist Hobby-Meteorologe. Er ermittelt täglich die mittleren Tagestemperaturen und berechnet hieraus monatlich die Durchschnittstemperaturen. Er hat folgende Werte für die Zuordnung *Monat* → *Durchschnittstemperatur (in °C)* notiert:
(1|1,0), (2|0,9), (3|4,9), (4|11,6), (5|13,9), (6|16,5), (7|16,1), (8|17,7), (9|15,2), (10|9,4), (11|4,5), (12|3,9)
   a) Übertrage die Werte in eine Tabelle. b) Stelle die Werte in einem Diagramm dar.
   c) Dürfen die Punkte im Diagramm verbunden werden? Begründe deine Antwort.

8. **Stolperstelle:** Die 6a hat das Verkehrsaufkommen vor der Schule beobachtet und jeweils die Anzahl der Autos pro Stunde notiert. Tim meint, dass um 9:30 Uhr 100 Autos durchgefahren sind.
   a) Was meinst du? Schreibe deine Meinung ins Heft.
   b) Stelle die Daten in deinem Heft so dar, dass derartige Missverständnisse nicht auftreten können.

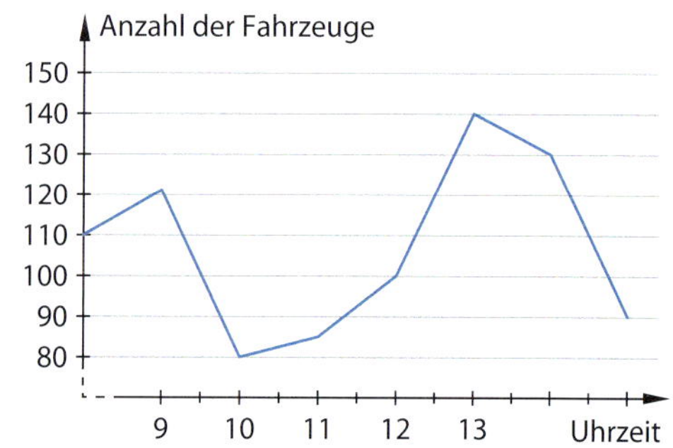

9. Betrachte die Zuordnungen: *Seitenlänge eines Quadrats* → *Umfang des Quadrats*
Seitenlänge eines Quadrats → *Flächeninhalt des Quadrats*
   a) Erstelle jeweils eine Wertetabelle für die Seitenlängen 1 cm bis 5 cm.
   b) Zeichne die zugehörigen Graphen. Begründe, warum man für jeden Graphen besser ein eigenes Koordinatensystem zeichnen sollte.

10. Sina hat die Höhe des Wasserstandes in der Regentonne im Garten ihrer Eltern gemessen:
Montag (35 cm), Dienstag (39 cm), Mittwoch (42 cm), Donnerstag (42 cm),
Samstag (44 cm), Sonntag (44 cm), Montag (45 cm), Dienstag (48 cm).
   a) Zeichne mit den Messwerten von Sina ein Diagramm.
   b) Am Freitag hat Sina vergessen, den Wert zu notieren.
   Wie hoch könnte er gewesen sein?
   c) An welchen Tagen gab es keinen Regen? Wann war er besonders stark?

Tipp zu 10 a:
Die Skala auf der y-Achse muss nicht bei 0 beginnen.

11. Tobias erzählt von seinem Spaziergang mit dem Hund.
„Ich bin mit meinem Hund zügig bis zum Park gegangen. Dort hat mein Hund zuerst an einer Birke geschnüffelt und ist dann weitergerannt zu einem Busch. Dort hat er auf der Suche nach einem Kaninchen recht lange in der Erde gegraben. Schließlich sind wir gemächlich wieder zurückgegangen."

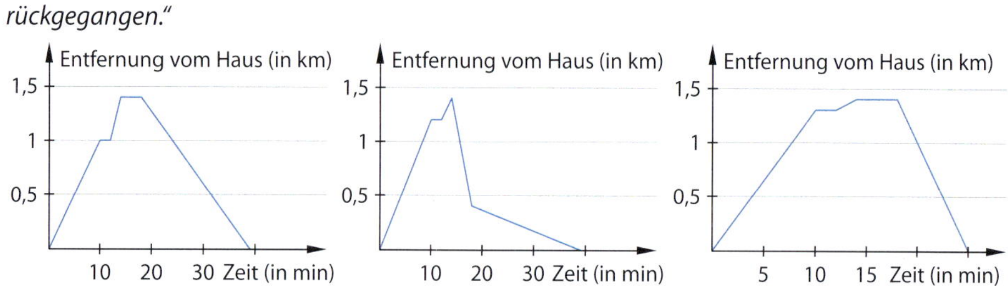

   a) Welches Diagramm passt zur Wegbeschreibung? Begründe deine Antwort.
   b) Erstelle ein Diagramm für deinen heutigen Schulweg und gib eine Wegbeschreibung an.

12. Selim und Luca laufen gemeinsam im Sportunterricht 100 m. Der Graph zeigt die Zuordnung *Zeit (in Sekunden)* → *Strecke (in m)*.
a) Wer hat gewonnen?
Wer lag bei 50 m vorn?
b) Beschreibe als Sportreporter den Lauf.

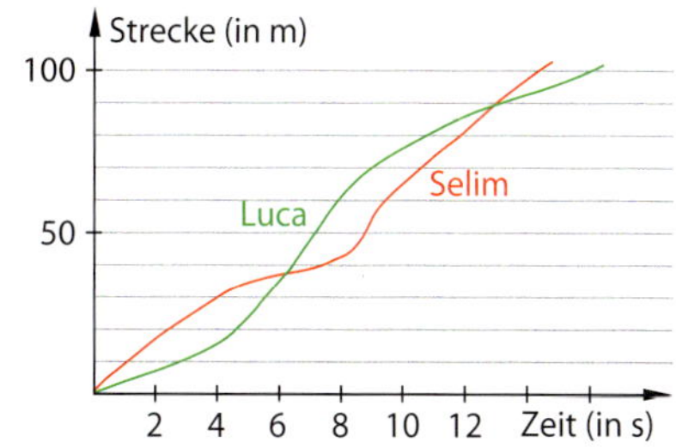

● **13.** Judith fährt mit ihrem Fahrrad zur Oma.
Der Graph zeigt ihre Geschwindigkeit dabei an.
a) Beschreibe ihre Fahrt und berücksichtige dabei, warum sie manchmal langsam und manchmal schnell fährt.
b) Erfinde selbst eine Geschichte für eine Fahrt mit dem Fahrrad oder einem anderen Verkehrsmittel. Zeichne einen passenden Graphen dazu.
c) Tausche deine Geschichte mit einem Partner. Der Partner soll dann einen passenden Graphen zeichnen. Vergleicht eure Graphen.

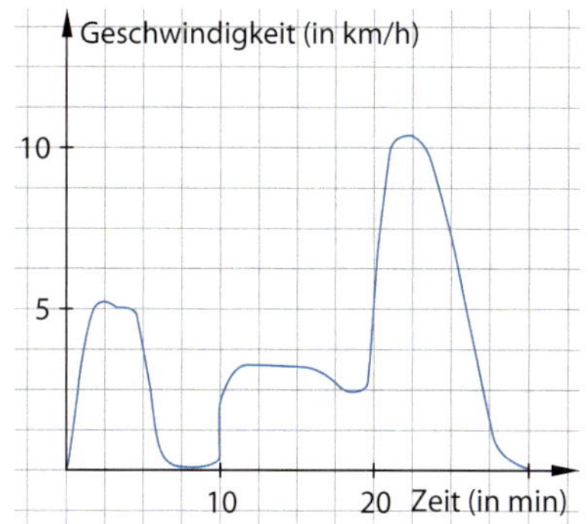

Tipp zu 13a:
Unterschiedliche Geschwindigkeiten treten beispielsweise beim Bergauf- und Bergabfahren auf.

● **14.** Auf einer Messe werden Aquarien angeboten. Nach dem Aufbauen werden die Becken befüllt. Entscheide, welcher der Graphen am ehesten zu welchem Becken passt.

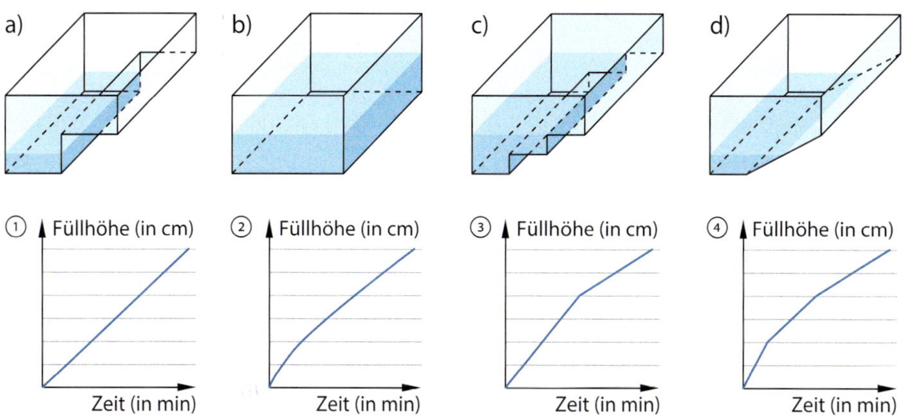

● **15. Ausblick:** Der Graph gibt den Trinkwasserverbrauch in Konstanz während des Finales der Fußball-WM 2014 an, in dem Deutschland siegte. Das Spiel begann um 21 Uhr.
a) Wann war die Halbzeit?
Gab es eine Verlängerung?
Begründe deine Antwort.
b) Finde weitere Informationen, die du ablesen kannst.

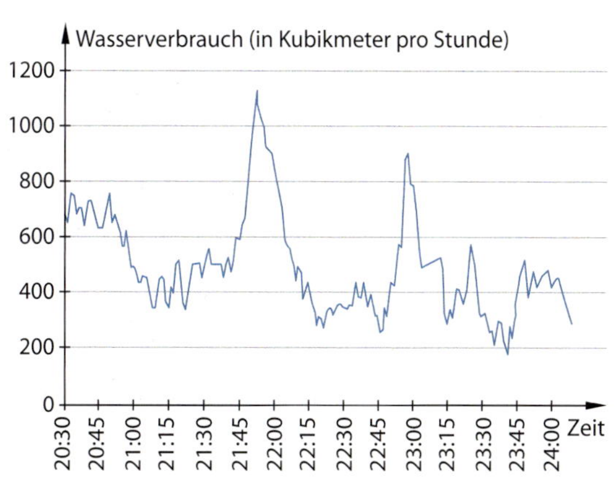

7.3 Proportionale Zuordnungen

■ Im Supermarkt wird der Preis für jedes Käsestück einzeln berechnet. Berechne die Preise für 360 g Käse (für 400 g, für 60 g, für 600 g). Wie viel Gramm Käse bekommt man für 6,48 €? ■

Eigenschaften proportionaler Zuordnungen

Beispiel 1: An einem Marktstand kann man sich Süßigkeiten selbst zusammenstellen. Nach der Auswahl wird die Tüte gewogen und der Preis berechnet.

a) Ergänze die Tabelle.

b) Welche Voraussetzung musst du bei deiner Rechnung beachten?

Gewicht (in g)	Preis (in €)
100	1,40
200	
50	
150	
750	

Lösung:

a) 100 g kosten 1,40 €:
Bei doppelter Menge verdoppelt sich der Preis.
Bei halber Menge halbiert sich der Preis.
Bei dreifacher (fünffacher) Menge ist der Preis dreimal (fünfmal) so groß.

Gewicht (in g)	Preis (in €)
100	1,40
200	2,80
50	0,70
150	2,10
750	10,50

(· 2 von 100 zu 200; : 2 von 200 zu 50 (bezogen auf 100); · 3 zu 150; · 5 zu 750 — jeweils auf beiden Seiten)

b) Der Preis muss immer gleich bleiben. Auch bei großen Mengen gibt es keinen Rabatt.

Hinweis:
Das lateinische Wort **proportionalis** bedeutet **verhältnisgleich.**

Eine Zuordnung mit den Eigenschaften aus Beispiel 1 heißt **proportional**. Man sagt: Gewicht und Preis sind **proportional zueinander**.

Zeichnet man den Graphen dieser Zuordnung, liegen alle Punkte auf einer **Geraden durch den Ursprung**.
Bei der Zuordnung aus dem Beispiel darf man die Punkte verbinden, da man für jedes beliebige Gewicht den Preis berechnen kann.

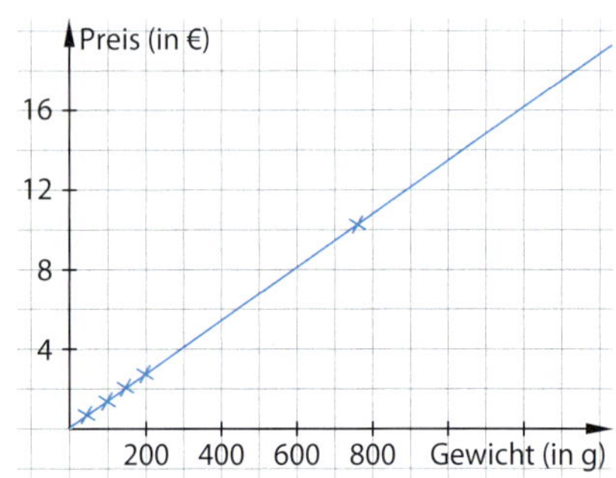

Wissen: Proportionale Zuordnungen

Für proportionale Zuordnungen gilt:
- **Verdoppelt (verdreifacht**, …) man einen Ausgangswert, so **verdoppelt (verdreifacht** …) sich auch der zugeordnete Wert.
- **Halbiert (drittelt** …) man einen Ausgangswert, so **halbiert (drittelt** …) sich auch der zugeordnete Wert.

In einem Koordinatensystem liegen alle Punkte einer proportionalen Zuordnung auf einer **Geraden durch den Ursprung.**

Basisaufgaben

1. Vervollständige die Tabelle im Heft. Die Zuordnung ist proportional.

a)

Anzahl (Hände)	Anzahl (Finger)
1	
3	
5	25
10	
25	
40	

b)

Anzahl (Kartons)	Anzahl (Packungen)
1	
4	
8	48
10	
24	
30	

Hinweis zu 1:
Hier findest du die Lösungen:

2. Vervollständige die Tabelle im Heft. Die Zuordnung ist proportional.

a)

Anzahl Bücher	3	6	9	12	18
Gewicht (in g)		3,6			

b)

Anzahl Kiwi	2	4	6	8	12
Preis (in €)		1,60			

c)

Zeit (in h)		1	3		5
Weg (in km)	30		180	240	

d)

Menge (in l)	1		5	10	20
Preis (in €)		2,95	5,90		

3. Zehn Blätter A4-Papier wiegen zusammen 50 g.

a) Vervollständige die Tabelle im Heft.

Anzahl (Blätter)	1		5	10	20	250	
Gewicht (in g)		10					2500

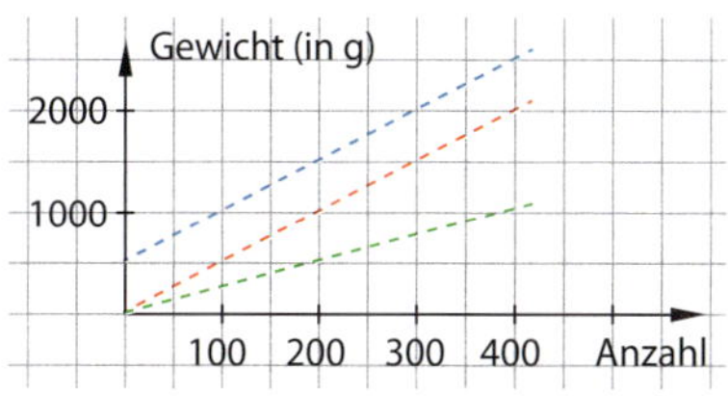

b) Prüfe, welcher der Graphen zur Zuordnung *Anzahl (Blätter)* → *Gewicht (in g)* passt. Begründe deine Aussage.

4. a) Vervollständige die Tabelle im Heft.

Apfelsaft (in ml)	100	200	300	400	
Kohlenhydrate (in g)					66
Vitamin C (in mg)					
Energie (in kJ)					

200 ml Apfelsaft enthalten 22 g Kohlenhydrate, 7 mg Vitamin C und 385 kJ Energie.

b) Zeichne den Graphen der Zuordnung: *Apfelsaft (in ml)* → *Vitamin C (in mg)*

5. Untersuche, ob es sich hier um eine proportionale Zuordnung handeln kann oder nicht. Gib immer drei Wertepaare an.

a)

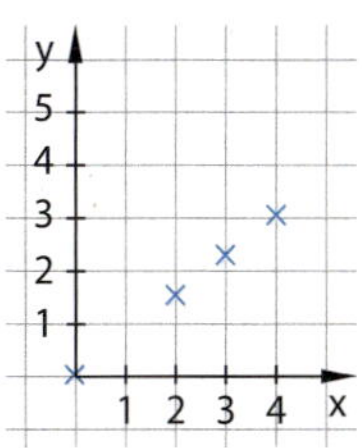

b)

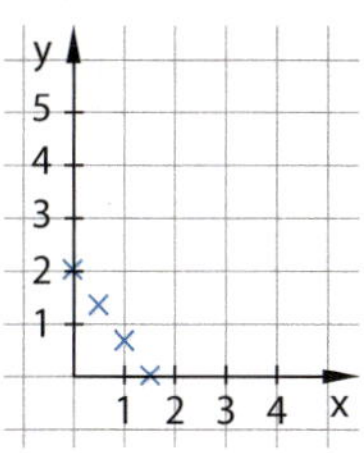

c)

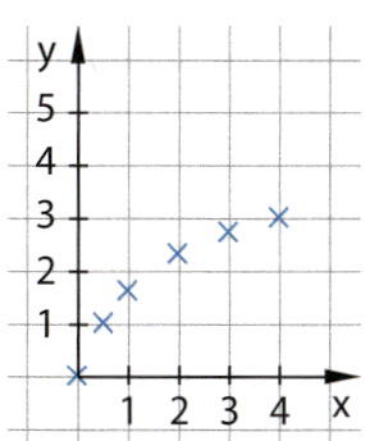

d)

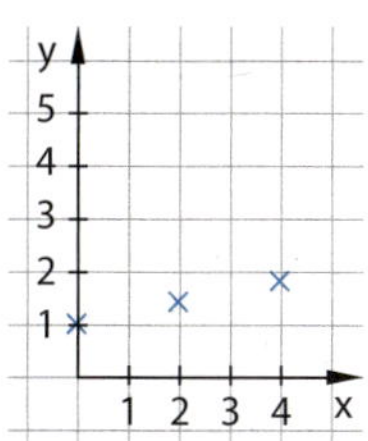

Weiterführende Aufgaben

6. In einem Bananen-Kokos-Shake sollen für zwei Portionen eine Banane mit 120 ml Ananassaft, 180 ml Milch und 2 Esslöffeln Kokosraspeln püriert werden.
   a) Schreibe einen Einkaufszettel für 30 Portionen.
   b) Wie viele Portionen kann man mit 1,5 ℓ Milch höchstens herstellen?
   c) Wie viele Bananen braucht man zu 1,8 ℓ Ananassaft?
   d) Nenne drei proportionale Zuordnungen zum Sachverhalt, erstelle jeweils eine Tabelle und zeichne dazu einen Graphen.

7. Hier sind die Preise für die gleiche Sorte Käse angegeben.

   a) Zeichne jeweils einen Graphen für die Zuordnung *Gewicht (in g)* → *Preis (in €)* von 0 g bis 600 g.
   b) Lies jeweils die Preise für 100 g Käse ab.
   c) Überprüfe deine Lösungen aus b) rechnerisch mit den gegebenen Werten.
   d) Formuliere zu jedem Graphen eine passende Vorschrift, mit der man die Preise für beliebige Gewichte berechnen kann.

8. Gegeben ist ein Punkt eines Graphen einer proportionalen Zuordnung.
   a) Übertrage die Zeichnung ins Heft. Ergänze drei weitere Punkte des Graphen und erstelle eine Wertetabelle.
   b) Nenne eine mögliche Sachsituation, die zu dem Graphen passt.

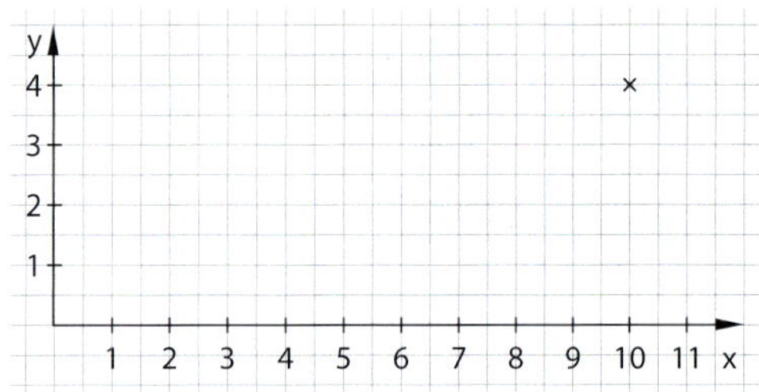

9. Frau Müller tauscht Geld. Für 20 Euro erhält sie 150 dänische Kronen (DKK).
   a) Ermittle den Wechselkurs für die Zuordnung *Euro* → *Kronen*.
   b) Berechne, wie viele Kronen man für 10 Euro (80 Euro, 90 Euro) bekommt.
   c) Gib eine Vorschrift für den Wechsel von Euro in Kronen an.
   d) Gib eine Vorschrift für den Wechsel von Kronen in Euro an.

10. **Stolperstelle:** Carla sollte Beispiele für proportionale Zuordnungen finden. Beurteile Carlas Lösung:

Situation:
Guthabenkarte mit 20 € für ein Handy, eine Gesprächsminute kostet 9 Cent.

Proportionale Zuordnungen:
Anzahl Gesprächsminuten → Guthaben
Anzahl Gesprächsminuten → Kosten

11. Prüfe, ob die Zuordnung proportional ist. Berechne die fehlenden Werte.

a)

Anzahl der Übernachtungen	1	2	6	8	10
Preis (in €)		216,00	453,60		

b)

Anzahl der Papierpakete	1	5	13	15	17
Preis (in €)		19,95	51,87		

12. „Je mehr, desto mehr"-Zuordnungen: Bei einer „Je mehr, desto mehr"-Zuordnung wächst mit der einen Größe auch die andere Größe.
Beispiel: *Fahrzeit* → *Kilometerzahl*
„Je mehr Zeit vergangen ist, desto mehr Kilometer hat man geschafft."
a) Welche Zuordnungen sind „Je mehr, desto mehr"-Zuordnungen?
b) Welche Zuordnungen sind proportionale Zuordnungen?

Hinweis zu 12:
Zeichne für alle „Je mehr, desto mehr"-Zuordnungen einen möglichen Graphen.

① *Anzahl der Briefmarken → Preis*
② *Alter eines Baumes → Baumgröße*
③ *Seitenlänge eines Quadrats → Flächeninhalt des Quadrats*
④ *Wohnfläche → Mietpreis*
⑤ *Anzahl der T-Shirts → Gesamtpreis (ab 3 Stück 10 % Rabatt)*
⑥ *Menge der Nudeln → Kochzeit*
⑦ *Kilometer → Taxi-Kosten (Grundgebühr plus Kilometerpreis)*

13. a) Begründe den Satz:
Jede proportionale Zuordnung ist eine „Je mehr, desto mehr"-Zuordnung.
b) Finde eine „Je mehr, desto mehr"-Zuordnung, die aber nicht proportional ist.

14. Bei welchem Glas bekommt man mehr für sein Geld? Vergleiche die Preise und die Mengen.

● **15.** Beurteile, welche Sätze zu einer proportionalen Zuordnung passen.

① *Alle Werte werden gleichmäßig größer.*
② *Wenn die eine Größe kleiner wird, dann wird auch die andere Größe kleiner.*
③ *In einer Tabelle multipliziert man von links nach rechts immer mit derselben Zahl.*
④ *Pro „Portion" kostet es immer das Gleiche.*

● **16.** In der Tabelle sind Weltrekordzeiten für verschiedene Laufstrecken der Männer enthalten.

Strecke	100 m	200 m	400 m	800 m	1500 m	5000 m	10 000 m
Zeit	9,58 s	19,19 s	43,18 s	1:41 min	3:26 min	12:37 min	26:18 min

a) Schreibe alle Zeitangaben in Sekunden.
b) Zeige, dass die Zuordnung *Laufstrecke (in m)* → *Zeit (in s)* nicht proportional ist.
c) Nimm an, dass die Zuordnung *Laufstrecke (in m)* → *Zeit (in s)* proportional ist. Ermittle dann mithilfe des Weltrekords für 100 m, welche Rekordzeit zu 400 m (für 800 m, für 1500 m) gehören würde. Gib jeweils auch den Unterschied zur tatsächlichen Weltrekordzeit an.

Erinnere dich:
1 min = 60 s

● **17. Ausblick:** Ein Stapel aus 100 Ein-Euro-Münzen ist 23,3 cm hoch.
a) Wie viele solcher Münzen müsste ein Stapel haben, der so groß ist wie du?
b) Wie viele Münzen müsste ein Stapel haben, der so hoch ist wie der Berliner Fernsehturm (etwa 368 m)?

7.4 Dreisatz für proportionale Zuordnungen

■ Nils geht für ältere Menschen einkaufen.
Rechts ist ein Kassenzettel vom letzten Einkauf.
Diesmal hat er für Frau Kebel 2 Stück Butter,
3 Netze Orangen und 1 Roggenbrot eingekauft.
Wie viel muss Frau Kebel bezahlen? ■

Anzahl	Artikel	Gesamtpreis
3	Butter	3,60€
4	Orangen im 2-kg-Netz	14,00€
2	Roggenbrot 500g	4,20€

Bei proportionalen Zuordnungen kann man aus einem einzigen Wertepaar alle anderen Wertepaare der Zuordnung berechnen.

Wissen: Proportionaler Dreisatz

1. Schritt: Aufschreiben des Ausgangswerts und des ihm zugeordneten Werts
2. Schritt: Schluss auf „die **Eins**" (oder einen günstigen **Hilfswert**) durch Division
3. Schritt: Schluss auf die gesuchte Größe durch Multiplikation

Beispiel 1: Die Zuordnung *Menge* → *Preis* ist eine proportionale Zuordnung.

a) 8 kg Kirschen kosten 48 €.
Berechne den Preis für 3 kg Kirschen.

b) 500 g Erdbeeren kosten 2,90 €.
Berechne den Preis für 750 g Erdbeeren.

Hinweis:
Wird in der einen Spalte **dividiert**, dann wird auch in der anderen Spalte **dividiert**.

Lösung:

a) Rechne in drei Schritten in einer Tabelle.
1. Bekanntes Wertepaar: 8 kg kosten 48 €.
2. Schluss auf „die Eins":
Dividiere die Werte in beiden Spalten durch 8.
3. Schluss auf die gesuchte Größe:
Multipliziere für den Preis von 3 kg mit 3.

	Menge (in kg)	Preis (in €)	
	8	48	
: 8	1	6	: 8
· 3	3	18	· 3

b) Rechne in drei Schritten in einer Tabelle.
1. Bekanntes Wertepaar: 500 g kosten 2,90 €.
2. Schluss auf 250 g:
Dividiere die Werte in beiden Spalten durch 2.
3. Schluss auf die gesuchte Größe:
Multipliziere für den Preis von 750 g mit 3.

	Menge (in g)	Preis (in €)	
	500	2,90	
: 2	250	1,45	: 2
· 3	750	4,35	· 3

Basisaufgaben

1. Vervollständige die Rechnung. Die Zuordnung ist proportional.

a)

Anzahl der Karten	Preis (in €)
3	4,20
1	
5	

b)

Masse (in g)	Preis (in €)
500	7,00
100	
800	

c)

Anzahl der Münzen	Höhe des Münzstapels (in cm)
8	1,36
0,75	

2. Rechne mit dem Dreisatz. Beurteile, ob die Lösung jeweils realistisch ist.

① Vier Kugeln Eis kosten 3,60 €. Wie teuer sind drei Kugeln (fünf Kugeln) des gleichen Eises?

② Für eine Familie mit Zelt kosten drei Tage auf einem Campingplatz 57 €. Wie viel kostet der Aufenthalt für eine Woche?

③ Ein Flugzeug legt in drei Stunden eine Strecke von 2640 km zurück. Wie weit fliegt es in 2,5 Stunden?

④ Ein Lüfter dreht sich mit 2400 Umdrehungen pro Minute. Wie oft dreht sich der Lüfter in 10 Sekunden?

⑤ Für sechs identische Fertighäuser bezahlt ein Investor 3,2 Mio €. Wie viel müsste er für neun Häuser bezahlen?

3. Eva hat die Aufgabe im „Zweisatz" gelöst. Erläutere, wie sie gerechnet haben könnte.
a) 2 Brote kosten 5,50 €. Wie viel Euro kosten 4 Brote?
b) 5 m Stoff kosten 46 €. Wie viel Meter davon bekommt man für 23 €?
c) 6 Tennisbälle wiegen 348 g. Wie viel Kilogramm wiegen 3 solcher Tennisbälle?

4. Aus 250 kg Äpfeln erzeugt eine Apfelmosterei ca. 120 Liter Apfelsaft.
a) Wie viel Liter Apfelsaft können aus 20 kg Äpfeln hergestellt werden?
b) Wie viel Kilogramm Äpfel werden für 20 Liter Apfelsaft benötigt?

5. Ein Kopierer benötigt für 1000 Seiten 18 Minuten. Entwickle dazu eine Aufgabe, die mit Dreisatz zu lösen ist.

Weiterführende Aufgaben

6. Ein Liter zuckerhaltige Limonade enthält 110 g Zucker. Wie viel Zucker sind in einer Sechserpackung mit 250-ml-Flaschen? Setze die Rechenwege von Marek und Lisa fort.

Rechenweg von Marek:

Limonade (in ml)	Zucker (in mg)
1000	110
:4 ↓ ...	... ↓ :4

Rechenweg von Lisa:

Limonade (in ml)	Zucker (in mg)
1000	110
:2 ↓ ...	... ↓ :2

7. Berechne die fehlenden Werte der proportionalen Zuordnung. Suche dazu günstige Hilfswerte. Erkläre deine Lösung.

a)

Größe 1	Größe 2
20	60
70	

b)

Größe 1	Größe 2
850	595
400	

c)

Größe 1	Größe 2
0,3	60
0,8	

8. Carla hat morgen Geburtstag und möchte in ihrer Klasse Muffins ausgeben. In der Klasse sind 29 Schüler. Schreibe das Rezept für 30 Muffins auf.

Grundrezept für 12 Muffins
Zutaten: 100 g Butter oder Margarine, 110 g Zucker, ½ Päckchen Vanillezucker, 3 Eier, 250 g Mehl, 1 Päckchen Backpulver, 4 El Milch

9. **Stolperstelle:** Lea kauft ein 8er-Pack Batterien für 4,68 €. Kaum ist sie zu Hause, möchte ihr Bruder zwei Batterien haben. Um einen „fairen" Preis zu bestimmen, rechnet sie:

Preis	Batterien
4,68	8
1	1,71
2	3,42

Ich kann 3,42 € von ihm verlangen.

Beschreibe den Fehler mit eigenen Worten und korrigiere dann.

10. Bei einem Rezept für 6 Personen werden 100 g Mehl benötigt.
a) Erkläre, wie die Mehlmenge für 15 Personen jeweils berechnet wurde.

Julia:

Personen	Mehl (in g)
6	100
:6 ↓ 1	:6 ↓ 16,7
·15 ↓ 15	·15 ↓ 250,5

Daniel:

Personen	Mehl (in g)
6	100
:6 ↓ 1	:6 ↓ $\frac{100}{6}$
·15 ↓ 15	·15 ↓ $\frac{100}{\not{6}_2} \cdot \not{15}_5 = \frac{100}{2} \cdot 5 = 250$

Lena:

Personen	Mehl (in g)
6	100
:2 ↓ 3	:2 ↓ 50
·5 ↓ 15	·5 ↓ 250

Jan:

Personen	Mehl (in g)
6	100
$\cdot\frac{15}{6}$ ↓ 15	$\cdot\frac{15}{6}$ ↓ $100 \cdot \frac{\not{15}^5}{\not{6}_2} = 100 \cdot \frac{5}{2} = 250$

b) Welchen Rechenweg findest du am einfachsten? Berechne auf diesem Rechenweg die Menge für 23 Personen.

11. Ermittle, welches Angebot günstiger ist.

12 Kartons für 22,80 €
oder
8 Kartons für 15,50 €?

10 Batterien für 6,99 €
oder
4 Batterien für 2,79 €?

400 Gummibänder für 3,99 €
oder
500 Stück für 4,79 €?

12. Berechne die Grundpreise der Lebensmittel. Entscheide, welche Einheit für die Angabe des Grundpreises sinnvoll ist.

a) 300 g Käse .... 4,47 € b) 0,75 l Olivenöl .... 4,29 €

c) 250 g Butter .... 0,85 € d) 330 ml Limonade .... 0,99 €

e) 1,5 kg Kartoffeln ..... 3,49 € f) 3 Gurken .... 1,95 €

pro l pro 100 g pro kg pro Stück

13. Anke, Peter und Vanessa benötigen für ihren 3 km langen Schulweg 25 Minuten. Wie lange brauchen Peter und Vanessa ohne Anke?

14. Untersuche, ob man die Aufgabe mit einem Dreisatz lösen kann. Gib Gründe an, warum man mit dem Dreisatz rechnen kann oder warum nicht.

a) Frau Meier fährt mit dem Auto in 3 Stunden 195 km. Nach einer Pause fährt sie noch einmal 2 Stunden. Welche Strecke hat sie insgesamt zurückgelegt?

b) Ein Fußballer hat in 8 Spielen 5 Tore geschossen. Wie viele Tore sind in den restlichen 28 Spielen der Saison zu erwarten?

15. Das Auto von Julians Familie verbraucht auf 100 km zwischen 5 und 8,1 Liter Superbenzin. An der Tankstelle fragt sich Julian: Wie viel Liter Benzin müssen mindestens im Tank sein, damit wir unser Ziel in 580 km Entfernung erreichen, ohne nochmals zu tanken? Formuliere eine Antwort.

16. Der Schall benötigt für eine Strecke von 1000 m Länge ungefähr 3 s. Wie weit ist die Stelle eines Blitzeinschlags vom Beobachter entfernt, wenn man den Donner 5 s nach dem Aufleuchten des Blitzes hört? (Die Geschwindigkeit des Lichts ist so groß, dass die Zeit, die das Licht benötigt, bei der Lösung der Aufgabe unberücksichtigt bleiben kann.)

● **17.** Zehn Arbeiter benötigen fünf Tage, um 225 m^2 Granit-Mosaikpflaster zu verlegen. Wie viel Quadratmeter Pflaster verlegen sechs Arbeiter in acht Tagen bei gleichen Arbeitsbedingungen?

a) Löse die Aufgabe schrittweise:

1. Schritt: Wie viel Quadratmeter Pflaster verlegen zehn Arbeiter in acht Tagen?

2. Schritt: Wie viel Quadratmeter Pflaster verlegen sechs Arbeiter in acht Tagen?

b) Erkläre, warum man sagen könnte, dass diese Aufgabe mit einem „doppelten Dreisatz" lösbar ist.

c) Erfinde eine Aufgabe mit einem doppelten Dreisatz.

● **18. Ausblick:** Bei einem Online-Versandhandel kostet eine Packung Gummibänder zum Basteln 1,99 €. Es werden einmalig 1,30 € Versandkosten fällig.

a) Stelle eine Rechenvorschrift auf, mit der man den Preis für beliebig viele Packungen (einmal mit und einmal ohne Versandkosten) berechnen kann.

b) Berechne, wie viele Packungen man für 20 € kaufen kann.

7.5 Antiproportionale Zuordnungen

■ Vier Freunde teilen sich eine Tüte Fruchtgummis. Jeder erhält 15 Stück. Wie viele Fruchtgummis würde jeder erhalten, wenn es drei Freunde (fünf Freunde, sechs Freunde) wären? ■

Eigenschaften antiproportionaler Zuordnungen

Beispiel 1: Zehn Personen machen eine Gruppenfahrt. Für die Busfahrt ist, unabhängig von der Personenanzahl, ein Festpreis von 300 € vereinbart. Übertrage die Tabelle ins Heft und fülle sie aus.

Anzahl der Personen	Preis pro Person (in €)
10	30
20	
5	
25	

Lösung:
Bei 10 Personen kostet die Fahrt 30 € pro Person.
Bei doppelter Personenanzahl (20) halbiert sich der Preis pro Person (15 €).
Bei halber Personenanzahl (5) verdoppelt sich der Preis (60 €).

Beim Verfünffachen der Personenanzahl sinkt der Preis auf ein Fünftel.

	Anzahl der Personen	Preis pro Person (in €)	
	10	30	
· 2	20	15	: 2
: 2	5	60	· 2
· 5	25	12	: 5

Hinweis:
Statt *antiproportional* sagt man auch *umgekehrt proportional* oder *indirekt proportional.*

Eine Zuordnung mit den Eigenschaften aus Beispiel 1 heißt **antiproportional**.

Man sagt:
Die Anzahl der Personen und der Preis pro Person sind **antiproportional zueinander**.

Zeichnet man den Graphen dieser Zuordnung, so liegen alle Punkte auf einer fallenden **gekrümmten Kurve**. Die Punkte dürfen aber nicht verbunden werden, da beispielsweise ein Preis für 20,8 Personen sachlich nicht sinnvoll ist.

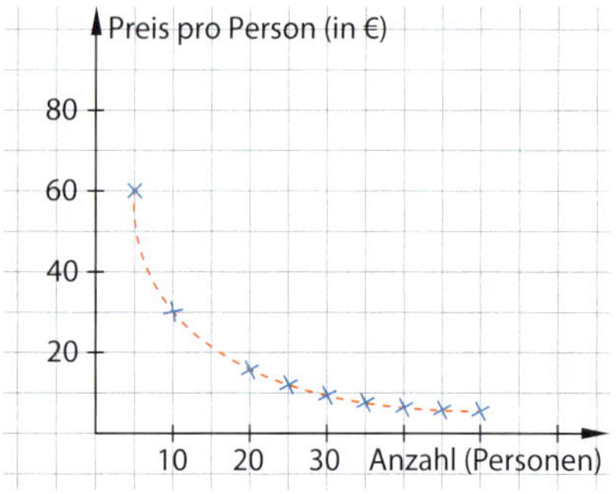

Wissen: Antiproportionale Zuordnungen
Für antiproportionale Zuordnungen gilt:
- **Verdoppelt** (**verdreifacht**, …) man die Ausgangsgröße, so **halbiert** (**drittelt**, …) sich die zugeordnete Größe.
- **Halbiert** (**drittelt**, …) man die Ausgangsgröße, so **verdoppelt** (**verdreifacht**, …) sich die zugeordnete Größe.

In einem Koordinatensystem liegen alle Punkte einer antiproportionalen Zuordnung auf einer Kurve (Hyperbel), die keine der Koordinatenachsen schneidet.

Basisaufgaben

1. Vervollständige die Tabelle im Heft. Die Zuordnung ist antiproportional.

a)

Anzahl der Portionen	Größe der Portionen (in g)
1	
2	250
4	
5	
8	
10	

b)

Verbrauch für 100 km (in ℓ)	Fahrstrecke (in km)
3	
4,5	
6	900
7,5	
9	
12	

Hinweis zu 1:
Hier findest du die Lösungen:

2. Vervollständige die Tabelle im Heft. Die Zuordnung ist antiproportional.

a)

Umzugshelfer	1	2	3	4	6
Dauer des Umzugs (in h)		12			

b)

Urlaubstage	3	4	8	9	12
Budget pro Tag (in €)		84			

c)

Geschwindigkeit (in km/h)	4	10	20	30	40
Zeitbedarf für 40 km (in h)			2		

d)

Fläche einer Fliese (in cm²)	25	40	100	200	400
Anzahl der Fliesen je m²					25

3. Gesucht sind die Seitenlängen a und b eines Rechtecks mit einem Flächeninhalt von $24\,cm^2$.

a) Ergänze die Tabelle im Heft.

a (in cm)	1		2	6	9,6	10	
b (in cm)		16					1,5

b) Prüfe, welcher der Graphen zur Zuordnung *Länge der Seite a → Länge der Seite b* passt. Begründe deine Aussage.

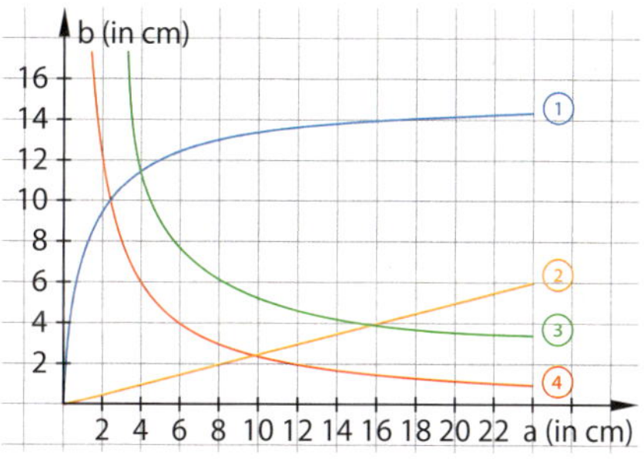

4. Vier Wasserleitungen füllen ein Schwimmbecken in acht Stunden vollständig mit Wasser.

a) Übertrage die Tabelle ins Heft und fülle sie aus.

Anzahl (Leitungen)	2	3	4	6	8	16	24
Dauer (in h)			8				

b) Zeichne den Graphen der Zuordnung. *Anzahl der Leitungen → Dauer (in h)* Entscheide, ob die Punkte verbunden werden dürfen.

5. Eine Tippgemeinschaft aus zwei Mitspielern gewinnt 2400 €.

a) Wie viel Euro bekommt jeder Mitspieler bei gleichem Einsatz?

b) Wie viel Euro wären es bei einer Tippgemeinschaft aus 3; 4; 6; 8 oder 15 Personen?

c) Entscheide, ob die Zuordnung *Anzahl der Personen → Gewinn (in €)* eine antiproportionale Zuordnung ist. Begründe deine Aussage.

7.7 Vermischte Aufgaben

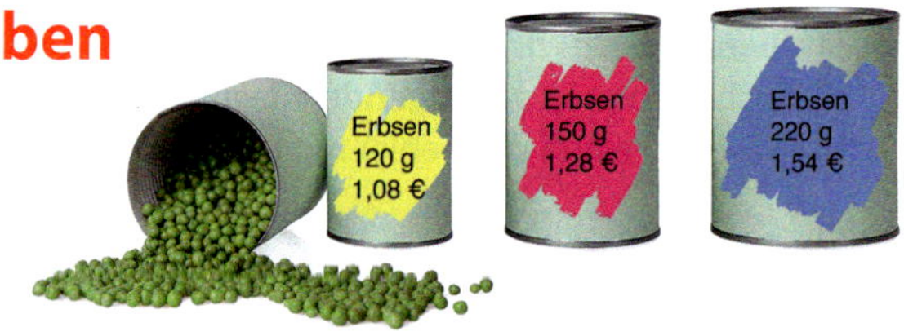

1. Ermittle, welche Packungsgröße das günstigste Angebot ist. Begründe dein Vorgehen.

2. Auf Karten (Wanderkarten, Stadtplänen usw.) ist immer ein Maßstab angegeben.
   a) Übertrage die Tabelle ins Heft und fülle sie für einen Maßstab von 1: 70 000 aus.

Strecke auf der Karte (Bildstrecke)	Strecke in Wirklichkeit (Originalstrecke)
1 cm	
4 cm	
9 cm	
	7 km
15 cm	

   b) Stelle die Zuordnung *Bildstrecke* → *Originalstrecke* in einem Diagramm dar.
   c) Untersuche auf Proportionalität.

3. Auf der Geraden einer proportionalen Zuordnung liegt im Koordinatensystem der Punkt P (2|1). Gib die fehlenden Koordinaten folgender Punkte dieser Geraden an:
   ① R(1|▢) ② S(▢|1,5) ③ T(1,5|▢) ④ U(▢|2)

4. Auf der Hyperbel einer antiproportionalen Zuordnung liegt im Koordinatensystem der Punkt P (1 | 12). Gib die fehlenden Koordinaten folgender Punkte dieser Kurve an:
   ① A(▢|▢) ② B(▢|2) ③ C(1,5|▢) ④ D(▢|3)

5. Franks Vater macht 3500 Schritte, um vom Bahnhof nach Hause zu gehen.
   a) Wie lang ist der zurückgelegte Weg, wenn seine Schrittlänge etwa 75 cm beträgt?
   b) Wie viele Schritte muss Frank für diese Strecke bei einer Schrittlänge etwa 50 cm machen?

6. Eine Familie mit zwei Kindern benötigt für eine Fahrt von Stuttgart nach Ulm eine Stunde und zehn Minuten. Berechne die Fahrzeit für eine Familie mit vier Kindern.

7. Hier ist eine Fieberkurve bei Masern dargestellt.
   a) Beschreibe die Zuordnung.
   b) Erstelle für die dargestellte Zuordnung eine Tabelle.
   c) Wann wurde die niedrigste und wann wurde die höchste Temperatur gemessen?

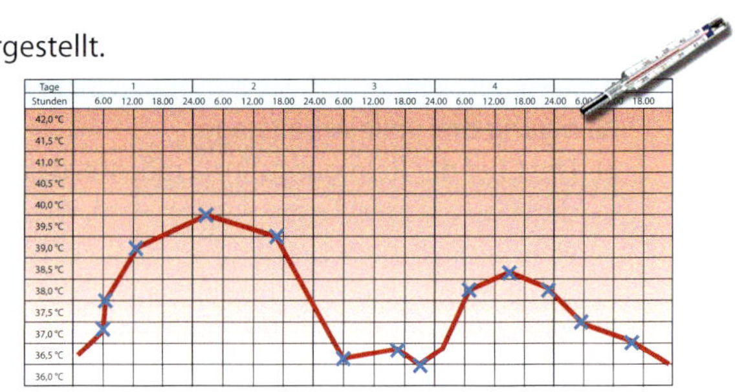

8. Übernimm die Tabelle ins Heft und fülle sie aus:
   ① zur Darstellung einer proportionalen Zuordnung
   ② zur Darstellung einer antiproportionalen Zuordnung
   Stelle jede Zuordnung als Diagramm dar.

Größe 1	2		8	10	
Größe 2		1	2		5

9. Untersuche, ob und welche Art der Proportionalität vorliegt. Löse die Aufgabe sowohl mit als auch ohne Dreisatz. Bei welcher Aufgabe ist keine Berechnung möglich? Begründe das.
a) Am Kiosk kosten 150 g Fruchtgummi 2 €. Wie viel Euro kosten 500 g Fruchtgummi?
b) Jan und Max tragen am Sonntag Zeitungen aus. Dafür benötigen sie 3,5 Stunden. Da sie heute noch ins Kino wollen, helfen ihnen drei Freunde. Wie lange würden sie nun benötigen, wenn jeder gleich lange und genauso schnell mithilft?
c) Fünf Pumpen benötigen 9 Stunden, um ein Schwimmbecken leer zu pumpen. Wie lange dauert das Auspumpen des Beckens, wenn zwei Pumpen defekt sind?
d) Lisa schreibt ihrer Brieffreundin einen zweiseitigen Brief. Sie zahlt 0,62 € Porto. Der nächste Brief hat 5 Seiten. Wie viel Euro zahlt sie nun?
e) Herr Mähler hat für 25 Gehwegplatten 50 € bezahlt. Nun benötigt er 125 weitere. Mit welchem Preis muss er rechnen?

10. Die Klasse 6 a fährt auf Klassenfahrt an Bodensee. Die Anfahrt mit dem Zug sowie Übernachtung und Verpflegung in der Jugendherberge kosten für 27 Personen insgesamt 4050 €. Bis eine Woche vor der Anreise ist eine Stornierung (beispielsweise infolge Krankheit) möglich.
a) Gib an, um welche Zuordnung es sich bei der Zuordnung *Personenanzahl* → *Preis* handelt.
b) Berechne, wie viel Euro jede Person zahlt.
c) Drei Tage vor Abreise werden zwei Schüler krank und können nicht mitfahren. Wie viel Euro müsste nun jede teilnehmende Person mehr bezahlen?
d) Die Klasse 6 b unternimmt eine Woche später mit 29 Personen dieselbe Fahrt. Wie viel Euro zahlt diese Klasse insgesamt?

11. Sophia hat 150 ml Wasser mit dem Messbecher abgemessen und in einen Topf umgefüllt. Sie möchte aber 550 ml Wasser kochen.
a) Gib die Füllhöhe im Topf für 550 ml an.
b) Ermittle, wie viel Liter Wasser höchstens in den 15 cm hohen Topf passen.

12. Die Klasse 6 b plant einen Kuchenverkauf und möchte den Erlös dem Tierheim spenden. Ein Stück Kuchen soll jeweils 1,80 € kosten.
a) Berechne die Höhe der Spende, wenn insgesamt 45 Stück Kuchen verkauft werden.
b) Erstelle eine Liste zur Berechnung des Gesamterlöses und gib den Gesamtbetrag für folgende Anzahlen verkaufter Kuchenstücke an:
15; 18; 20; 25; 35; 40; 42; 50; 56; 58; 60; 65; 72

	A	B	C
1	Kuchenverkauf		
2			
3	Preis pro Stück	Anzahl verkaufter Stücke Kuchen	Gesamteinnahmen
4	1,80 €	15	=A4*B4

13. Markus möchte das Sportabzeichen ablegen. Im Bereich „Ausdauer" muss er üben. Er startet seinen 1000-m-Lauf und will ihn in 6:00 min schaffen. Nach einer Stadionrunde, also nach 400 m, ruft ihm sein Freund Max zu: „Genau 2 Minuten und 18 Sekunden." Was denkst du, wird Markus die 1000 m in der vorgegebenen Zeit schaffen? Begründe deine Antwort.

Prüfe dein neues Fundament

Lösungen ↗ S. 253

1. In Florida werden Informationen zur Lebensweise von Alligatoren gesammelt. Neben der Anzahl der dort lebenden Alligatoren und der Kennzeichnung des genauen Aufenthaltsortes werden auch die Körperlänge und das Körpergewicht erfasst. Die Tabelle enthält Daten von 15 Alligatoren.

Größe (in cm)	239	185	190	183	208	183	193	193	198	188	218	218	229	218	188
Gewicht (in kg)	59	39	50	39	36	32	55	61	48	36	39	41	48	38	31

Stelle die Zuordnung *Körpergröße* → *Gewicht* in einem Diagramm dar.

2. Die Parkhausgebühr P beträgt für die ersten 2 Stunden insgesamt 1,50 € und für jede weitere angefangene Stunde 1,00 €. Entscheide und begründe, welches Diagramm den Sachverhalt richtig darstellt.

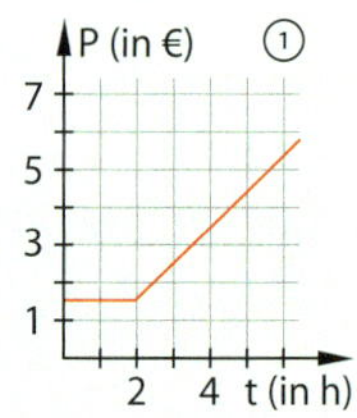

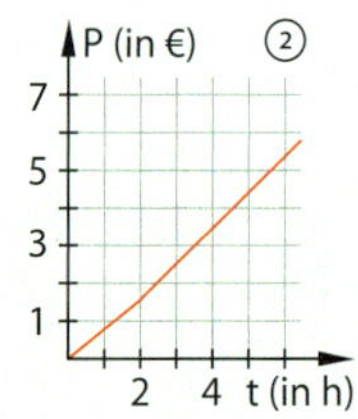

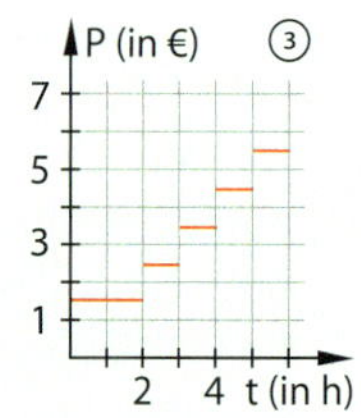

3. In einer Bäckerei wird ein einfaches Brötchen für 28 ct verkauft. Übernimm die Tabelle ins Heft, fülle sie und stelle diese Zuordnung in einem Diagramm dar.

Anzahl der Brötchen	1	2	3	4	5	6	7
Preis (in ct)	28						

4. Eine Schulmensa kauft beim Bäcker täglich größere Mengen an Brötchen. Prüfe, ob die Zuordnung *Anzahl Brötchen* → *Preis* in der Tabelle proportional ist.

Anzahl der Brötchen	10	20	30	40	50	60	70
Preis	2,80 €	5,60 €	8,40 €	11,20 €	13,00 €	14,00 €	15,00 €

5. Der Trinkwasservorrat einer Segelyacht reicht für 8 Personen erfahrungsgemäß 12 Tage. Übernimm die Tabelle ins Heft und fülle sie unter der Annahme aus, dass ein antiproportionaler Zusammenhang vorliegt.

Anzahl der Personen	1	2	4	8
Tage				12

6. Untersuche die Zuordnungen *Größe 1* → *Größe 2* auf Proportionalität. Begründe jeweils.

a)

Größe 1	3	6	12	24	48	96	192
Größe 2	1600	800	400	200	100	50	25

b)

Größe 1	30	40	50	70	100	120	150
Größe 2	21	28	35	49	70	84	105

c)

Größe 1	1000	600	400	300	150	120	100
Größe 2	20	16,8	10,2	8,4	4,2	3,36	2,8

7. Im folgenden Diagramm ist das „Höhenprofil“ eines Wanderweges dargestellt.
Es zeigt die Zuordnung *Entfernung vom Startpunkt (in km)* → *Höhe über NN (in m)*.

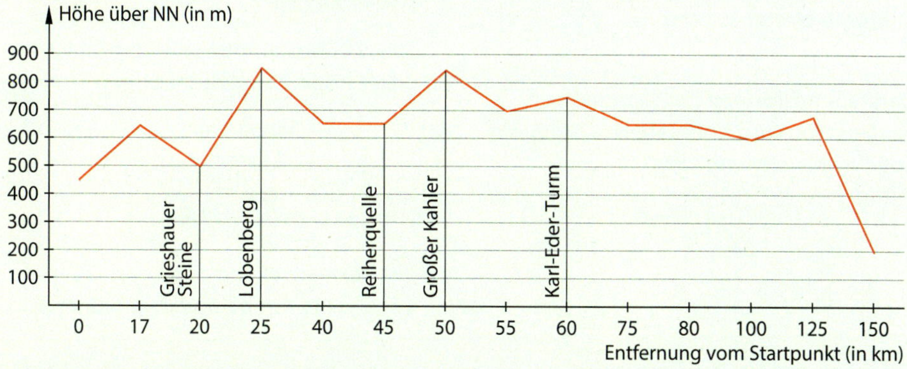

a) Nach welcher Entfernung erreicht man den höchsten Punkt des Wanderweges?
b) Nach welcher Entfernung gelangt man zum ersten Mal unter 400 m über NN?
c) Wo befinden sich die steilsten An- und Abstiege auf dem Weg?

8. Löse die Aufgaben. Notiere den Lösungsweg ausführlich.
a) 50 cm^3 Stahl wiegen 390 g. Wie viel Gramm sind es bei 30 cm^3 Stahl?
b) Die alte Treppe in einem Haus hatte 18 Stufen zu je 20 cm Höhe. Bei der neuen Treppe soll die Stufenhöhe 5 cm niedriger sein. Berechne, wie viele Stufen die neue Treppe haben wird.
c) Ein Musikduo spielt ein Musikstück in $4\frac{1}{2}$ min. Acht Musiker spielen das gleiche Musikstück. Wie viel Minuten dauert das Musikstück jetzt?

9. Mark hat für 16 Sammelbilder, die er in ein Album kleben möchte, 3,20 € bezahlt. In jeder Packung sind 4 Sammelbilder. Wie viel Euro kosten 12 dieser Sammelbilder?

Wiederholungsaufgaben

1. Überprüfe die Rechnung und korrigiere, falls erforderlich.
a) $\frac{1}{2} + 0{,}5 = 1$ b) $\frac{1}{2} + \frac{1}{4} = \frac{2}{6}$ c) $14 : 0{,}5 = 7$ d) $3 - 2 \cdot 0{,}5 = \frac{1}{2}$ e) $\frac{1}{3} - 0{,}3 = 0$

2. Wie spät könnte es auf der abgebildeten Uhr sein?

3. Wandle in die angegebene Einheit um.
a) 13 mm (in Zentimeter) b) 70 mm^2 (in Quadratzentimeter)
c) 7,1 m^3 (in Kubikzentimeter) d) 12 ml (in Liter)
e) 1,5 g (in Milligramm) f) 1,5 h (in Minuten)

4. Übertrage in dein Heft und ergänze das passende Rechenzeichen.
a) 57 ▪ 23 = 80 b) 15 ▪ 12 = 180 c) 751 ▪ 228 = 523

5. Setze „>“ oder „<“ so, dass die Aussage wahr ist.
a) −8 ▪ −2 b) 71 ▪ −71 c) 0 ▪ −1

Zusammenfassung

Zuordnungen

Bei einer Zuordnung wird (werden) **jedem Ausgangswert ein Wert (mehrere Werte)** zugeordnet.

Darstellungsformen für Zuordnungen können Wortvorschrift, Tabelle, Diagramm oder Pfeildarstellung sein.

Zahl	1	2	2	4	4	4
Teiler der Zahl	1	1	2	1	2	4

Hier werden zum Beispiel der Zahl 2 die Teiler 1 und 2 zugeordnet.

Uhrzeit → Temperatur

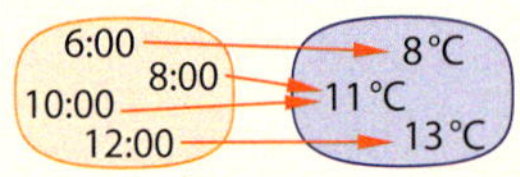

Die Pfeildarstellung zeigt, dass jeder Uhrzeit genau eine Temperatur zugeordnet wird.

Proportionale Zuordnungen

Für proportionale Zuordnungen gilt: **Verdoppelt** (**verdreifacht**, ...) oder **halbiert** (**drittelt**, ...) sich der Ausgangswert, dann **verdoppelt** (**verdreifacht**, ...) oder **halbiert** (**drittelt**, ...) sich der zugeordnete Wert.

Im **Koordinatensystem** liegen alle Punkte auf **einer Geraden** durch den **Ursprung**.

Anzahl der Brötchen	1	2	3
Preis (in ct)	25	50	75

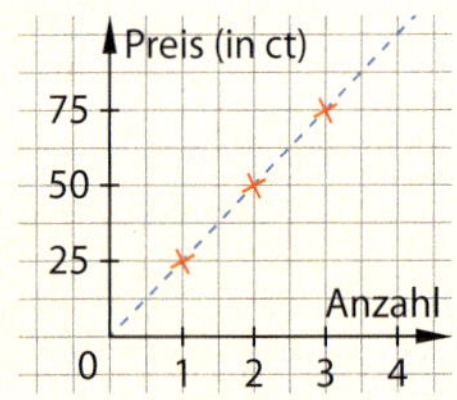

3 Brötchen kosten 0,75 €.

Dreisatz:
Von einer „Vielheit" wird eine „Einheit" berechnet und dann wieder auf eine andere „Vielheit" geschlossen.
Beim Multiplizieren (Dividieren) einer Größe ist die **gleiche Rechenoperation auch** bei der anderen Größe auszuführen.

	Brötchen	Preis (in €)
Vielheit	3	0,75
	↓ : 3	↓ : 3
Einheit	1	0,25
	↓ · 5	↓ · 5
Vielheit	5	1,25

5 Brötchen kosten 1,25 €.

Antiproportionale Zuordnungen

Für antiproportionale Zuordnungen gilt: **Verdoppelt** (**verdreifacht**, ...) oder **halbiert** (**drittelt**, ...) sich der Ausgangswert, dann **halbiert** (**drittelt**, ...) oder **verdoppelt** (**verdreifacht**, ...) sich der zugeordnete Wert.

Im **Koordinatensystem** liegen alle Punkte einer antiproportionalen Zuordnung auf einer **Hyperbel**.

Arbeitszeit (in h)	2	3	5
Anzahl der Pumpen	3	2	1,2

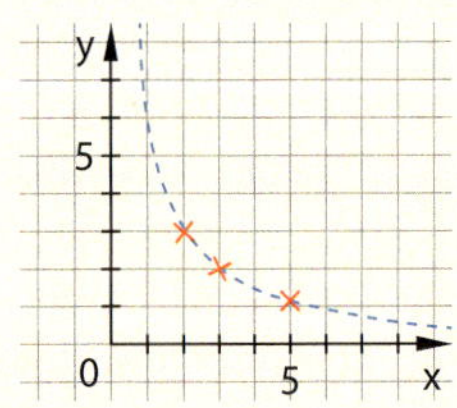

3 Pumpen benötigen 2 h.

Dreisatz:
Von einer „Vielheit" wird eine „Einheit" berechnet und dann wieder auf eine andere „Vielheit" geschlossen.
Beim Multiplizieren (Dividieren) einer Größe ist die **umgekehrte Rechenoperation** bei der anderen Größe auszuführen.

	Pumpen	Zeit (in h)
Vielheit	3	2
	↓ : 3	↓ · 3
Einheit	1	6
	↓ · 4	↓ : 4
Vielheit	4	1,5

4 Pumpen benötigen $1\frac{1}{2}$ h.

8. Komplexe Aufgaben

Die folgenden Aufgaben verbinden Kapitel dieses Buches und methodische Kompetenzen.

Hase und Igel

11. Hase und Igel wollen zum Baum. Der Hase halbiert bei jedem Schritt den Abstand zum Baum. Der Igel bewegt sich bei jedem Schritt 25 cm zum Baum. Notiere in einer Tabelle zu jedem Schritt der beiden ihren Abstand zum Baum.
Wer erreicht den Baum zuerst?

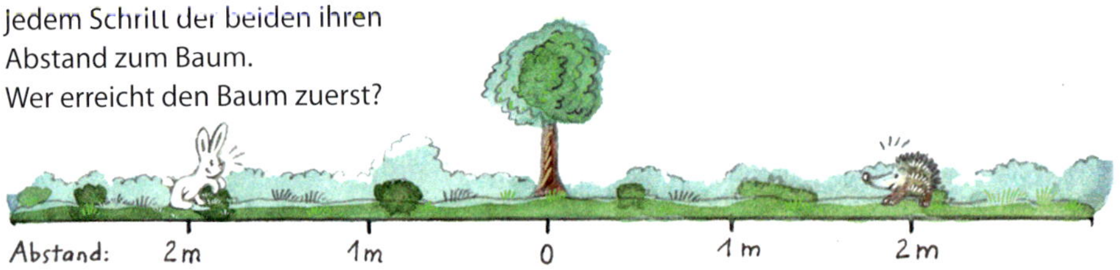

Seltsames und Unerwartetes

Die folgenden Aufgaben fordern zum Knobeln auf. Arbeitet überwiegend selbstständig. Formuliert bei Bedarf zu Schwierigkeiten Fragen und tauscht euch dazu aus. Vergleicht eure Lösungswege und Ergebnisse.

12. Der Bruch $\frac{24}{36}$ hat „tolle" Eigenschaften.
   - Wenn man die Reihenfolge der Ziffern in Zähler und Nenner vertauscht, ändert er seinen Wert nicht, bleibt also die gleiche gebrochene Zahl.
   - Wenn man jeweils entweder die erste oder die zweite Ziffer im Zähler und im Nenner streicht, bleibt es ebenfalls die gleiche gebrochene Zahl.

   Findet möglichst viele weitere solche „Wunderbrüche".

13. Ein Mathematiklehrer wird von seinen Schülern gefragt, wie alt er sei.
Darauf gibt er folgende Antwort: Ein Fünftel meines Alters war ich Kind, ein Sechstel meines Alters verlebte ich als Jugendlicher. Die Hälfte meines bisherigen Lebens war ich verheiratet. Nun bin ich seit 8 Jahren wieder Single. Wie alt ist der Mathematiklehrer?

14. Jan, Jana und Joko haben (für die anderen nicht sichtbar) jeder einen Ball in der Schulmappe und zwar einen roten oder einen grünen oder einen blauen. Von den folgenden drei Aussagen ist eine wahr, die beiden anderen sind falsch:
   - Jan hat nicht den grünen Ball.
   - Jana hat nicht den blauen Ball.
   - Joko hat den grünen Ball.

   Finde heraus, wer welchen Ball dabei hat.

15. Astrid und Sven haben einen 8-Liter-Behälter mit frischem Apfelsaft. Die zwei wollen den Saft gerecht verteilen, besitzen aber nur einen leeren 5-Liter-Behälter und einen leeren 3-Liter-Behälter. Wie können sie dennoch eine gerechte Verteilung vornehmen?

16. In einer Maschine befinden sich drei ineinandergreifende Zahnräder. Die drei Zahnräder haben 36, 18 und 8 Zähne. Das Zahnrad mit 8 Zähnen dreht sich in einer Stunde viermal. Überlege, nach wie vielen Stunden sich die drei Zahnräder erstmalig wieder in der gleichen Position wie zu Beginn befinden.

9. Methoden

Kopiere die Seiten in diesem Abschnitt und schneide die Methodenkarten aus. Dann kannst du die Karten länger verwenden und mit eigenen Notizen ergänzen.

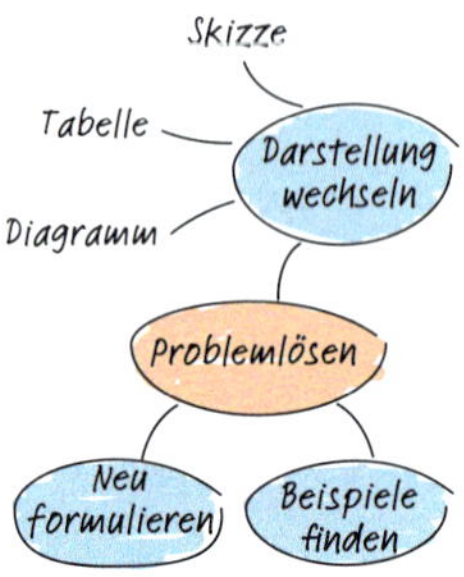

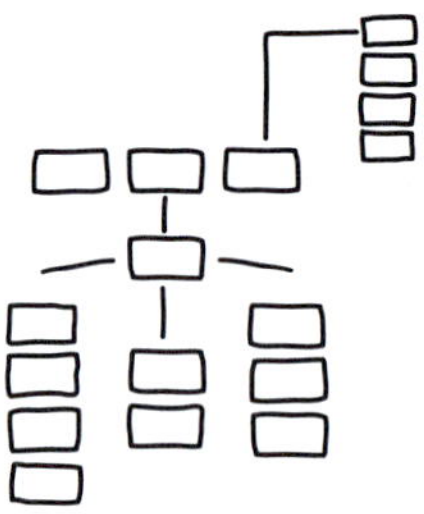

Methodenkarte 6 A: Mind- und Concept-Maps erstellen

Wenn du für Klassenarbeiten lernst oder dir einen Überblick über ein Thema verschaffen möchtest, können dir Mind- oder Concept-Maps weiterhelfen. Und so erstellst du sie:

Methode 1 (Einzelarbeit):
- Schreibe das Thema oder die Fragestellung mit Bleistift in die Mitte auf ein quer liegendes Blatt.
- Ziehe vom Thema aus Striche nach außen. An ihren Enden notierst du alles, was dir zu diesem Thema wichtig erscheint.
- Wenn dir Unterpunkte einfallen oder Themen zusammengehören, kannst du weitere Äste nach außen mit diesen Unterpunkten oder Verbindungslinien zwischen Themen ergänzen. Natürlich kannst du mit einem Radiergummi auch Teile entfernen.

Methode 2 (Gruppenarbeit):
- Schreibt das Thema oder die Fragestellung auf eine Karte, die ihr an die Tafel hängt oder auf den Boden legt.
- Jeder notiert auf Kärtchen, was ihm zu dem Thema einfällt.
- Legt die Karten für jeden aus der Gruppe gut sichtbar aus und sortiert sie.
- Legt Kärtchen, die zu einer gemeinsamen Überschrift passen, zusammen. Notiert die Überschrift auf einer neuen Karte und zieht eine Verbindungslinie vom Thema dahin.
- Ordnet alle Kärtchen an. Wenn euch noch etwas einfällt, schreibt neue Karten. Wenn etwas wegfällt, entfernt die Karten.
- Schaut euch das Ergebnis nochmals an: Ist alles verständlich und lesbar geschrieben? Passen alle Überschriften und Verbindungslinien? Überlegt, wie ihr eure Übersicht präsentieren wollt.

Methodenkarte 6 B: Tipps zum Lösen von Problemen

Manche Aufgaben sind echte Herausforderungen. Wenn du bei Aufgaben mal keinen Ansatz findest, können dir die folgenden Tipps helfen, weiterzukommen:

- *Formuliere das Problem mit eigenen Worten.*
  Kannst du deinen Mitschülern genau beschreiben, was vorausgesetzt wird, was gegeben ist und was gesucht ist?
- *Formuliere eine Frage.*
  Bei manchen Problemstellungen ist keine konkrete Frage angegeben. Formuliere dann selbst Fragen, die zielführend erscheinen.
- *Denke „quer".*
  Was kannst du messen, was kannst du damit ausrechnen? Kannst du die Lösung raten oder schätzen?
- *Finde Beispiele.*
  Manchmal kannst du ein Problem nicht sofort vollständig lösen. Aber du findest einzelne Beispiele. Jedes Beispiel bringt dich der Lösung des Problems näher.
- *Stelle das Problem anders dar.*
  Hast du eine Rechnung gegeben, mach dir eine Skizze. Liegt ein Diagramm vor, lies Werte ab und erstelle eine Tabelle. Es gibt für jede Situation meist mehrere Darstellungen.
- *Überprüfe deine Lösung.*
  Oft denkst du lange über ein Problem nach und findest plötzlich eine Lösung. Mach dir dann Notizen und überprüfe deine Lösung an der Ausgangsfrage.

Methodenkarte 6 C: ICH-DU-WIR

Im Mathematikunterricht arbeitest du an Aufgaben und stellst dich geistigen Herausforderungen. Dabei arbeitest du alleine, gemeinsam mit anderen Schülern oder mit der ganzen Klasse. Die ICH-DU-WIR-Methode kann dir helfen, Mathematik zu verstehen und auch schwierige Aufgaben zu bewältigen.

Und so geht es:
Eine Aufgabe oder ein Problem wird in drei Phasen bearbeitet.

ICH-Phase:
Denk alleine nach – findest du vielleicht sogar eine Lösung? Notiere deine Ideen. Es geht dabei noch nicht um Richtig oder Falsch; jeder Gedanke ist erlaubt und nützlich.

DU-Phase:
Suche dir in der Klasse einen Partner oder eine kleine Gruppe, in der ihr eure Ideen austauschen könnt. Beim Vergleich eurer Ideen werdet ihr merken, was besonders gut funktioniert und was nicht. Vielleicht entwickelt ihr gemeinsam auch ganz andere Ansätze, auf die ihr alleine nicht gekommen wäret.

WIR-Phase:
Meist gibt es viele Wege, um eine Aufgabe oder ein Problem zu lösen. In dieser Phase stellt ihr eure Ideen vor und sucht nach Lösungen. Am meisten lernst du jetzt, wenn du verschiedene Lösungswege betrachtest und miteinander vergleichst. Je mehr Ansätze du gut kennst, desto leichter wird es dir beim nächsten Problem fallen, passende Ansätze zu finden.

Methodenkarte 6 D: Lösungswege begründen

Bei der Vorstellung deines eigenen Lösungsweges solltest du darauf achten, dass deine Zuhörer deine Vorgehensweise nachvollziehen können. Diese Fragen können dir bei der Vorbereitung der Präsentation helfen:

1. Wie bist du auf die Lösung gekommen? (Zwischenschritte, Orientierung an anderen Aufgaben, Vorstellen einer Alltagssituation, …)
2. Welche mathematischen Hilfsmittel hast du genutzt? (Wissenskasten im Buch, Lerntagebuch, Taschenrechner, …)
3. Warum bist du sicher, dass deine Lösung korrekt ist? (Abschätzen, Probe, …)

Methodenkarte 6 E: Geometrische Objekte bezeichnen

Es ist üblich, für verschiedene geometrische Objekte verschiedene Buchstaben zu verwenden.

Punkte werden mit Großbuchstaben bezeichnet: A, B, C, …

Geraden, Strahlen und Strecken werden mit Kleinbuchstaben bezeichnet: a, b, c, …

Vielecke werden meist durch Angabe der Eckpunkte (entgegen dem Uhrzeigersinn, also mathematisch positiv) bezeichnet: Dreieck ABC, Sechseck FGHIKL, …

Für Winkel verwendet man meist kleine griechische Buchstaben:

α Alpha	β Beta	γ Gamma	δ Delta	ε Epsilon	ζ Zeta	η Eta	θ Theta
ι Iota	κ Kappa	λ Lambda	μ My	ν Ny	ξ Xi	ο Omikron	π Pi
ρ Rho	σ Sigma	τ Tau	υ Ypsilon	φ Phi	χ Chi	ψ Psi	ω Omega

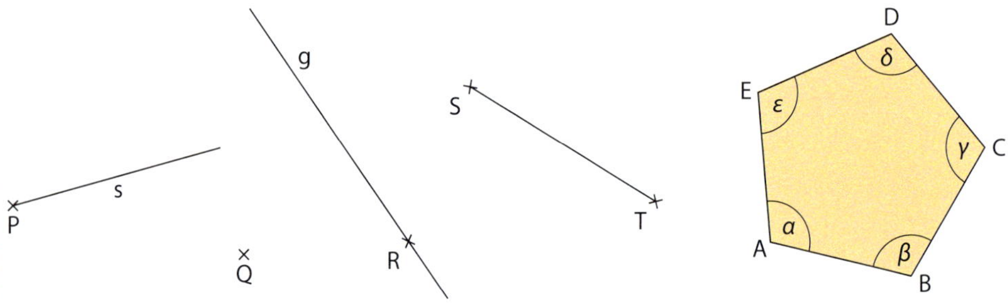

Methodenkarte 6 F: Umgang mit dem Geodreieck

Dein Geodreieck ist ein wichtiges Werkzeug, das du immer wieder benötigen wirst. Deswegen ist es wichtig, dass du dich gut damit auskennst.

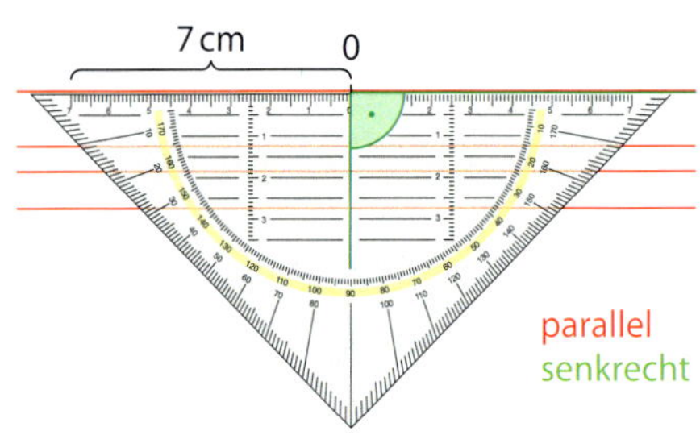

Hilfslinien für Parallelen: Mit diesen Hilfslinien kannst du prüfen, ob zwei Strecken zueinander parallel sind. Du kannst sie aber auch einsetzen, um Parallelen zu zeichnen.

Hilfslinie für Senkrechte: Diese Linie steht senkrecht auf der Grundseite des Dreiecks. Du kannst prüfen, ob zwei Linien einen 90° Winkel einschließen, oder eine senkrechte Strecke zeichnen, wenn du die Hilfslinie entlang einer Geraden legst.

Längenmessung: Achte darauf, das Geodreieck mit der 0 beginnend anzulegen. So kannst du Strecken bis 7 cm gut messen

Winkelmessung: Lege das Geodreieck auf einen Schenkel und miss den Winkel. Es gibt dabei zwei typische Fehler, die du vermeiden kannst: Lege das Geodreieck mit der 0 am Schenkel an und lies an der richtigen Skala ab. Schätze vorher ab, ob der Winkel kleiner oder größer als 90° ist, um Fehler beim Ablesen zu vermeiden.

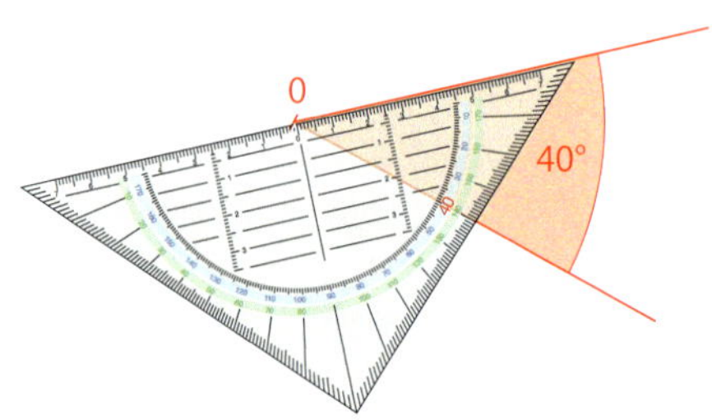

10. Anhang

Lösungen zu
- Dein Fundament
- Prüfe dein neues Fundament

Stichwortverzeichnis
Bildnachweis

Lösungen zu Kapitel 1: Brüche und Dezimalzahlen

Dein Fundament (S. 8/9)

S. 8, 1.

a) 8 b) 420 c) 28 d) 65
e) 6800 f) 4 g) 9 h) 38

S. 8, 2.

a) 5 b) 9 c) 4 d) 4
e) 60 f) 13 g) 32 h) 57

S. 8, 3.

a) richtig b) $56 : 8 = 7$
c) $0 \cdot 7 = 0$ d) $808 + 8 = 816$
e) $7000 - 70 = 6930$ f) $100 : 1 = 100$
g) richtig h) richtig

S. 8, 4.

a) $25 \cdot 4 = 100$ b) $5 \cdot 20 = 100$
c) $2 \cdot 50 = 100$ d) $8 \cdot 125 = 1000$
e) $6 \cdot 12 = 72$ f) $15 \cdot 9 = 135$
g) $24 \cdot 6 = 144$ h) $16 \cdot 12 = 192$

S. 8, 5.

a) $39 : 8 = 4$ Rest 7 b) $17 : 3 = 5$ Rest 2
c) $54 : 6 = 9$ ohne Rest d) $53 : 7 = 7$ Rest 4
e) $39 : 17 = 2$ Rest 5 f) $123 : 10 = 10$ Rest 23
g) $490 : 7 = 70$ ohne Rest h) $455 : 9 = 50$ Rest 5

S. 8, 6.

a) Teiler von 12: 1; 2; 3; 4; 6; 12
b) Teiler von 18: 1; 2; 3; 6; 9; 18
c) Teiler von 7: 1; 7 (Primzahl)
d) Teiler von 30: 1; 2; 3; 5; 6; 10; 15; 30
e) Teiler von 24: 1; 2; 3; 4; 6; 8; 12; 24
f) Teiler von 8: 1; 2; 4; 8
g) Teiler von 32: 1; 2; 4; 8; 16; 32
h) Teiler von 75: 1; 3; 5; 15; 25; 75

S. 8, 7.

a) 4; 8; 12 b) 225; 275; 350

S. 8, 8.

a)
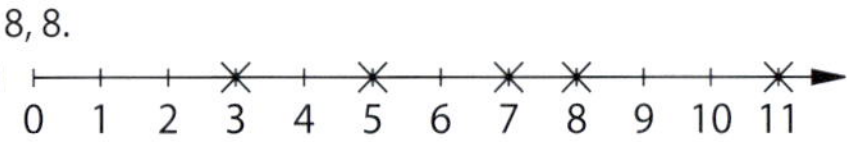

b)
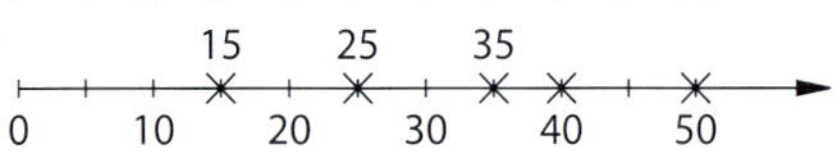

c)
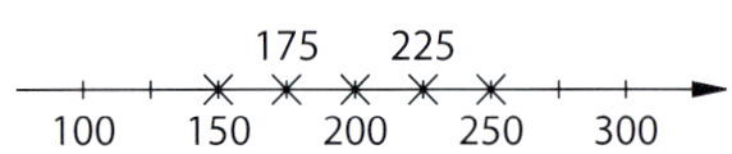

S. 8, 9.

	a)	b)	c)
Abstand zweier Teilstriche bedeutet	100 mℓ	2 °C	$10\,\frac{km}{h}$
angezeigter Wert	800 mℓ	22 °C	$70\,\frac{km}{h}$

S. 9, 10.

Lea bekommt, genau wie Tobias, 4,50 €.

S. 9, 11.

a) 12 Stücke
b) 6 Stücke
c) 4 Stücke
d) Sie bekommt insgesamt 3 Stücke, also jetzt noch 1 Stück.
e) 6 Kinder

S. 9, 12.

	das Doppelte	das Dreifache
a)	6 kg	9 kg
b)	60 min = 1 h	90 min
c)	40 Cent	60 Cent
d)	50 cm	75 cm
e)	14 Tage	21 Tage

	das Vierfache	das Fünffache
a)	12 kg	15 kg
b)	120 min = 2 h	150 min
c)	80 Cent	100 Cent = 1 €
d)	100 cm = 1 m	125 cm
e)	28 Tage	35 Tage

S. 9, 13.

a) 1000 m = 1 km b) 100 cm = 1 m c) 500 m
d) 45 min e) 60 min = 1 h f) 1,25 € = 125 ct

S. 9, 14.

a) 2 halbe Liter sind ein Liter.
b) 15 Minuten sind eine Viertelstunde.
c) 90 Minuten sind eineinhalb Stunden.
d) 3 halbe Meter sind eineinhalb Meter.

S. 9, 15.

a) Zehner: 4570; Hunderter: 4600; Tausender: 5000
b) Zehner: 6750; Hunderter: 6700; Tausender: 7000
c) Zehner: 7900; Hunderter: 7900; Tausender: 8000
d) Zehner: 10 230; Hunderter: 10 200; Tausender: 10 000
e) Zehner: 90 980; Hunderter: 91 000; Tausender: 91 000

S. 9, 16.

a) $786 < 2346 < 2356 < 9908$
b) $99\,999 < 999\,345 < 3\,799\,779 < 3\,799\,789$

S. 9, 17.

a) $36 : 6 = 6$ b) $88 : 11 = 8$
c) $42 : 3 = 14$ d) $70 : 14 = 5$
e) z. B. $16 : 4 = 4$ f) z. B. $21 : 3 = 7$
g) z. B. $18 : 6 = 3$ h) z. B. $48 : 4 = 12$

S. 9, 18.

a) 2 b) 3 c) 2; 3; 6
d) 2; 3; 4; 6; 12 e) 5

Prüfe dein neues Fundament (S. 54/55)

S. 54, 1.
a) $\frac{1}{3}$ b) $\frac{5}{6}$ c) $\frac{4}{7}$ d) $\frac{3}{8}$

S. 54, 2.
a)  b)  c) 

S. 54, 3.
a) $\frac{13}{2}$ b) $\frac{6}{5}$ c) $\frac{8}{3}$ d) $\frac{73}{10}$
e) $\frac{35}{17}$ f) $\frac{58}{11}$

S. 54, 4.
a) $1\frac{1}{3}$ b) $1\frac{1}{5}$ c) $9\frac{1}{2}$ d) $4\frac{1}{4}$
e) $2\frac{9}{10}$ f) $6\frac{2}{7}$

S. 54, 5.
a) $\frac{6}{10}; \frac{15}{25}; \frac{24}{40}$ b) $\frac{3}{4}; \frac{9}{12}; \frac{12}{16}; \frac{18}{24}$

S. 54, 6.
a) $\frac{2}{7}$ b) $\frac{1}{2}$ c) $\frac{5}{4}$
d) $\frac{5}{3}$ e) $\frac{9}{80}$ f) $\frac{3}{4}$

S. 54, 7.
a) $\frac{6}{16} > \frac{5}{16}$ b) $\frac{3}{4} < \frac{4}{5}$
c) $\frac{7}{12} < \frac{11}{16}$ d) $3\frac{7}{10} > 3\frac{1}{2}$

S. 54, 8.
a) Jedes Kind bekommt $2\frac{1}{4}$ Pfannkuchen.
b) Jedes Kind erhält $5\frac{1}{2}$ Donuts.
c) Für jeden gibt es $\frac{1}{3}$ Pizza.

S. 54, 9.
a) 21 € b) 140 g c) 50 s d) 6 mm

S. 54, 10.
a) $\frac{40}{100} = \frac{2}{5}$ b) $\frac{14}{21} = \frac{2}{3}$ c) $\frac{5}{60} = \frac{1}{12}$ d) $\frac{250}{2000} = \frac{1}{8}$

S. 54, 11.
a) $\frac{1}{10}$ kg = 100 g b) $\frac{1}{2}$ g = 500 mg
c) $\frac{2}{5}$ dm = 4 cm d) $\frac{3}{8}$ ℓ = 375 mℓ
e) $5\frac{1}{2}$ km = 5500 m f) $2\frac{3}{4}$ h = 165 min

S. 54, 12.
Peters Anteil beträgt $\frac{1}{10}$, Maries $\frac{1}{5}$. Maries Anteil ist also höher, sie trifft öfter.

S. 54, 13.
a) $\frac{9}{10}$ b) $\frac{6}{100} = \frac{3}{50}$ c) $1\frac{1}{10}$
d) $20\frac{5}{10} = 20\frac{1}{2}$ e) $5\frac{23}{100}$ f) $\frac{175}{1000} = \frac{7}{40}$

S. 54, 14.
a) 0,39 b) 0,002 c) 61,3
d) 4,25 e) 2,08 f) 0,6

S. 55, 15.
a) 2,7 > 2,3 b) 1,77 > 0,79 c) 0,081 < 0,18
d) $0{,}15 < \frac{1}{5}$

S. 55, 16.

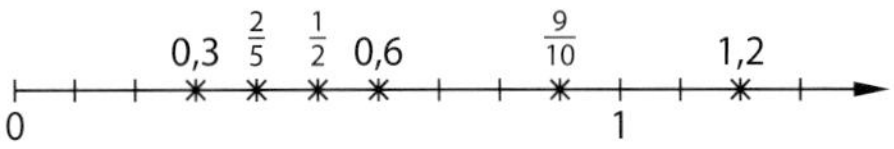

S. 55, 17.
a) 0,875 b) $0{,}\overline{1}$ c) 1,7
d) $0{,}\overline{63}$ e) $0{,}0\overline{6}$ f) $13{,}\overline{3}$

S. 55, 18.
a) 76 % b) 30 % c) 0,1 %
d) 19 % e) 55 % f) 20 %

S. 55, 19.
a) 12 € b) 90 g c) 3 mm

S. 55, 20.
Der Anteil beträgt $\frac{15}{50} = \frac{30}{100}$, das sind 30 %, also mehr als 20 %.

S. 55, 21.
a) In die 5 a gehen 15 Mädchen, in der 5 b sind es 11 Mädchen.
b) In der 5 a sind 40 % der Kinder Jungen, in der 5 b sind es 56 %.

S. 55, 22.
$\frac{24}{40} = \frac{600}{1000} = 60\,\%$; $0{,}\overline{6} = \frac{16}{24} = \frac{2}{3}$; $1{,}6 = \frac{16}{10} = 1\frac{3}{5}$

Wiederholungsaufgaben (S. 55)

S. 55, 1.
3 · 25 kg + 2 · 15 kg = 105 kg

S. 55, 2
a) z. B. 15 = 5 · 3 b) 31

S. 55, 3.
a) $2\,m^2 = 200\,dm^2$ b) $4\,dm \cdot 3\,cm = 120\,cm^2$
c) 9 cm = 90 mm

S. 55, 4.
a) … alle seine Seiten gleich lang sind.
b) … lange Seiten.

S. 55, 5.

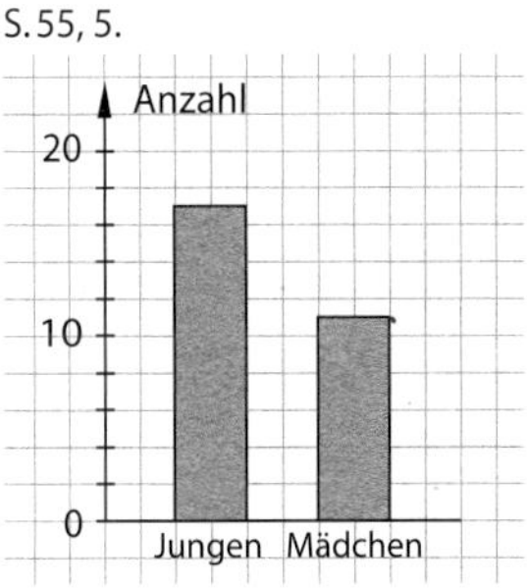

Kapitel 2: Brüche und Dezimalzahlen addieren und subtrahieren

Dein Fundament (S. 58/59)

S. 58, 1.
a) 29 b) 23 c) 77
d) 45 e) 41 f) 19
g) 109 h) 71 i) 8
j) 14

S. 58, 2.
a) 14 + 9 = 23 b) 12 + 17 = 29 c) 37 − 11 = 26
d) 52 − 39 = 13 e) 74 + 11 = 85 f) 139 − 130 = 9
g) 51 − 26 = 25 h) 33 + 67 = 100

S. 58, 3.
a) 14 + 29 + 16 = 14 + 16 + 29 = 30 + 29 = 59
b) 47 + 184 + 16 = 47 + 200 = 247
c) 123 + 78 + 27 − 28 = 123 + 27 + 78 − 28 = 150 + 50 = 200

S. 58, 4.
a) 2 + 5 = 7 b) 8 − 4 = 4
c) 9 + 3 = 12 d) 11 − 5 = 6

S. 58, 5.
Mögliche Lösungen:
23 − 7 = 16 23 − 19 = 4
19 − 19 = 0 36 − 18 = 18
15 − 11 = 4 56 − 8 = 48
48 − 24 = 24 99 − 11 = 88
111 − 17 = 94 13 − 9 = 4

S. 58, 6.
a) 63 b) 48 c) 45
d) 72 e) 42 f) 27
g) 32 h) 54 i) 64
j) 36 k) 81 l) 0

S. 58, 7.
a) 9 · 9 = 81 b) 7 · 8 = 56 c) 11 · 3 = 33
d) 4 · 3 = 12 e) 8 · 9 = 72 f) 6 · 9 = 54
g) 7 · 7 = 49 h) 6 · 7 = 42 i) 6 · 8 = 48
j) 9 · 9 = 81

S. 58, 8.
1 · 24 = 24 2 · 12 = 24 3 · 8 = 24 4 · 6 = 24
6 · 4 = 24 8 · 3 = 24 12 · 2 = 24 24 · 1 = 24

S. 58, 9.
Mögliche Lösungen:
4 · 3 = 12 6 · 2 = 12
3 · 2 = 6 3 · 6 = 18
2 · 9 = 18 4 · 2 = 8
3 · 3 = 9 12 · 2 = 24
3 · 8 = 24 4 · 6 = 24
12 · 3 = 36 6 · 6 = 36
2 · 18 = 36

S. 58, 10.
a) 5 · 17 · 2 = 5 · 2 · 17 = 10 · 17 = 170
b) 20 · 39 · 5 = 20 · 5 · 39 = 100 · 39 = 3900
c) 2 · 39 · 50 = 2 · 50 · 39 = 100 · 39 = 3900
d) 5 · 17 · 2 = 5 · 2 · 17 = 10 · 17 = 170
e) 4 · 9 · 5 = 4 · 5 · 9 = 20 · 9 = 180
f) 25 · 19 · 4 = 25 · 4 · 19 = 100 · 19 = 1900
g) 5 · 15 · 40 = 5 · 40 · 15 = 200 · 15 = 3000
h) 5 · 45 · 40 = 5 · 40 · 45 = 200 · 45 = 9000
i) 4 · 19 · 25 = 4 · 25 · 19 = 100 · 19 = 1900
j) 5 · 4 · 37 · 25 · 2 = 5 · 2 · 4 · 25 · 37 = 10 · 100 · 37 = 1000 · 37 = 37 000

S. 59, 11.
a) $\frac{1}{4} = 0{,}25 = 25\,\%$ b) $\frac{7}{10} = 0{,}7 = 70\,\%$
c) $\frac{6}{8} = 0{,}75 = 75\,\%$ d) $\frac{2}{5} = 0{,}4 = 40\,\%$

S. 59, 12.
a) $1\frac{3}{4}$, b) $\frac{8}{3}$ c) $\frac{41}{8}$ d) $3\frac{1}{6}$
e) $2\frac{6}{8}$ f) $\frac{23}{6}$ g) $3\frac{1}{3}$ h) $\frac{9}{2}$
i) $2\frac{4}{9}$ j) $2\frac{3}{4}$ k) $\frac{19}{8}$ l) $\frac{35}{6}$

S. 59, 13.
Hund: $\frac{6}{24} = \frac{1}{4}$ Katze: $\frac{4}{24} = \frac{1}{6}$
Meerschweinchen: $\frac{3}{24} = \frac{1}{8}$ Hamster: $\frac{2}{24} = \frac{1}{12}$

S. 59, 14.
a) $\frac{1}{2}$ b) $\frac{2}{5}$ c) $\frac{2}{3}$
d) $\frac{11}{18}$ e) $\frac{3}{7}$ f) $\frac{5}{4}$

S. 59, 15.
a) $\frac{4}{6}$ $\frac{6}{9}$ $\frac{14}{21}$
b) $\frac{10}{14}$ $\frac{15}{21}$ $\frac{35}{49}$
c) $\frac{6}{16}$ $\frac{9}{24}$ $\frac{21}{56}$
d) $\frac{14}{8}$ $\frac{21}{12}$ $\frac{49}{28}$
e) $\frac{2}{10}$ $\frac{3}{15}$ $\frac{7}{35}$
f) $\frac{0}{6}$ $\frac{0}{9}$ $\frac{0}{21}$

S. 59, 16.
a) $\frac{10}{60}$ b) $\frac{25}{60}$ c) $\frac{90}{60}$
d) $\frac{45}{60}$ e) $\frac{14}{60}$ f) $\frac{20}{60}$

S. 59, 17.
a) $\frac{4}{12}$, $\frac{3}{12}$ b) $\frac{18}{30}$, $\frac{20}{30}$
c) $\frac{3}{6}$, $\frac{4}{6}$ d) $\frac{6}{10}$, $\frac{2}{10}$
e) $\frac{10}{15}$, $\frac{12}{15}$ f) $\frac{12}{28}$, $\frac{7}{28}$

S. 59, 18.
a) $\frac{2}{3} = \frac{8}{12}$ b) $\frac{4}{7} = \frac{20}{35}$ c) $\frac{2}{5} = \frac{4}{10}$
d) $\frac{3}{4} = \frac{21}{28}$ e) $\frac{3}{5} = \frac{9}{15}$ f) $\frac{9}{12} = \frac{3}{4}$

S. 59, 19.

	auf Zehner	auf Hunderter	auf Tausender
a)	6710	6700	7000
b)	4450	4400	4000
c)	6850	6900	7000
d)	5990	6000	6000
e)	11 950	12 000	12 000
f)	12 360	12 400	12 000

S. 59, 20.

	HT	ZT	T	H	Z	E	z	h	t
a)	3	7	8	0	0	9			
b)				5	1	8			
c)				2	1	3,	2	3	5
d)				2	3	4,	4	5	
e)						0,	9	7	
f)		3	4	5	7	9,	8	9	

Prüfe dein neues Fundament (S. 76/77)

S. 76, 1.
$\frac{1}{6} + \frac{4}{6} = \frac{5}{6}$

S. 76, 2.
a) $\frac{8}{9} - \frac{4}{9} = \frac{4}{9}$ b) $\frac{4}{7} + \frac{5}{7} = \frac{9}{7}$ c) $\frac{1}{10} + \frac{3}{5} = \frac{1}{10} + \frac{6}{10} = \frac{7}{10}$
d) $\frac{2}{3} + \frac{3}{4} = \frac{8}{12} + \frac{9}{12} = \frac{17}{12}$ e) $\frac{3}{16} - \frac{11}{12} = \frac{9}{48} - \frac{44}{48} = -\frac{35}{48}$

S. 76, 3.
a) $\frac{9}{10} + \frac{6}{10} = \frac{15}{10} = \frac{3}{2}$ b) $\frac{6}{12} - \frac{2}{5} = \frac{5}{10} - \frac{4}{10} = \frac{1}{10}$
c) $\frac{3}{9} + \frac{2}{12} = \frac{2}{6} + \frac{1}{6} = \frac{3}{6} = \frac{1}{2}$ d) $\frac{5}{6} - \frac{14}{36} = \frac{30}{36} - \frac{14}{36} = \frac{16}{36} = \frac{4}{9}$
e) $-\frac{19}{20} + \frac{10}{25} = -\frac{95}{100} + \frac{40}{100} = -\frac{55}{100} = -\frac{11}{20}$

S. 76, 4.
a) 9 b) $1\frac{17}{28}$ c) $5\frac{1}{2}$ d) $5\frac{1}{2}$ e) $-1\frac{2}{9}$

S. 76, 5.
a) $\frac{2}{3} + \frac{2}{3} + \frac{2}{3} = 2$ b) $\frac{5}{4} - \frac{7}{8} = \frac{3}{8}$ c) $\frac{1}{2} - \frac{2}{5} = \frac{1}{10}$

S. 76, 6.
a) 2,4 b) 1,13 c) 1,32 d) 1,380

S. 76, 7

Aufgabe	Überschlags-rechnung	Über-schlags-ergebnis	genaues Ergebnis
0,47 + 1,238	0,5 + 1,2	1,7	1,708
15,91 – 7,28	16 – 7	9	8,63
34,873 + 53,234	35 + 53	88	88,107
0,107 – 0,0543	0,11 – 0,05	0,06	0,0527

S. 76, 8.
a) Überschlag: 1,1 + 0,8 = 1,9
Ergebnis: 1,93
b) Überschlag: 7 – 5,5 = 1,5
Ergebnis: 1,55
c) Überschlag: 35 – 16 = 19
Ergebnis: 18,617
d) Überschlag: – 2 – 3 = – 5
Ergebnis: – 5,1482

S. 76, 9.
a) richtig b) $\frac{11}{30} - \frac{4}{20} = \frac{22}{60} - \frac{12}{60} = \frac{10}{60} = \frac{1}{6}$
c) 12,6 + 3 = 15,6 d) – 6,15 + 2,8 = – 3,35

S. 76, 10.
a) $\frac{2}{3}$ b) $\frac{77}{30} = 2\frac{17}{30}$ c) 1,8 d) –1,987

S. 76, 11.

a)

$\frac{5}{9}$	$\frac{4}{9}$	1
$\frac{10}{9}$	$\frac{2}{3}$	$\frac{2}{9}$
$\frac{1}{3}$	$\frac{8}{9}$	$\frac{7}{9}$

b)

0,85	1,2	0,95
1,1	1	0,9
1,05	0,8	1,15

S. 77, 12.
$3\frac{1}{2} - \frac{1}{2} - \frac{3}{4} = 2\frac{1}{4}$
Es können noch $2\frac{1}{4}$ Torten verkauft werden.

S. 77, 13.
Ausgaben:
Überschlag: 5 € + 25 € + 9 € + 1,50 € = 40,50 €
Genaues Ergebnis: 40,52 €
Mona hat genau 40,52 € ausgegeben, kann also noch 100 € – 40,52 € = 59,48 € sparen.

Wiederholungsaufgaben (S. 77)

S. 77, 1.

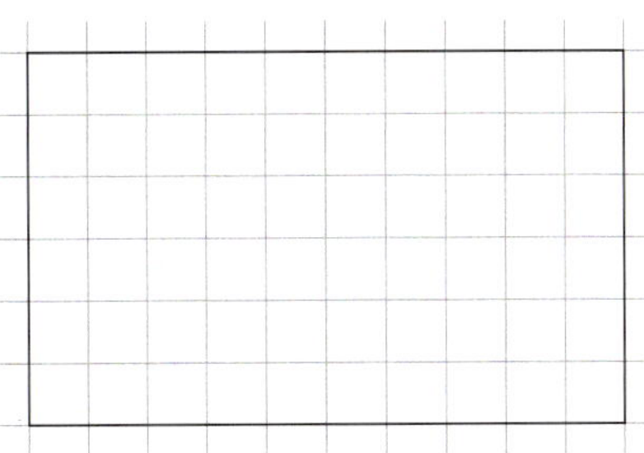

S. 77, 2
a) Kleintransporter; Parkplatz für Pkw
b) 1 Liter Milch; Würfel mit 1 dm Kantenlänge
c) Spielfeld für Feldhockey; kleines Fußballfeld
d) Dauer einer Schulstunde; Dauer einer Halbzeit bei einem Fußballspiel
e) große Tüte Katzentrockenfutter; 4 Liter Wasser

S. 77, 3.

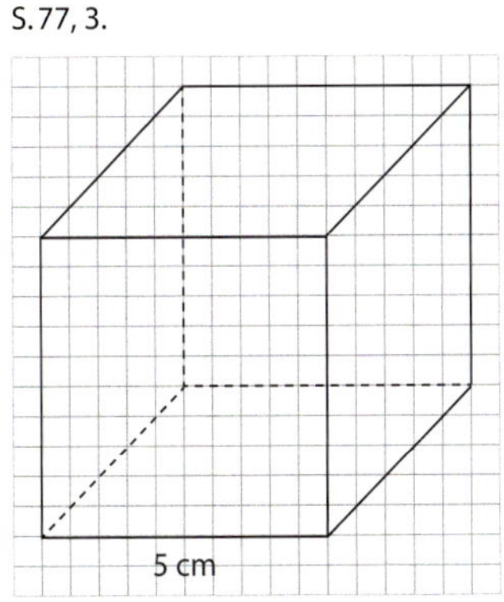

V = 125 cm^3

S. 77, 4.
a) u = 2 cm + 3 cm + 4 cm = 9 cm
b) u = 4 cm + 2 cm + 2,5 cm = 8,5 cm

S. 77, 5.
a) Nudeln mit Tomatensoße 13-mal; Schnitzel und Pommes 19-mal
b) 9 Portionen

Lösungen zu Kapitel 3: Kreis und Winkel

Dein Fundament (S. 80/81)

S. 80, 1.
a) Die beiden Geraden g und h sind zueinander parallel.
b) Die beiden Geraden g und h sind zueinander senkrecht.
c) Die Strahlen a und b haben beide den Anfangspunkt S.
d) Die Strecke $\overline{AB}$ verbindet die Punkte A und B geradlinig.

S. 80, 2.
Senkrecht aufeinander stehen die Geraden b und h sowie c und g.

S. 80, 3.

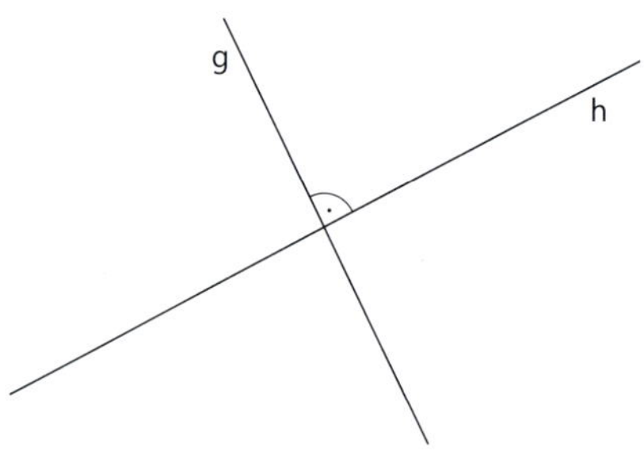

S. 80, 4.
a) 2 cm b) 1,2 cm c) 3,5 cm d) 5,5 cm

S. 80, 5.

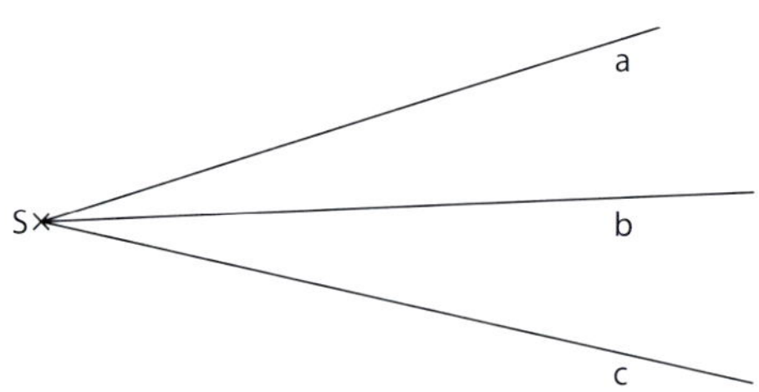

S. 80, 6.
a) 4 b) 1 c) 1 d) 0 e) 1

S. 81, 7.

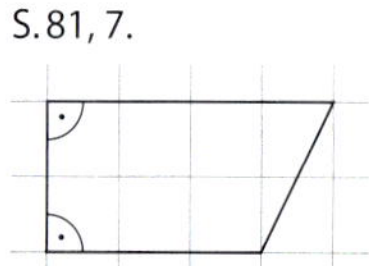

S. 81, 8.

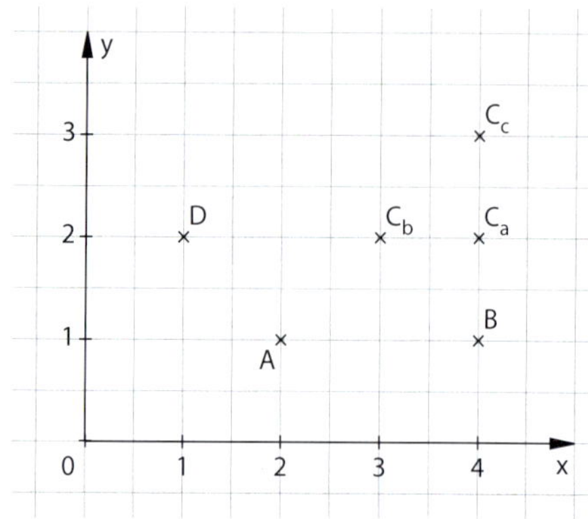

Mögliche Lösungen:
a) $C_a(4|2)$ b) $C_b(3|2)$ c) $C_c(4|3)$

S. 81, 9.
a) 270 b) 360 c) 360 d) 290
e) 90 f) 45 g) 45 h) 36

S. 81, 10.
a) 188 : 2 = 90 b) 270 − 90 = 180
c) 360 : 45 = 8 d) 180 + 90 = 270

S. 81, 11.
a) 45, 90, 135, 180, 225, 270, 315
Es wird immer 45 addiert.
b) 360, 345, 330, 315, 300, 285, 270, 255
Es wird immer 15 subtrahiert.
c) 270, 240, 210, 180, 150, 120, 90
Es wird immer 30 subtrahiert.
d) 100, 200, 190, 290, 280, 380, 370, 470, 460, 560
Es wird abwechselnd 100 addiert und 10 subtrahiert.

S. 81, 12.
a) 35, 89 b) 99, 101 c) 200, 233

S. 81, 13.
a) Nach 30 Minuten hat der große Zeiger der Uhr eine halbe Drehung gemacht.
b) Nach 45 Minuten hat der große Zeiger der Uhr eine dreiviertel Drehung gemacht.
c) Nach 90 Minuten hat der große Zeiger der Uhr eineinhalb Drehungen gemacht.
d) Nach 120 Minuten hat der große Zeiger der Uhr zwei Drehungen gemacht.

S. 81, 14.
a) richtig
b) falsch, eine Strecke hat einen Anfangs- und einen Endpunkt.
c) richtig
d) richtig

Prüfe dein neues Fundament (S. 102/103)

S. 102, 1.
a) Zeichnung verkleinert:

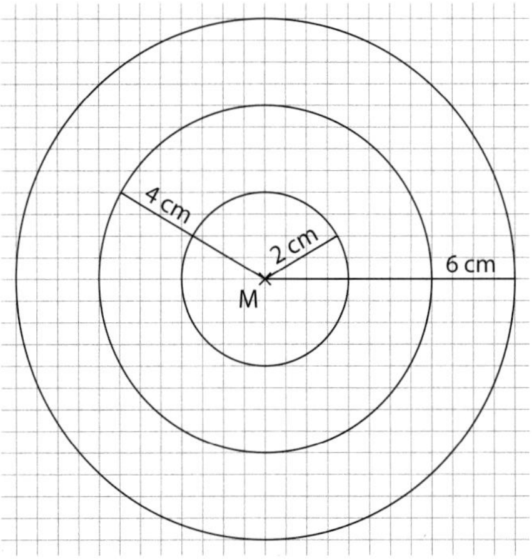

b) Der Kreis mit dem Durchmesser 8 cm stimmt mit dem Kreis mit dem Radius 4 cm bei a) überein.

S. 102, 2.
Zeichnung verkleinert:

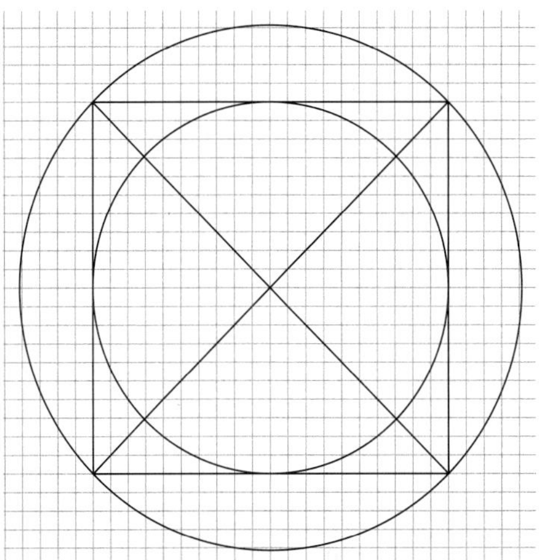

Äußerer Kreis: r ≈ 7,1 cm; d ≈ 14,1 cm
Innerer Kreis: r = 5 cm; d = 10 cm

S. 102, 3.
$\alpha = \sphericalangle ab = \sphericalangle ASB$; $\beta = \sphericalangle ca = \sphericalangle CSA$
$\gamma = \sphericalangle gh = \sphericalangle PQR$; $\delta = \sphericalangle hg = \sphericalangle RQP$

S. 102, 4.
a) α: stumpfer Winkel; β: gestreckter Winkel; γ: rechter Winkel; δ: spitzer Winkel
b) $\alpha = 132°$; $\beta = 180°$; $\gamma = 90°$; $\delta = 60°$

S. 102, 5.
$\alpha = 166°$; $\beta = 14°$; $\gamma = 189°$; $\delta = 80°$

S. 102, 6.

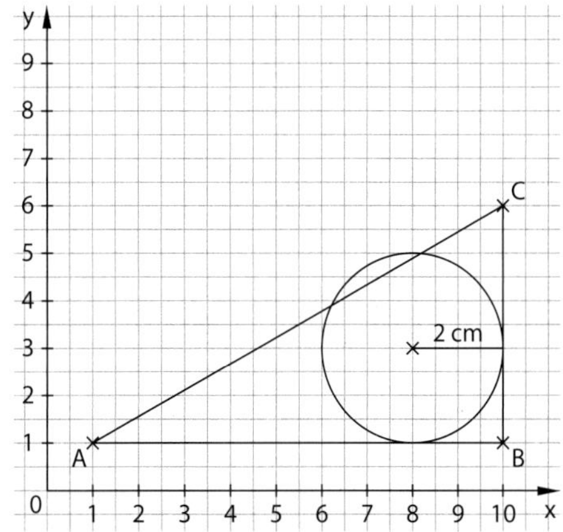

a) $\sphericalangle CBA = 90°$; $\sphericalangle ACB \approx 61°$; $\sphericalangle BAC \approx 29°$
b) Ein Kreis mit dem Radius 2 cm passt nicht in das Dreieck.

S. 102, 7.

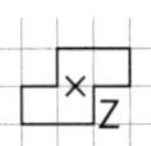

S. 103, 8.
a)

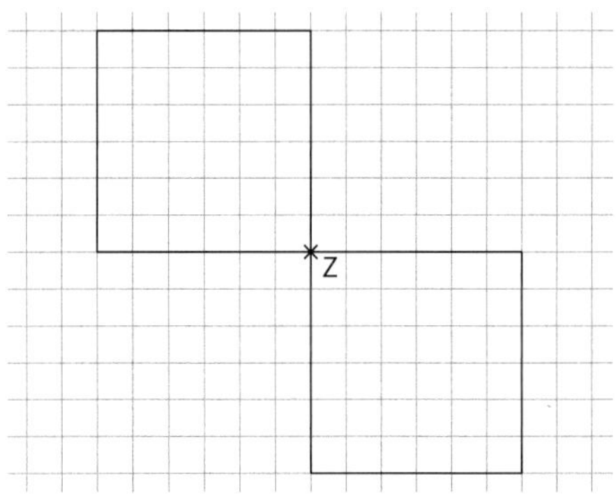

b)

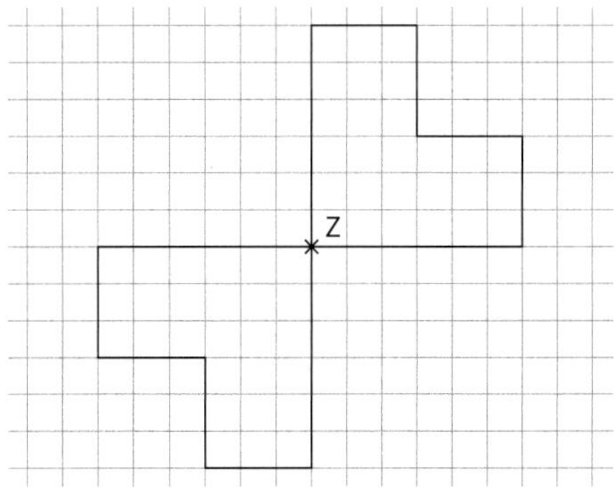

c)

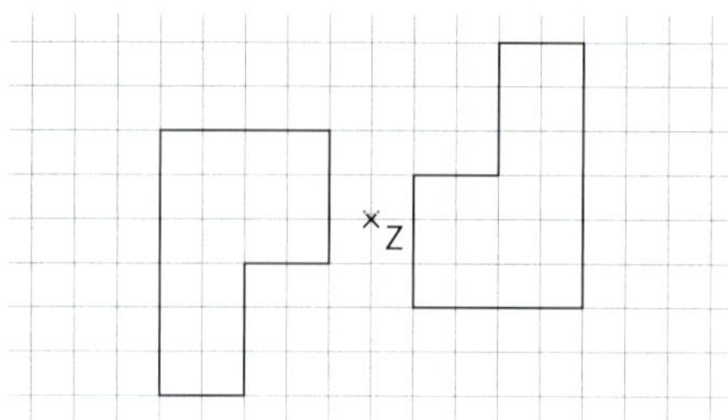

d)

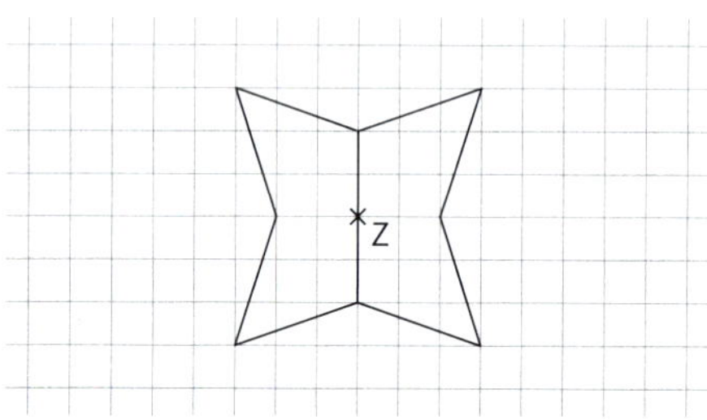

S. 103, 9.

a) Ja, wie man der Zeichnung entnehmen kann, erreichen die Signale das gesamte Gelände.

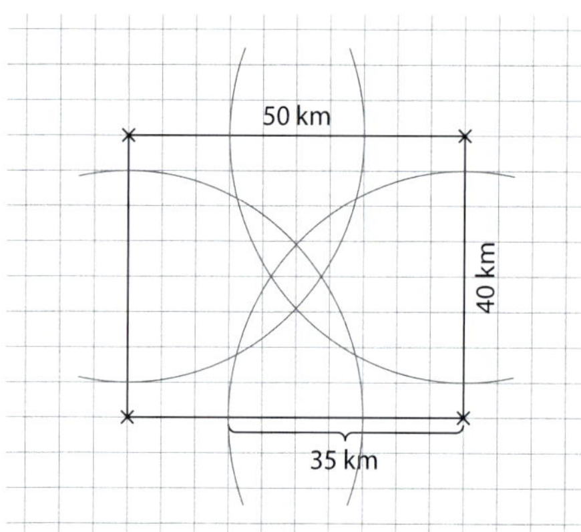

b) Nora hat recht: Wenn man die Antenne in der Mitte des Geländes aufstellt, reicht ihr Signal über die gesamte Fläche.

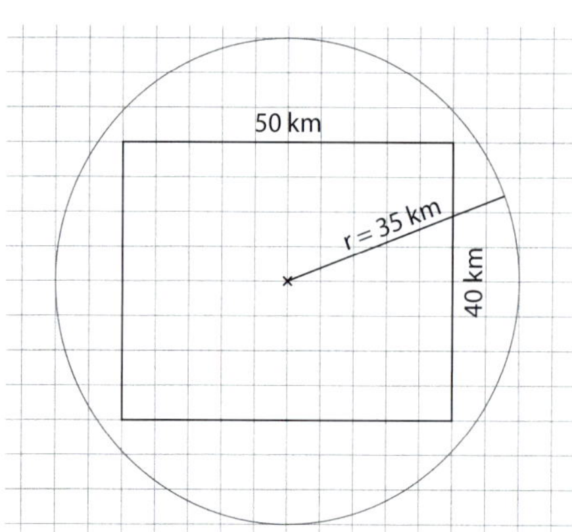

Wiederholungsaufgaben (S. 103)

S. 103, 1.

a) $1 + 4 + 9 + 16 = 30$

b) $1 + 4 + 9 + 16 + 25 + 36 + 49 = 140$

S. 103, 2.

a) In Gebäude 2 in der 1. Etage in Raum 24 b) 1412

S. 103, 3.

a) $25 \cdot 5 \cdot 15 \cdot 4 = 25 \cdot 4 \cdot 15 \cdot 5 = 100 \cdot 75 = 7500$

b) $9837 + 8379 + 3 + 60 + 100 = 9837 + 3 + 60 + 100 + 8379 = 9840 + 160 + 8379 = 10\,000 + 8379 = 18\,379$

c) $99 \cdot 35 = 100 \cdot 35 - 1 \cdot 35 = 3500 - 35 = 3465$

S. 103, 4.

Tag 1: 72 km Tag 2: 43 km Tag 3: 60 km

Tag 4: 58 km Tag 5: 82 km

Insgesamt: 315 km

Lösungen zu Kapitel 4: Brüche und Dezimalzahlen multiplizieren und dividieren

Dein Fundament (S. 106/107)

S. 106, 1.

a) 63	b) 36	c) 56
d) 60	e) 146	f) 255
g) 6	h) 8	i) 9
j) 6	k) 3	l) 15
m) 848	n) 13	o) 4
p) 1046	q) 7	r) 2070

S. 106, 2.

a) $299 \cdot 8 = 300 \cdot 8 - 1 \cdot 8 = 2400 - 8 = 2392$

b) $72 \cdot 5 = 70 \cdot 5 + 2 \cdot 5 = 350 + 10 = 360$

c) $49 \cdot 20 = 50 \cdot 20 - 1 \cdot 20 = 1000 - 20 = 980$

d) $84 : 4 = 80 : 4 + 4 : 4 = 20 + 1 = 21$

e) $105 : 7 = 70 : 7 + 35 : 7 = 10 + 5 = 15$

f) $1260 : 20 = 126 : 2 = 63$

S. 106, 3.

a) $8 \cdot 10 = 80$; $8 \cdot 100 = 800$; $8 \cdot 1000 = 8000$

b) $123 \cdot 10 = 1230$; $123 \cdot 100 = 12\,300$; $123 \cdot 1000 = 123\,000$

c) $33 \cdot 20 = 660$; $33 \cdot 200 = 6600$; $33 \cdot 2000 = 66\,000$

d) $45 \cdot 60 = 2700$; $45 \cdot 600 = 27\,000$; $45 \cdot 6000 = 270\,000$

Wenn man bei einem Faktor am Ende eine Null ergänzt, erhält auch der Wert des Produkts am Ende eine Null mehr.

S. 106, 4.

a) $270 : 30 = 9$; $27 : 3 = 9$

b) $4000 : 400 = 10$; $40 : 4 = 10$

c) $24\,000 : 300 = 80$; $240 : 3 = 80$

d) $20\,000 : 5000 = 4$; $20 : 5 = 4$

Wenn man am Ende von Dividend und Divisor die gleiche Anzahl Nullen streicht, ändert sich der Wert des Quotienten nicht.

S. 106, 5.
a) 60 m b) 45 min
c) 80 g d) 6000 g = 6 kg

S. 106, 6.
a) $200\,g \cdot 10 = 2\,kg$ b) $\frac{1}{2}\,h \cdot 4 = 2\,h$
c) $12 \cdot 25\,cm = 3\,m$ d) $12\,min \cdot 10 = 2\,h$

S. 106, 7.
a) Überschlag $175 \cdot 20 = 3500$; richtiges Ergebnis 3150.
b) Überschlag $12\,000 : 30 = 400$; richtiges Ergebnis 415.
c) Überschlag $1750 : 70 = 25$; das Ergebnis 24 ist richtig.
d) Überschlag $80 \cdot 200 = 16\,000$; richtiges Ergebnis 15 010.

S. 106, 8.
a) Überschlag $5000 \cdot 3 = 15\,000$; Ergebnis 16 296.
b) Überschlag $500 \cdot 9 = 4500$; Ergebnis 4113.
c) Überschlag $400 \cdot 16 = 6400$; Ergebnis 6912.
d) Überschlag $600 \cdot 12 = 7200$; Ergebnis 7176.
e) Überschlag $600 : 5 = 120$; Ergebnis 123.
f) Überschlag $5600 : 4 = 1400$; Ergebnis 1367.
g) Überschlag $1100 : 10 = 110$; Ergebnis 123.
h) Überschlag $1800 : 6 = 300$; Ergebnis 321.

S. 106, 9.
a) $1160 \cdot 7 = 8120$; richtiges Ergebnis 1260.
b) $46 \cdot 7 = 322$; richtiges Ergebnis 45.
c) $289 \cdot 5 = 1445$; richtiges Ergebnis 291.
d) $9163 \cdot 9 = 1467$; das Ergebnis 163 ist richtig.

S. 106, 10.
a) 750 m b) 300 g c) 125 ml d) 150 min

S. 106, 11.
a) 3 Schüler b) 80 Personen
c) 3600 m d) 24 000 Fans

S. 107, 12.
a) $13 \cdot 5 \cdot 2 = 5 \cdot 2 \cdot 13 = 10 \cdot 13 = 130$
b) $25 \cdot 21 \cdot 4 = 25 \cdot 4 \cdot 21 = 100 \cdot 21 = 2100$
c) $5 \cdot 17 \cdot 20 = 5 \cdot 20 \cdot 17 = 100 \cdot 17 = 1700$
d) $5 \cdot 35 \cdot 4 \cdot 5 = 5 \cdot 4 \cdot 5 \cdot 35 = 100 \cdot 35 = 3500$

S. 107, 13.
a) $14 \cdot 3 + 7 \cdot 14 = 14 \cdot (3 + 7) = 14 \cdot 10 = 140$
b) $17 \cdot 2 + 17 \cdot 8 = 17 \cdot (2 + 8) = 17 \cdot 10 = 170$
c) $2 \cdot 9 + 3 \cdot 9 = (2 + 3) \cdot 9 = 5 \cdot 9 = 45$
d) $45 \cdot 19 + 55 \cdot 19 = (45 + 55) \cdot 19 = 100 \cdot 19 = 1900$
e) $4 \cdot (25 + 7) = 4 \cdot 25 + 4 \cdot 7 = 100 + 28 = 128$
f) $48 \cdot (23 + 77) = 48 \cdot 100 = 4800$
g) $12 \cdot (2 + 10) = 12 \cdot 2 + 12 \cdot 10 = 24 + 120 = 144$
h) $(17 + 20 + 13) \cdot 11 = 50 \cdot 11 = 550$

S. 107, 14.
a) $250 - 8 \cdot 12 = 250 - 96 = 154$
b) $(27 - 12) \cdot (42 - 39) = 15 \cdot 3 = 45$

S. 107, 15.
a)
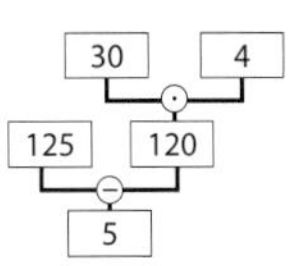

b)
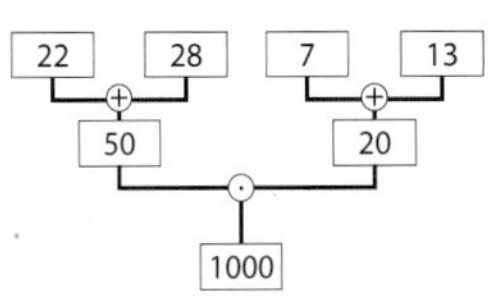

c)
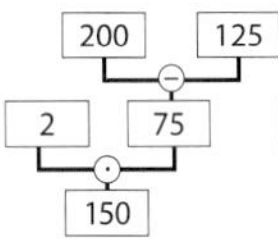

d)
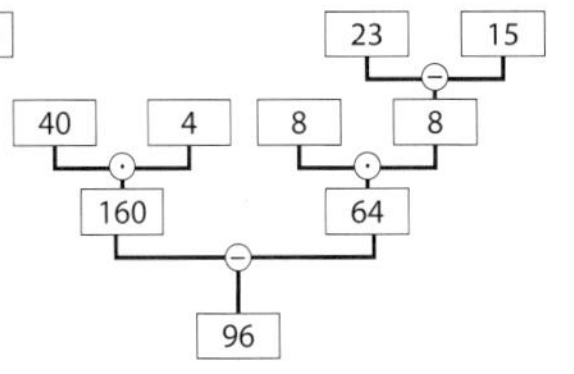

S. 107, 16.
a) $\frac{2}{3}$ b) $\frac{2}{3}$ c) $\frac{7}{10}$ d) $\frac{1}{2}$ e) $\frac{3}{5}$

S. 107, 17.
a) $\frac{3}{2} = 1\frac{1}{2}$ b) $\frac{10}{3} = 3\frac{1}{3}$ c) 0,9 d) 1,6

S. 107, 18.
a) 4-mal b) 6-mal c) 3-mal d) 4-mal

S. 107, 19.
a) 0,75 b) 4,7 c) 0,17
d) 0,05 e) 0,2

S. 107, 20.
a) 2,88; 2,9 b) 0,78; 0,8 c) 13,74; 13,7
d) 8,95; 9,0 e) 7,12; 7,1

Prüfe dein neues Fundament (S. 138/139)

S. 138, 1.
a) $\frac{9}{4} = 2\frac{1}{4}$ b) $\frac{5}{2} = 2\frac{1}{2}$ c) $\frac{3}{2} = 1\frac{1}{2}$
d) $\frac{4}{3} = 1\frac{1}{3}$ e) $-\frac{5}{36}$

S. 138, 2.
a) $\frac{1}{40}$ b) $\frac{5}{24}$ c) $-\frac{6}{35}$ d) $\frac{6}{5}$
e) $\frac{63}{100}$

S. 138, 3.
a) $\frac{3}{4}$ b) 2 c) $\frac{4}{11}$ d) $\frac{21}{2}$ e) $\frac{4}{15}$
f) $\frac{1}{4}$ g) $\frac{1}{10}$ h) $\frac{1}{18}$ i) 42 j) $\frac{16}{15}$

S. 138, 4.
a) $\frac{1}{5}$ b) $\frac{4}{21}$ c) $\frac{1}{20}\,kg = 50\,g$ d) $\frac{1}{4}\,mm$
e) $\frac{3}{5}\,\ell = 600\,m\ell$

S. 138, 5.
a) $\frac{1}{6}$ der Schüler spielt im Verein.
b) Das sind 4 Kinder.

S. 138, 6.
a) $\frac{25}{3} = 8\frac{1}{3}$ b) $\frac{77}{8} = 9\frac{5}{8}$ c) $\frac{11}{20}$
d) $-\frac{45}{2} = -22\frac{1}{2}$ e) 3

S. 138, 7.
40 Tage

S. 138, 8.
Nina $\frac{5}{2}\,h = \frac{10}{4}\,h$; Kathrin $\frac{9}{4}\,h$; Mathias $\frac{7}{4}\,h$
Nina verbringt die meiste Zeit im Internet.

S. 170, 7.
a) $u \approx 51{,}05\,mm$ b) $u \approx 57{,}49\,m$
c) $u \approx 5221\,mm = 5{,}221\,m$ d) $u \approx 94\,cm$

S. 171, 8.
Merkur: 15 325 km Venus: 38 026 km
Erde: 40 074 km Mars: 21 331 km
Jupiter: 449 197 km Saturn: 378 675 km
Uranus: 160 592 km Neptun: 155 597 km

S. 171, 9.
a) $A \approx 50\,cm^2$ b) $A \approx 190\,m^2$
c) $A \approx 3\,cm^2$ d) $A \approx 1772\,dm^2$
e) $A \approx 83{,}97\,km^2$ f) $A \approx 0{,}00001\,m^2$
g) $A \approx 0{,}003\,m^2$ h) $A \approx 9{,}4\,cm^2$
i) $A = \pi^3\,cm^2 \approx 31\,cm^2$ j) $A = \frac{\pi^3}{9}\,m^2 \approx 3{,}4\,m^2$

S. 171, 10.
Das Gebiet ist ca. 78,5 km² groß.

S. 171, 11.

Radius	Durchmesser	Umfang	Flächeninhalt
5 cm	10 cm	31 cm	$79\,cm^2$
6,3 m	12,6 m	40 m	$125\,m^2$
3,22 km	6,44 km	20,23 km	$32{,}57\,km^2$
7 m	14 m	44,0 m	$153{,}9\,m^2$
14,64 km	29,28 km	92 km	$673{,}5\,km^2$
11 cm	22 cm	69,1 cm	$380{,}1\,cm^2$

S. 171, 12.
$A = \frac{\pi}{2}\cdot(3\,cm)^2 - \frac{\pi}{2}\cdot(2\,cm)^2 + \frac{\pi}{2}\cdot(2\,cm)^2 - \frac{\pi}{2}\cdot(1\,cm)^2$
$\approx 12{,}6\,cm^2$
$u = \pi\cdot 3\,cm + \pi\cdot 1\,cm + 1\,cm + \pi\cdot 2\,cm + \pi\cdot 2\,cm + 1\,cm$
$\approx 27{,}1\,cm$

Wiederholungsaufgaben (S. 171)

S. 171, 1.
a) 6. Mai: 480 cm; 20. Mai: 455 cm
b) Am 21. Mai mit 570 cm

S. 171, 2.
a) $15\cdot 8 + 85\cdot 8 = (15 + 85)\cdot 8 = 100\cdot 8 = 800$
b) $\frac{1}{7}\cdot(700 + 63) = \frac{1}{7}\cdot 700 + \frac{1}{7}\cdot 63 = 100 + 9 = 109$
c) $\frac{2}{5}\cdot 9\cdot 2\cdot\frac{15}{2}\cdot 5 = \frac{2}{5}\cdot 5\cdot\frac{15}{2}\cdot 2\cdot 9 = 2\cdot 15\cdot 9 = 30\cdot 9 = 270$

S. 171, 3.
a) 14 € b) 4 kg c) 55 m

Lösungen zu Kapitel 6: Daten

Dein Fundament (S. 174/175)

S. 174, 1.
a) 11 Schüler b) 12 Schüler
c) 24 Schüler

S. 174, 2.

Augenfarbe	Strichliste	Häufigkeit
braun	||||	4
grün	||	2
blau	||	2
grau	|	1

S. 174, 3.
a)

Name	Strichliste	Häufigkeit
Katja	卌	5
Nele	卌 ||||	9
Aron	卌 ||	7
Gustav	||||	4

b) Nele
c) Ja, wenn Aron alle 3 Stimmen erhalten hätte.
d) 28 Schüler

S. 174, 4.
Rhein 1200 km; Elbe 1100 km; Mosel 500 km

S. 174, 5.

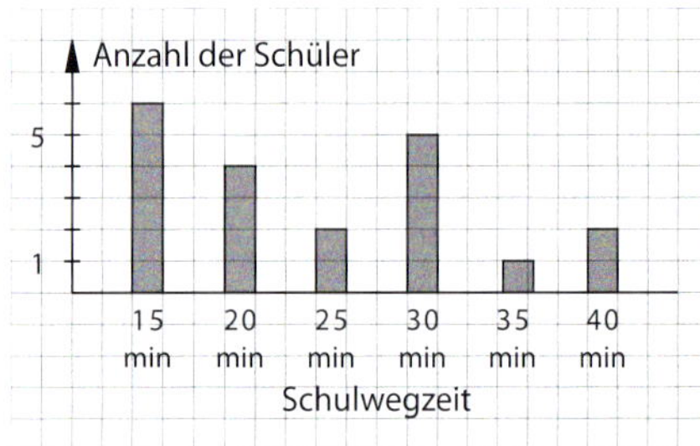

S. 175, 6.
a) 30 Kinder b) 85 Kinder c) 52-mal

S. 175, 7.

(gekürzter) Bruch	$\frac{1}{2}$	$\frac{3}{4}$	$\frac{1}{5}$	$\frac{1}{4}$
Bruch mit Nenner 100	$\frac{50}{100}$	$\frac{75}{100}$	$\frac{20}{100}$	$\frac{25}{100}$
Dezimalzahl	0,5	0,75	0,2	0,25
Prozentangabe	50 %	75 %	20 %	25 %

(gekürzter) Bruch	$\frac{4}{5}$	$\frac{1}{20}$	$\frac{9}{5}$
Bruch mit Nenner 100	$\frac{80}{100}$	$\frac{5}{100}$	$\frac{180}{100}$
Dezimalzahl	0,8	0,05	1,8
Prozentangabe	80 %	5 %	180 %

S. 175, 8.
a) $\frac{1}{4}$; 25 % b) $\frac{1}{2}$; 50 % c) $\frac{1}{2}$; 50 %

S. 175, 9.

a) $\frac{3}{4}$; 0,75; 75 % b) $\frac{2}{5}$; 0,4; 40 %

c) $\frac{2}{6} = \frac{1}{3}$; $0,\overline{3} \approx 33,3$ %

d) $\frac{2}{3}$; $0,6 \approx 66,7$ % e) $\frac{5}{8}$; 0,625; 62,5 %

f) $\frac{7}{10}$; 0,7; 70 %

S. 175, 10.

a) $13 : 5 = 2,6$ b) $18 : 3 = 6$ c) $50 : 4 = 12,5$

S. 175, 11.

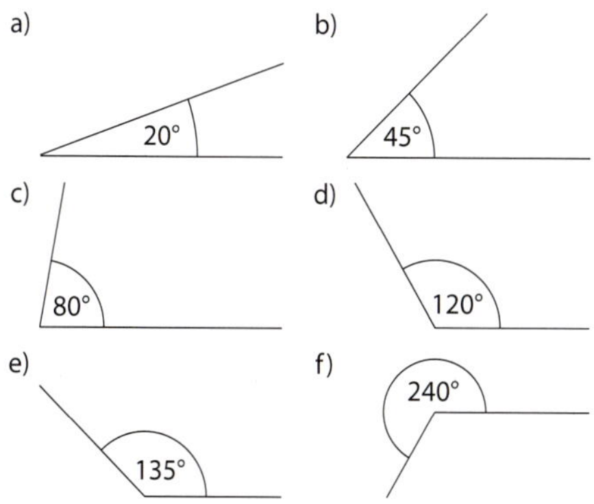

S. 175, 12.

a) $\frac{1}{3}$; $\alpha = 120°$ b) $\frac{2}{5}$; $\alpha = 144°$ c) $\frac{1}{8}$; $\alpha = 45°$

d) $\frac{5}{6}$; $\alpha = 300°$

Prüfe dein neues Fundament (S. 196/197)

S. 196, 1.

a)

Gruppe	absolute Häufigkeit	relative Häufigkeit
A	5	12,5 %
B	10	25 %
C	25	62,5 %
Gesamtzahl	40	100 %

b)

Gruppe	absolute Häufigkeit	relative Häufigkeit
A	12	20 %
B	18	30 %
C	30	50 %
Gesamtzahl	60	100 %

S. 196, 2.

Verkehrsmittel	absolute Häufigkeit	relative Häufigkeit
zu Fuß	4	25 %
Fahrrad	8	50 %
Straßenbahn	2	12,5 %
Bus	2	12,5 %
Gesamtzahl	16	100 %

S. 196, 3.

Dr. Messer wird von 70 % seiner Patienten weiterempfohlen, Dr. Spritze von 72 %. Dr. Spritze ist also etwas beliebter.

S. 196, 4.

Diagramm ③ stellt das Ergebnis richtig dar: Paul hat die Hälfte der Stimmen erhalten (roter Sektor), Tanja ein Drittel (blau) und Maria ein Sechstel (gelb).

S. 196, 5.

a) nie: 15 %; selten: 30 %; manchmal: 35 %; oft: 20 %

b) nie: 27 Personen; selten: 54 Personen; manchmal: 63 Personen; oft: 36 Personen

S. 196, 6.

a)

Note	1	2	3	4	5	6
Anzahl	2	5	7	7	5	2

b)

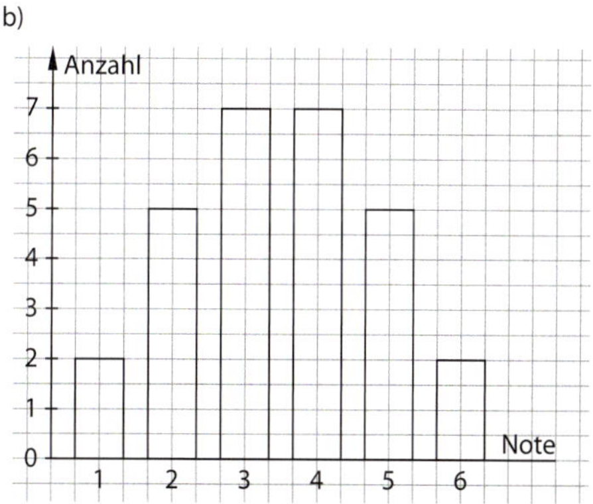

S. 196, 7.

a) Die Anzahl der Familienmitglieder beträgt 2, 3, 4, 5 oder 6. Bei so wenigen und eng beieinanderliegenden Werten ist eine Klasseneinteilung nicht sinnvoll.

b) Eine sinnvolle Klasseneinteilung ist zum Beispiel: 0 bis 5; 6 bis 10; 11 bis 15; 16 bis 20

S. 197, 8.

a) Minimum: 2,76 m (Max); Maximum: 4,05 m (Nils)

b) Den Abstand nennt man Spannweite der Daten, sie beträgt hier 129 cm.

S. 197, 9.
a) Maximum: 19; Minimum: 9; Spannweite: 10; Modalwert: 11; arithmetisches Mittel: 12
b) Maximum: 12; Minimum: 2; Spannweite: 10; Modalwert: 11; arithmetisches Mittel: 9,75

S. 197, 10.
11,6 Jahre

S. 197, 11.
a) 15,75 Jahre
b) Anja ist 18 Jahre alt.

Wiederholungsaufgaben (S. 197)

S. 197, 1.
a) $\frac{26}{21} = 1\frac{5}{21}$ b) 24 c) $\frac{9}{4} = 2\frac{1}{4}$
d) $\frac{53}{15} = 3\frac{8}{15}$ e) $\frac{8}{5} = 1\frac{3}{5}$

S. 197, 2.
73 015

S. 197, 3.
37,5 % = 0,375

S. 197, 4.
Linke Anzeige 5 €; rechte Anzeige 7,20 €.

Lösungen zu Kapitel 7: Zuordnungen

Dein Fundament (S. 200/201)

S. 200, 1.
a) 1; 5; 7; 13; 19; 22
b) 2; 14; 26; 38; 44

S. 200, 2.
a)
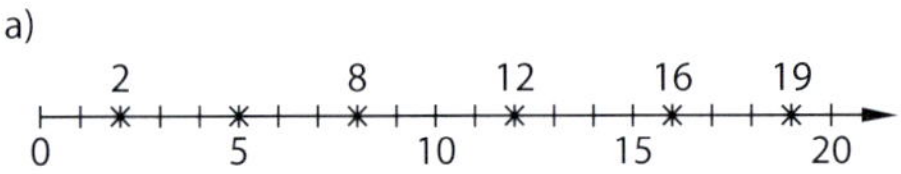

b)
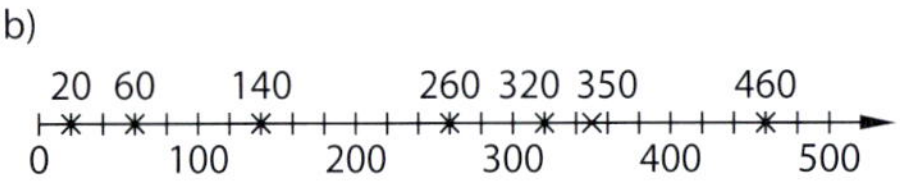

S. 200, 3.
Viereck ABCD ist ein Quadrat.

S. 200, 4.
E(1|0,5); F(4|0,5); G(4|2)

S. 200, 5.
a) P_4; P_7 b) P_1; P_3; P_8 c) P_6; P_9 d) P_2; P_5

S. 200, 6.
a) höchste Temperatur 10 °C (um 14 Uhr); niedrigste Temperatur 2 °C (um 2 Uhr)
b)

Uhrzeit	6:00	10:00	14:00	18:00
Temperatur (in °C)	4	8	10	8

S. 200, 7. Beispiel:
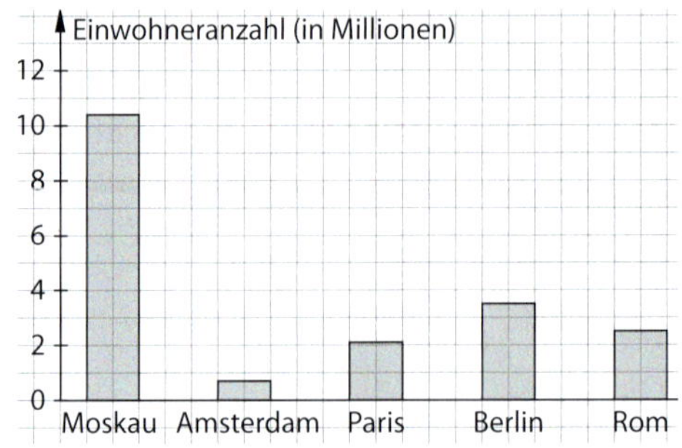

S. 200, 8. Beispiel:
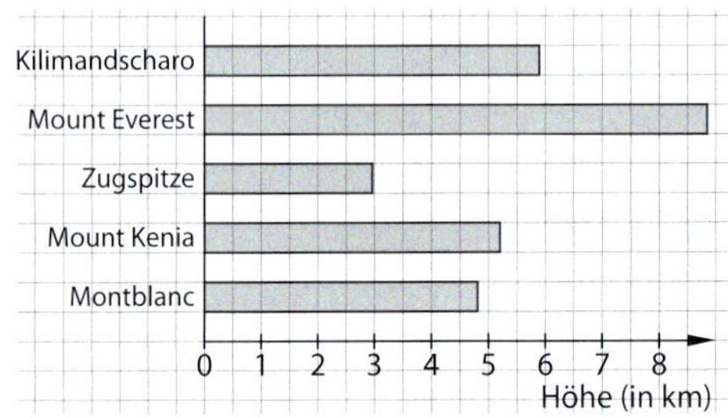

S. 201, 9.
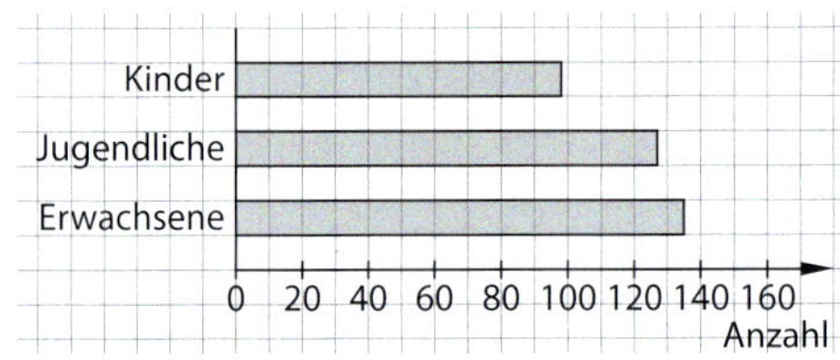

S. 201, 10.
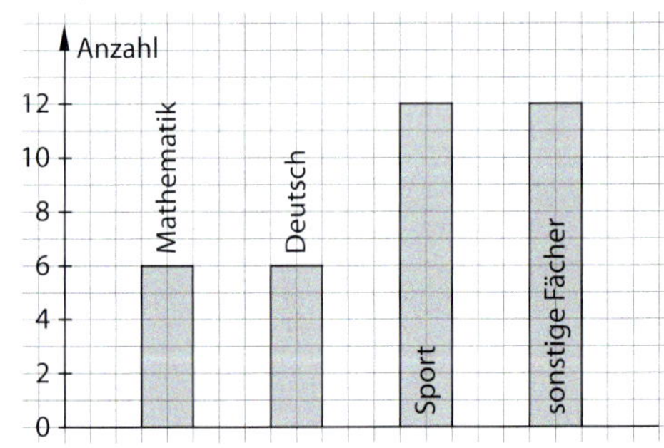

S. 201, 11.
a) Ein Rosinenbrötchen kostet 0,45 €.
b) Fünf Stück Apfelkuchen kosten 6,25 €.

S. 201, 12.
a) Martin bezahlt 6,75 €. (5 · 1,35 = 6,75)
Kai bezahlt 7,75 €. (5 · 1,01 + 2,70 = 7,75)
Martin hat günstiger eingekauft.
b) 10 Blöcke kosten im Internet (einschließlich Versandkosten) 12,80 €. (10 · 1,01 + 2,70 = 12,80)

S. 201, 13.

Anzahl	1	2	3	4	5	6
Preis (in €)	0,85	1,70	2,55	3,40	4,25	5,10

S. 201, 14.
a) wahr
b) falsch
c) Wahr, wenn nicht zu viele Personen gleichzeitig arbeiten, da sie sich dann gegenseitig behindern könnten.

S. 201, 15.
a) 4 b) 5 c) 24 d) 20
e) 14 f) 20 g) 18 h) 6

S. 201, 16.
a) 23 mm b) 3,321 t c) 90 min d) 1,025 Liter

S. 201, 17.
a) 1750 m b) 2 mm c) 1 min
d) 1 km e) 500 ml

Prüfe dein neues Fundament (S. 226/227)

S. 226, 1.

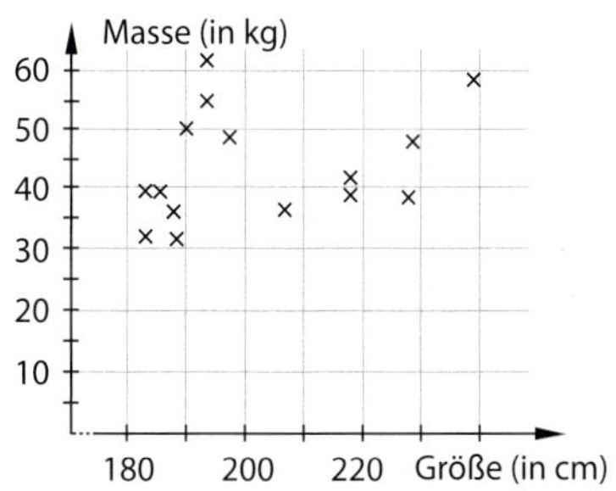

S. 226, 2.
Das Diagramm ③ stellt den Sachverhalt richtig dar. In den ersten beiden Stunden sind 1,50 € zu zahlen und dann kommt mit jeder weiteren angebrochenen Stunde 1 € dazu, also für die angefangene 3. Stunde 2,50 €, die angefangene 4. Stunde 3,50 € usw. Der Preis steigt „stufenweise".

S. 226, 3.
a)

Anzahl	Preis
1	28 ct
2	56 ct
3	84 ct
4	112 ct
5	140 ct
6	168 ct
7	196 ct

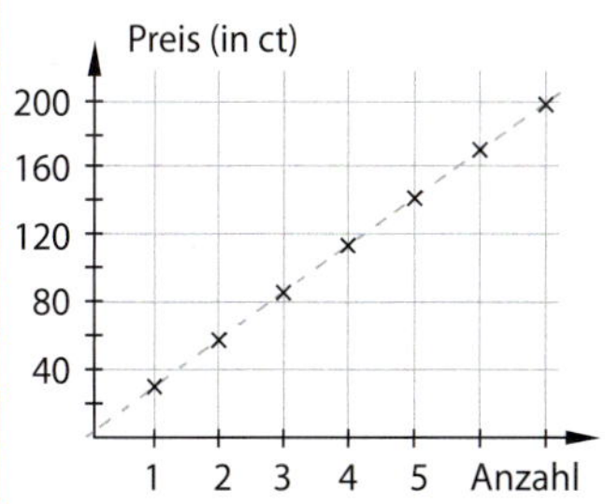

S. 226, 4.
Die Zuordnung ist nicht proportional.
Ab 50 Brötchen wird offenbar ein Rabatt gewährt.

S. 226, 5.
a)

Personenanzahl	1	2	3	4
Anzahl der Tage	96	48	24	12

S. 226, 6.
a) antiproportionale Zuordnung
b) proportionale Zuordnung
c) Die Zuordnung ist weder proportional noch antiproportional.

S. 227, 7.
a) Den höchsten Punkt erreicht man nach 25 km.
b) Nach etwa 140 km gelangt man zum ersten Mal unter 400 m über NN.
c) Stärkster Anstieg: Zwischen 20 km und 25 km.
Stärkster Abstieg: Zwischen 125 km und 150 km.

S. 227, 8.
a) $50\,cm^3 \triangleq 390\,g$
$1\,cm^3 \triangleq 7{,}8\,g$
$30\,cm^3 \triangleq 234\,g$
b) 20 cm ≙ 18 Stufen
1 cm ≙ 360 Stufen
15 cm ≙ 24 Stufen
c) Es besteht keine Proportionalität. Das Musikstück dauert (unabhängig von der Anzahl der Musiker) 4,5 min.

Wiederholungsaufgaben (S. 227)

S. 227, 1.
a) wahr
b) falsch $\left(\frac{3}{4}\right)$
c) falsch (28)
d) falsch (2)
e) falsch $\left(\frac{1}{3} - 0{,}3 = 0{,}33333\ldots - 0{,}3 = 0{,}03333\ldots\right)$

S. 227, 2.
Es könnte 1:42 Uhr und 24 Sekunden oder 13:42 Uhr und 24 Sekunden sein.

S. 227, 3.
a) 1,3 cm b) $0{,}7\,cm^2$ c) $7\,100\,000\,cm^3$
d) 0,012 Liter e) 1500 mg f) 90 min

S. 227, 4.
a) $57 + 23 = 80$
b) $15 \cdot 12 = 180$
c) $751 - 228 = 523$

S. 227, 5.
a) $-8 < -2$
b) $71 > -71$
c) $0 > -1$

Stichwortverzeichnis

abbrechende Dezimalzahl 41 f., 56
absolute Häufigkeit 176, 198
Addieren und Subtrahieren
- von Brüchen 60, 63, 78
- von Dezimalzahlen 68, 78
- von rationalen Zahlen 72
antiproportionale Zuordnung 221, 218
arithmetisches Mittel 186, 192, 198
- bei Häufigkeitstabellen ermitteln 187
Ausklammern 133
Ausmultiplizieren 133

besondere Dreiecke 146
Bildpunkt 95, 104
Bruch 10, 56
- Bruchstrich 10, 56
- echter Bruch 15, 56
- gleichnamige Brüche 22, 56
- Nenner 10, 56
- unechter Bruch 15, 56
- ungleichnamige Brüche 56
- Zähler 10, 56
- Zehnerbruch 35, 56
Brüche
- addieren und subtrahieren 60, 63, 78
- als Anteile von einem Ganzen 10
- als Quotient 27
- am Zahlenstrahl darstellen und vergleichen 23, 56
- auf Größen anwenden 28
- darstellen 11
- dividieren 116, 140
- durch eine natürliche Zahl dividieren 110, 140
- mit einer natürlichen Zahl multiplizieren 108, 140
- multiplizieren 112, 140
- teilen 110
- vergleichen 22, 56
- vervielfachen 108
Bruchstrich 10, 56

Dezimalstellen 34, 56
Dezimalzahl 34, 56
- abbrechende Dezimalzahl 41 f., 56
- periodische Dezimalzahl 42, 56
Dezimalzahlen
- addieren und subtrahieren 68, 78
- am Zahlenstrahl vergleichen 39, 56
- dividieren 126, 140
- durch eine natürliche Zahl dividieren 126, 140
- durch Zehnerpotenzen dividieren 121, 140
- mit Zehnerpotenzen multiplizieren 120, 140
- multiplizieren 123, 140
- runden 66, 78
- vergleichen 38, 56
Diagramme 180, 198
- Kreisdiagramm 180 f., 183, 198
- Säulendiagramm 180, 198
- Streifendiagramm 183
Drehsymmetrie 98
Drehung 94, 98
Dreieck
- Arten 146
- Flächeninhalt 148, 172
- gleichschenklig 146
- gleichseitig 146
- Höhe 144, 150
- rechtwinklig 146
- spitzwinklig 146
- stumpfwinklig 146
Dreisatz 228
- antiproportional 221, 228
- proportional 214, 228
Durchmesser 82, 104

echter Bruch 15, 56
Erweitern 18, 56

Flächeninhalt
- beliebige Figuren 159
- Dreieck 148, 172
- Kreis 165, 172
- Parallelogramm 152, 172
- Trapez 156, 172

gemischte Zahl 15, 56
Geodreieck 87, 91, 95, 144, 238
gestreckter Winkel 87, 104
gleichnamige Brüche 22, 56
gleichschenkliges Dreieck 146, 172
gleichseitiges Dreieck 146, 172
Graph einer Zuordnung 205
griechische Buchstaben 238

Häufigkeit
- absolute 176, 198
- relative 176, 191, 198
Höhe
- Dreieck 144, 150
- Parallelogramm 152, 154
- Trapez 156
Hyperbel 218, 228

„Je mehr, desto mehr"-Zuordnung 213, 220

Kennwerte 186, 192, 198
- arithmetisches Mittel 186, 192, 198
- Maximum 186, 192, 198
- Minimum 186, 192, 198
- Modalwert 186, 192, 198
- Spannweite 186, 198
Klasse 184
Klasseneinteilung 184, 198
Kreis 82, 104
- Flächeninhalt 165, 172
- Umfang 162, 172
Kreisdiagramm 180 f., 183, 198
Kürzen 18 f., 56

Maximum 186, 192, 198, 205
Minimum 186, 192, 198, 205
Mittelpunkt 82, 104
Modalwert 186, 192, 198

Nenner 10, 56

Periode 42
periodische Dezimalzahl 42, 56
π 162, 165
proportionale Zuordnung 214, 210
Prozent 46, 56
Prozentanteile von Größen berechnen 48
Punktspiegelung 95, 104
Punktsymmetrie 94, 104

Radius 82, 104
Rationale Zahlen 71
- addieren und subtrahieren 72
- ausmultiplizieren und ausklammern 133
- multiplizieren und dividieren 130
- Rechengesetze 131
- vergleichen 71
rechter Winkel 87, 104
relative Häufigkeit 176, 198
- berechnen 176
- vergleichen 177

Säulendiagramm 180, 198
Scheitelpunkt 85, 104
Schenkel 85, 104
Sehne 83
Spannweite 186, 198
Spiegelpunkt 95, 104
spitzer Winkel 87, 104
Stellenwerttafel 34
Streifendiagramm 183
stumpfer Winkel 87, 104
Symmetrie
- Drehsymmetrie 98
- Punktsymmetrie 94, 104
Symmetriezentrum 94, 104

Tabellenkalkulation 190 ff.

überstumpfer Winkel 87, 104
Umfang eines Kreises 162, 172
Umwandeln
- Brüche in Dezimalzahlen 41, 56
- Brüche in Prozente 46
- Brüche oder gemischte Zahlen in Dezimalzahlen 35
- Dezimalzahlen in Brüche oder gemischte Zahlen 34
- gemischte Zahlen in unechte Brüche 15
- Prozente in Brüche und Dezimalzahlen 47
- unechte Brüche in gemischte Zahlen 16
- unendliche Dezimalzahlen in Brüche 44
unechter Bruch 15, 56
ungleichnamige Brüche 56

Vollwinkel 87, 104
Vorrangregeln 131

Wertepaar 202
Wertetabelle 202
Winkel 85, 104
- berechnen 89
- messen 87, 104
- mit dem Geodreieck zeichnen 87, 104
Winkelarten 87, 104
- gestreckter Winkel 87, 104
- rechter Winkel 87, 104
- spitzer Winkel 87, 104
- stumpfer Winkel 87, 104
- überstumpfer Winkel 87, 104
- Vollwinkel 87, 104
Winkelbezeichnung 85, 104

Zehnerpotenz 120
Zuordnungen 202, 228
- antiproportional 218, 228
- Darstellungsformen 202, 205, 228
- Graph 205
- „Je mehr, desto mehr"-Zuordnung 213, 220
- proportional 210, 228